ベクトル空間

竹山美宏
Takeyama Yoshihiro
［著］

日評ベーシック・シリーズ

日本評論社

はじめに

この本は，ベクトル空間に関する基本的な事項から，やや発展的な内容までを扱った教科書である．行列と行列式，および数ベクトルの計算にある程度，慣れている読者を対象とする．必要となる予備知識は第1章にまとめてあるので参照してほしい．いくつかの具体例においては微積分に関する知識を仮定するが，これらを読み飛ばしても本論は追えるようになっている．なお，この本は本書と同シリーズの『線形代数——行列と数ベクトル空間』(以下『線形代数』と略記する) の続編であるが，本書だけでも独立して読める．数ベクトル空間と同様に扱える概念や命題に関しては，『線形代数』と重複する記述もある．ご容赦いただきたい．

『線形代数』では数ベクトル空間という具体的な対象を扱ったが，本書では抽象的な「ベクトル空間」を考える．差し当たって，「ベクトル空間」とは，実数全体の集合や空間内の平面のような，ある特定の対象の名前ではない．集合 V に，和・定数倍と呼ばれる演算と，ゼロベクトルという特別な要素が定義されていて，これらがしかるべき性質をもっているときに，V はベクトル空間であると言う．すなわち「ベクトル空間」とは，ある集合が特別な構造を持っていることを意味する概念である[1]．

数ベクトル空間はベクトル空間の代表的な例である．また，高校で学んだ平面ベクトルや空間ベクトルのなす集合もベクトル空間である．このほかにも，第2章で述べるように，多項式や行列，連続関数の集合も，しかるべく和・定数倍・

1] ただし，ベクトル空間の抽象的な議論に慣れると，ベクトル空間が一つの実体として感じられるようになってくる．その感覚を得た人にとっては，ベクトル空間も十分「具体的な対象」であるだろう．

ゼロベクトルを定義することができて，ベクトル空間となる．

線形代数の理論は「和・定数倍・ゼロベクトルがある」という条件だけから導出できることの体系である．よって，線形代数の理論で証明されたことは，平面ベクトル・空間ベクトルにも，数ベクトルにも，多項式にも行列にも連続関数にも適用できる．このように，抽象的な設定で構築された理論が高い汎用性を持つことは，代数学 (線形代数を含む現代数学の一分野) の良さの一つである．したがって，線形代数の学習においては，次の二つのことが重要であろう．

- 線形代数の抽象的な議論を理解し，自分でも展開できるようになること．
- 抽象的な議論で得られる結果を，具体的なベクトル空間で活用すること．

本書ではなるべく多彩な例と演習問題を用意し，読者のみなさんがこれらのことを体験できるようにした．

本書の概要を述べる．第 1 章に必要な予備知識をまとめた．第 2 章から第 10 章で線形代数の基本的な事項を一通り扱っている．ただし，第 10 章では，入門的な教科書ではあまり扱わない商空間の概念について，ゆっくりと説明した．本書の後半では，少し高度な三つの話題を扱う．第 11 章はそのための準備である．第 12 章から第 17 章までは線形変換の対角化とジョルダン標準形について，第 18 章と第 19 章では計量ベクトル空間について，最後の第 20 章では双対空間について解説している．

前著『線形代数』と同じく，命題や定理の証明はなるべく噛み砕いて書いた．初学者にとって抽象的な議論は辛いものであるが，ていねいに読み進めて慣れてほしい．章末の演習問題には，抽象的な設定で議論を行うものや，少し発想力が必要となるものなど,『線形代数』と比べてやや難しい問題も含めてある．じっくりと時間をかけて取り組んでほしい．

内藤 聡氏には，第 20 章の核となる部分についてご教示いただいた．また，日本評論社の筧裕子さんには,『線形代数』に引き続き様々な形でご協力をいただいた．ここで感謝の意を表したい．

2016 年 5 月

竹山 美宏

本書で用いる記号

- $\mathbb{Z}$：整数全体のなす集合.
- $\mathbb{R}$：実数全体のなす集合.
- $\mathbb{C}$：複素数全体のなす集合.
- O：零行列 (成分がすべて 0 の行列).
- I：単位行列. 型を明示するときには, n 次の単位行列を I_n と表す.
- $\boldsymbol{e}_k$：基本ベクトル (第 k 成分のみが 1 で, ほかの成分は 0 の列ベクトル).
- K：スカラーの範囲. 本書では $K = \mathbb{R}$ もしくは $K = \mathbb{C}$ の場合のみ扱う.
- K^n：K 上の n 次元数ベクトル空間.
- $M(m, n; K)$：K の要素を成分とする (m, n) 型行列全体のなす集合.
- $M_n(K)$：K の要素を成分とする n 次の正方行列全体のなす集合.
- $K[x]$：x を変数とする K 係数の多項式全体のなす集合.
- $K[x]_d$：$K[x]$ の要素のうち d 次以下のもの全体のなす集合.
- $\ell(K)$：K の要素を並べた数列全体のなす集合.
- $C([a, b])$：閉区間 $[a, b]$ において連続な実数値関数全体のなす集合.
- L_A：行列 A の定める線形写像.
- 1_X：集合 X 上の恒等写像.
- $\mathrm{Hom}_K(U, V)$：U から V への線形写像全体のなす集合.
- $\mathrm{End}_K(V)$：V 上の線形変換全体のなす集合.
- $f|_W$：部分空間 W への線形変換 f の制限.
- $W(\alpha)$：固有値 α に対する固有空間.
- $\widetilde{W}(\alpha)$：固有値 α に対する広義固有空間.
- $W_1 \oplus W_2 \oplus \cdots \oplus W_r$ ($W_1, \ldots, W_r$ は部分空間)：部分空間の直和.
- $A_1 \oplus A_2 \oplus \cdots \oplus A_r$ ($A_1, \ldots, A_r$ は正方行列)：次のブロック対角行列.

$$\begin{pmatrix} A_1 & & & \\ & A_2 & & \\ & & \ddots & \\ & & & A_r \end{pmatrix}$$

目次

第1章
行列と数ベクトル空間

行列と数ベクトル空間に関する基本的な事項をまとめておく．以下，K は実数全体のなす集合 $\mathbb{R}$ もしくは複素数全体のなす集合 $\mathbb{C}$ であるとする．虚数単位を i で表し，複素数 $z = x + iy$ (ただし x, y は実数) の共役複素数 $x - iy$ を $\bar{z}$ で表す．

1.1 行列とその演算

1.1.1 行列の定義

K の要素を長方形型に並べたもの

$$\begin{pmatrix} a_{11} & a_{12} & \cdots & a_{1n} \\ a_{21} & a_{22} & \cdots & a_{2n} \\ \vdots & \vdots & \ddots & \vdots \\ a_{m1} & a_{m2} & \cdots & a_{mn} \end{pmatrix} \tag{1.1}$$

を**行列**と呼ぶ．ただし m と n は正の整数である．行列のなかにある横の数の並びを**行**と呼び，縦の数の並びを**列**と呼ぶ．上の行列のように，m 個の行と n 個の列からなる行列を (m, n) **型行列**という．$(1, 1)$ 型の行列 $\begin{pmatrix} a_{11} \end{pmatrix}$ はしばしば定数 a_{11} と同一視する．

行列の行は上から第1行，第2行，...，第 m 行と呼び，列は左から第1列，第2列，...，第 n 列と呼ぶ．そして，第 i 行と第 j 列が交わる部分にある数 a_{ij} を，この行列の (i, j) **成分**と呼ぶ．

行列 A の (i, j) 成分を (1.1) のように a_{ij} とおくとき，$A = (a_{ij})$ と表す．二つの行列 $A = (a_{ij}), B = (b_{ij})$ の型が等しく，すべての i, j について $a_{ij} = b_{ij}$ が成り

立つとき，行列 A と B は等しいという.

$(m,1)$ 型行列を m 次の**列ベクトル**，$(1,n)$ 型行列を n 次の**行ベクトル**という. 列ベクトルの上から k 番目の成分，もしくは行ベクトルの左から k 番目の成分を第 k 成分と呼ぶ.

例 1.1 以下の行列を考える.

$$A = \begin{pmatrix} 1 & 2 & 3 \\ 4 & 5 & 6 \end{pmatrix}, \quad B = \begin{pmatrix} 1 \\ 0 \end{pmatrix}, \quad C = \begin{pmatrix} 2 & 1 & -\frac{1}{2} \end{pmatrix}$$

このとき，A は $(2,3)$ 型行列，B は 2 次の列ベクトル，C は 3 次の行ベクトルである. A の $(2,1)$ 成分は 4 であり，B の第 1 成分と C の第 2 成分は 1 である.

すべての成分が 0 である行列を**零行列**と呼び，記号 O で表す.

(n,n) 型行列を n 次の**正方行列**という. 正方行列において，左上から右下の対角線上にある成分を**対角成分**と呼ぶ. 対角成分以外の成分がすべて 0 である正方行列を**対角行列**と呼ぶ. 対角成分がすべて 1 で，それ以外の成分がすべて 0 である n 次の対角行列を，n 次の**単位行列**と呼び，本書では記号 I で表す[1]. つまり

$$I = \begin{pmatrix} 1 & & & \\ & 1 & & \\ & & \ddots & \\ & & & 1 \end{pmatrix}$$

である. ただし，空白の部分の成分はすべて 0 である (この略記は以下でも頻繁に用いる). 型を明示する必要があるときは，n 次の単位行列を I_n と表す.

例 1.2 次の 3 次の正方行列を考える.

$$A = \begin{pmatrix} a & & \\ & b & \\ z & & c \end{pmatrix}$$

ただし a,b,c,z は定数である. このとき，A の対角成分は順に a,b,c である. $z = 0$ のとき A は対角行列であり，さらに $a = b = c = 1$ であれば，A は 3 次の単位行列 I_3 に等しい. a,b,c,z がすべて 0 のときは，A は零行列 O である.

1] 単位行列を E で表すことも多い.

1.1.2 行列の和と定数倍

同じ型の行列 $A=(a_{ij}), B=(b_{ij})$ に対して，これらの和 $A+B$ を

$$A+B=\begin{pmatrix} a_{11}+b_{11} & a_{12}+b_{12} & \cdots & a_{1n}+b_{1n} \\ a_{21}+b_{21} & a_{22}+b_{22} & \cdots & a_{2n}+b_{2n} \\ \vdots & \vdots & \ddots & \vdots \\ a_{m1}+b_{m1} & a_{m2}+b_{m2} & \cdots & a_{mn}+b_{mn} \end{pmatrix}$$

で定める．また，行列 $A=(a_{ij})$ と定数 λ に対し，行列 A の λ 倍を

$$\lambda A=\begin{pmatrix} \lambda a_{11} & \lambda a_{12} & \cdots & \lambda a_{1n} \\ \lambda a_{21} & \lambda a_{22} & \cdots & \lambda a_{2n} \\ \vdots & \vdots & \ddots & \vdots \\ \lambda a_{m1} & \lambda a_{m2} & \cdots & \lambda a_{mn} \end{pmatrix}$$

で定める．

行列の和と定数倍については，次のことが成り立つ[2]．

命題 1.3 A,B,C が同じ型の行列で，λ,μ が定数のとき，次の等式が成り立つ．

(1) $(A+B)+C=A+(B+C)$　(2) $A+B=B+A$

(3) $A+O=A$　(4) $A+(-1)A=O$

(5) $\lambda(A+B)=\lambda A+\lambda B$　(6) $(\lambda+\mu)A=\lambda A+\mu A$

(7) $\lambda(\mu A)=(\lambda\mu)A$　(8) $1A=A$

1.1.3 行列の積

n 次の行ベクトルと n 次の列ベクトルの積を次で定義する．

$$\begin{pmatrix} x_1 & x_2 & \cdots & x_n \end{pmatrix}\begin{pmatrix} y_1 \\ y_2 \\ \vdots \\ y_n \end{pmatrix}=x_1y_1+x_2y_2+\cdots+x_ny_n$$

一般の行列 A と B の積 AB は，A の列の個数と B の行の個数が等しいときにのみ，以下のように定義される．

2] たとえば『線形代数』の命題 2.5 を参照せよ．

(m,n) 型の行列 $A=(a_{ij})$ について，m 次の列ベクトル $\boldsymbol{a}_j\,(j=1,2,\ldots,n)$ を

$$\boldsymbol{a}_j=\begin{pmatrix}a_{1j}\\a_{2j}\\\vdots\\a_{mj}\end{pmatrix}$$

で定めると，A は $\boldsymbol{a}_1,\boldsymbol{a}_2,\ldots,\boldsymbol{a}_n$ を横に並べた行列と見なせる．そこで

$$A=\begin{pmatrix}\boldsymbol{a}_1 & \boldsymbol{a}_2 & \ldots & \boldsymbol{a}_n\end{pmatrix}$$

と表し，これを A の**列ベクトル表示**という．同様に，n 次の行ベクトル $\boldsymbol{a}^i\,(i=1,2,\ldots,m)$ を

$$\boldsymbol{a}^i=\begin{pmatrix}a_{i1} & a_{i2} & \cdots & a_{in}\end{pmatrix}$$

で定めると，A は $\boldsymbol{a}^1,\boldsymbol{a}^2,\ldots,\boldsymbol{a}^m$ を縦に並べた行列であるから

$$A=\begin{pmatrix}\boldsymbol{a}^1\\\boldsymbol{a}^2\\\vdots\\\boldsymbol{a}^m\end{pmatrix}$$

と表す．これを A の**行ベクトル表示**という．

(l,m) 型行列 $A=(a_{ij})$ の行ベクトル表示と，(m,n) 型行列 $B=(b_{ij})$ の列ベクトル表示を，それぞれ

$$A=\begin{pmatrix}\boldsymbol{a}^1\\\boldsymbol{a}^2\\\vdots\\\boldsymbol{a}^l\end{pmatrix},\quad B=\begin{pmatrix}\boldsymbol{b}_1 & \boldsymbol{b}_2 & \cdots & \boldsymbol{b}_n\end{pmatrix}$$

とする．このとき行列 A と B の積 AB を

$$AB=\begin{pmatrix}\boldsymbol{a}^1\boldsymbol{b}_1 & \boldsymbol{a}^1\boldsymbol{b}_2 & \cdots & \boldsymbol{a}^1\boldsymbol{b}_n\\\boldsymbol{a}^2\boldsymbol{b}_1 & \boldsymbol{a}^2\boldsymbol{b}_2 & \cdots & \boldsymbol{a}^2\boldsymbol{b}_n\\\vdots & \vdots & \ddots & \vdots\\\boldsymbol{a}^l\boldsymbol{b}_1 & \boldsymbol{a}^l\boldsymbol{b}_2 & \cdots & \boldsymbol{a}^l\boldsymbol{b}_n\end{pmatrix}$$

で定める．すなわち，AB は (l,n) 型行列で，その (i,j) 成分は

$$\boldsymbol{a}^i\boldsymbol{b}_j=a_{i1}b_{1j}+a_{i2}b_{2j}+\cdots+a_{im}b_{mj}$$

である.

A が (m,n) 型行列であるとき，単位行列との積について

$$AI_n = A, \quad I_m A = A$$

が成り立つことに注意する.

例 1.4 次の行列を考える.

$$A = \begin{pmatrix} -3 & 1 \\ 2 & 4 \end{pmatrix}, \quad B = \begin{pmatrix} 4 & 0 & -1 \\ 2 & 1 & 3 \end{pmatrix}$$

このとき

$$AB = \begin{pmatrix} (-3)\cdot 4 + 1\cdot 2 & (-3)\cdot 0 + 1\cdot 1 & (-3)\cdot(-1) + 1\cdot 3 \\ 2\cdot 4 + 4\cdot 2 & 2\cdot 0 + 4\cdot 1 & 2\cdot(-1) + 4\cdot 3 \end{pmatrix}$$
$$= \begin{pmatrix} -10 & 1 & 6 \\ 16 & 4 & 10 \end{pmatrix}$$

である. 積 BA は定義されない.

行列 A, B について積 AB と BA が定義されるとしても，これらが等しいとは限らない. 積 AB と BA がともに定義されて同じ型の行列となるのは，A と B が同じ型の正方行列であるときに限る. このような場合において，さらに $AB = BA$ が成り立つとき，行列 A と B は**可換**であるという.

行列の積については，$AB = O$ であっても「$A = O$ または $B = O$」であるとは限らない. たとえば二つの行列

$$A = \begin{pmatrix} 1 & 0 \\ 0 & 0 \end{pmatrix}, \quad B = \begin{pmatrix} 0 & 0 \\ 2 & -1 \end{pmatrix}$$

はいずれも零行列ではないが，その積 AB は零行列である. このように，零行列でない行列 A, B であって $AB = O$ となるものを**零因子**という.

行列の積については次のことが成り立つ[3].

命題 1.5 次の等式が成り立つ. ただし，λ は定数で，A, B, C はそれぞれの両辺の積が定義されるような行列であるとする.

3] 『線形代数』命題 2.17.

(1) $(\lambda A)B = \lambda(AB)$, $A(\lambda B) = \lambda(AB)$

(2) $(A+B)C = AC + BC$, $A(B+C) = AB + AC$ (積の分配法則)

(3) $(AB)C = A(BC)$ (積の結合法則)

行列 A が正方行列であるとき，自分自身との積 AA が定まる．これを A^2 で表す．一般に，正の整数 m に対し，A を m 個掛けた積を A^m と表す．また，$A^0 = I$ と定める．

1.1.4 行列のブロック分解

行列を行と列に関して区分けして小さな行列に分解することを，行列の**ブロック分解**という．たとえば行列

$$A = \begin{pmatrix} 1 & 2 & 3 & a \\ 4 & 5 & 6 & b \\ 7 & 8 & 9 & c \\ \alpha & \beta & \gamma & x \end{pmatrix}$$

は 4 つの行列

$$A_{11} = \begin{pmatrix} 1 & 2 & 3 \\ 4 & 5 & 6 \\ 7 & 8 & 9 \end{pmatrix}, \quad A_{12} = \begin{pmatrix} a \\ b \\ c \end{pmatrix}, \quad A_{21} = \begin{pmatrix} \alpha & \beta & \gamma \end{pmatrix}, \quad A_{22} = \begin{pmatrix} x \end{pmatrix}$$

に分解される．この分解を

$$A = \begin{pmatrix} A_{11} & A_{12} \\ A_{21} & A_{22} \end{pmatrix}$$

と表す．

行列 A が正方行列 $M_1, M_2, \ldots, M_r$ によって

$$A = \begin{pmatrix} M_1 & & & \\ & M_2 & & \\ & & \ddots & \\ & & & M_r \end{pmatrix} \tag{1.2}$$

とブロック分解されるとき，A は**ブロック対角行列**であるという．ただし，空白の部分の成分はすべて 0 である．また，$M_1, M_2, \ldots, M_r$ の型は異なっていてもよい．たとえば行列

$$A = \begin{pmatrix} 1 & 2 & & & \\ 3 & 4 & & & \\ & & x & & \\ & & & p & q \\ & & & r & s \end{pmatrix}$$

について，$M_1 = \begin{pmatrix} 1 & 2 \\ 3 & 4 \end{pmatrix}$, $M_2 = \begin{pmatrix} x \end{pmatrix}$, $M_3 = \begin{pmatrix} p & q \\ r & s \end{pmatrix}$ とおけば

$$A = \begin{pmatrix} M_1 & & \\ & M_2 & \\ & & M_3 \end{pmatrix}$$

と表される．よって A はブロック対角行列である．

1.1.5 転置行列と随伴行列

$A = (a_{ij})$ は (m, n) 型行列であるとする．このとき，(i, j) 成分が a_{ji} である (n, m) 型行列を A の**転置行列**と呼び，${}^t\!A$ と表す．また，(i, j) 成分が $\overline{a_{ji}}$ である (n, m) 型行列を A の**随伴行列**と呼び，A^* と表す．たとえば

$$A = \begin{pmatrix} 1 & 2i & 3 \\ 4+5i & 6 & -7 \end{pmatrix}$$

のとき，A の転置行列と随伴行列はそれぞれ

$${}^t\!A = \begin{pmatrix} 1 & 4+5i \\ 2i & 6 \\ 3 & -7 \end{pmatrix}, \quad A^* = \begin{pmatrix} 1 & 4-5i \\ -2i & 6 \\ 3 & -7 \end{pmatrix}$$

である．転置行列と随伴行列については次のことが成り立つ[4]．

命題 1.6 (1) すべての行列 A について ${}^t({}^t\!A) = A$, $(A^*)^* = A$ である．

(2) 同じ型の行列 A, B について ${}^t(A+B) = {}^t\!A + {}^t\!B$, $(A+B)^* = A^* + B^*$ である．

(3) 行列 A, B の積 AB が定義されるとき，${}^t(AB) = {}^t\!B\,{}^t\!A$, $(AB)^* = B^*A^*$ である．

4]　『線形代数』命題 5.3 および命題 13.17.

1.1.6　正方行列のトレース

n 次の正方行列 $A = (a_{ij})$ の対角成分の和を A の**トレース** (もしくは**跡**) と呼び，$\operatorname{tr} A$ で表す．すなわち

$$\operatorname{tr} A = a_{11} + a_{22} + \cdots + a_{nn}$$

である．トレースについては次のことが成り立つ．

命題 1.7　(1)　A が正方行列で，λ が定数のとき，$\operatorname{tr}(\lambda A) = \lambda \operatorname{tr} A$, $\operatorname{tr}({}^tA) = \operatorname{tr} A$, $\operatorname{tr}(A^*) = \overline{\operatorname{tr} A}$ である．

(2)　A と B が同じ型の正方行列であるとき，$\operatorname{tr}(A+B) = \operatorname{tr} A + \operatorname{tr} B$ である．

(3)　A が (m,n) 型行列で，B が (n,m) 型行列であるとき，$\operatorname{tr}(AB) = \operatorname{tr}(BA)$ である．

証明　ここでは (1) のみ証明する [5]．$A = (a_{ij})$ とおくと，λA の (i,i) 成分は λa_{ii} であるから

$$\operatorname{tr}(\lambda A) = \sum_{i=1}^{n} \lambda a_{ii} = \lambda \sum_{i=1}^{n} a_{ii} = \lambda \operatorname{tr} A$$

である．また，${}^tA$ と A の対角成分は等しいから $\operatorname{tr} {}^tA = \operatorname{tr} A$ が成り立つ．最後に，A^* の (i,i) 成分は $\overline{a_{ii}}$ であるから

$$\operatorname{tr}(A^*) = \sum_{i=1}^{n} \overline{a_{ii}} = \overline{\sum_{i=1}^{n} a_{ii}} = \overline{\operatorname{tr} A}$$

である．■

1.1.7　階段行列と基本変形

(m,n) 型行列 $A = (a_{ij})$ が**階段行列**であるとは，次の条件を満たす m 以下の非負整数 r と，n 以下の正の整数 $k_1, k_2, \ldots, k_r$ (ただし $k_1 < k_2 < \cdots < k_r$) が存在するときにいう (図 1.1)．

(1)　$i \geqq r+1$ ならば $a_{ij} = 0$ である．

(2)　$1 \leqq i \leqq r$ のとき，$j = 1, 2, \ldots, k_i - 1$ について $a_{ij} = 0$ であり，$a_{ik_i} \neq 0$ である．

5]　(2) と (3) については『線形代数』問 2.3.2 の解答を参照のこと．

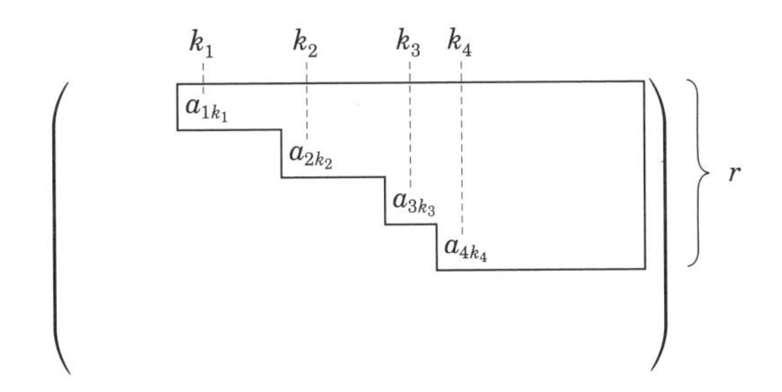

図 1.1 階段行列

上の定義における r は，A において 0 でない成分のなす階段の段数を表している．条件 (1) は A の第 r 行より下の部分の成分がすべて 0 であることを意味し，条件 (2) は，$i = 1, 2, \ldots, r$ について，第 i 行の第 1 列から第 $(k_i - 1)$ 列までの成分がすべて 0 であることを意味する．

行列に対する次の三種類の操作を**基本変形**と呼ぶ．

- ある行 (もしくは列) の定数倍を別の行 (もしくは列) に加える．
- 二つの行 (もしくは列) を入れかえる．
- ある行 (もしくは列) に 0 でない定数を掛ける．

このとき次のことが成り立つ[6]．

命題 1.8 どの行列も基本変形によって階段行列に変形できる．

1.2 行列式

1.2.1 置換と符号

n は正の整数であるとする．$j_1, j_2, \ldots, j_n$ は $1, 2, \ldots, n$ の並び換えであるとする．このような並び換えを記号

$$\begin{pmatrix} 1 & 2 & \cdots & n \\ j_1 & j_2 & \cdots & j_n \end{pmatrix}$$

で表し，集合 $\{1, 2, \ldots, n\}$ の**置換**という．置換

6] 『線形代数』命題 3.6.

$$\sigma = \begin{pmatrix} 1 & 2 & \cdots & n \\ j_1 & j_2 & \cdots & j_n \end{pmatrix}$$

について，$j_1, j_2, \ldots, j_n$ の値をそれぞれ $\sigma(1), \sigma(2), \ldots, \sigma(n)$ で表す．たとえば，置換 $\sigma = \begin{pmatrix} 1 & 2 & 3 \\ 2 & 3 & 1 \end{pmatrix}$ について，$\sigma(1) = 2, \sigma(2) = 3, \sigma(3) = 1$ である．すべての $j = 1, 2, \ldots, n$ について $\sigma(j) = j$ である置換，すなわち

$$\begin{pmatrix} 1 & 2 & \cdots & n \\ 1 & 2 & \cdots & n \end{pmatrix}$$

を**恒等置換**という．

集合 $\{1, 2, \ldots, n\}$ の置換全体のなす集合を S_n で表す．たとえば，S_3 は次の 6 つの要素からなる．

$$\begin{pmatrix} 1 & 2 & 3 \\ 1 & 2 & 3 \end{pmatrix}, \quad \begin{pmatrix} 1 & 2 & 3 \\ 1 & 3 & 2 \end{pmatrix}, \quad \begin{pmatrix} 1 & 2 & 3 \\ 2 & 1 & 3 \end{pmatrix},$$
$$\begin{pmatrix} 1 & 2 & 3 \\ 2 & 3 & 1 \end{pmatrix}, \quad \begin{pmatrix} 1 & 2 & 3 \\ 3 & 1 & 2 \end{pmatrix}, \quad \begin{pmatrix} 1 & 2 & 3 \\ 3 & 2 & 1 \end{pmatrix}$$

σ は S_n の要素であるとする．このとき集合

$$\{(i, j) \mid i, j \text{ は } n \text{ 以下の正の整数で，} i < j \text{ かつ } \sigma(i) > \sigma(j) \text{ である．}\} \tag{1.3}$$

の要素の個数を，σ の**転倒数**と呼ぶ．置換 σ の転倒数を $t(\sigma)$ とおくとき，σ の**符号** $\mathrm{sgn}(\sigma)$ を

$$\mathrm{sgn}(\sigma) = (-1)^{t(\sigma)}$$

で定める．たとえば，$\sigma = \begin{pmatrix} 1 & 2 & 3 \\ 2 & 3 & 1 \end{pmatrix}$ のとき，(1.3) で定まる集合は二つの要素 $(1, 3), (2, 3)$ からなるから，$t(\sigma) = 2$ である．よって $\mathrm{sgn}(\sigma) = (-1)^2 = 1$ である．

1.2.2 行列式の定義と性質

n 次の正方行列 $A = (a_{ij})$ の**行列式** $\det A$ を次で定義する．

$$\det A = \sum_{\sigma \in S_n} \mathrm{sgn}(\sigma) a_{\sigma(1)1} a_{\sigma(2)2} \cdots a_{\sigma(n)n}$$

ただし右辺は σ が S_n の要素すべてを重複なく動くときの和である．成分を明示するときは，n 次正方行列 (a_{ij}) の行列式を

$$\begin{vmatrix} a_{11} & a_{12} & \cdots & a_{1n} \\ a_{21} & a_{22} & \cdots & a_{2n} \\ \vdots & \vdots & \ddots & \vdots \\ a_{n1} & a_{n2} & \cdots & a_{nn} \end{vmatrix}$$

と表す．たとえば 2 次の正方行列の行列式は

$$\begin{vmatrix} a & b \\ c & d \end{vmatrix} = ad - bc$$

である．以下では，$A = \begin{pmatrix} \boldsymbol{a}_1 & \boldsymbol{a}_2 & \cdots & \boldsymbol{a}_n \end{pmatrix}$ と列ベクトル表示される正方行列 A の行列式を $\det(\boldsymbol{a}_1, \boldsymbol{a}_2, \ldots, \boldsymbol{a}_n)$ と表す．

行列式の性質を以下に列挙する．証明については他書を参照してほしい[7]．

命題 1.9 行列式について以下のことが成り立つ．

(1) 多重線形性

$$\det(\ldots, \boldsymbol{a}_j + \boldsymbol{a}'_j, \ldots) = \det(\ldots, \boldsymbol{a}_j, \ldots) + \det(\ldots, \boldsymbol{a}'_j, \ldots),$$
$$\det(\ldots, \lambda\boldsymbol{a}_j, \ldots) = \lambda \det(\ldots, \boldsymbol{a}_j, \ldots)$$

ただし λ は定数である．

(2) 交代性

$$\det(\ldots, \boldsymbol{a}_j, \ldots, \boldsymbol{a}_k, \ldots) = -\det(\ldots, \boldsymbol{a}_k, \ldots, \boldsymbol{a}_j, \ldots)$$

(3) 次数下げ

$$\begin{vmatrix} a_{11} & a_{12} & \cdots & a_{1n} \\ 0 & a_{22} & \cdots & a_{2n} \\ \vdots & \vdots & \ddots & \vdots \\ 0 & a_{n2} & \cdots & a_{nn} \end{vmatrix} = a_{11} \begin{vmatrix} a_{22} & \cdots & a_{2n} \\ \vdots & \ddots & \vdots \\ a_{n2} & \cdots & a_{nn} \end{vmatrix}$$

(4) A が正方行列であるとき

$$\det A = \det({}^t A).$$

(5) A, B が同じ型の正方行列であるとき

$$\det(AB) = (\det A)(\det B).$$

7] たとえば『線形代数』の第 5 章．

(6) 正方行列 A が $A = \begin{pmatrix} X & C \\ O & Y \end{pmatrix}$ (ただし X, Y は正方行列，O は零行列) とブロック分解されるとき

$$\det A = (\det X)(\det Y).$$

特に，命題 1.9 (3) から以下のことがわかる．正方行列 $A = (a_{ij})$ について，$i > j$ ならば $a_{ij} = 0$ であるとき，つまり A が

$$A = \begin{pmatrix} a_{11} & a_{12} & \cdots & a_{1n} \\ & a_{22} & \cdots & a_{2n} \\ & & \ddots & \vdots \\ & & & a_{nn} \end{pmatrix}$$

という形をしているとき，A は**上三角行列**であるという．$A = (a_{ij})$ が上三角行列であるとき，$\det A = a_{11}a_{22}\cdots a_{nn}$ が成り立つ．つまり

$$\begin{vmatrix} a_{11} & a_{12} & \cdots & a_{1n} \\ & a_{22} & \cdots & a_{2n} \\ & & \ddots & \vdots \\ & & & a_{nn} \end{vmatrix} = a_{11}a_{22}\cdots a_{nn} \tag{1.4}$$

である．特に単位行列 I の行列式は 1 である．

1.3 逆行列

正方行列 A に対して，$XA = I$ と $AX = I$ をともに満たす行列 X が存在するとき，X は A の**逆行列**であるという．正方行列 A が逆行列をもつとき，A は**正則行列**である (もしくは A は**正則**である) という．正則行列の逆行列はただ一つに定まる[8]．そこで，行列 A の逆行列を A^{-1} で表す．

逆行列については次のことが成り立つ[9]．

命題 1.10　P と Q が同じ型の正則行列であるとき，積 PQ も正則で，$(PQ)^{-1} = Q^{-1}P^{-1}$ が成り立つ．

8] 『線形代数』命題 6.4.

9] 『線形代数』命題 6.6.

行列 A は正則であるとする．このとき，負の整数 m に対し，$(A^{-1})^{|m|}$ を A^m で表す．たとえば $A^{-2} = (A^{-1})^2$, $A^{-3} = (A^{-1})^3$ である．このように定めると，すべての整数 m, n について $A^m A^n = A^{m+n}$ が成り立つ．

正方行列が正則であるかどうかは，行列式の値で判定できる[10]．

命題 1.11 n 次の正方行列 A について，次の二つの条件は同値である．

(1) A は正則である．

(2) $\det A \neq 0$ である．

さらに，A が正則のとき $\det(A^{-1}) = \dfrac{1}{\det A}$ が成り立つ．

この命題の系として，次のこともわかる．

系 1.12 n 次の正方行列 A と B について $AB = I$ が成り立つならば，A と B は正則で，$A = B^{-1}, B = A^{-1}$ である．

証明 $AB = I$ より $\det(AB) = 1$ である．一方で，$\det(AB) = (\det A)(\det B)$ であるから，$(\det A)(\det B) = 1$ である．よって，$\det A$ も $\det B$ も 0 ではないので，A と B は正則である．$AB = I$ の両辺に左から A^{-1} を，右から A を掛けると $BA = I$ を得る．したがって $AB = I$ かつ $BA = I$ であるから，$A = B^{-1}, B = A^{-1}$ である． ■

1.4 数ベクトル空間

1.4.1 数ベクトル空間の定義

n は正の整数であるとする．次で定まる集合 K^n を，K 上の n 次元数ベクトル空間と呼ぶ．

$$K^n = \left\{ \begin{pmatrix} c_1 \\ c_2 \\ \vdots \\ c_n \end{pmatrix} \middle| \, c_1, c_2, \ldots, c_n \in K \right\}$$

10]『線形代数』系 6.20.

本書では K^n の要素を**数ベクトル**と呼ぶ．また，数ベクトル空間 K^n を扱うときには，K の要素を**スカラー**と呼ぶ．

K^n には和と定数倍と呼ばれる演算が以下のように定義される．

1. 和　K^n の要素 $\boldsymbol{x} = \begin{pmatrix} x_1 \\ x_2 \\ \vdots \\ x_n \end{pmatrix}$, $\boldsymbol{y} = \begin{pmatrix} y_1 \\ y_2 \\ \vdots \\ y_n \end{pmatrix}$ に対して，$\boldsymbol{x} + \boldsymbol{y} = \begin{pmatrix} x_1 + y_1 \\ x_2 + y_2 \\ \vdots \\ x_n + y_n \end{pmatrix}$.

2. 定数倍　K^n の要素 $\boldsymbol{x} = \begin{pmatrix} x_1 \\ x_2 \\ \vdots \\ x_n \end{pmatrix}$ と K の要素 λ に対して，$\lambda\boldsymbol{x} = \begin{pmatrix} \lambda x_1 \\ \lambda x_2 \\ \vdots \\ \lambda x_n \end{pmatrix}$.

さらに，K^n の特別な要素として**ゼロベクトル $\mathbf{0}$** を次で定義する．

3. ゼロベクトル　$\mathbf{0} = \begin{pmatrix} 0 \\ 0 \\ \vdots \\ 0 \end{pmatrix}$.

このとき，K^n の数ベクトル $\boldsymbol{a}, \boldsymbol{b}, \boldsymbol{c}$ とスカラー λ, μ をどのようにとっても，以下の等式が成り立つ．

(1)　$(\boldsymbol{a} + \boldsymbol{b}) + \boldsymbol{c} = \boldsymbol{a} + (\boldsymbol{b} + \boldsymbol{c})$　　(2)　$\boldsymbol{a} + \boldsymbol{b} = \boldsymbol{b} + \boldsymbol{a}$

(3)　$\boldsymbol{a} + \mathbf{0} = \boldsymbol{a}$　　(4)　$\boldsymbol{a} + (-1)\boldsymbol{a} = \mathbf{0}$

(5)　$\lambda(\boldsymbol{a} + \boldsymbol{b}) = \lambda\boldsymbol{a} + \lambda\boldsymbol{b}$　　(6)　$\lambda(\mu\boldsymbol{a}) = (\lambda\mu)\boldsymbol{a}$

(7)　$(\lambda + \mu)\boldsymbol{a} = \lambda\boldsymbol{a} + \mu\boldsymbol{a}$　　(8)　$1\boldsymbol{a} = \boldsymbol{a}$

数ベクトル空間 K^n において，第 k 成分のみが 1 でほかの成分は 0 である数ベクトルを次のようにおく．

$$\boldsymbol{e}_1 = \begin{pmatrix} 1 \\ 0 \\ \vdots \\ 0 \end{pmatrix}, \quad \boldsymbol{e}_2 = \begin{pmatrix} 0 \\ 1 \\ \vdots \\ 0 \end{pmatrix}, \quad \ldots, \quad \boldsymbol{e}_n = \begin{pmatrix} 0 \\ 0 \\ \vdots \\ 1 \end{pmatrix} \tag{1.5}$$

これらの数ベクトル $\boldsymbol{e}_1, \boldsymbol{e}_2, \ldots, \boldsymbol{e}_n$ を K^n の**基本ベクトル**と呼ぶ．

以下，本書では紙面を節約するために数ベクトル $\begin{pmatrix} x_1 \\ x_2 \\ \vdots \\ x_n \end{pmatrix}$ を行ベクトルの転置 ${}^t\begin{pmatrix} x_1 & x_2 & \cdots & x_n \end{pmatrix}$ で表すことが多い．

1.4.2 数ベクトル空間の標準内積

$\mathbb{R}$ 上の数ベクトル空間 $\mathbb{R}^n$ に属する数ベクトル $\boldsymbol{x} = {}^t\begin{pmatrix} x_1 & x_2 & \cdots & x_n \end{pmatrix}, \boldsymbol{y} = {}^t\begin{pmatrix} y_1 & y_2 & \cdots & y_n \end{pmatrix}$ に対して，**標準内積** $(\boldsymbol{x}, \boldsymbol{y})$ を次で定義する．

$$(\boldsymbol{x}, \boldsymbol{y}) = x_1y_1 + x_2y_2 + \cdots + x_ny_n$$

$\mathbb{C}$ 上の数ベクトル空間 $\mathbb{C}^n$ においては，標準内積を

$$(\boldsymbol{x}, \boldsymbol{y}) = \overline{x_1}y_1 + \overline{x_2}y_2 + \cdots + \overline{x_n}y_n$$

で定義する．

転置行列および随伴行列の記号を使うと，$\mathbb{R}^n$ における標準内積は

$$(\boldsymbol{x}, \boldsymbol{y}) = {}^t\boldsymbol{x}\,\boldsymbol{y}$$

と表され，$\mathbb{C}^n$ における標準内積は

$$(\boldsymbol{x}, \boldsymbol{y}) = \boldsymbol{x}^*\boldsymbol{y}$$

と表される．このことから次の事実が得られる．

命題 1.13 (1) A が実数を成分とする n 次の正方行列で，$\boldsymbol{x}$ と $\boldsymbol{y}$ が $\mathbb{R}^n$ のベクトルであるとき，$\mathbb{R}^n$ の標準内積に関して $(\boldsymbol{x}, A\boldsymbol{y}) = ({}^tA\boldsymbol{x}, \boldsymbol{y})$ が成り立つ．

(2) A が複素数を成分とする n 次の正方行列で，$\boldsymbol{x}$ と $\boldsymbol{y}$ が $\mathbb{C}^n$ のベクトルであるとき，$\mathbb{C}^n$ の標準内積に関して $(\boldsymbol{x}, A\boldsymbol{y}) = (A^*\boldsymbol{x}, \boldsymbol{y})$ が成り立つ．

証明 いずれも同様の計算で証明できるので，ここでは (2) のみ証明する．$\mathbb{C}^n$ の標準内積は $(\boldsymbol{x}, \boldsymbol{y}) = \boldsymbol{x}^*\boldsymbol{y}$ と表される．よって命題 1.6 の (1) と (3) より

$$(\boldsymbol{x}, A\boldsymbol{y}) = \boldsymbol{x}^*A\boldsymbol{y} = \boldsymbol{x}^*(A^*)^*\boldsymbol{y} = (A^*\boldsymbol{x})^*\boldsymbol{y} = (A^*\boldsymbol{x}, \boldsymbol{y})$$

である． ■

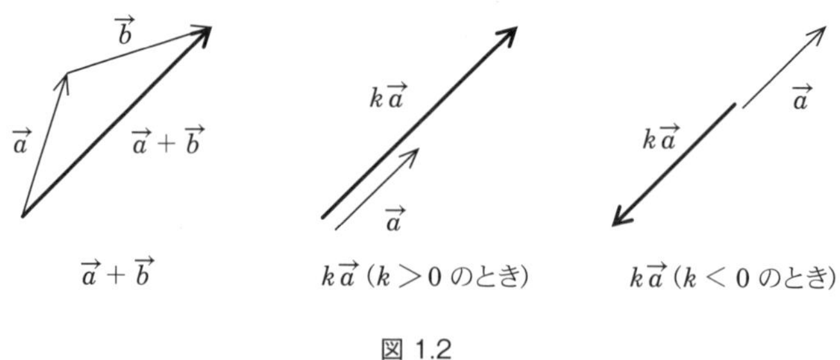

図 1.2

数ベクトル空間 K^n の標準内積に関して，$K=\mathbb{R}$ の場合でも $K=\mathbb{C}$ の場合でも，すべての数ベクトル $\boldsymbol{x}$ について $(\boldsymbol{x},\boldsymbol{x})\geqq 0$ が成り立つ．さらに，$(\boldsymbol{x},\boldsymbol{x})=0$ となるのは，$\boldsymbol{x}=\boldsymbol{0}$ のときに限る [11]．そこで，数ベクトル $\boldsymbol{x}$ の**ノルム** $\|\boldsymbol{x}\|$ を

$$\|\boldsymbol{x}\|=\sqrt{(\boldsymbol{x},\boldsymbol{x})}$$

で定めると，どの数ベクトル $\boldsymbol{x}$ についても $\|\boldsymbol{x}\|\geqq 0$ であり，$\|\boldsymbol{x}\|=0$ となるのは $\boldsymbol{x}=\boldsymbol{0}$ であるときに限る．

1.4.3　数ベクトル空間 $\mathbb{R}^2$ と平面ベクトル

$\mathbb{R}$ 上の 2 次元数ベクトル空間 $\mathbb{R}^2$ と，高校で学ぶ平面ベクトル全体のなす集合の間には一対一対応がある．本書ではこの対応を使って具体例の説明を行うことがあるので，以下で簡単に復習しておく [12]．

線分の二つの端点に対して，片方を始点，もう片方を終点と定めると，線分に向きが定まる．このように線分に向きをつけたものを**有向線分**と呼び，さらに向きと長さが等しい有向線分を同一視したものを**幾何ベクトル**と呼ぶ．二つの幾何ベクトルが等しいとは，向きと長さが等しいときに言う．本書では幾何ベクトルを表すのに，$\vec{a},\vec{x}$ など，文字の上に矢印をつけた記号で表す．また，点 A を始点とし点 B を終点とする幾何ベクトルを $\overrightarrow{\mathrm{AB}}$ で表す．

以下では同一平面上にある幾何ベクトルのみを考える．このような場合には，幾何ベクトルを**平面ベクトル**と呼ぶ．高等学校で学んだように，平面ベクトルには和と定数倍が定義される (図 1.2)．

11] 『線形代数』命題 13.2 および命題 13.6.

12] 『線形代数』第 8 章では 3 次元数ベクトル空間 $\mathbb{R}^3$ と空間ベクトル全体のなす集合との対応について述べている．

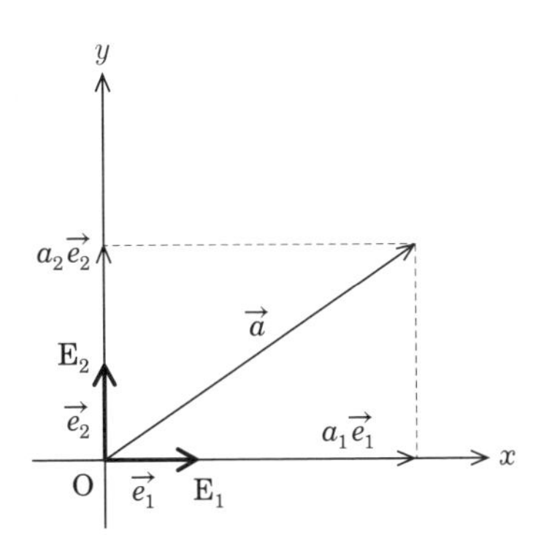

図 1.3

点 O を原点とする xy 平面上に点 $\mathrm{E}_1(1,0), \mathrm{E}_2(0,1)$ を取り，$\vec{e}_1 = \overrightarrow{\mathrm{OE}_1}, \vec{e}_2 = \overrightarrow{\mathrm{OE}_2}$ とおく．xy 平面上のベクトル $\vec{a}$ が与えられたとき，その始点が点 O となるように平行移動させると，$\vec{a} = a_1\vec{e}_1 + a_2\vec{e}_2$ となる実数 a_1, a_2 が $\vec{a}$ に応じてただ一通りに定まる (図 1.3)．そこで $\vec{a}$ に対して，$\mathbb{R}^2$ の数ベクトル $\boldsymbol{a} = {}^t\begin{pmatrix} a_1 & a_2 \end{pmatrix}$ を対応させる．この数ベクトル $\boldsymbol{a}$ を平面ベクトル $\vec{a}$ の**成分表示**と呼ぶ．

平面ベクトルとその成分表示を対応させることにより，平面ベクトル全体のなす集合と数ベクトル空間 $\mathbb{R}^2$ の間に一対一対応が定まる．さらにこの対応で，平面ベクトルの和と定数倍は，数ベクトル空間 $\mathbb{R}^2$ における和と定数倍にそれぞれ対応する．本書では，この対応によって xy 平面上の平面ベクトルと $\mathbb{R}^2$ の数ベクトルを同一視する．

第2章
ベクトル空間

この章では，ベクトル空間の定義を述べて，その具体例を挙げる．後半ではベクトル空間上の演算規則を証明する．

2.1　ベクトル空間の定義

2.1.1　ベクトルとしての多項式

x を変数とする実数係数の 2 次以下の多項式全体のなす集合を $\mathbb{R}[x]_2$ と書く．つまり

$$\mathbb{R}[x]_2 = \{ax^2 + bx + c \,|\, a, b, c \in \mathbb{R}\}$$

である．$\mathbb{R}[x]_2$ の要素 $P(x) = ax^2 + bx + c$, $Q(x) = a'x^2 + b'x + c'$ と，実数の定数 λ に対して，和と定数倍が次で定まる．

$$\begin{aligned} P(x) + Q(x) &= (a + a')x^2 + (b + b')x + (c + c'), \\ \lambda P(x) &= (\lambda a)x^2 + (\lambda b)x + (\lambda c) \end{aligned}$$

集合 $\mathbb{R}[x]_2$ は，これらの和と定数倍について閉じている．つまり，和・定数倍の結果 (上式の右辺) は，ふたたび同じ集合 $\mathbb{R}[x]_2$ に属している．この意味で，和と定数倍は $\mathbb{R}[x]_2$ 上の演算として定義されている．

いま，定数 0 は $0 = 0x^2 + 0x + 0$ と表されるので，$\mathbb{R}[x]_2$ の要素である．これをあえて $\mathbf{0}$ と書いて，ゼロベクトルと呼ぼう．このとき，$\mathbb{R}[x]_2$ の和・定数倍・ゼロベクトルは，14 ページで列挙した数ベクトルの性質 (1)〜(8) と，全く同じ性質を

もつ．すなわち，$P(x), Q(x), R(x)$ が $\mathbb{R}[x]_2$ の要素で，λ, μ が実数の定数のとき，以下の等式が成り立つ．

(1) $(P(x)+Q(x))+R(x)=P(x)+(Q(x)+R(x))$

(2) $P(x)+Q(x)=Q(x)+P(x)$

(3) $P(x)+\mathbf{0}=P(x)$

(4) $P(x)+(-1)P(x)=\mathbf{0}$

(5) $\lambda(P(x)+Q(x))=\lambda P(x)+\lambda Q(x)$

(6) $\lambda(\mu P(x))=(\lambda\mu)P(x)$

(7) $(\lambda+\mu)P(x)=\lambda P(x)+\mu P(x)$

(8) $1\,P(x)=P(x)$

このことから「集合 $\mathbb{R}[x]_2$ を数ベクトル空間と同様に扱えるのではないか」と考えるのは自然だろう．

高校までに学習したように，多項式については $(1-x)(1+2x)=1+x-2x^2$ のような積の演算も考えられる．しかし，$\mathbb{R}[x]_2$ を数ベクトル空間のように見るときには，積の演算を考慮に入れず，和と定数倍の演算だけに着目するのである．このように，ある特定の構造にのみ着目することは，代数学における重要な考え方である．

2.1.2 ベクトル空間の定義

以下，K は実数全体の集合 $\mathbb{R}$ か複素数全体の集合 $\mathbb{C}$ であるとする．

定義 2.1 集合 V に次の二つの演算が定義されているとする．

和 $\boldsymbol{a}, \boldsymbol{b}$ が V の要素であるとき，$\boldsymbol{a}+\boldsymbol{b}$ という V の要素が定まる．

定数倍 $\boldsymbol{a}$ が V の要素で，λ が K の要素であるとき，$\lambda\boldsymbol{a}$ という V の要素が定まる．

そしてゼロベクトル $\mathbf{0}$ という V の特定の要素が指定されているとする．これらの和・定数倍・ゼロベクトルが以下の性質をもつとき，V は K **上のベクトル空間**であるという．

性質 V の要素 $\boldsymbol{a}, \boldsymbol{b}, \boldsymbol{c}$ と K の要素 λ, μ をどのようにとっても，次の等式が成り立つ．

(1) $(\boldsymbol{a}+\boldsymbol{b})+\boldsymbol{c}=\boldsymbol{a}+(\boldsymbol{b}+\boldsymbol{c})$　(2) $\boldsymbol{a}+\boldsymbol{b}=\boldsymbol{b}+\boldsymbol{a}$

(3) $\boldsymbol{a}+\boldsymbol{0}=\boldsymbol{a}$　(4) $\boldsymbol{a}+(-1)\boldsymbol{a}=\boldsymbol{0}$

(5) $\lambda(\boldsymbol{a}+\boldsymbol{b})=\lambda\boldsymbol{a}+\lambda\boldsymbol{b}$　(6) $\lambda(\mu\boldsymbol{a})=(\lambda\mu)\boldsymbol{a}$

(7) $(\lambda+\mu)\boldsymbol{a}=\lambda\boldsymbol{a}+\mu\boldsymbol{a}$　(8) $1\boldsymbol{a}=\boldsymbol{a}$

集合 V が K 上のベクトル空間であるとき，V の要素を**ベクトル**と呼び，K の要素を**スカラー**と呼ぶ．ベクトル $\boldsymbol{a}$ について，$(-1)\boldsymbol{a}$ を $-\boldsymbol{a}$ と表す．そして，ベクトル $\boldsymbol{a}, \boldsymbol{b}$ について $\boldsymbol{a}+(-\boldsymbol{b})$ を $\boldsymbol{a}-\boldsymbol{b}$ と表す．

定義 2.1 では，集合 V における和・定数倍・ゼロベクトルの定義の具体的な内容については言及していない．性質 (1)〜(8) をもつ和・定数倍・ゼロベクトルが定義されていることだけを要求していて，集合 V にこれらが定義されているときに，V はベクトル空間であると言うのである．

注意 定義 2.1 の性質 (1)〜(8) において，(6) の右辺の $\lambda\mu$ と，(7) の左辺の $\lambda+\mu$ は，それぞれ K における掛け算と足し算である．これら以外の演算は，V において定義された和と定数倍である．

2.2 ベクトル空間の例

例 2.2 数ベクトル空間 K^n

数ベクトル空間 K^n には，定義 2.1 の (1)〜(8) を満たす和・定数倍・ゼロベクトルが定義されている (1.4 節)．よって K^n は K 上のベクトル空間である．

例 2.3 K 係数の多項式全体のなす集合 $K[x]$

x を変数とする K 係数の多項式全体のなす集合を $K[x]$ と書く[1]．高校までに学習したように，$K[x]$ には和と定数倍が定義される．さらに，定数 0 をゼロベクトルとして定めれば，これらの和・定数倍・ゼロベクトルは定義 2.1 の条件 (1)〜(8) を満たす．よって $K[x]$ は K 上のベクトル空間である．

1］ 多項式については付録 A 節を参照のこと．

例 2.4 K の要素を成分とする (m,n) 型行列全体のなす集合 $M(m,n;K)$

m,n は正の整数であるとする．このとき，K の要素を成分とする (m,n) 型行列全体のなす集合を $M(m,n;K)$ と表す．また，n 次の正方行列全体のなす集合を $M_n(K)$ と表す．これらの集合には行列の和と定数倍が定義されている (1.1 節)．そして，零行列をゼロベクトルとして定めれば，命題 1.3 より，これらの和・定数倍・ゼロベクトルは定義 2.1 の (1)〜(8) を満たす．よって，$M(m,n;K)$ および $M_n(K)$ は K 上のベクトル空間である．特に，$(m,1)$ 型行列とは m 次の列ベクトルにほかならないから，$M(m,1;K)$ は K 上のベクトル空間として数ベクトル空間 K^m と同一視できる．

例 2.5 K の要素を並べた無限数列全体のなす集合 $\ell(K)$

K の要素を一列に並べてできる数列全体のなす集合を $\ell(K)$ で表す．以下，第 n 項を a_n とおいた数列を (a_n) と表す．$\ell(K)$ の要素 $(a_n),(b_n)$ と，K の要素 λ について，和 $(a_n)+(b_n)$ と定数倍 $\lambda(a_n)$ を次で定義する．

$$(a_n)+(b_n)=(a_n+b_n), \quad \lambda(a_n)=(\lambda a_n)$$

すなわち，(a_n) と (b_n) の和とは，第 n 項が a_n+b_n である数列で，(a_n) の λ 倍とは，第 n 項が λa_n の数列である．たとえば，(a_n) が正の整数を小さいものから順に並べた数列 $(1,2,3,\ldots)$ で，(b_n) が 1 と -1 を交互に並べた数列 $(1,-1,1,-1,\ldots)$ ならば

$$(a_n)+(b_n)=(1+1,2+(-1),3+1,4+(-1),\ldots)=(2,1,4,3,\ldots),$$
$$2(a_n)=(2\cdot 1,2\cdot 2,2\cdot 3,2\cdot 4,\ldots)=(2,4,6,8,\ldots)$$

である．さらに，0 を並べた数列 $(0,0,0,\ldots)$ をゼロベクトルとして定める．以上で定義された和・定数倍・ゼロベクトルは，定義 2.1 の性質 (1)〜(8) をもつ．よって，$\ell(K)$ は K 上のベクトル空間である．

例 2.6 閉区間 $[a,b]$ において連続な関数全体のなす集合 $C([a,b])$

a,b は $a<b$ を満たす実数とする．閉区間 $[a,b]$ において連続な (実数値) 関数全体のなす集合を $C([a,b])$ と書く．$C([a,b])$ の要素 f,g が等しいとは，$a \leqq t \leqq b$ の範囲にあるすべての実数 t について $f(t)=g(t)$ が成り立つことである．

$C([a,b])$ の要素 f,g と，実数の定数 λ について，閉区間 $[a,b]$ 上の関数 $f+g$ と

λf を次で定義する.

$$(f+g)(t) = f(t) + g(t), \quad (\lambda f)(t) = \lambda \cdot f(t)$$

上の等式は次のように読む. 閉区間 $[a,b]$ 上の関数を定めるには, $[a,b]$ の各点 t における値を定めればよい. そこで, $f+g$ は点 t において $f(t)+g(t)$ という値を取る関数として定める. 同様に λf は点 t において $\lambda f(t)$ という値を取る関数として定める.

関数 f, g が閉区間 $[a,b]$ において連続ならば, $f+g$ と λf も $[a,b]$ において連続である2]. したがって, $C([a,b])$ には和 $f+g$ と実数の定数倍 λf という演算が定義されている. さらに, $a \leqq t \leqq b$ の範囲のすべての点 t において 0 となる定数関数をゼロベクトル $\mathbf{0}$ として定める. 以上のように定義される和・定数倍・ゼロベクトルは, $K=\mathbb{R}$ の場合の定義 2.1 の性質 (1)〜(8) をもつことがわかる. 以下で性質 (3) の等式が成り立つことを示そう.

f は $C([a,b])$ の要素であるとする. このとき $f+\mathbf{0}=f$ であること, つまり $a \leqq t \leqq b$ の範囲にあるすべての t について $(f+\mathbf{0})(t)=f(t)$ が成り立つことを示せばよい. t は $a \leqq t \leqq b$ の範囲にあるとする. $C([a,b])$ における和の定義より

$$(f+\mathbf{0})(t) = f(t) + \mathbf{0}(t)$$

である. そして $\mathbf{0}$ は 0 を値として取る定数関数だから,

$$f(t) + \mathbf{0}(t) = f(t) + 0 = f(t)$$

である. よって $(f+\mathbf{0})(t)=f(t)$ である. したがって $f+\mathbf{0}=f$ が成り立つ. (3) 以外の性質も同様にして確かめられる.

以上より, $C([a,b])$ は $\mathbb{R}$ 上のベクトル空間である.

例 2.7 $\mathbb{R}$ 上のベクトル空間としての集合 $\mathbb{C}$

複素数全体の集合 $\mathbb{C}$ には和と積が定義されている. この積について, 複素数に実数を掛ける操作にのみ着目すれば, $\mathbb{C}$ には和と, 実数の定数倍が定義されていることになる. そして, 0 をゼロベクトルと定めれば, これらは $K=\mathbb{R}$ の場合の定義 2.1 の性質 (1)〜(8) をもつ. よって, $\mathbb{C}$ は $\mathbb{R}$ 上のベクトル空間である.

2] このことを本書では証明せずに用いる. これをきちんと証明するには, いわゆるイプシロン・デルタ論法を使って「関数が連続であるとはどういうことか」を定義する必要がある.

例 2.8 ゼロベクトルだけからなるベクトル空間 $\{\mathbf{0}\}$

ただ一つの要素 $\mathbf{0}$ だけからなる集合 $\{\mathbf{0}\}$ を考える．この要素どうしの和を $\mathbf{0}+\mathbf{0}=\mathbf{0}$ で定める．そして，K のどの要素 λ についても，$\lambda\mathbf{0}=\mathbf{0}$ であると定める．さらに，$\mathbf{0}$ をゼロベクトルと定めれば，定義 2.1 の (1)〜(8) はすべて満たされる．したがって，$\{\mathbf{0}\}$ は K 上のベクトル空間である．

以上の例のように，数ベクトル空間のほかにも，多項式，行列，数列，関数からなるベクトル空間がある．これらのベクトル空間を考えるときには，多項式，行列，数列，関数を「ベクトル」と呼ぶ[3]．たとえば，関数からなるベクトル空間において，一般的なベクトル空間で成り立つ事実を使うときには，関数をベクトルとして扱って適用するのである．

2.3 ベクトルの演算規則

線形代数の理論は，前節で列挙したようなベクトル空間すべてに共通する性質の記述を目指す．その出発点は定義 2.1 であり，そこで述べられていないことを議論の前提として持ち込むことはできない．

たとえば，$\boldsymbol{a}$ が数ベクトルであれば $0\boldsymbol{a}=\mathbf{0}$ が成り立つ．これは自明なことのように思えるが，それは数ベクトル空間における定数倍とゼロベクトルの定義 (14 ページ) を知っているからである．ベクトル空間を一般的に扱うときには，個々のベクトル空間における和や定数倍の具体的な定義は使えない．よって，どのベクトル空間においても $0\boldsymbol{a}=\mathbf{0}$ であるとは，すぐには言えないのである．定義 2.1 で述べた性質 (1)〜(8) だけから導出できることでなければ，すべてのベクトル空間において成り立つとは言えない．

では，性質 (1)〜(8) だけからどれだけのことが言えるのだろうか．以下で見るように，これらの性質だけから十分たくさんの演算規則を導くことができる．

2.3.1 3 個以上のベクトルの和

まず，3 個以上のベクトルの和について考える．K 上のベクトル空間 V の 3 個のベクトル $\boldsymbol{x},\boldsymbol{y},\boldsymbol{z}$ の和を考えたい．しかし，定義 2.1 では「2 個のベクトルの和

3] 定義 2.1 の最後に述べたように，ベクトル空間の要素のことをベクトルという．

が定まる」ことしか述べていない．よって，3 個のベクトルの和を一度にとることはできず,「まず $\boldsymbol{x}$ と $\boldsymbol{y}$ の和 $\boldsymbol{x}+\boldsymbol{y}$ をとってから，$\boldsymbol{x}+\boldsymbol{y}$ と $\boldsymbol{z}$ の和をとる」というように順々に和をとらなければならない．このような和のとり方は次の 12 通りある．

$$
\begin{array}{llll}
(\boldsymbol{x}+\boldsymbol{y})+\boldsymbol{z} & \boldsymbol{x}+(\boldsymbol{y}+\boldsymbol{z}) & (\boldsymbol{x}+\boldsymbol{z})+\boldsymbol{y} & \boldsymbol{x}+(\boldsymbol{z}+\boldsymbol{y}) \\
(\boldsymbol{y}+\boldsymbol{x})+\boldsymbol{z} & \boldsymbol{y}+(\boldsymbol{x}+\boldsymbol{z}) & (\boldsymbol{y}+\boldsymbol{z})+\boldsymbol{x} & \boldsymbol{y}+(\boldsymbol{z}+\boldsymbol{x}) \\
(\boldsymbol{z}+\boldsymbol{x})+\boldsymbol{y} & \boldsymbol{z}+(\boldsymbol{x}+\boldsymbol{y}) & (\boldsymbol{z}+\boldsymbol{y})+\boldsymbol{x} & \boldsymbol{z}+(\boldsymbol{y}+\boldsymbol{x})
\end{array}
$$

定義 2.1 の性質 (1), (2) から，これらはすべて等しいことが示せる．たとえば $(\boldsymbol{x}+\boldsymbol{y})+\boldsymbol{z}$ と $\boldsymbol{z}+(\boldsymbol{y}+\boldsymbol{x})$ が等しいことは以下のようにして導かれる．まず，性質 (2) より $\boldsymbol{x}+\boldsymbol{y}=\boldsymbol{y}+\boldsymbol{x}$ なので，$(\boldsymbol{x}+\boldsymbol{y})+\boldsymbol{z}=(\boldsymbol{y}+\boldsymbol{x})+\boldsymbol{z}$ である．右辺に性質 (1) を使えば $(\boldsymbol{y}+\boldsymbol{x})+\boldsymbol{z}=\boldsymbol{y}+(\boldsymbol{x}+\boldsymbol{z})$ を得る．この右辺に対して性質 (1), (2) を繰り返し使えば

$$
\boldsymbol{y}+(\boldsymbol{x}+\boldsymbol{z}) \overset{(2)}{=} \boldsymbol{y}+(\boldsymbol{z}+\boldsymbol{x}) \overset{(1)}{=} (\boldsymbol{y}+\boldsymbol{z})+\boldsymbol{x} \overset{(2)}{=} (\boldsymbol{z}+\boldsymbol{y})+\boldsymbol{x} \overset{(1)}{=} \boldsymbol{z}+(\boldsymbol{y}+\boldsymbol{x})
$$

と変形できる．したがって $(\boldsymbol{x}+\boldsymbol{y})+\boldsymbol{z}=\boldsymbol{z}+(\boldsymbol{y}+\boldsymbol{x})$ である．同様にして，ほかの和もすべて $(\boldsymbol{x}+\boldsymbol{y})+\boldsymbol{z}$ と等しいことが証明できる[4]．

以上のようにして，3 個のベクトル $\boldsymbol{x},\boldsymbol{y},\boldsymbol{z}$ の和は，和のとり方の順序によらず一つのベクトルに定まることが分かる．そこで，和の順序を指定するカッコを省略して $\boldsymbol{x}+\boldsymbol{y}+\boldsymbol{z}$ と表す．

3 個以上のベクトル $\boldsymbol{a}_1,\boldsymbol{a}_2,\ldots,\boldsymbol{a}_r$ についても，その和は一通りに定まることが性質 (1), (2) を使って証明できる[5]．これらの和もカッコを省略して $\boldsymbol{a}_1+\boldsymbol{a}_2+\cdots+\boldsymbol{a}_r$ と書く．もしくは，和の記号 Σ を使って $\sum_{j=1}^{r}\boldsymbol{a}_j$ と書く．このとき，同じ個数の V のベクトル $\boldsymbol{a}_1,\boldsymbol{a}_2,\ldots,\boldsymbol{a}_r$ と $\boldsymbol{b}_1,\boldsymbol{b}_2,\ldots,\boldsymbol{b}_r$ をどのようにとっても

$$
\sum_{j=1}^{r}\boldsymbol{a}_j+\sum_{j=1}^{r}\boldsymbol{b}_j=\sum_{j=1}^{r}(\boldsymbol{a}_j+\boldsymbol{b}_j)
$$

が成り立つ．

4] ここまでの計算過程において 6 通りの和 $(\boldsymbol{x}+\boldsymbol{y})+\boldsymbol{z},(\boldsymbol{y}+\boldsymbol{x})+\boldsymbol{z},\boldsymbol{y}+(\boldsymbol{z}+\boldsymbol{x}),(\boldsymbol{y}+\boldsymbol{z})+\boldsymbol{x},(\boldsymbol{z}+\boldsymbol{y})+\boldsymbol{x},\boldsymbol{z}+(\boldsymbol{y}+\boldsymbol{x})$ はすべて等しいことが示されているので，残りの 6 通りの和がこれらのいずれかと等しいことを確認すればよい．

5] ベクトルの個数 r に関する数学的帰納法を使う．証明はやや難しいので，本書では省略する．

2.3.2 定数倍の分配法則

命題 2.9 r は正の整数であるとする．K 上のベクトル空間において次のことが成り立つ．

(1) r 個のベクトル $\boldsymbol{a}_1, \boldsymbol{a}_2, \ldots, \boldsymbol{a}_r$ と，スカラー λ をどのようにとっても，$\sum_{j=1}^{r}(\lambda \boldsymbol{a}_j) = \lambda \sum_{j=1}^{r} \boldsymbol{a}_j$ である．

(2) r 個のスカラー $\lambda_1, \lambda_2, \ldots, \lambda_r$ と，ベクトル $\boldsymbol{a}$ をどのようにとっても，$\sum_{j=1}^{r}(\lambda_j \boldsymbol{a}) = (\sum_{j=1}^{r} \lambda_j)\boldsymbol{a}$ である．

証明 ここでは (1) を r に関する数学的帰納法によって示す．$r=1$ のときに成り立つことは明らかである．k を正の整数として，$r=k$ のときに示すべき等式が成り立つことを仮定する．$r=k+1$ の場合を考える．$(k+1)$ 個のベクトル $\boldsymbol{a}_1, \boldsymbol{a}_2, \ldots, \boldsymbol{a}_{k+1}$ とスカラー λ をとる．和の記号の定義から

$$\sum_{j=1}^{k+1}(\lambda \boldsymbol{a}_j) = \sum_{j=1}^{k}(\lambda \boldsymbol{a}_j) + \lambda \boldsymbol{a}_{k+1}$$

であり，右辺の第 1 項に数学的帰納法の仮定を適用すれば，右辺は $\lambda \sum_{j=1}^{k} \boldsymbol{a}_j + \lambda \boldsymbol{a}_{k+1}$ と書き直される．$\sum_{j=1}^{k} \boldsymbol{a}_j$ と $\boldsymbol{a}_{k+1}$ はともに V のベクトルであるから，定義 2.1 の性質 (5) を使って

$$\lambda \sum_{j=1}^{k} \boldsymbol{a}_j + \lambda \boldsymbol{a}_{k+1} = \lambda(\sum_{j=1}^{k} \boldsymbol{a}_j + \boldsymbol{a}_{k+1}) = \lambda \sum_{j=1}^{k+1} \boldsymbol{a}_j$$

を得る．よって $\sum_{j=1}^{k+1}(\lambda \boldsymbol{a}_j) = \lambda \sum_{j=1}^{k+1} \boldsymbol{a}_j$ である．つまり，$r=k+1$ のときにも示すべき等式は成り立つ．以上より，すべての正の整数 r について $\sum_{j=1}^{r}(\lambda \boldsymbol{a}_j) = \lambda \sum_{j=1}^{r} \boldsymbol{a}_j$ である．(2) も定義 2.1 の性質 (7) を使って同様に証明できる (問 2.3)． ■

2.3.3 移項

次の命題で示すように，ベクトルの等式においては通常の文字式のように移項の操作ができる．

命題 2.10　K 上のベクトル空間のベクトル $\boldsymbol{a}, \boldsymbol{b}, \boldsymbol{c}$ について，次の二つの条件は同値である．

(1)　$\boldsymbol{a}+\boldsymbol{b}=\boldsymbol{c}$ が成り立つ．

(2)　$\boldsymbol{a}=\boldsymbol{c}-\boldsymbol{b}$ が成り立つ．

証明　(1) ならば (2) であること　$\boldsymbol{a}+\boldsymbol{b}=\boldsymbol{c}$ が成り立つとする．両辺に $(-1)\boldsymbol{b}$ を加えると

$$\boldsymbol{a}+\boldsymbol{b}+(-1)\boldsymbol{b}=\boldsymbol{c}+(-1)\boldsymbol{b} \tag{2.1}$$

を得る．定義 2.1 の性質 (4) と (3) を順に使って (2.1) の左辺を変形すると

$$\boldsymbol{a}+\boldsymbol{b}+(-1)\boldsymbol{b} \overset{(4)}{=} \boldsymbol{a}+\boldsymbol{0} \overset{(3)}{=} \boldsymbol{a}$$

となる．(2.1) の右辺は $\boldsymbol{c}-\boldsymbol{b}$ の定義そのものであるから[6]，$\boldsymbol{a}=\boldsymbol{c}-\boldsymbol{b}$ である．

(2) ならば (1) であること　$\boldsymbol{a}=\boldsymbol{c}-\boldsymbol{b}$ が成り立つとする．このとき $\boldsymbol{c}+(-1)\boldsymbol{b}=\boldsymbol{a}$ である．(1) ならば (2) が正しいことはすでに示したから，$\boldsymbol{c}=\boldsymbol{a}-(-1)\boldsymbol{b}$ である．この右辺は $\boldsymbol{a}+(-1)((-1)\boldsymbol{b})$ であり，定義 2.1 の性質 (6) と (8) を順に使えば

$$(-1)((-1)\boldsymbol{b}) \overset{(6)}{=} ((-1)(-1))\boldsymbol{b}=1\boldsymbol{b} \overset{(8)}{=} \boldsymbol{b}$$

を得るので，$\boldsymbol{a}+(-1)((-1)\boldsymbol{b})=\boldsymbol{a}+\boldsymbol{b}$ である．よって $\boldsymbol{c}=\boldsymbol{a}+\boldsymbol{b}$ が成り立つ．■

2.3.4　定数倍に関する性質

命題 2.11　K 上のベクトル空間のベクトル $\boldsymbol{a}$ とスカラー λ をどのようにとっても，$-(\lambda\boldsymbol{a})=(-\lambda)\boldsymbol{a}$ である．

証明　記号の定義より $-(\lambda\boldsymbol{a})=(-1)(\lambda\boldsymbol{a})$ である．定義 2.1 の性質 (6) より，右辺は $((-1)\lambda)\boldsymbol{a}=(-\lambda)\boldsymbol{a}$ に等しい．■

最後に，ゼロベクトルに関する演算規則を証明する．そのための準備として次の補題を示す．

補題 2.12　K 上のベクトル空間のベクトル $\boldsymbol{a}$ が $\boldsymbol{a}+\boldsymbol{a}=\boldsymbol{a}$ を満たすならば，$\boldsymbol{a}=\boldsymbol{0}$ である．

6]　定義 2.1 の最後の部分を見よ．

証明　ベクトル $\boldsymbol{a}$ は $\boldsymbol{a}+\boldsymbol{a}=\boldsymbol{a}$ を満たすので，命題 2.10 より $\boldsymbol{a}=\boldsymbol{a}-\boldsymbol{a}$ も満たす．定義 2.1 の性質 (4) より

$$\boldsymbol{a}-\boldsymbol{a}=\boldsymbol{a}+(-1)\boldsymbol{a}\overset{(4)}{=}\boldsymbol{0}$$

が成り立つので，$\boldsymbol{a}=\boldsymbol{0}$ である．■

命題 2.13　K 上のベクトル空間において，次の二つのことが成り立つ．

(1)　どのベクトル $\boldsymbol{a}$ についても，$0\boldsymbol{a}=\boldsymbol{0}$ である．

(2)　どのスカラー λ についても，$\lambda\boldsymbol{0}=\boldsymbol{0}$ である．

証明　ここでは (1) の証明を述べる．$0=0+0$ だから，定義 2.1 の性質 (7) より

$$0\,\boldsymbol{a}=(0+0)\boldsymbol{a}\overset{(7)}{=}0\,\boldsymbol{a}+0\,\boldsymbol{a}$$

である．よって，補題 2.12 より $0\,\boldsymbol{a}=\boldsymbol{0}$ である．(2) は演習問題とする (問 2.4).

■

系 2.14　V は K 上の $\{\boldsymbol{0}\}$ でないベクトル空間であるとする．V のベクトル $\boldsymbol{v}$ とスカラー λ について $\lambda\boldsymbol{v}=\boldsymbol{0}$ が成り立つならば，$\boldsymbol{v}=\boldsymbol{0}$ または $\lambda=0$ である．

証明　$\lambda\boldsymbol{v}=\boldsymbol{0}$ かつ $\lambda\neq 0$ であるとする．$\lambda\boldsymbol{v}=\boldsymbol{0}$ の両辺を λ^{-1} 倍して $\lambda^{-1}(\lambda\boldsymbol{v})=\lambda^{-1}\boldsymbol{0}$ を得る．定義 2.1 の性質 (6) と (8) より

$$\lambda^{-1}(\lambda\boldsymbol{v})\overset{(6)}{=}(\lambda^{-1}\lambda)\boldsymbol{v}=1\boldsymbol{v}\overset{(8)}{=}\boldsymbol{v}$$

である．一方で，命題 2.13 (2) より $\lambda^{-1}\boldsymbol{0}=\boldsymbol{0}$ である．よって $\boldsymbol{v}=\boldsymbol{0}$ である．以上より，$\lambda\boldsymbol{v}=\boldsymbol{0}$ のとき $\lambda=0$ または $\boldsymbol{v}=\boldsymbol{0}$ である．■

この節で証明した演算規則は，本書の議論で断りなく用いる．いずれもベクトル空間の定義 2.1 の性質 (1)〜(8) だけから導出されたことに，あらためて注意しておく．

演習問題

問 2.1　実数全体の集合 $\mathbb{R}$ において，新しい和 $\oplus$ と定数倍 $\triangleleft$ を次で定義する．

$$a \oplus b = a + b + 3, \quad \lambda \triangleleft a = \lambda a + 3(\lambda - 1)$$

ただし，右辺の和と定数倍は通常の実数の和と定数倍である．そして $\widehat{\mathbf{0}} = -3$ とおく．このとき，$\oplus, \triangleleft, \widehat{\mathbf{0}}$ について $\mathbb{R}$ はベクトル空間であることを示そう．

(1) いまの場合に，ベクトル空間の定義 2.1 の 8 個の条件式 (1)〜(8) を，上で定めた記号 $\oplus, \triangleleft, \widehat{\mathbf{0}}$ を使って書き下せ．

(2) (1) で書き下した等式が成り立つことを確認せよ．

問 2.2　実数を成分とする 2 次の正方行列全体のなす集合 $M_2(\mathbb{R})$ において，新しい和 $\dagger$ を次で定義する．

$$\begin{pmatrix} a_{11} & a_{12} \\ a_{21} & a_{22} \end{pmatrix} \dagger \begin{pmatrix} b_{11} & b_{12} \\ b_{21} & b_{22} \end{pmatrix} = \begin{pmatrix} a_{11} + b_{11} & a_{12} + b_{12} \\ 0 & a_{22} + b_{22} \end{pmatrix}$$

そして，定数倍は通常のように

$$\lambda \begin{pmatrix} a_{11} & a_{12} \\ a_{21} & a_{22} \end{pmatrix} = \begin{pmatrix} \lambda a_{11} & \lambda a_{12} \\ \lambda a_{21} & \lambda a_{22} \end{pmatrix}$$

と定義し，零行列をゼロベクトルとして定めるとき，これらの和 $\dagger$ および定数倍，ゼロベクトルに関して，$M_2(\mathbb{R})$ は $\mathbb{R}$ 上のベクトル空間であるか？(ヒント：定義 2.1 の性質 (1)〜(8) はすべて満たされるか？)

問 2.3　命題 2.9 (2) を証明せよ．

問 2.4　命題 2.13 (2) を証明せよ．(ヒント：定義 2.1 の性質 (3) より $\mathbf{0} + \mathbf{0} = \mathbf{0}$ である．)

第3章 部分空間

この章ではベクトル空間の部分空間の概念を導入する．また，部分空間の重要な例として，ベクトルの組が生成する部分空間について説明する．

3.1 部分空間の定義と例

定義 3.1 V は K 上のベクトル空間であるとする．V の空でない部分集合 W が次の二つの条件を満たすとき，W は V の**部分空間**であるという．

(1) W の要素 $\boldsymbol{a}, \boldsymbol{b}$ をどのようにとっても，$\boldsymbol{a} + \boldsymbol{b} \in W$ である．

(2) W の要素 $\boldsymbol{a}$ と，スカラー λ をどのようにとっても，$\lambda\boldsymbol{a} \in W$ である．

まず，自明な部分空間の例を二つ挙げる．

例 3.2 V が K 上のベクトル空間であるとき，V 自身は V の部分空間である．

例 3.3 V が K 上のベクトル空間であるとき，V のゼロベクトルだけからなる集合 $W = \{\mathbf{0}\}$ は，定義 3.1 の二つの条件を満たすことを示そう．

まず，条件 (1) を考える．W の要素は $\mathbf{0}$ のみであるから，$\mathbf{0} + \mathbf{0} \in W$ であることを示せばよいが，定義 2.1 の性質 (3) より $\mathbf{0} + \mathbf{0} = \mathbf{0}$ であるから，条件 (1) は満たされる．

次に，条件 (2) を考える．命題 2.13 (2) より，どのスカラー λ についても，$\lambda\mathbf{0} = \mathbf{0}$ であるから $\lambda\mathbf{0} \in W$ である．よって条件 (2) も満たされる．

以上より，$\{\mathbf{0}\}$ は部分空間である．

例 3.3 で述べたゼロベクトルだけからなる部分空間は，部分空間のなかで最小のものであることが，次の命題からわかる．

命題 3.4　W は K 上のベクトル空間 V の部分空間であるとする．このとき，V のゼロベクトルは W に属する．

証明　W は V の部分空間であるとする．W は空でないから，W に属するベクトル $\boldsymbol{a}$ を一つ取れる．このとき，定義 3.1 の条件 (2) より，$0\boldsymbol{a}$ も W の要素である．命題 2.13 (2) より $0\boldsymbol{a} = \boldsymbol{0}$ であるから，$\boldsymbol{0}$ は W に属する．■

W がベクトル空間 V の部分空間であるとき，定義 3.1 の二つの条件より，W は V の和と定数倍について閉じる．この和と定数倍は，定義 2.1 の性質 (1)〜(8) をもつ．さらに，上の命題 3.4 から，V のゼロベクトルは W に属する．よって，V から部分集合 W を取り出し，W における和と定数倍を V と同じものとして定義し，$\boldsymbol{0}$ を W のゼロベクトルと定めれば，W は K 上のベクトル空間である．以上より，ベクトル空間の部分空間はベクトル空間である．

例 3.5　d は正の整数であるとする．K 係数の多項式全体のなすベクトル空間 $K[x]$ の要素のうち，次数が d 以下のもののなす部分集合を $K[x]_d$ とする．$P(x), Q(x)$ が $K[x]_d$ の要素であるとき，すなわち $P(x), Q(x)$ の次数が d 以下であるとき，和 $P(x) + Q(x)$ と定数倍 $\lambda P(x)$ の次数も d 以下である．よって $K[x]_d$ は定義 3.1 の二つの条件を満たすから，$K[x]$ の部分空間である．したがって，$K[x]_d$ は多項式の和と定数倍に関して K 上のベクトル空間である．

部分空間の具体例をさらに挙げよう．

例 3.6　n は正の整数であるとする．数ベクトル空間 K^n の部分集合 W を

$$W = \left\{ \begin{pmatrix} x_1 \\ x_2 \\ \vdots \\ x_n \end{pmatrix} \in K^n \;\middle|\; \sum_{j=1}^{n} x_j = 0 \right\}$$

で定めると，W は K^n の部分空間である (問 3.1).

例 3.7 K の要素を成分とする n 次の正方行列全体のなすベクトル空間 $M_n(K)$ を考える (例 2.4). $M_n(K)$ の部分集合 $sl_n(K)$ を次で定める.

$$sl_n(K) = \{A \in M_n(K) \mid \mathrm{tr}\, A = 0\}$$

このとき，命題 1.7 (1), (2) より，$sl_n(K)$ は $M_n(K)$ の部分空間である (問 3.2).

例 3.8 K の要素 a を一つとって固定する．例 2.3 で述べた K 係数の多項式のなすベクトル空間 $K[x]$ について，その部分集合 W を次で定める.

$$W = \{P(x) \in K[x] \mid P(a) = 0\}$$

このとき，W は $K[x]$ の部分空間であることを示そう．定義 3.1 の二つの条件を順に確認する.

<u>条件 (1) を満たすこと</u>　$P(x), Q(x)$ は W の要素であるとする．このとき，和 $P(x)+Q(x)$ に $x=a$ を代入すると $P(a)+Q(a)=0+0=0$ となる．よって $P(x)+Q(x)$ は W に属する.

<u>条件 (2) を満たすこと</u>　$P(x)$ が W の要素で，λ がスカラーであるとする．このとき，定数倍 $\lambda P(x)$ に $x=a$ を代入すると $\lambda P(a) = \lambda \cdot 0 = 0$ となるので，$\lambda P(x)$ も W に属する.

以上より，W は $K[x]$ の部分空間である.

例 3.9 例 2.5 で定義した無限数列のなすベクトル空間 $\ell(K)$ の部分集合 F を次で定めるとき，F は $\ell(K)$ の部分空間であることを示そう.

$$F = \left\{ (a_n) \in \ell(K) \;\middle|\; \begin{array}{l} \text{すべての正の整数 } n \text{ について} \\ a_{n+2} = a_n + a_{n+1} \text{ が成り立つ.} \end{array} \right\}$$

<u>条件 (1) を満たすこと</u>　数列 $(a_n), (b_n)$ は F に属するとする．これらの和を (c_n) とおくと，すべての正の整数 n について $c_n = a_n + b_n$ である．$(a_n), (b_n)$ は F の要素であるから，どの正の整数 n についても

$$\begin{aligned} c_{n+2} &= a_{n+2} + b_{n+2} = (a_n + a_{n+1}) + (b_n + b_{n+1}) \\ &= (a_n + b_n) + (a_{n+1} + b_{n+1}) = c_n + c_{n+1} \end{aligned}$$

となる．よって $(a_n)+(b_n)$ は F に属する.

<u>条件 (2) を満たすこと</u>　数列 (a_n) は F に属するとし，λ はスカラーであるとす

る．このとき，数列 $\lambda(a_n)$ を (d_n) とおくと，すべての正の整数 n について $d_n = \lambda a_n$ である．(a_n) は F の要素であるから，すべての正の整数 n について

$$d_{n+2} = \lambda a_{n+2} = \lambda(a_n + a_{n+1}) = \lambda a_n + \lambda a_{n+1} = d_n + d_{n+1}$$

が成り立つ．よって $\lambda(a_n)$ は F に属する．

以上より，F は $\ell(K)$ の部分空間である．

例 3.10 実数全体において定義された実数値連続関数全体のなす集合を $C(\mathbb{R})$ で表す．このとき，例 2.6 の議論と同様にして，$C(\mathbb{R})$ は $\mathbb{R}$ 上のベクトル空間であることがわかる．いま，$C(\mathbb{R})$ の要素であって偶関数もしくは奇関数であるものの全体のなす集合を，それぞれ W_0, W_1 とおく．すなわち

$$W_0 = \{h \in C(\mathbb{R}) \mid \text{すべての実数 } x \text{ について } h(x) = h(-x) \text{ が成り立つ.}\},$$
$$W_1 = \{h \in C(\mathbb{R}) \mid \text{すべての実数 } x \text{ について } h(x) = -h(-x) \text{ が成り立つ.}\}$$

とする．このとき，W_0, W_1 は $C(\mathbb{R})$ の部分空間である (問 3.3)．

3.2 ベクトルの組が生成する部分空間

ここで一般のベクトル空間に話を戻して，線形結合の概念を定義する．

定義 3.11 V は K 上のベクトル空間であるとし，$\boldsymbol{v}_1, \boldsymbol{v}_2, \ldots, \boldsymbol{v}_r$ は V のベクトルであるとする．V のベクトル $\boldsymbol{x}$ について，$\boldsymbol{x} = \sum_{k=1}^{r} \lambda_k \boldsymbol{v}_k$ を満たすスカラー $\lambda_1, \lambda_2, \ldots, \lambda_r$ が存在するとき，$\boldsymbol{x}$ は $\boldsymbol{v}_1, \boldsymbol{v}_2, \ldots, \boldsymbol{v}_r$ の**線形結合** (もしくは **1 次結合**) であるという．

例 3.12 数ベクトル空間 K^3 の数ベクトル

$$\boldsymbol{x} = \begin{pmatrix} 2 \\ -1 \\ -1 \end{pmatrix}, \quad \boldsymbol{a}_1 = \begin{pmatrix} 1 \\ -1 \\ 0 \end{pmatrix}, \quad \boldsymbol{a}_2 = \begin{pmatrix} 0 \\ 1 \\ -1 \end{pmatrix}$$

を考える．このとき，$\boldsymbol{x} = 2\boldsymbol{a}_1 + \boldsymbol{a}_2$ であるから，$\boldsymbol{x}$ は $\boldsymbol{a}_1, \boldsymbol{a}_2$ の線形結合である．

V は K 上のベクトル空間であるとし，$\boldsymbol{v}_1, \boldsymbol{v}_2, \ldots, \boldsymbol{v}_r$ は V のベクトルであるとする．このとき，これらのベクトルの線形結合全体のなす集合を $\langle \boldsymbol{v}_1, \boldsymbol{v}_2, \ldots, \boldsymbol{v}_r \rangle$

と表す．すなわち

$$\langle \boldsymbol{v}_1, \boldsymbol{v}_2, \ldots, \boldsymbol{v}_r \rangle = \left\{ \boldsymbol{x} \in V \;\middle|\; \begin{array}{l} \boldsymbol{x} = \sum_{k=1}^{r} \lambda_k \boldsymbol{v}_k \text{ を満たすスカラー} \\ \lambda_1, \lambda_2, \ldots, \lambda_r \text{ が存在する.} \end{array} \right\}$$

である．このとき，次のことが成り立つ．

命題 3.13　$\langle \boldsymbol{v}_1, \boldsymbol{v}_2, \ldots, \boldsymbol{v}_r \rangle$ は V の部分空間である．

証明　$W = \langle \boldsymbol{v}_1, \boldsymbol{v}_2, \ldots, \boldsymbol{v}_r \rangle$ とおく．$\boldsymbol{x}, \boldsymbol{y}$ は W に属するベクトルで，λ はスカラーであるとする．$\langle \boldsymbol{v}_1, \boldsymbol{v}_2, \ldots, \boldsymbol{v}_r \rangle$ の定義より，$\boldsymbol{x} = \sum_{k=1}^{r} \mu_k \boldsymbol{v}_k$, $\boldsymbol{y} = \sum_{k=1}^{r} \nu_k \boldsymbol{v}_k$ となるスカラー $\mu_1, \ldots, \mu_r$ および $\nu_1, \ldots, \nu_r$ が取れる．このとき

$$\boldsymbol{x} + \boldsymbol{y} = \sum_{k=1}^{r} \mu_k \boldsymbol{v}_k + \sum_{k=1}^{r} \nu_k \boldsymbol{v}_k = \sum_{k=1}^{r} (\mu_k + \nu_k) \boldsymbol{v}_k,$$

$$\lambda \boldsymbol{x} = \lambda \sum_{k=1}^{r} \mu_k \boldsymbol{v}_k = \sum_{k=1}^{r} (\lambda \mu_k) \boldsymbol{v}_k$$

であるから，$\boldsymbol{x} + \boldsymbol{y}$ と $\lambda \boldsymbol{x}$ はともに $\boldsymbol{v}_1, \boldsymbol{v}_2, \ldots, \boldsymbol{v}_r$ の線形結合である．よって，$\boldsymbol{x} + \boldsymbol{y}$ と $\lambda \boldsymbol{x}$ は W に属する．以上より W は部分空間である．■

定義 3.14　$\boldsymbol{v}_1, \boldsymbol{v}_2, \ldots, \boldsymbol{v}_r$ は K 上のベクトル空間 V のベクトルであるとする．このとき，V の部分空間 $\langle \boldsymbol{v}_1, \boldsymbol{v}_2, \ldots, \boldsymbol{v}_r \rangle$ を，ベクトルの組 $\boldsymbol{v}_1, \boldsymbol{v}_2, \ldots, \boldsymbol{v}_r$ が**生成する (もしくは張る) 部分空間**という．

命題 3.15　V は K 上のベクトル空間であるとし，W は V の部分空間であるとする．V のベクトル $\boldsymbol{v}_1, \boldsymbol{v}_2, \ldots, \boldsymbol{v}_r$ が W に属するとき，$\langle \boldsymbol{v}_1, \boldsymbol{v}_2, \ldots, \boldsymbol{v}_r \rangle \subset W$ が成り立つ．

証明　記号を簡単にするために $U = \langle \boldsymbol{v}_1, \boldsymbol{v}_2, \ldots, \boldsymbol{v}_r \rangle$ とおく．$\boldsymbol{u}$ は U に属するベクトルであるとする．このとき，スカラー $\lambda_1, \lambda_2, \ldots, \lambda_r$ を適当に取って $\boldsymbol{u} = \sum_{k=1}^{r} \lambda_k \boldsymbol{v}_k$ と表される．それぞれの $k = 1, 2, \ldots, r$ について，$\boldsymbol{v}_k$ は W に属するから，部分空間の定義 3.1 の条件 (2) より，$\lambda_k \boldsymbol{v}_k$ も W に属する．よって定義 3.1 の条件 (1) より，その和 $\sum_{k=1}^{r} \lambda_k \boldsymbol{v}_k$ も W に属する．したがって $\boldsymbol{u}$ は W に属する．以上より $U \subset W$ である．■

演習問題

問 3.1　例 3.6 の集合 W が K^n の部分空間であることを示せ.

問 3.2　例 3.7 で定義した集合 $sl_n(K)$ が $M_n(K)$ の部分空間であることを示せ.

問 3.3　例 3.10 の部分集合 W_0, W_1 が $C(\mathbb{R})$ の部分空間であることを示せ.

問 3.4　V は K 上のベクトル空間で，W_1, W_2 は V の部分空間であるとする.

(1)　$W_1 \cap W_2$ も V の部分空間であることを示せ.

(2)　$V = K^2$ のとき，$W_1 \cup W_2$ が部分空間でないような W_1, W_2 の例を挙げよ.

問 3.5　例 2.5 のベクトル空間 $\ell(K)$ の部分集合 W を次で定める.

$$W = \{(a_n) \in \ell(K) \,|\, \text{すべての正の整数 } n \text{ について } a_{2n-1} = a_1 \text{ かつ } a_{2n} = a_2\}$$

(1)　W は部分空間であることを示せ.

(2)　$1, 0$ および $0, 1$ を反復してできる数列をそれぞれ $\boldsymbol{p}, \boldsymbol{q}$ とする．つまり

$$\boldsymbol{p} = (1, 0, 1, 0, 1, 0, \ldots), \quad \boldsymbol{q} = (0, 1, 0, 1, 0, 1, \ldots)$$

である．このとき $W = \langle \boldsymbol{p}, \boldsymbol{q} \rangle$ であることを示せ.

問 3.6　K 上のベクトル空間 V について，V の有限個のベクトル $\boldsymbol{v}_1, \boldsymbol{v}_2, \ldots, \boldsymbol{v}_r$ であって，$V = \langle \boldsymbol{v}_1, \boldsymbol{v}_2, \ldots, \boldsymbol{v}_r \rangle$ を満たすものが存在するとき，V は**有限生成**であるという.

K の要素を成分とする (m, n) 型行列全体のなすベクトル空間 $M(m, n; K)$ (例 2.4) は有限生成であることを示せ.

問 3.7　K 係数の多項式全体のなすベクトル空間 $K[x]$ (例 2.3) は有限生成でないことを示せ. (ヒント：次数に着目せよ.)

第4章

ベクトル空間の基底

数ベクトル空間 K^n のどの要素も，基本ベクトル $\boldsymbol{e}_1, \boldsymbol{e}_2, \ldots, \boldsymbol{e}_n$ の線形結合としてただ一通りに表される．一般のベクトル空間において，基本ベクトルと同様な性質をもつベクトルの組を基底という．この章ではベクトル空間の基底の定義を一般的な設定で述べる．そのための準備として，線形独立性の概念を導入する．

4.1 線形独立性

定義 4.1 V は K 上のベクトル空間であるとする．V のベクトル $\boldsymbol{v}_1, \boldsymbol{v}_2, \ldots, \boldsymbol{v}_r$ について次の条件が成り立つとき，ベクトルの組 $\boldsymbol{v}_1, \boldsymbol{v}_2, \ldots, \boldsymbol{v}_r$ は**線形独立** (もしくは**1 次独立**) であるという．

(条件) スカラーの組 $\lambda_1, \lambda_2, \ldots, \lambda_r$ であって，$\sum_{k=1}^{r} \lambda_k \boldsymbol{v}_k = \boldsymbol{0}$ を満たすものは，$\lambda_1 = 0, \lambda_2 = 0, \ldots, \lambda_r = 0$ のみである．

ベクトルの組 $\boldsymbol{v}_1, \boldsymbol{v}_2, \ldots, \boldsymbol{v}_r$ が線形独立でないとき，**線形従属** (もしくは**1 次従属**) であるという．

注意 ベクトルの組 $\boldsymbol{v}_1, \boldsymbol{v}_2, \ldots, \boldsymbol{v}_r$ が線形従属であるとは，少なくとも一つは 0 でないスカラーの組 $\lambda_1, \lambda_2, \ldots, \lambda_r$ であって，$\sum_{k=1}^{r} \lambda_k \boldsymbol{v}_k = \boldsymbol{0}$ を満たすものが存在することである．

線形独立なベクトルの組の例を挙げる．

例 4.2 数ベクトル空間 K^n の基本ベクトル (1.5) の組 $\boldsymbol{e}_1, \boldsymbol{e}_2, \ldots, \boldsymbol{e}_n$ は，K^n において線形独立であることを示す．スカラー $\lambda_1, \lambda_2, \ldots, \lambda_n$ について $\sum_{k=1}^{n} \lambda_k \boldsymbol{e}_k =$

$\mathbf{0}$ が成り立つとする．この左辺は数ベクトル ${}^t\begin{pmatrix}\lambda_1 & \lambda_2 & \cdots & \lambda_n\end{pmatrix}$ であり，これが $\mathbf{0}$ に等しいので，$\lambda_1, \lambda_2, \ldots, \lambda_n$ はすべて 0 である．以上より基本ベクトルの組 $\boldsymbol{e}_1, \boldsymbol{e}_2, \ldots, \boldsymbol{e}_n$ は線形独立である．

例 4.3 K の要素を成分とする 2 次の正方行列全体のなすベクトル空間 $M_2(K)$ において，次の行列を考える．

$$A_1 = \begin{pmatrix}1 & 0\\ 0 & 0\end{pmatrix}, \quad A_2 = \begin{pmatrix}1 & 1\\ 0 & 0\end{pmatrix}, \quad A_3 = \begin{pmatrix}1 & 1\\ 1 & 0\end{pmatrix}, \quad A_4 = \begin{pmatrix}1 & 1\\ 1 & 1\end{pmatrix}$$

スカラー $\lambda_1, \lambda_2, \lambda_3, \lambda_4$ について $\sum_{k=1}^{4} \lambda_k A_k = \mathbf{0}$ が成り立つとすると，左辺は

$$\sum_{k=1}^{4} \lambda_k A_k = \begin{pmatrix}\lambda_1 + \lambda_2 + \lambda_3 + \lambda_4 & \lambda_2 + \lambda_3 + \lambda_4\\ \lambda_3 + \lambda_4 & \lambda_4\end{pmatrix}$$

であり，$M_2(K)$ におけるゼロベクトル $\mathbf{0}$ は零行列であるから

$$\begin{pmatrix}\lambda_1 + \lambda_2 + \lambda_3 + \lambda_4 & \lambda_2 + \lambda_3 + \lambda_4\\ \lambda_3 + \lambda_4 & \lambda_4\end{pmatrix} = O$$

である．この等式が成り立つようなスカラーは $\lambda_1 = 0, \lambda_2 = 0, \lambda_3 = 0, \lambda_4 = 0$ のみであるから，A_1, A_2, A_3, A_4 は $M_2(K)$ において線形独立である．

例 4.4 閉区間 $[0, 1]$ 上の連続関数全体のなす $\mathbb{R}$ 上のベクトル空間 $C([0, 1])$ (例 2.6) において，関数 e^t, e^{2t} は線形独立であることを示す[1]．スカラー λ_1, λ_2 について，$\lambda_1 e^t + \lambda_2 e^{2t} = \mathbf{0}$ が成り立つとする．右辺のゼロベクトルは，0 を値としてとる定数関数のことであるから，$0 \leqq t \leqq 1$ の範囲にあるすべての実数 t について $\lambda_1 e^t + \lambda_2 e^{2t} = 0$ である．両辺に $t = 0, t = 1$ を代入して $\lambda_1 + \lambda_2 = 0$, $\lambda_1 e + \lambda_2 e^2 = 0$ を得る．この連立方程式を解けば $\lambda_1 = 0, \lambda_2 = 0$ であることがわかる．以上より，関数 e^t, e^{2t} は $C([0, 1])$ において線形独立である．

注意 例 4.3 および例 4.4 のように，具体的なベクトル空間において線形独立性の判定を行うときには，そのベクトル空間におけるゼロベクトルとは何であるかを把握しておかなければならない．

定義 4.1 から次のことがただちにわかる．

1] e は自然対数の底である．

命題 4.5 V は K 上のベクトル空間で，V のベクトルの組 $\boldsymbol{v}_1, \boldsymbol{v}_2, \ldots, \boldsymbol{v}_r$ は線形独立であるとする．このとき以下のことが成り立つ．

(1) $\boldsymbol{v}_1, \boldsymbol{v}_2, \ldots, \boldsymbol{v}_r$ はいずれもゼロベクトルでない．

(2) $\boldsymbol{v}_1, \boldsymbol{v}_2, \ldots, \boldsymbol{v}_r$ は相異なる．

(3) すべての $s = 1, 2, \ldots, r-1$ について，$\boldsymbol{v}_1, \boldsymbol{v}_2, \ldots, \boldsymbol{v}_s$ は線形独立である．

証明 ここでは (1) と (3) を示す．(2) の証明は演習問題とする (問 4.1)．

(1) 仮に $\boldsymbol{v}_1, \boldsymbol{v}_2, \ldots, \boldsymbol{v}_r$ のなかにゼロベクトルがあるとする．$\boldsymbol{v}_k = \boldsymbol{0}$ であるような添字 k を一つ取る．このとき

$$0\boldsymbol{v}_1 + \cdots + 0\boldsymbol{v}_{k-1} + 1\boldsymbol{v}_k + 0\boldsymbol{v}_{k+1} + \cdots + 0\boldsymbol{v}_r = \boldsymbol{0}$$

が成り立つ．これは $\boldsymbol{v}_1, \boldsymbol{v}_2, \ldots, \boldsymbol{v}_r$ が線形独立であることに反する．よって $\boldsymbol{v}_1, \boldsymbol{v}_2, \ldots, \boldsymbol{v}_r$ はいずれもゼロベクトルでない．

(3) s は $1, 2, \ldots, r-1$ のいずれかとする．スカラー $\lambda_1, \lambda_2, \ldots, \lambda_s$ について $\sum_{k=1}^{s} \lambda_k \boldsymbol{v}_k = \boldsymbol{0}$ が成り立つとする．このとき

$$\lambda_1\boldsymbol{v}_1 + \cdots + \lambda_s\boldsymbol{v}_s + 0\boldsymbol{v}_{s+1} + \cdots + 0\boldsymbol{v}_r = \sum_{k=1}^{s} \lambda_k \boldsymbol{v}_k + \underbrace{\boldsymbol{0} + \cdots + \boldsymbol{0}}_{(r-s)\text{ 個}} = \boldsymbol{0}$$

であり，$\boldsymbol{v}_1, \boldsymbol{v}_2, \ldots, \boldsymbol{v}_r$ は線形独立であるから，左辺の係数はすべて 0 でなければならない．よって $\lambda_1, \lambda_2, \ldots, \lambda_s$ はすべて 0 である．したがって $\boldsymbol{v}_1, \boldsymbol{v}_2, \ldots, \boldsymbol{v}_s$ は線形独立である． ■

4.2 基底

4.2.1 有限個のベクトルからなる基底

定義 4.6 K 上のベクトル空間 V のベクトルの組 $\boldsymbol{v}_1, \boldsymbol{v}_2, \ldots, \boldsymbol{v}_n$ が次の二つの条件を満たすとき，集合 $S = \{\boldsymbol{v}_1, \boldsymbol{v}_2, \ldots, \boldsymbol{v}_n\}$ は V の**基底**であるという．

(1) $\boldsymbol{v}_1, \boldsymbol{v}_2, \ldots, \boldsymbol{v}_n$ は線形独立である．

(2) $V = \langle \boldsymbol{v}_1, \boldsymbol{v}_2, \ldots, \boldsymbol{v}_n \rangle$ である．

上の条件 (2) に関して，$\langle \boldsymbol{v}_1, \boldsymbol{v}_2, \ldots, \boldsymbol{v}_n \rangle \subset V$ は必ず成り立つ．よって，逆向きの包含関係 $V \subset \langle \boldsymbol{v}_1, \boldsymbol{v}_2, \ldots, \boldsymbol{v}_n \rangle$ が成り立つこと，つまり V のどのベクトルも

$\boldsymbol{v}_1, \boldsymbol{v}_2, \ldots, \boldsymbol{v}_n$ の線形結合であることが本質的である．

例 4.7 数ベクトル空間 K^n における基本ベクトルの集合 $S = \{\boldsymbol{e}_1, \boldsymbol{e}_2, \ldots, \boldsymbol{e}_n\}$ は，K^n の基底であることを確認しよう．$\boldsymbol{e}_1, \boldsymbol{e}_2, \ldots, \boldsymbol{e}_n$ が線形独立であることは例 4.2 において示した．$\boldsymbol{x} = {}^t\begin{pmatrix} x_1 & x_2 & \cdots & x_n \end{pmatrix}$ が K^n の数ベクトルであるとき，$\boldsymbol{x} = \sum_{k=1}^{n} x_k \boldsymbol{e}_k$ と表されるから，$\boldsymbol{x}$ は基本ベクトルの線形結合である．したがって $K^n = \langle \boldsymbol{e}_1, \boldsymbol{e}_2, \ldots, \boldsymbol{e}_n \rangle$ である．以上より，基本ベクトル全体のなす集合 S は K^n の基底である．この基底を K^n の**標準基底**という．

例 4.8 数ベクトル空間 K^2 について，標準基底ではない基底の例を挙げよう．

数ベクトル $\boldsymbol{v}_1 = {}^t\begin{pmatrix} 1 & 1 \end{pmatrix}, \boldsymbol{v}_2 = {}^t\begin{pmatrix} 1 & -1 \end{pmatrix}$ のなす集合 $T = \{\boldsymbol{v}_1, \boldsymbol{v}_2\}$ を考える．まず，$\lambda_1 \boldsymbol{v}_1 + \lambda_2 \boldsymbol{v}_2 = \boldsymbol{0}$ を満たすスカラー λ_1, λ_2 は 0 のみであるから，$\boldsymbol{v}_1, \boldsymbol{v}_2$ は線形独立である．次に，$\boldsymbol{x} = {}^t\begin{pmatrix} x_1 & x_2 \end{pmatrix}$ が K^2 の数ベクトルであるとき

$$\boldsymbol{x} = \frac{x_1 + x_2}{2}\boldsymbol{v}_1 + \frac{x_1 - x_2}{2}\boldsymbol{v}_2$$

が成り立つ．よって K^2 のどのベクトルも $\langle \boldsymbol{v}_1, \boldsymbol{v}_2 \rangle$ に属するから，$K^2 = \langle \boldsymbol{v}_1, \boldsymbol{v}_2 \rangle$ である．以上より，T は K^2 の基底である．

上の例のように，ベクトル空間の基底の取り方は一通りではない．

例 4.9 一つの成分が 1 で，ほかの成分が 0 である行列を**行列単位**と呼ぶ．K の要素を成分とする (m, n) 型行列全体のなすベクトル空間 $M(m, n; K)$ において，(i, j) 成分のみが 1 である行列単位を E_{ij} とおき，集合

$$S = \{E_{ij} \mid i \in \{1, 2, \ldots, m\} \text{ かつ } j \in \{1, 2, \ldots, n\}\} \tag{4.1}$$

を考える．このとき，S は $M(m, n; K)$ の基底であることを示そう．

スカラー λ_{ij} (ただし添字 i, j は $1 \leqq i \leqq m, 1 \leqq j \leqq n$ の範囲にある整数を動く) について，$\sum_{i=1}^{m} \sum_{j=1}^{n} \lambda_{ij} E_{ij} = \boldsymbol{0}$ が成り立つとする．左辺は

$$\sum_{i=1}^{m} \sum_{j=1}^{n} \lambda_{ij} E_{ij} = \begin{pmatrix} \lambda_{11} & \lambda_{12} & \cdots & \lambda_{1n} \\ \lambda_{21} & \lambda_{22} & \cdots & \lambda_{2n} \\ \vdots & \vdots & \ddots & \vdots \\ \lambda_{m1} & \lambda_{m2} & \cdots & \lambda_{mn} \end{pmatrix}$$

という行列であり，$M(m,n;K)$ におけるゼロベクトルとは零行列のことであるから，スカラー λ_{ij} はすべて 0 である．したがって，すべての行列単位からなる組は線形独立である．

さらに，$A=(a_{ij})$ が $M(m,n;K)$ に属するとき，$A=\sum_{i=1}^{m}\sum_{j=1}^{n}a_{ij}E_{ij}$ が成り立つから，$M(m,n;K)$ のどの要素も S の要素の線形結合として表される．以上より，行列単位のなす集合 S は $M(m,n;K)$ の基底である．

3.1 節で述べたように，ベクトル空間 V の部分空間 W は，V の和・定数倍・ゼロベクトルについてベクトル空間となる．よって W の基底を考えられる．

例 4.10 数ベクトル空間 K^3 の部分空間

$$W=\left\{\begin{pmatrix}x_1\\x_2\\x_3\end{pmatrix}\in K^3\;\middle|\;x_1+x_2+x_3=0\right\}$$

を考える．$\boldsymbol{w}_1={}^t\begin{pmatrix}1&-1&0\end{pmatrix},\boldsymbol{w}_2={}^t\begin{pmatrix}0&1&-1\end{pmatrix}$ とおくと，これらは W に属する．このとき $\boldsymbol{w}_1,\boldsymbol{w}_2$ は線形独立である[2]．また，$\boldsymbol{x}={}^t\begin{pmatrix}x_1&x_2&x_3\end{pmatrix}$ が W に属するベクトルであるとき，$x_1+x_2+x_3=0$ より $\boldsymbol{x}=x_1\boldsymbol{w}_1+(x_1+x_2)\boldsymbol{w}_2$ と表される．よって $W=\langle\boldsymbol{w}_1,\boldsymbol{w}_2\rangle$ である．以上より $\{\boldsymbol{w}_1,\boldsymbol{w}_2\}$ は W の基底である．

次の事実は基本的である．

命題 4.11 K 上のベクトル空間 V のベクトルの集合 $S=\{\boldsymbol{v}_1,\boldsymbol{v}_2,\ldots,\boldsymbol{v}_n\}$ は，V の基底であるとする．このとき，V のベクトル $\boldsymbol{x}$ をどのようにとっても，スカラー $\lambda_1,\lambda_2,\ldots,\lambda_n$ を適当に取れば $\boldsymbol{x}=\sum_{k=1}^{n}\lambda_k\boldsymbol{v}_k$ と表される．さらに，このスカラーの組 $\lambda_1,\lambda_2,\ldots,\lambda_n$ は，$\boldsymbol{x}$ に応じてただ一通りに決まる．

証明 $\boldsymbol{x}$ は V のベクトルであるとする．S は V の基底であるから，$V=\langle\boldsymbol{v}_1,\boldsymbol{v}_2,\ldots,\boldsymbol{v}_n\rangle$ である．よって，スカラー $\lambda_1,\lambda_2,\ldots,\lambda_n$ を適当に取って $\boldsymbol{x}=\sum_{k=1}^{n}\lambda_k\boldsymbol{v}_k$ と表される．このスカラーの組 $\lambda_1,\lambda_2,\ldots,\lambda_n$ がただ一通りに決まることを示そう．

2] 自分で確かめてみよ．

$\boldsymbol{x}$ がスカラーの組 $\lambda_1, \ldots, \lambda_n$ と $\mu_1, \ldots, \mu_n$ によって $\boldsymbol{x} = \sum_{k=1}^{n} \lambda_k \boldsymbol{v}_k$ および $\boldsymbol{x} = \sum_{k=1}^{n} \mu_k \boldsymbol{v}_k$ と表されるとする．このとき $\sum_{k=1}^{n} \lambda_k \boldsymbol{v}_k = \sum_{k=1}^{n} \mu_k \boldsymbol{v}_k$ であるから，右辺を左辺に移項すれば

$$\sum_{k=1}^{n} (\lambda_k - \mu_k) \boldsymbol{v}_k = \boldsymbol{0}$$

を得る．S は V の基底だから，$\boldsymbol{v}_1, \boldsymbol{v}_2, \ldots, \boldsymbol{v}_n$ は線形独立である．よって，すべての $k = 1, 2, \ldots, n$ について $\lambda_k - \mu_k = 0$ が成り立つ．したがって，$\lambda_1 = \mu_1, \lambda_2 = \mu_2, \ldots, \lambda_n = \mu_n$ である．以上より，$\boldsymbol{x}$ を $\boldsymbol{v}_1, \boldsymbol{v}_2, \ldots, \boldsymbol{v}_n$ の線形結合として表すときの係数はただ一通りに定まる． ■

4.2.2 基底の一般的な定義

前項では，有限個のベクトルの集合が基底であることの定義を述べた．しかし，この意味での基底は存在しないベクトル空間がある．たとえば，K 係数の多項式全体のなすベクトル空間 $K[x]$ について，有限個の多項式をどのように取っても，それらが $K[x]$ 全体を生成することはない (問 3.7)．したがって，$K[x]$ は有限個の要素からなる基底をもたない．このような場合も含めて，一般のベクトル空間において基底を考えるためには，線形独立性およびベクトルが生成する部分空間の定義を以下のように拡張する必要がある．

V は K 上のベクトル空間であるとし，S は V の部分集合であるとする．ただし S は無限集合でもよい．

定義 4.12 S から相異なる有限個の要素 $\boldsymbol{v}_1, \boldsymbol{v}_2, \ldots, \boldsymbol{v}_r$ をどのように取っても，定義 4.1 の条件が成り立つとき，集合 S は**線形独立**であるという．ただし S が空集合のときも S は線形独立であると定める．集合 S が線形独立でないとき，S は**線形従属**であるという．

定義 4.13 S に属する有限個のベクトルの線形結合全体のなす集合を $\langle S \rangle$ で表す．すなわち

$$\langle S \rangle = \left\{ \boldsymbol{x} \in V \;\middle|\; \begin{array}{l} \boldsymbol{x} = \sum_{k=1}^{r} \lambda_k \boldsymbol{a}_k \text{ を満たす } S \text{ の要素 } \boldsymbol{a}_1, \boldsymbol{a}_2, \ldots, \boldsymbol{a}_r \text{ と} \\ \text{スカラー } \lambda_1, \lambda_2, \ldots, \lambda_r \text{ が存在する．} \end{array} \right\}$$

である．このとき $\langle S \rangle$ は V の部分空間となる．この部分空間 $\langle S \rangle$ を，S が**生成する部分空間**という．ただし S が空集合のときは $\langle S \rangle = \{\mathbf{0}\}$ と定める．

以上の概念を使って，一般的な基底の定義を述べよう．

定義 4.14 V は K 上のベクトル空間であるとする．V の部分集合 S が次の二つの条件をともに満たすとき，S は V の**基底**であるという．

(1) S は線形独立である．

(2) $V = \langle S \rangle$ である．すなわち S は V を生成する．

S が有限集合のとき，定義 4.14 における二つの条件は，定義 4.6 の条件と同値である．また，上の定義より，ゼロベクトルだけからなるベクトル空間 $\{\mathbf{0}\}$ の基底は空集合であることに注意する．

ベクトル空間の基底については次のことが知られている．

定理 4.15 K 上のベクトル空間は，必ず基底をもつ．

定理 4.15 を一般的に証明するためには，ツォルン (Zorn) の補題と呼ばれる集合論のやや高度な知識が必要となるので，本書では定理 4.15 の証明の詳細については省略し，次節で概略のみを述べる．

例 4.16 K 係数の多項式全体のなすベクトル空間 $K[x]$(例 2.3) の部分集合

$$S = \{x^n \mid n \text{ は } 0 \text{ 以上の整数}\}$$

は $K[x]$ の基底であることを示そう．ただし $x^0 = 1$ とする．

まず，S は線形独立であることを示す．S から有限個の要素 $x^{n_1}, x^{n_2}, \ldots, x^{n_r}$ を取る．ただし $n_1, n_2, \ldots, n_r$ は相異なる 0 以上の整数である．スカラー $\lambda_1, \lambda_2, \ldots, \lambda_r$ について $\sum_{j=1}^{r} \lambda_j x^{n_j} = \mathbf{0}$ が成り立つとする．$K[x]$ におけるゼロベクトル $\mathbf{0}$ は定数 0 のことであり，$x^{n_1}, x^{n_2}, \ldots, x^{n_r}$ は次数の異なる単項式であるから，係数 $\lambda_1, \lambda_2, \ldots, \lambda_r$ はすべて 0 である．以上より S は線形独立である．

次に，S が $K[x]$ を生成することを示す．$P(x)$ は $K[x]$ の要素であるとする．$P(x)$ の次数を d とおくと，$P(x) = \sum_{n=0}^{d} a_n x^n$ (ただし係数 $a_0, a_1, \ldots, a_d$ は K に

属する) と表される．よって，$P(x)$ は $1, x, x^2, \ldots, x^d$ の線形結合である．以上より，$K[x]$ のどの要素も S の有限個の要素の線形結合として表される．したがって S は $K[x]$ を生成する．

以上より S は $K[x]$ の基底である．

4.3 基底の存在証明の概略

定理 4.15 の証明の概略を述べる．鍵となるのは次の事実である．

命題 4.17 V は K 上のベクトル空間であるとし，V の部分集合 S は線形独立であるとする．このとき，V のベクトル $\boldsymbol{w}$ について，次の二つの条件は同値である．

(1) $S \cup \{\boldsymbol{w}\}$ は線形独立である．

(2) $\boldsymbol{w}$ は部分空間 $\langle S \rangle$ に属さない．

したがって，次の二つの条件も同値である．

(1) $S \cup \{\boldsymbol{w}\}$ は線形従属である．

(2) $\boldsymbol{w}$ は部分空間 $\langle S \rangle$ に属する．

証明 後者の二つの条件が同値であることを示そう．S が空集合のとき，$S \cup \{\boldsymbol{w}\} = \{\boldsymbol{w}\}$ であり，集合 $\{\boldsymbol{w}\}$ が線形従属であることは，$\boldsymbol{w} = \boldsymbol{0}$ であることと同値である (系 2.14)．一方，$\langle S \rangle = \{\boldsymbol{0}\}$ であるから，条件 (2) は $\boldsymbol{w} = \boldsymbol{0}$ と同値である．以上より，S が空集合のとき条件 (1) と (2) は同値である．

以下，S が空集合でないときを考える．

(1) ならば (2) であること　$S \cup \{\boldsymbol{w}\}$ は線形従属であるとする．このとき，$S \cup \{\boldsymbol{w}\}$ に属する有限個の相異なるベクトル $\boldsymbol{v}_1, \boldsymbol{v}_2, \ldots, \boldsymbol{v}_r$ と，少なくとも一つは 0 でないスカラーの組 $\lambda_1, \lambda_2, \ldots, \lambda_r$ であって，$\sum_{j=1}^{r} \lambda_j \boldsymbol{v}_j = \boldsymbol{0}$ となるものが存在する．ここで，$\boldsymbol{v}_1, \boldsymbol{v}_2, \ldots, \boldsymbol{v}_r$ のすべてが S に属するなら，S が線形独立であることに反する．よって，これらのベクトルのいずれかが $\boldsymbol{w}$ であり，残りのベクトルは S に属する．そこで $\boldsymbol{v}_a = \boldsymbol{w}$ であるとすると

$$\sum_{j=1}^{a-1} \lambda_j \boldsymbol{v}_j + \lambda_a \boldsymbol{w} + \sum_{j=a+1}^{r} \lambda_j \boldsymbol{v}_j = \boldsymbol{0} \tag{4.2}$$

である．仮に $\lambda_a = 0$ であるとすると，$\lambda_1, \ldots, \lambda_{a-1}, \lambda_{a+1}, \ldots, \lambda_r$ のうち少なくとも一つは 0 でないから，(4.2) より $\boldsymbol{v}_1, \ldots, \boldsymbol{v}_{a-1}, \boldsymbol{v}_{a+1}, \ldots, \boldsymbol{v}_r$ は線形従属である．これは S が線形独立であることに反する．よって $\lambda_a \neq 0$ であるから，(4.2) は

$$\boldsymbol{w} = -\frac{1}{\lambda_a}\left(\sum_{j=1}^{a-1} \lambda_j \boldsymbol{v}_j + \sum_{j=a+1}^{r} \lambda_j \boldsymbol{v}_j\right) = \sum_{j=1}^{a-1}\left(-\frac{\lambda_j}{\lambda_a}\right)\boldsymbol{v}_j + \sum_{j=a+1}^{r}\left(-\frac{\lambda_j}{\lambda_a}\right)\boldsymbol{v}_j$$

と変形できる．$\boldsymbol{v}_1, \ldots, \boldsymbol{v}_{a-1}, \boldsymbol{v}_{a+1}, \ldots, \boldsymbol{v}_r$ は S に属するから，$\boldsymbol{w} \in \langle S \rangle$ である．

(2) ならば (1) であること　$\boldsymbol{w} \in \langle S \rangle$ であるとする．このとき，S の有限個の要素 $\boldsymbol{v}_1, \boldsymbol{v}_2, \ldots, \boldsymbol{v}_r$ とスカラー $\lambda_1, \lambda_2, \ldots, \lambda_r$ を適当に取れば $\boldsymbol{w} = \sum_{j=1}^{r} \lambda_j \boldsymbol{v}_j$ と表される．この左辺を移項すれば

$$\sum_{j=1}^{r} \lambda_j \boldsymbol{v}_j + (-1)\boldsymbol{w} = \boldsymbol{0}$$

となり，$(-1) \neq 0$ であるから，$S \cup \{\boldsymbol{w}\}$ は線形従属である．■

定理 4.15 は以下のようにして証明される．$V = \{\boldsymbol{0}\}$ の場合は空集合が基底となるので，$V \neq \{\boldsymbol{0}\}$ の場合を考える．このとき，V の $\boldsymbol{0}$ でないベクトル $\boldsymbol{v}$ を一つ取ると，$\boldsymbol{v}$ だけからなる集合 $\{\boldsymbol{v}\}$ は線形独立である．よって V の部分集合で線形独立なものが少なくとも一つは存在する．そこで，V の部分集合のうち線形独立なものをすべて考える．このときツォルンの補題を使うと，V の部分集合 S であって，次の条件をともに満たすものが存在することがいえる．

- S は線形独立である．
- V の部分集合 T が $T \supset S$ かつ $T \neq S$ を満たすならば，T は線形従属である．

このとき $V = \langle S \rangle$ である．なぜならば，仮に $\langle S \rangle$ に属さないベクトル $\boldsymbol{w}$ が存在したとすると，命題 4.17 より $S \cup \{\boldsymbol{w}\}$ は線形独立となる．これは S の取り方に反する．したがって $V = \langle S \rangle$ であり，S は線形独立であるから，S は V の基底である．

演習問題

問 4.1 命題 4.5 の (2) を示せ.

問 4.2 r は 2 以上の整数であるとし，V は K 上のベクトル空間であるとする．V のベクトルの組 $\boldsymbol{v}_1, \boldsymbol{v}_2, \ldots, \boldsymbol{v}_r$ が線形独立であるとき

$$\boldsymbol{w}_j = \boldsymbol{v}_1 + \boldsymbol{v}_2 + \cdots + \boldsymbol{v}_j \qquad (j = 1, 2, \ldots, r)$$

と定めると，$\boldsymbol{w}_1, \boldsymbol{w}_2, \ldots, \boldsymbol{w}_r$ も線形独立であることを示せ.

問 4.3 K 係数の多項式全体のなすベクトル空間 $K[x]$ を考える．n は正の整数であるとし，$a_1, a_2, \ldots, a_n$ は K の相異なる要素であるとする．多項式 $P_j(x)\ (j = 1, 2, \ldots, n)$ を次で定める.

$$P_j(x) = \underbrace{(x - a_1) \cdots (x - a_{j-1})}_{(j-1)\text{ 個}} \cdot \underbrace{(x - a_{j+1}) \cdots (x - a_n)}_{(n-j)\text{ 個}}$$

このとき，$P_1(x), P_2(x), \ldots, P_n(x)$ は線形独立であることを示せ.

問 4.4 K 係数の多項式全体のなすベクトル空間 $K[x]$ の部分集合

$$W = \{P(x) \in K[x] \mid P(-x) = P(x)\}$$

を考える．以下のことを示せ.

(1) W は部分空間である.

(2) 集合 $S = \{x^{2n} \mid n \text{ は } 0 \text{ 以上の整数}\}$ は W の基底である.

問 4.5 K の要素を並べた数列全体のなすベクトル空間 $\ell(K)$ において，第 k 項のみが 1 で，ほかの項はすべて 0 である数列を $\boldsymbol{e}^{(k)}$ とおく．つまり

$$\boldsymbol{e}^{(1)} = (1, 0, 0, 0, \ldots),\ \boldsymbol{e}^{(2)} = (0, 1, 0, 0, \ldots),\ \boldsymbol{e}^{(3)} = (0, 0, 1, 0, \ldots),\ \ldots$$

である．このとき，$\ell(K)$ の部分集合 $S = \{\boldsymbol{e}^{(k)} \mid k \text{ は正の整数}\}$ を考える.

(1) S は線形独立であることを示せ.

(2) S は $\ell(K)$ の基底ではない．なぜか.

第5章
ベクトル空間の次元

ベクトル空間が有限個のベクトルからなる基底をもつとき，基底をなすベクトルの個数を次元という．本章の前半では，次元が基底の取り方によらない値として定まることを示し，後半では基底の拡張と呼ばれる手法について説明する．

5.1 次元の定義

定義 5.1 K 上のベクトル空間 V が，有限個のベクトルからなる基底をもつとき，V は**有限次元**であるという．有限次元でないとき，V は**無限次元**であるという．

例 5.2 数ベクトル空間 K^n は，n 個の基本ベクトルのなす集合 $\{\boldsymbol{e}_1, \boldsymbol{e}_2, \ldots, \boldsymbol{e}_n\}$ を基底としてもつので，有限次元である．

例 5.3 K 係数の多項式全体のなすベクトル空間 $K[x]$ は，有限個の多項式では生成されない (問 3.7)．よって $K[x]$ は無限次元である．

有限次元のベクトル空間は有限個のベクトルからなる基底をもつが，例 4.8 で見たように，基底の取り方は一通りではない．しかし，基底をなすベクトルの個数は基底の取り方によらない．このことを以下で証明する．準備として次の命題を示す．

命題 5.4 r は正の整数であるとする．r 個の $\mathbf{0}$ でないベクトル $\boldsymbol{v}_1, \boldsymbol{v}_2, \ldots, \boldsymbol{v}_r$ を V からどのようにとっても，次のことが成り立つ．

V の部分空間 $\langle \boldsymbol{v}_1, \boldsymbol{v}_2, \ldots, \boldsymbol{v}_r \rangle$ から $(r+1)$ 個のベクトルを取ると，それらは必ず線形従属である．

証明　r に関する数学的帰納法で証明する．まず，$r=1$ の場合を考える．$\boldsymbol{v}_1$ は $\boldsymbol{0}$ でないベクトルであるとする．$\langle \boldsymbol{v}_1 \rangle$ の二つの要素 $\boldsymbol{w}_1, \boldsymbol{w}_2$ を取る．このとき $\boldsymbol{w}_1 = \lambda \boldsymbol{v}_1, \boldsymbol{w}_2 = \mu \boldsymbol{v}_1$ (ただし λ, μ はスカラー) と表される．もし $\lambda = 0$ であれば，$\boldsymbol{w}_1 = \boldsymbol{0}$ であるから，$\boldsymbol{w}_1, \boldsymbol{w}_2$ は線形従属である (命題 4.5 (1) の対偶を考えよ)．$\lambda \neq 0$ のときは，$(-\mu/\lambda)\boldsymbol{w}_1 + 1\boldsymbol{w}_2 = \boldsymbol{0}$ が成り立つので，この場合も $\boldsymbol{w}_1, \boldsymbol{w}_2$ は線形従属である．したがって $r=1$ のときに示すべき命題は正しい．

k を正の整数として，$r=k$ の場合に命題が成り立つと仮定する．$r=k+1$ の場合を考える．ベクトル $\boldsymbol{v}_1, \boldsymbol{v}_2, \ldots, \boldsymbol{v}_{k+1}$ は $\boldsymbol{0}$ でないとする．部分空間 $\langle \boldsymbol{v}_1, \boldsymbol{v}_2, \ldots, \boldsymbol{v}_{k+1} \rangle$ から $(k+2)$ 個のベクトル $\boldsymbol{w}_1, \boldsymbol{w}_2, \ldots, \boldsymbol{w}_{k+2}$ をとる．このとき，$i = 1, 2, \ldots, k+2$ についてスカラー $\lambda_{i,j}$ $(j = 1, 2, \ldots, k+1)$ を適当に取れば

$$\boldsymbol{w}_i = \sum_{j=1}^{k+1} \lambda_{i,j} \boldsymbol{v}_j \tag{5.1}$$

と表される．ここで二つの場合に分けて考える．

(i) $\lambda_{k+2,1}, \lambda_{k+2,2}, \ldots, \lambda_{k+2,k+1}$ がすべて 0 である場合．

このとき $\boldsymbol{w}_{k+2} = \boldsymbol{0}$ であるから，$\{\boldsymbol{w}_1, \boldsymbol{w}_2, \ldots, \boldsymbol{w}_{k+2}\}$ は線形従属である．

(ii) $\lambda_{k+2,1}, \lambda_{k+2,2}, \ldots, \lambda_{k+2,k+1}$ の少なくとも一つが 0 でない場合．

$\lambda_{k+2,j} \neq 0$ となる j を一つ取り，それを m とおく．このとき

$$\boldsymbol{u}_i = \boldsymbol{w}_i - \frac{\lambda_{i,m}}{\lambda_{k+2,m}} \boldsymbol{w}_{k+2} \qquad (i = 1, 2, \ldots, k+1) \tag{5.2}$$

と定める．$i = 1, 2, \ldots, k+1$ について，(5.1) を代入すれば

$$\boldsymbol{u}_i = \sum_{j=1}^{k+1} \lambda_{i,j} \boldsymbol{v}_j - \frac{\lambda_{i,m}}{\lambda_{k+2,m}} \sum_{j=1}^{k+1} \lambda_{k+2,j} \boldsymbol{v}_j = \sum_{j=1}^{k+1} \left(\lambda_{i,j} - \lambda_{i,m} \frac{\lambda_{k+2,j}}{\lambda_{k+2,m}} \right) \boldsymbol{v}_j$$

を得る．右辺の和のなかの係数は $j=m$ のとき 0 となる．よって $\boldsymbol{u}_i$ は $\boldsymbol{v}_1, \ldots, \boldsymbol{v}_{m-1}, \boldsymbol{v}_{m+1}, \ldots, \boldsymbol{v}_{k+1}$ が生成する部分空間に属する．この部分空間を W とおくと，W は k 個の $\boldsymbol{0}$ でないベクトルで生成されて，$(k+1)$ 個のベクトル $\boldsymbol{u}_1, \boldsymbol{u}_2, \ldots, \boldsymbol{u}_{k+1}$ はすべて W に属する．よって，数学的帰納法の仮定より $\boldsymbol{u}_1, \boldsymbol{u}_2, \ldots, \boldsymbol{u}_{k+1}$ は線形従属である．したがって，少なくとも一つは 0 でないス

カラーの組 $\mu_1, \mu_2, \ldots, \mu_{k+1}$ であって $\sum_{i=1}^{k+1} \mu_i \boldsymbol{u}_i = \boldsymbol{0}$ を満たすものが存在する．この等式の左辺に (5.2) を代入すると

$$\begin{aligned}\sum_{i=1}^{k+1} \mu_i \boldsymbol{u}_i &= \sum_{i=1}^{k+1} \mu_i \left(\boldsymbol{w}_i - \frac{\lambda_{i,m}}{\lambda_{k+2,m}} \boldsymbol{w}_{k+2} \right) \\ &= \sum_{i=1}^{k+1} \mu_i \boldsymbol{w}_i - \frac{1}{\lambda_{k+2,m}} \left(\sum_{i=1}^{k+1} \mu_i \lambda_{i,m} \right) \boldsymbol{w}_{k+2}\end{aligned}$$

と変形される．上式の右辺が $\boldsymbol{0}$ に等しく，$\mu_1, \mu_2, \ldots, \mu_{k+1}$ の少なくとも一つは 0 でないから，$\boldsymbol{w}_1, \boldsymbol{w}_2, \ldots, \boldsymbol{w}_{k+2}$ は線形従属である．以上より，$r = k+1$ の場合にも示すべき命題は正しい． ■

系 5.5 V は K 上のベクトル空間であるとし，$\boldsymbol{v}_1, \boldsymbol{v}_2, \ldots, \boldsymbol{v}_r$ は V の $\boldsymbol{0}$ でないベクトルであるとする．このとき，部分空間 $\langle \boldsymbol{v}_1, \boldsymbol{v}_2, \ldots, \boldsymbol{v}_r \rangle$ に属する相異なるベクトルの組 $\boldsymbol{w}_1, \boldsymbol{w}_2, \ldots, \boldsymbol{w}_s$ が線形独立であるならば，$s \leqq r$ である．

証明 背理法で示す．$s \geqq r+1$ であると仮定する．このとき命題 4.5 (3) より，$\boldsymbol{w}_1, \boldsymbol{w}_2, \ldots, \boldsymbol{w}_{r+1}$ は線形独立であるが，これらのベクトルはすべて $\langle \boldsymbol{v}_1, \boldsymbol{v}_2, \ldots, \boldsymbol{v}_r \rangle$ に属する．このことは命題 5.4 の結論に反する．したがって $s \leqq r$ である． ■

定理 5.6 V は K 上の有限次元ベクトル空間であるとする．このとき，V の基底をなすベクトルの個数は，基底の取り方によらず一定である．

証明 $V = \{\boldsymbol{0}\}$ である場合は空集合が唯一の基底であるから，以下では V が $\{\boldsymbol{0}\}$ でない場合を考える．V のベクトルの集合 $S = \{\boldsymbol{v}_1, \boldsymbol{v}_2, \ldots, \boldsymbol{v}_m\}$ および $T = \{\boldsymbol{w}_1, \boldsymbol{w}_2, \ldots, \boldsymbol{w}_n\}$ がともに V の基底であるとする (m, n は正の整数)．このとき，$m = n$ であることを示せばよい．

S は V の基底であるから $V = \langle \boldsymbol{v}_1, \boldsymbol{v}_2, \ldots, \boldsymbol{v}_m \rangle$ であり，S の要素はいずれもゼロベクトルではない (命題 4.5 (1))．一方で，T の要素はすべて V に属し，T は線形独立であるから，系 5.5 より $n \leqq m$ である．同様に，T が V の基底であり，S の要素はすべて $\langle T \rangle$ に属することから，$m \leqq n$ である．以上より，$n \leqq m$ かつ $m \leqq n$ であるので，$m = n$ である． ■

基底をなすベクトルの個数は基底の取り方によらないことが言えたので，次の定義が意味をもつ．

定義 5.7　V は K 上の有限次元ベクトル空間であるとする．V の基底をなすベクトルの個数を V の**次元**といい，$\dim V$ で表す．ただし，ゼロベクトルだけからなるベクトル空間 $\{\mathbf{0}\}$ の次元は 0 と定める．

例 5.8　数ベクトル空間 K^n は，標準基底 $\{\boldsymbol{e}_1, \boldsymbol{e}_2, \ldots, \boldsymbol{e}_n\}$ を持つ．よって K^n の次元は n である．

例 5.9　K の要素を成分とする (m,n) 型行列全体のなすベクトル空間 $M(m,n;K)$ の基底として，行列単位のなす集合 (4.1) が取れる (例 4.9)．よって，$M(m,n;K)$ の次元は mn である．

例 5.10　d 次以下の多項式のなすベクトル空間 $K[x]_d$ を考える (例 3.5)．$K[x]_d$ の基底として集合 $S = \{1, x, x^2, \ldots, x^d\}$ が取れる．よって $K[x]_d$ の次元は $(d+1)$ である．

例 5.11　例 3.9 で定義した $\ell(K)$ の部分空間

$$F = \left\{ (a_n) \in \ell(K) \;\middle|\; \begin{array}{l} \text{すべての正の整数 } n \text{ について} \\ a_{n+2} = a_n + a_{n+1} \text{ が成り立つ.} \end{array} \right\}$$

の次元は 2 であることを示そう．

F に属する数列であって，初項が 1, 第 2 項が 0 であるものを $\boldsymbol{p}$ とおき，初項が 0, 第 2 項が 1 であるものを $\boldsymbol{q}$ とおく．これらは次のような数列である．

$$\boldsymbol{p} = (1, 0, 1, 1, 2, 3, 5, \ldots), \quad \boldsymbol{q} = (0, 1, 1, 2, 3, 5, 8, \ldots)$$

このとき，集合 $S = \{\boldsymbol{p}, \boldsymbol{q}\}$ が F の基底であることを示せばよい．

<u>$\boldsymbol{p}, \boldsymbol{q}$ が線形独立であること</u>　スカラーの組 λ, μ が $\lambda\boldsymbol{p} + \mu\boldsymbol{q} = \mathbf{0}$ を満たすとする．左辺の数列は

$$\begin{aligned} \lambda\boldsymbol{p} + \mu\boldsymbol{q} &= \lambda(1, 0, 1, 1, 2, \ldots) + \mu(0, 1, 1, 2, 3, \ldots) \\ &= (\lambda, \mu, \lambda+\mu, \lambda+2\mu, 2\lambda+3\mu, \ldots) \end{aligned}$$

であり，この初項は λ, 第 2 項は μ である．$\ell(K)$ におけるゼロベクトル $\mathbf{0}$ はすべての項が 0 の数列である．よって，初項と第 2 項を比較して，$\lambda = 0, \mu = 0$ を得る．したがって $\boldsymbol{p}, \boldsymbol{q}$ は線形独立である．

$F = \langle \boldsymbol{p}, \boldsymbol{q} \rangle$ であること　数列 (a_n) は F に属するとする．このとき $(a_n) = a_1\boldsymbol{p} + a_2\boldsymbol{q}$ であることを示そう．$\boldsymbol{p}, \boldsymbol{q}$ の第 n 項をそれぞれ p_n, q_n とおき，$a_1\boldsymbol{p} + a_2\boldsymbol{q}$ の第 n 項を b_n とおくと

$$b_n = a_1 p_n + a_2 q_n \tag{5.3}$$

である．このとき，すべての正の整数 n について $a_n = b_n$ であることを示せばよい．このことを n に関する数学的帰納法によって証明しよう．

まず，$n = 1$ および $n = 2$ のときを考える．$\boldsymbol{p}, \boldsymbol{q}$ の定義より，$p_1 = 1, p_2 = 0, q_1 = 0, q_2 = 1$ であるから

$$b_1 = a_1 p_1 + a_2 q_1 = a_1, \quad b_2 = a_1 p_2 + a_2 q_2 = a_2$$

である．よって $n = 1$ および $n = 2$ のときは $a_n = b_n$ である．

次に，k を正の整数として，$n = k$ および $n = k + 1$ のときに $a_n = b_n$ が成り立つと仮定する．$n = k + 2$ の場合を考える．(a_n) は F に属するから，$a_{k+2} = a_k + a_{k+1}$ が成り立つ．数学的帰納法の仮定から $a_k = b_k, a_{k+1} = b_{k+1}$ であるので，(5.3) より

$$\begin{aligned} a_{k+2} &= b_k + b_{k+1} = (a_1 p_k + a_2 q_k) + (a_1 p_{k+1} + a_2 q_{k+1}) \\ &= a_1(p_k + p_{k+1}) + a_2(q_k + q_{k+1}) \end{aligned}$$

を得る．$\boldsymbol{p}, \boldsymbol{q}$ は F に属するから，$p_k + p_{k+1} = p_{k+2}, q_k + q_{k+1} = q_{k+2}$ である．よって $a_{k+2} = a_1 p_{k+2} + a_2 q_{k+2}$ であるから，(5.3) より $a_{k+2} = b_{k+2}$ が成り立つ．

以上より，$S = \{\boldsymbol{p}, \boldsymbol{q}\}$ は F の基底である．よって F の次元は 2 である．

5.2 基底の拡張

定理 5.12　V は K 上の有限次元ベクトル空間であるとする．W は V の部分空間であるとし，W の部分集合 T は W の基底であるとする．このとき，V の基底 S であって T を含むものが存在する．

証明　$W = V$ の場合は T が V の基底となる．以下では $W \neq V$ の場合を考える．

$W \neq V$ であるから，W に属さない V のベクトル $\boldsymbol{v}_1$ が取れる．$W = \langle T \rangle$ で，T は線形独立であるから，命題 4.17 より $T \cup \{\boldsymbol{v}_1\}$ は線形独立である．そこで

$T_1 = T \cup \{\boldsymbol{v}_1\}$ とおき，T_1 が生成する部分空間 $W_1 = \langle T_1 \rangle$ を考える．$W_1 = V$ のときは T_1 が V の基底となる．$W_1 \neq V$ のとき，W_1 に属さないベクトル $\boldsymbol{v}_2$ が取れる．このとき，命題 4.17 より集合 $T_1 \cup \{\boldsymbol{v}_2\}$ は線形独立である．この集合を T_2 とおいて，部分空間 $W_2 = \langle T_2 \rangle$ を考える．$W_2 = V$ のときは T_2 が V の基底となる．$W_2 \neq V$ のときは，W_2 に属さないベクトル $\boldsymbol{v}_3$ を取れば集合 $T_3 = T_2 \cup \{\boldsymbol{v}_3\}$ は線形独立である．以下，同様にして T にベクトルを追加していくと，線形独立な集合 $T \cup \{\boldsymbol{v}_1, \boldsymbol{v}_2, \ldots\}$ が得られる．しかし，系 5.5 より，線形独立なベクトルの個数は V の次元を越えない．したがって上の操作は有限回で終了する．操作が終了するときには，線形独立な集合 $S = T \cup \{\boldsymbol{v}_1, \boldsymbol{v}_2, \ldots, \boldsymbol{v}_k\}$ が取れていて，$\langle S \rangle = V$ が成り立つ．このとき S は V の基底であって，かつ T を含む． ■

定理 5.12 のように，部分空間の基底にベクトルを追加してベクトル空間全体の基底を構成することを**基底の拡張**と呼ぶ．定理 5.12 より次のことがわかる．

命題 5.13 V は K 上の有限次元ベクトル空間であるとする．このとき，V のすべての部分空間 W は有限次元であり，$\dim W \leqq \dim V$ が成り立つ．さらに，$\dim W = \dim V$ が成り立つのは $W = V$ であるときに限る．

証明 W の基底 T を一つ取る．このとき定理 5.12 より，V の基底 S であって T を含むものが存在する．V は有限次元であるから S は有限集合である．よって T も有限集合である．W, V の次元はそれぞれ T, S の要素の個数に等しいので，$\dim W \leqq \dim V$ が成り立つ．

さらに $\dim W = \dim V$ が成り立つとする．このとき $W = V$ であることを背理法で示そう．仮に $W \neq V$ であるとすると，W に属さないベクトル $\boldsymbol{v}$ を取れる．このとき命題 4.17 より $T \cup \{\boldsymbol{v}\}$ は線形独立である．一方，T の要素の個数は $\dim W (= \dim V)$ に等しい．よって $T \cup \{\boldsymbol{v}\}$ は線形独立な集合で，その要素の個数は $\dim V$ より大きい．これは系 5.5 に矛盾する．以上より $W = V$ である． ■

命題 5.13 から次のことがわかる．

命題 5.14 V は K 上の n 次元ベクトル空間であるとする (ただし n は正の整数)．このとき，n 個のベクトルからなる集合 $S = \{\boldsymbol{v}_1, \boldsymbol{v}_2, \ldots, \boldsymbol{v}_n\}$ について，次の三つの条件は同値である．

(1) S は線形独立である.

(2) $V=\langle S\rangle$ である.

(3) S は V の基底である.

証明 (1) ならば (2) であること　S が線形独立であるとすると, S が生成する部分空間 $\langle S\rangle$ の次元は n である. よって命題 5.13 より $V=\langle S\rangle$ である.

(2) ならば (3) であること　$V=\langle S\rangle$ であるとする. このとき S が線形独立であることを示せばよい. スカラーの組 $\lambda_1,\lambda_2,\ldots,\lambda_n$ が $\sum_{k=1}^{n}\lambda_k\boldsymbol{v}_k=\boldsymbol{0}$ を満たすとする. 仮に $\lambda_1,\lambda_2,\ldots,\lambda_n$ のなかに 0 でないものがあるとする. その一つを λ_a とすると

$$\boldsymbol{v}_a=-\frac{1}{\lambda_a}\left(\sum_{j=1}^{a-1}\lambda_j\boldsymbol{v}_j+\sum_{j=a+1}^{r}\lambda_j\boldsymbol{v}_j\right)$$

が成り立つ. よって, S から $\boldsymbol{v}_a$ を除いた集合を S' とすると, $\boldsymbol{v}_a$ は部分空間 $\langle S'\rangle$ に属する. したがって S の要素はすべて $\langle S'\rangle$ に属するので, $\langle S\rangle\subset\langle S'\rangle$ である. $\langle S'\rangle$ は V の部分集合で, $V=\langle S\rangle$ であるから, $V=\langle S'\rangle$ である. よって V は $(n-1)$ 個のベクトルで生成される. 一方, V の次元は n だから, n 個のベクトルからなる基底をもつ. これは系 5.5 に矛盾する. したがって, すべてのスカラー $\lambda_1,\lambda_2,\ldots,\lambda_n$ は 0 に等しい. 以上より S は線形独立である.

(3) ならば (1) であること　基底の定義より明らか. ■

命題 5.14 より, ベクトル空間 V の次元に等しい個数のベクトルからなる集合であって, 線形独立なもの, もしくは V を生成するものがあれば, それは V の基底である.

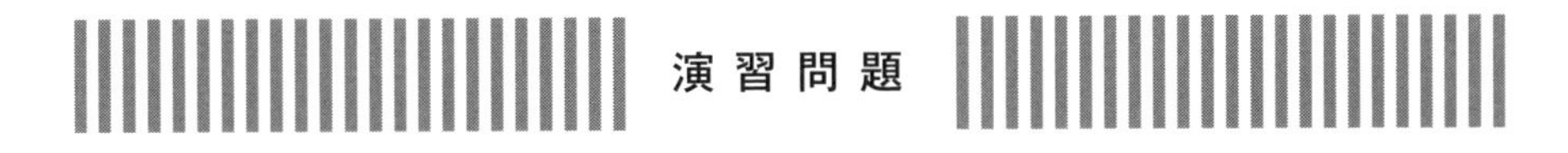

問 5.1　A_1,A_2,A_3,A_4,A_5 は K の要素を成分とする 2 次の正方行列であるとする. このとき, 少なくとも一つは 0 でないスカラーの組 $\lambda_1,\lambda_2,\lambda_3,\lambda_4,\lambda_5$ であって $\sum_{k=1}^{5}\lambda_kA_k=O$ となるものが存在することを示せ.

問 5.2 n は正の整数であるとする．K の要素を成分とする n 次正方行列全体のなすベクトル空間 $M_n(K)$ の部分集合

$$S_n(K) = \{A \in M_n(K) \mid {}^t A = A\}$$

を考える．

(1) $S_n(K)$ は $M_n(K)$ の部分空間であることを示せ．

(2) $S_n(K)$ の基底を構成することにより，$S_n(K)$ の次元を求めよ．

問 5.3 V は K 上のベクトル空間で，$W_1, W_2, \ldots$ は V の部分空間であるとする．このとき

$$U_n = W_1 \cap W_2 \cap \cdots \cap W_n \qquad (n = 1, 2, \ldots)$$
$$U_\infty = \{\boldsymbol{v} \in V \mid \text{すべての正の整数 } k \text{ について } \boldsymbol{v} \in W_k \text{ である.}\}$$

と定める．

(1) すべての正の整数 n について U_n は部分空間であることを示せ．

(2) U_∞ は部分空間であることを示せ．

(3) V が有限次元のとき，$U_N = U_\infty$ となる正の整数 N が存在することを示せ．

問 5.4 V は K 上の有限次元ベクトル空間であるとし，その次元を n とおく．ただし $n \geqq 3$ であるとする．V の部分空間 W の次元が $(n-2)$ であるとき，V の $(n-1)$ 次元部分空間 W_1, W_2 であって $W = W_1 \cap W_2$ となるものが存在することを示せ．

問 5.5 d を正の整数とする．K 係数の d 次以下の多項式全体のなすベクトル空間 $K[x]_d$ を考える (例 3.5)．集合 $S = \{1, x-1, (x-1)^2, \ldots, (x-1)^d\}$ は $K[x]_d$ の基底であることを示せ．

第6章

線形写像

この章では線形写像およびそれに付随して定まる核と像の概念を導入する．6.4 節では，線形写像全体のなすベクトル空間について詳しく述べる．このベクトル空間は，やや高度な数学を学ぶと必ず現れる重要なものである．

6.1 写像に関する基本事項

X と Y は空でない集合であるとする (X と Y は同じ集合でもよい)．X の要素それぞれに対して，Y の要素を一つ対応させる対応関係を，**X から Y への写像**という．f が X から Y への写像であることを $f : X \to Y$ と表す．後で定義する合成写像を考えるときには

$$X \xrightarrow{f} Y$$

と表すこともある．写像 $f : X \to Y$ によって X の要素 x と対応する Y の要素を $f(x)$ で表す．このとき「x は写像 f によって $f(x)$ に移る」ともいう．

集合 X から Y への二つの**写像** f_1, f_2 **が等しい**とは，X のどの要素 x についても $f_1(x) = f_2(x)$ が成り立つときにいう．

集合 X のすべての要素 x に自分自身 x を対応させることで，X から X への写像が定まる．この写像を **X 上の恒等写像**と呼び，id_X もしくは 1_X などと表す．以下，本書では 1_X と表す．つまり

$$1_X : X \to X, \quad 1_X(x) = x$$

である．

X, Y, Z が空でない集合で，二つの写像 $f: X \to Y$ と $g: Y \to Z$ があるとしよう．このとき，X の要素 x をとると，$f(x)$ は Y の要素だから，写像 g によって Z の要素 $g(f(x))$ に移る．すると，X の要素 x に Z の要素 $g(f(x))$ を対応させることで，X から Z への写像が定まる．この写像を f と g の**合成写像**と呼び，記号 $g \circ f$ で表す (f と g の順序に注意せよ)．すなわち

$$g \circ f : X \to Z, \quad (g \circ f)(x) = g(f(x))$$

である[1]．「合成写像 $g \circ f$ を記号 h で表す」ということを

$$h : X \xrightarrow{f} Y \xrightarrow{g} Z$$

のように書くことも多い．

二つの写像の合成を取る操作を繰り返せば，三つ以上の写像の合成も考えられる．これについて次のことが成り立つ．

命題 6.1 W, X, Y, Z は空でない集合で，三つの写像 $f: W \to X$, $g: X \to Y$, $h: Y \to Z$ があるとする．このとき，W から Z への写像として $(h \circ g) \circ f = h \circ (g \circ f)$ が成り立つ．

証明 w は W の要素であるとする．このとき，合成写像の定義を繰り返し使って

$$((h \circ g) \circ f)(w) = (h \circ g)(f(w)) = h(g(f(w))),$$
$$(h \circ (g \circ f))(w) = h((g \circ f)(w)) = h(g(f(w)))$$

を得る．よって $((h \circ g) \circ f)(w) = (h \circ (g \circ f))(w)$ である．以上より $(h \circ g) \circ f = h \circ (g \circ f)$ である． ■

命題 6.1 より，三つの写像 f, g, h を合成するとき，どの二つを先に合成しても同じ写像が得られる．そこで，f, g, h の合成を，カッコを省略して $h \circ g \circ f$ と書く．三つ以上の写像 $f_1, f_2, \ldots, f_n$ の合成も同様に $f_n \circ \cdots \circ f_2 \circ f_1$ と表す．さらに，記号 $\circ$ を省略して $f_n \cdots f_2 f_1$ と表すことも多い[2]．

1] 等式 $(g \circ f)(x) = g(f(x))$ は次のように読む．X から Z への写像を定義するには，X の各要素 x を，Z のどの要素に対応させるのかを指定すればよい．そこで，$g \circ f$ という写像を，x に $g(f(x))$ を対応させる写像として定める．

2] 第 11 章ではこの記法を用いる．

定義 6.2 写像 $f : X \to Y$ について

(1) 次の条件が成り立つとき，f は**単射**であるという．

(条件) X の要素 x, x' が $f(x) = f(x')$ を満たすならば，$x = x'$ である．

(2) 次の条件が成り立つとき，f は**全射**であるという．

(条件) Y の要素 y をどのようにとっても，$y = f(x)$ を満たす X の要素 x が，y に応じて必ずとれる．

(3) f が単射かつ全射であるとき，f は**全単射**であるという．

例 6.3 集合 X 上の恒等写像 1_X は全単射である．

命題 6.4 写像 $f : X \to Y, g : Y \to Z$ について，以下のことが成り立つ．

(1) f と g が単射ならば，$g \circ f$ は単射である．

(2) f と g が全射ならば，$g \circ f$ は全射である．

(3) f と g が全単射ならば，$g \circ f$ は全単射である．

証明 (1) X の要素 x, x' について $(g \circ f)(x) = (g \circ f)(x')$ が成り立つとする．このとき $g(f(x)) = g(f(x'))$ であり，g は単射であるから，$f(x) = f(x')$ である．さらに f は単射だから，$x = x'$ である．以上より $g \circ f$ は単射である．

(2) z は Z の要素であるとする．g は全射だから，Y の要素 y で $g(y) = z$ を満たすものが取れる．さらに f は全射だから，$f(x) = y$ を満たす X の要素 x が取れる．このとき $(g \circ f)(x) = g(f(x)) = g(y) = z$ である．よって X の要素 x は $g \circ f$ によって z に移る．以上より $g \circ f$ は全射である．

(3) (1), (2) より明らか． ■

写像 $f : X \to Y$ は全単射であるとする．このとき，Y のそれぞれの要素 y に対して，$y = f(x)$ となる X の要素 x がただ一つ定まる．この対応により，Y から X へ逆向きに写像が定まる．この写像を f の**逆写像**と呼び，f^{-1} で表す．写像 $f : X \to Y$ が全単射のとき，逆写像 $f^{-1} : Y \to X$ も全単射であり

$$f^{-1} \circ f = 1_X, \quad f \circ f^{-1} = 1_Y$$

が成り立つ．さらに，このことの逆が以下の意味で成り立つ．

命題 6.5　写像 $f : X \to Y$ に対して，写像 $g : Y \to X$ であって

$$g \circ f = 1_X, \quad f \circ g = 1_Y$$

を満たすものが存在するとき，f は全単射で g は f の逆写像である．

証明　X の要素 x, x' について $f(x) = f(x')$ が成り立つとする．このとき，$g(f(x)) = g(f(x'))$ であり，$g \circ f = 1_X$ であるから，$x = x'$ である．以上より f は単射である．

y は Y の要素であるとする．このとき $g(y)$ は X の要素であり，$f \circ g = 1_Y$ より $f(g(y)) = y$ が成り立つ．以上より f は全射である．したがって f は全単射であり，上の議論から Y のどの要素 y についても $g(y) = f^{-1}(y)$ であるから，g は f の逆写像である．■

6.2 線形写像

6.2.1 線形写像の定義と例

定義 6.6　U, V は K 上のベクトル空間であるとする．写像 $f : U \to V$ が次の二つの条件を満たすとき，f は**線形写像**であるという．

(1) U のベクトル $\boldsymbol{x}, \boldsymbol{y}$ をどのようにとっても，$f(\boldsymbol{x} + \boldsymbol{y}) = f(\boldsymbol{x}) + f(\boldsymbol{y})$ が成り立つ．

(2) U のベクトル $\boldsymbol{x}$ とスカラー λ をどのようにとっても，$f(\lambda \boldsymbol{x}) = \lambda f(\boldsymbol{x})$ が成り立つ[3]．

特に，ベクトル空間 V から V 自身への線形写像を，V 上の**線形変換**という．

例 6.7　m, n を正の整数とし，A は K の要素を成分とする (m, n) 型行列であるとする．このとき，数ベクトル空間 K^n の数ベクトル $\boldsymbol{x}$ に対して，K^m の数ベクトル $A\boldsymbol{x}$ を対応させることにより，K^n から K^m への写像が定まる．本書ではこの写像を L_A で表す．つまり

$$L_A : K^n \to K^m, \quad L_A(\boldsymbol{x}) = A\boldsymbol{x}$$

3]　右辺の $\lambda f(\boldsymbol{x})$ はベクトル $f(\boldsymbol{x})$ の λ 倍である．

である．このとき，写像 L_A は線形写像である．なぜならば，行列の和と積の性質 (命題 1.3, 命題 1.5) より，$\boldsymbol{x}, \boldsymbol{y}$ が K^n の数ベクトルで λ がスカラーのとき

$$L_A(\boldsymbol{x}+\boldsymbol{y}) = A(\boldsymbol{x}+\boldsymbol{y}) = A\boldsymbol{x} + A\boldsymbol{y} = L_A(\boldsymbol{x}) + L_A(\boldsymbol{y}),$$
$$L_A(\lambda\boldsymbol{x}) = A(\lambda\boldsymbol{x}) = \lambda(A\boldsymbol{x}) = \lambda L_A(\boldsymbol{x})$$

となるからである．この写像 L_A を，本書では**行列 A の定める線形写像**と呼ぶ．

A が n 次の単位行列 I のとき，K^n のどの数ベクトル $\boldsymbol{x}$ についても $L_I(\boldsymbol{x}) = I\boldsymbol{x} = \boldsymbol{x}$ が成り立つから，写像 L_I は K^n 上の恒等写像 1_{K^n} に等しい．

例 6.8 多項式のなすベクトル空間 $K[x]$ を考える (例 2.3)．K の要素 a を一つとって固定する．多項式 $P(x)$ に対して，$x = a$ を代入して得られる値 $P(a)$ を対応させれば，$K[x]$ から K への写像が定まる．この写像を φ_a と書くと

$$\varphi_a : K[x] \to K, \quad \varphi_a(P(x)) = P(a)$$

である．$P(x), Q(x)$ が多項式で，λ がスカラーのとき

$$\varphi_a(P(x)+Q(x)) = P(a) + Q(a) = \varphi_a(P(x)) + \varphi_a(Q(x)),$$
$$\varphi_a(\lambda P(x)) = \lambda P(a) = \lambda\varphi_a(P(x))$$

であるから，φ_a は線形写像である．

c が K の要素であるとき，定数項だけからなる多項式 $R(x) = c$ について，$\varphi_a(R(x)) = R(a) = c$ となる．したがって，線形写像 φ_a は全射である．

例 6.9 K の要素を並べた数列の集合 $\ell(K)$ について，$\ell(K)$ から $\ell(K)$ 自身への写像 σ, τ を次で定める．

$$\sigma((a_n)) = (0, a_1, a_2, a_3, \ldots), \quad \tau((a_n)) = (a_2, a_3, a_4, \ldots).$$

つまり σ は数列の初項に 0 を付け加える写像で，τ は数列の初項を除去する写像である．このとき，σ は $\ell(K)$ 上の線形変換であることを示そう．$(a_n), (b_n)$ が $\ell(K)$ の要素で，λ がスカラーのとき

$$\sigma((a_n)+(b_n)) = \sigma((a_n+b_n)) = (0, a_1+b_1, a_2+b_2, \ldots)$$
$$= (0, a_1, a_2, \ldots) + (0, b_1, b_2, \ldots) = \sigma((a_n)) + \sigma((b_n)),$$
$$\sigma(\lambda(a_n)) = \sigma((\lambda a_n)) = (0, \lambda a_1, \lambda a_2, \ldots)$$

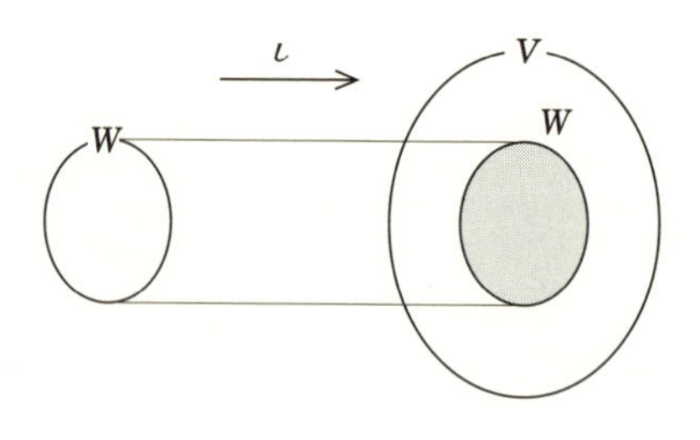

図 6.1

$$= \lambda(0, a_1, a_2, \ldots) = \lambda\sigma((a_n))$$

であるから，σ は線形変換である．同様にして τ も線形変換であることがわかる．

σ は単射であるが全射ではない．また，τ は全射であるが単射ではない．さらに，$\tau \circ \sigma = 1_{\ell(K)}$ であるが $\sigma \circ \tau \neq 1_{\ell(K)}$ である (問 6.2)．よって τ は σ の逆写像ではない．

例 6.10 V は K 上のベクトル空間であるとし，W は V の部分空間であるとする．このとき W から V への写像 ι を次で定める[4]．

$$\iota : W \to V, \quad \iota(\boldsymbol{w}) = \boldsymbol{w}$$

すなわち，ι は W をそのまま V のなかに入れる写像である (図 6.1)．この写像 ι を W から V への**包含写像**という．包含写像 ι はベクトル空間 W からベクトル空間 V への線形写像である．

6.2.2 線形写像の基本的な性質

以下では複数のベクトル空間におけるゼロベクトルを同時に考えることがある．そこで，必要に応じてベクトル空間 U のゼロベクトルを $\mathbf{0}_U$ のように表して，どのベクトル空間のゼロベクトルであるかを明示する．

命題 6.11 U, V は K 上のベクトル空間で，$f : U \to V$ は線形写像であるとする．このとき $f(\mathbf{0}_U) = \mathbf{0}_V$ である．

4] ι はギリシャ文字でイオタと読む．

証明 U のゼロベクトルについて $\mathbf{0}_U + \mathbf{0}_U = \mathbf{0}_U$ が成り立つ．この両辺を f で移すと $f(\mathbf{0}_U + \mathbf{0}_U) = f(\mathbf{0}_U)$ を得る．f の線形性から左辺は $f(\mathbf{0}_U) + f(\mathbf{0}_U)$ に等しい．よって

$$f(\mathbf{0}_U) + f(\mathbf{0}_U) = f(\mathbf{0}_U)$$

である (この両辺は V のベクトルであることに注意する)．よって補題 2.12 より $f(\mathbf{0}_U) = \mathbf{0}_V$ である． ■

命題 6.12 U, V, W は K 上のベクトル空間で，$f : U \to V,\ g : V \to W$ は線形写像であるとする．このとき，合成写像 $g \circ f : U \to W$ も線形写像である．

証明 $\boldsymbol{x}, \boldsymbol{y}$ は U のベクトルであるとする．f, g の線形性を繰り返し使えば

$$\begin{aligned}(g \circ f)(\boldsymbol{x} + \boldsymbol{y}) &= g(f(\boldsymbol{x} + \boldsymbol{y})) = g(f(\boldsymbol{x}) + f(\boldsymbol{y})) \\ &= g(f(\boldsymbol{x})) + g(f(\boldsymbol{y})) = (g \circ f)(\boldsymbol{x}) + (g \circ f)(\boldsymbol{y})\end{aligned}$$

を得る．同様にして λ がスカラーのとき $(g \circ f)(\lambda \boldsymbol{x}) = \lambda (g \circ f)(\boldsymbol{x})$ であることもわかる．以上より $g \circ f$ は線形写像である． ■

命題 6.13 U, V は K 上のベクトル空間で，線形写像 $f : U \to V$ は全単射であるとする．このとき，f の逆写像 $f^{-1} : V \to U$ も線形写像である．

証明 $\boldsymbol{x}, \boldsymbol{y}$ は V のベクトルであるとする．$f^{-1}(\boldsymbol{x}) = \boldsymbol{a}, f^{-1}(\boldsymbol{y}) = \boldsymbol{b}$ とおく．このとき，逆写像の定義から $f(\boldsymbol{a}) = \boldsymbol{x}, f(\boldsymbol{b}) = \boldsymbol{y}$ である．よって，f の線形性より

$$\boldsymbol{x} + \boldsymbol{y} = f(\boldsymbol{a}) + f(\boldsymbol{b}) = f(\boldsymbol{a} + \boldsymbol{b})$$

を得る．したがって $\boldsymbol{a} + \boldsymbol{b} = f^{-1}(\boldsymbol{x} + \boldsymbol{y})$ である．左辺に $\boldsymbol{a}, \boldsymbol{b}$ の定義を代入すれば $f^{-1}(\boldsymbol{x}) + f^{-1}(\boldsymbol{y}) = f^{-1}(\boldsymbol{x} + \boldsymbol{y})$ を得る．以上より，逆写像 f^{-1} は定義 6.6 の条件 (1) を満たす．さらに λ がスカラーであるとき，f の線形性より

$$\lambda \boldsymbol{x} = \lambda f(\boldsymbol{a}) = f(\lambda \boldsymbol{a})$$

であるから $f^{-1}(\lambda \boldsymbol{x}) = \lambda \boldsymbol{a}$ であり，$\boldsymbol{a}$ の定義から $f^{-1}(\lambda \boldsymbol{x}) = \lambda f^{-1}(\boldsymbol{x})$ となる．よって f^{-1} は定義 6.6 の条件 (2) も満たす．以上より f^{-1} は線形写像である． ■

6.3 線形写像の核と像

定義 6.14 U, V は K 上のベクトル空間であるとし，写像 $f: U \to V$ は線形写像であるとする．

(1) U の部分集合 $\mathrm{Ker}\, f$ を次で定め，これを f の核と呼ぶ．

$$\mathrm{Ker}\, f = \{\boldsymbol{x} \in U \mid f(\boldsymbol{x}) = \boldsymbol{0}_V\}$$

(2) V の部分集合 $\mathrm{Im}\, f$ を次で定め，これを f の像と呼ぶ．

$$\mathrm{Im}\, f = \{\boldsymbol{v} \in V \mid \boldsymbol{v} = f(\boldsymbol{x}) \text{ を満たす } U \text{ のベクトル } \boldsymbol{x} \text{ が存在する．}\}$$

命題 6.15 U, V は K 上のベクトル空間であるとし，写像 $f: U \to V$ は線形写像であるとする．このとき，次のことが成り立つ．

(1) $\mathrm{Ker}\, f$ は U の部分空間である．

(2) $\mathrm{Im}\, f$ は V の部分空間である．

証明 (1) $\boldsymbol{x}, \boldsymbol{y}$ が $\mathrm{Ker}\, f$ に属するベクトルで，λ がスカラーであるとき

$$f(\boldsymbol{x}+\boldsymbol{y}) = f(\boldsymbol{x}) + f(\boldsymbol{y}) = \boldsymbol{0}_V + \boldsymbol{0}_V = \boldsymbol{0}_V,$$
$$f(\lambda \boldsymbol{x}) = \lambda f(\boldsymbol{x}) = \lambda \boldsymbol{0}_V = \boldsymbol{0}_V$$

となるから，$\boldsymbol{x}+\boldsymbol{y}$ と $\lambda\boldsymbol{x}$ は $\mathrm{Ker}\, f$ に属する．よって $\mathrm{Ker}\, f$ は部分空間である．

(2) $\boldsymbol{v}, \boldsymbol{w}$ は $\mathrm{Im} f$ に属するベクトルで，λ はスカラーであるとする．このとき，$\boldsymbol{v} = f(\boldsymbol{a}), \boldsymbol{w} = f(\boldsymbol{b})$ となる U のベクトル $\boldsymbol{a}, \boldsymbol{b}$ が取れるので

$$\boldsymbol{v}+\boldsymbol{w} = f(\boldsymbol{a}) + f(\boldsymbol{b}) = f(\boldsymbol{a}+\boldsymbol{b}), \quad \lambda\boldsymbol{v} = \lambda f(\boldsymbol{a}) = f(\lambda\boldsymbol{a})$$

と表される．$\boldsymbol{a}+\boldsymbol{b}$ と $\lambda\boldsymbol{a}$ は U のベクトルであるから，$\boldsymbol{v}+\boldsymbol{w}$ と $\lambda\boldsymbol{v}$ は $\mathrm{Im}\, f$ に属する．以上より $\mathrm{Im}\, f$ は部分空間である． ■

次の命題で示すように，線形写像が単射であるかどうかは，その核を調べることにより判定できる．この事実は以下で頻繁に用いる．

命題 6.16 U, V は K 上のベクトル空間であるとし，写像 $f: U \to V$ は線形写像であるとする．このとき，次の二つの条件は同値である．

(1) f は単射である．

(2) $\mathrm{Ker}\, f = \{\boldsymbol{0}_U\}$ である．

証明　(1) ならば (2) であること　命題 6.15 より $\operatorname{Ker} f$ は U の部分空間であるから，$\{\mathbf{0}_U\} \subset \operatorname{Ker} f$ である (命題 3.4)．よって $\operatorname{Ker} f$ の要素は $\mathbf{0}_U$ のみであることを示せばよい．

$\boldsymbol{u}$ は $\operatorname{Ker} f$ に属するベクトルであるとする．このとき $f(\boldsymbol{u}) = \mathbf{0}_V$ である．また，f は線形写像であるから $f(\mathbf{0}_U) = \mathbf{0}_V$ である (命題 6.11)．よって $f(\boldsymbol{u}) = f(\mathbf{0}_U)$ である．条件 (1) より f は単射だから，$\boldsymbol{u} = \mathbf{0}_U$ である．以上より，$\operatorname{Ker} f$ の要素は $\mathbf{0}_U$ のみである．

(2) ならば (1) であること　$\boldsymbol{x}, \boldsymbol{x}'$ は U のベクトルで，$f(\boldsymbol{x}) = f(\boldsymbol{x}')$ を満たすとする．このとき，f の線形性から

$$f(\boldsymbol{x} - \boldsymbol{x}') = f(\boldsymbol{x} + (-1)\boldsymbol{x}') = f(\boldsymbol{x}) + (-1)f(\boldsymbol{x}') = f(\boldsymbol{x}) - f(\boldsymbol{x}')$$

であり，$f(\boldsymbol{x}) = f(\boldsymbol{x}')$ より右辺は $\mathbf{0}_V$ に等しい．よって $\boldsymbol{x} - \boldsymbol{x}'$ は $\operatorname{Ker} f$ に属する．条件 (2) より $\operatorname{Ker} f = \{\mathbf{0}_U\}$ であるから，$\boldsymbol{x} - \boldsymbol{x}' = \mathbf{0}_U$, すなわち $\boldsymbol{x} = \boldsymbol{x}'$ である．以上より f は単射である．■

6.4　線形写像のなすベクトル空間

U, V が K 上のベクトル空間であるとき，U から V への線形写像全体のなす集合を $\operatorname{Hom}_K(U, V)$ と表す．この節では，集合 $\operatorname{Hom}_K(U, V)$ が K 上のベクトル空間であることを示す．まず，和と定数倍が以下のように定まる．

命題 6.17　K 上のベクトル空間 U から V への線形写像 f, g と，スカラー λ に対して，U から V への写像 $f+g$ と λf を次で定める[5]．

$$(f+g)(\boldsymbol{u}) = f(\boldsymbol{u}) + g(\boldsymbol{u}), \quad (\lambda f)(\boldsymbol{u}) = \lambda f(\boldsymbol{u}) \tag{6.1}$$

このとき，$f+g$ と λf は線形写像である．

証明　ここでは $f+g$ が線形写像であることを示す．λf については演習問題とする (問 6.8)．

5] (6.1) の一番目の等式は以下のように読む．U から V への写像を定義するには，U のそれぞれのベクトルが V のどのベクトルと対応するかを指定すればよい．そこで，写像 $f+g$ は，U のベクトル $\boldsymbol{u}$ に対して $f(\boldsymbol{u}) + g(\boldsymbol{u})$ を対応させる写像として定める．二番目の等式についても同様である．

$\boldsymbol{x}, \boldsymbol{y}$ は U のベクトルであるとする．このとき，$f+g$ の定義 (6.1) から

$$(f+g)(\boldsymbol{x}+\boldsymbol{y}) = f(\boldsymbol{x}+\boldsymbol{y}) + g(\boldsymbol{x}+\boldsymbol{y})$$

である．f と g の線形性から右辺は

$$\begin{aligned} f(\boldsymbol{x}+\boldsymbol{y}) + g(\boldsymbol{x}+\boldsymbol{y}) &= f(\boldsymbol{x}) + f(\boldsymbol{y}) + g(\boldsymbol{x}) + g(\boldsymbol{y}) \\ &= (f(\boldsymbol{x}) + g(\boldsymbol{x})) + (f(\boldsymbol{y}) + g(\boldsymbol{y})) \end{aligned}$$

と書き直される．この右辺は (6.1) から $(f+g)(\boldsymbol{x}) + (f+g)(\boldsymbol{y})$ に等しい．したがって，写像 $f+g$ は定義 6.6 の条件 (1) を満たす．さらに，μ がスカラーのとき，(6.1) と f, g の線形性を使えば

$$\begin{aligned} (f+g)(\mu\boldsymbol{x}) &= f(\mu\boldsymbol{x}) + g(\mu\boldsymbol{x}) = \mu f(\boldsymbol{x}) + \mu g(\boldsymbol{x}) \\ &= \mu(f(\boldsymbol{x}) + g(\boldsymbol{x})) = \mu((f+g)(\boldsymbol{x})) \end{aligned}$$

が得られる．よって定義 6.6 の条件 (2) も満たすので，$f+g$ は線形写像である．

■

次に，零写像と呼ばれる線形写像を定義する．これは $\mathrm{Hom}_K(U, V)$ のゼロベクトルとなるものである．

命題 6.18 U と V は K 上のベクトル空間であるとする．U のすべてのベクトルに V のゼロベクトルを対応させる写像を**零写像**と呼び，以下 0 で表す．すなわち

$$0 : U \to V, \quad 0(\boldsymbol{u}) = \boldsymbol{0}_V$$

である．このとき，零写像は線形写像である．

証明 $\boldsymbol{x}, \boldsymbol{y}$ が U のベクトルで，λ がスカラーのとき

$$\begin{aligned} &0(\boldsymbol{x}+\boldsymbol{y}) = \boldsymbol{0}_V, \quad 0(\boldsymbol{x}) + 0(\boldsymbol{y}) = \boldsymbol{0}_V + \boldsymbol{0}_V = \boldsymbol{0}_V, \\ &0(\lambda\boldsymbol{x}) = \boldsymbol{0}_V, \quad \lambda 0(\boldsymbol{x}) = \lambda\boldsymbol{0}_V = \boldsymbol{0}_V \end{aligned}$$

であるから，$0(\boldsymbol{x}+\boldsymbol{y}) = 0(\boldsymbol{x}) + 0(\boldsymbol{y}), 0(\lambda\boldsymbol{x}) = \lambda 0(\boldsymbol{x})$ である．よって零写像は線形写像である． ■

以上のようにして定まる和・定数倍・ゼロベクトルによって，$\mathrm{Hom}_K(U, V)$ はベクトル空間となる．次の定理で正確に述べよう．

定理 6.19 U と V は K 上のベクトル空間であるとする．U から V への線形写像全体のなす集合 $\mathrm{Hom}_K(U,V)$ に，和と定数倍を (6.1) によって定める (スカラーの集合は K とする)．さらに，零写像 0 をゼロベクトルと定めれば，$\mathrm{Hom}_K(U,V)$ は K 上のベクトル空間である．

証明 $\mathrm{Hom}_K(U,V)$ において定義 2.1 の条件 (1)〜(8) が成り立つことを示せばよい．ここでは条件 (3) を証明しよう．すなわち，$\mathrm{Hom}_K(U,V)$ の要素 f と，零写像 0 について $f+0=f$ が成り立つことを示す．そのためには，U のどのベクトル $\boldsymbol{u}$ についても $(f+0)(\boldsymbol{u})=f(\boldsymbol{u})$ であることを示せばよい．

$\boldsymbol{u}$ は U のベクトルであるとする．このとき，$\mathrm{Hom}_K(U,V)$ における和の定義 (6.1) と，零写像の定義から

$$(f+0)(\boldsymbol{u}) = f(\boldsymbol{u}) + 0(\boldsymbol{u}) = f(\boldsymbol{u}) + \mathbf{0}_V$$

である．ここで $f(\boldsymbol{u})$ は V のベクトルであり，V において定義 2.1 の条件 (3) が成り立つことから，上式の右辺は $f(\boldsymbol{u})$ に等しい．したがって $(f+0)(\boldsymbol{u})=f(\boldsymbol{u})$ である．以上より $f+0=f$ である． ■

スカラーの集合 K は 1 次元の数ベクトル空間と同一視できる．よって，V が K 上のベクトル空間であるとき，V から K への線形写像全体のなすベクトル空間 $\mathrm{Hom}_K(V,K)$ を考えられる．このベクトル空間を V の**双対空間**と呼ぶ．双対空間については第 20 章で詳しく述べる．

演習問題

問 6.1 A,B はそれぞれ K の要素を成分とする (m,n) 型，(n,l) 型行列であるとする．これらが定める線形写像 $L_A : K^n \to K^m, L_B : K^l \to K^n$ の合成写像 $L_A \circ L_B$ は，行列の積 AB が定める線形写像 $L_{AB} : K^l \to K^m$ に等しいことを示せ．

問 6.2 例 6.9 で定義した線形写像 σ,τ を考える．

(1) σ は単射であるが全射でないことを示せ．

(2) τ は全射であるが単射でないことを示せ．

(3) 合成写像 $\tau\circ\sigma$ は $\ell(K)$ 上の恒等写像であることを示せ．

(4) 合成写像 $\sigma \circ \tau$ は $\ell(K)$ 上の恒等写像ではないことを示せ.

問 6.3 数ベクトル空間の間の写像 $f : K^n \to K^m$ は線形写像であるとする. このとき, K の要素を成分とする (m, n) 型行列 A であって, $f = L_A$ となるものが, f に応じてただ一つ存在することを示せ. ただし L_A は行列 A が定める線形写像 (例 6.7) である. (ヒント : K^m の数ベクトル $f(\boldsymbol{e}_1), f(\boldsymbol{e}_2), \ldots, f(\boldsymbol{e}_n)$ から行列 A を構成せよ.)

問 6.4 A は K の要素を成分とする n 次の正方行列であるとする. A が定める線形変換 $L_A : K^n \to K^n$ について, 次の二つの条件は同値であることを示せ.

(1) L_A は全単射である.

(2) A は正則行列である.

(ヒント : 問 6.1 および問 6.3 の結果を使う.)

問 6.5 実数係数の 2 次以下の多項式全体のなすベクトル空間 $\mathbb{R}[x]_2$ 上の線形変換 f について

$$f(1) = 1, \quad f(x+2) = x, \quad f(x^2+2x+3) = x^2$$

が成り立つとする.

(1) $f(x), f(x^2)$ を計算せよ.

(2) f は単射であることを示せ.

問 6.6 U, V は K 上のベクトル空間であるとし, 写像 $f : U \to V$ は線形写像であるとする. また, $\boldsymbol{u}_1, \boldsymbol{u}_2, \ldots, \boldsymbol{u}_r$ は U のベクトルであるとする (r は正の整数).

(1) $f(\boldsymbol{u}_1), f(\boldsymbol{u}_2), \ldots, f(\boldsymbol{u}_r)$ が線形独立であるならば, $\boldsymbol{u}_1, \boldsymbol{u}_2, \ldots, \boldsymbol{u}_r$ は線形独立であることを示せ.

(2) f が単射であるとき, $\boldsymbol{u}_1, \boldsymbol{u}_2, \ldots, \boldsymbol{u}_r$ が線形独立であるならば, $f(\boldsymbol{u}_1), f(\boldsymbol{u}_2), \ldots, f(\boldsymbol{u}_r)$ は線形独立であることを示せ.

問 6.7 U, V は K 上のベクトル空間であるとし, 写像 $f : U \to V$ は線形写像であるとする. U のベクトル $\boldsymbol{u}_1, \boldsymbol{u}_2, \ldots, \boldsymbol{u}_n$ について $U = \langle \boldsymbol{u}_1, \boldsymbol{u}_2, \ldots, \boldsymbol{u}_n \rangle$ が成り立つならば, $\mathrm{Im}\, f = \langle f(\boldsymbol{u}_1), f(\boldsymbol{u}_2), \ldots, f(\boldsymbol{u}_n) \rangle$ であることを示せ.

問 6.8 K 上のベクトル空間 U から V への線形写像 f と, スカラー λ に対して, U から V への写像 λf を (6.1) の第 2 式で定める. このとき, λf は線形写像であることを示せ.

第7章 ベクトル空間の同型

表題にある「同型」とは，ある構造にのみ着目すると区別がつかないことを意味する概念である．この章では，ベクトル空間の同型について解説する．

7.1 同型の考え方

次の二つのベクトル空間を考える．

- 実数を成分とする 2 次の正方行列全体 $M_2(\mathbb{R})$ （例 2.4）
- 実数係数の 3 次以下の多項式全体 $\mathbb{R}[x]_3$ （例 3.5）

それぞれのベクトル空間における和と定数倍の定義を並べてみよう．

(1) 和

$$
\begin{aligned}
M_2(\mathbb{R}): \quad & \begin{pmatrix} a_1 & a_2 \\ a_3 & a_4 \end{pmatrix} + \begin{pmatrix} b_1 & b_2 \\ b_3 & b_4 \end{pmatrix} = \begin{pmatrix} a_1+b_1 & a_2+b_2 \\ a_3+b_3 & a_4+b_4 \end{pmatrix}, \\
\mathbb{R}[x]_3: \quad & \left(a_1x^3+a_2x^2+a_3x+a_4\right)+\left(b_1x^3+b_2x^2+b_3x+b_4\right) \\
& = (a_1+b_1)x^3+(a_2+b_2)x^2+(a_3+b_3)x+(a_4+b_4)
\end{aligned}
$$

(2) 定数倍

$$
\begin{aligned}
M_2(\mathbb{R}): \quad & \lambda\begin{pmatrix} a_1 & a_2 \\ a_3 & a_4 \end{pmatrix} = \begin{pmatrix} \lambda a_1 & \lambda a_2 \\ \lambda a_3 & \lambda a_4 \end{pmatrix}, \\
\mathbb{R}[x]_3: \quad & \lambda\left(a_1x^3+a_2x^2+a_3x+a_4\right) \\
& = (\lambda a_1)x^3+(\lambda a_2)x^2+(\lambda a_3)x+(\lambda a_4)
\end{aligned}
$$

行列の成分と多項式の係数を比較すると，これらの演算はとても似ていることが見てとれる．この「似ている」という感覚をきちんと定式化するには，次のように考えればよい．

以下，$M_2(\mathbb{R})$ における和を $+$ で，$\mathbb{R}[x]_3$ における和を $\dot{+}$ で表して区別する．写像 $\phi: M_2(\mathbb{R}) \to \mathbb{R}[x]_3$ を次で定める．

$$\phi(\begin{pmatrix} a_1 & a_2 \\ a_3 & a_4 \end{pmatrix}) = a_1x^3 \dot{+} a_2x^2 \dot{+} a_3x \dot{+} a_4$$

このとき，二つの行列 $A = \begin{pmatrix} a_1 & a_2 \\ a_3 & a_4 \end{pmatrix}$ と $B = \begin{pmatrix} b_1 & b_2 \\ b_3 & b_4 \end{pmatrix}$ について

- $\phi(A+B)$: A と B を加えてから写像 ϕ で移したもの
- $\phi(A) \dot{+} \phi(B)$: A と B を写像 ϕ で移してから加えたもの [1]

をそれぞれ計算する．

$$\begin{aligned}
\phi(A+B) &= \phi(\begin{pmatrix} a_1+b_1 & a_2+b_2 \\ a_3+b_3 & a_4+b_4 \end{pmatrix}) \\
&= (a_1+b_1)x^3 \dot{+} (a_2+b_2)x^2 \dot{+} (a_3+b_3)x \dot{+} (a_4+b_4), \\
\phi(A) &\dot{+} \phi(B) \\
&= \left(a_1x^3 \dot{+} a_2x^2 \dot{+} a_3x \dot{+} a_4\right) \dot{+} \left(b_1x^3 \dot{+} b_2x^2 \dot{+} b_3x \dot{+} b_4\right)
\end{aligned}$$

$\mathbb{R}[x]_3$ における和の定義は，これらの右辺が一致すること，すなわち

$$\phi(A+B) = \phi(A) \dot{+} \phi(B) \tag{7.1}$$

であることを意味する．よって，$M_2(\mathbb{R})$ における和 $+$ は，写像 ϕ を通じて，$\mathbb{R}[x]_3$ における和 $\dot{+}$ に対応する．同様に，定数倍についても

$$\phi(\lambda A) = \lambda\phi(A) \tag{7.2}$$

であることがわかる．

以上のように，$M_2(\mathbb{R})$ と $\mathbb{R}[x]_3$ における和と定数倍が「似ている」ことは，関係式 (7.1) および (7.2) で表される．これらの関係式は写像 ϕ が線形写像であることを意味する．さらに写像 ϕ は全単射であり，よって逆写像 $\phi^{-1}: \mathbb{R}[x]_3 \to M_2(\mathbb{R})$ も線形写像である (命題 6.13)．したがって，$M_2(\mathbb{R})$ と $\mathbb{R}[x]_3$ の和と定数倍

1] $\phi(A)$ と $\phi(B)$ はともに $\mathbb{R}[x]_3$ の要素であるから，その和は $\dot{+}$ で表されることに注意する．

$\boldsymbol{M}_2(\mathbb{R})$	$\mathbb{R}[\boldsymbol{x}]_3$
(行列の)和	(多項式の)和
定数倍	定数倍
(行列の)積	(多項式の)積
基本変形	割り算(商と余り)
行列式	値の代入
⋮	⋮

図 7.1

は，写像 ϕ およびその逆写像 ϕ^{-1} によって互いに移りあう．この意味で，$M_2(\mathbb{R})$ と $\mathbb{R}[x]_3$ はベクトル空間として同じものと見なせる．このようなとき，二つのベクトル空間は同型であるという (正確な定義は次節で述べる).

注意 上で定義した写像 ϕ は，和と定数倍を保つが積は保たない．たとえば，$A = \begin{pmatrix} 1 & 0 \\ 0 & 0 \end{pmatrix}, B = \begin{pmatrix} 0 & 0 \\ 0 & 1 \end{pmatrix}$ であるとき，$AB = O$ であるから $\phi(AB) = 0$ である．一方，$\phi(A)\phi(B) = x^3 \cdot 1 = x^3$ であるから，$\phi(AB)$ と $\phi(A)\phi(B)$ は一致しない．したがって，$M_2(\mathbb{R})$ における積と，$\mathbb{R}[x]_3$ における積は対応しない．$M_2(\mathbb{R})$ と $\mathbb{R}[x]_3$ には，積のほかにもそれぞれに意味のある操作がある (図 7.1)．しかし,「ベクトル空間として同型」と見るときには，和と定数倍以外は無視して比較しているのである．

7.2 同型の定義と基本的な性質

ベクトル空間の同型という概念は次のように定義される．

定義 7.1 U と V はともに K 上のベクトル空間であるとする．

(1) 線形写像 $f : U \to V$ が全単射であるとき，f は U から V への**同型写像**であるという．

(2) U から V への同型写像が存在するとき，U は V と (K 上のベクトル空間として) **同型**であるといい，$U \simeq V$ と表す．

例 7.2 実数を成分とする 2 次の正方行列全体のなす集合 $M_2(\mathbb{R})$ と，実数係数

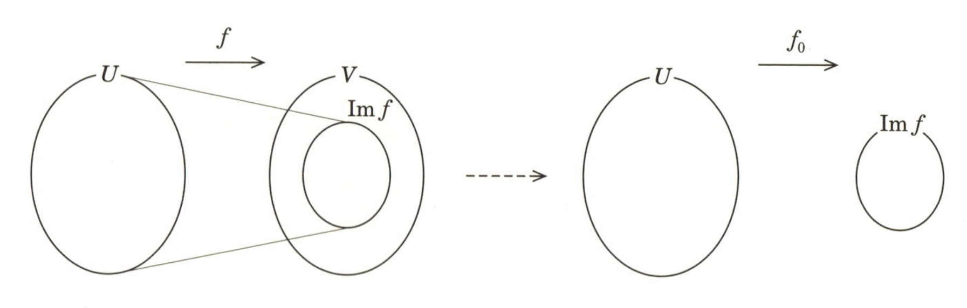

図 7.2

の 3 次以下の多項式全体のなす集合 $\mathbb{R}[x]_3$ について，前節で定義した写像 $\phi : M_2(\mathbb{R}) \to \mathbb{R}[x]_3$ は同型写像である．よって $M_2(\mathbb{R}) \simeq \mathbb{R}[x]_3$ である．

例 7.3 U, V はベクトル空間であるとし，写像 $f : U \to V$ は線形写像であるとする．このとき，f は U から V への写像であるが，V から部分空間 $\mathrm{Im}\, f$ を取り出せば，U から $\mathrm{Im}\, f$ への写像とも見なせる (図 7.2)．このようにして定まる写像を $f_0 : U \to \mathrm{Im}\, f$ とおく．このとき，f_0 は全射であり，U のどの要素 $\boldsymbol{u}$ についても $f(\boldsymbol{u}) = f_0(\boldsymbol{u})$ が成り立つ．したがって，もし f が単射であるならば，f_0 も単射であるので，f_0 は全単射となる．以上より，線形写像 $f : U \to V$ が単射ならば，$f_0 : U \to \mathrm{Im}\, f$ は全単射だから，$U \simeq \mathrm{Im}\, f$ である．つまり，ベクトル空間 U は，単射 $f : U \to V$ によって，V の一部分である $\mathrm{Im}\, f$ にそのまま移される．

次の命題で述べるのはベクトル空間の同型に関する基本的な性質である．

命題 7.4 U, V, W は K 上のベクトル空間であるとする．このとき，次のことが成り立つ．

(1) $U \simeq U$ である．

(2) $U \simeq V$ であるならば，$V \simeq U$ である．

(3) $U \simeq V$ かつ $V \simeq W$ であるならば，$U \simeq W$ である．

証明 (1) 恒等写像 $1_U : U \to U$ は線形写像で全単射であるから，同型写像である．したがって $U \simeq U$ である．

(2) $U \simeq V$ であるとき，U から V への同型写像が存在する．同型写像を一つ取って ϕ とおくと，線形写像 $\phi : U \to V$ は全単射であるから，逆写像 $\phi^{-1} : V \to$

U も全単射の線形写像である (命題 6.13). よって ϕ^{-1} は V から U への同型写像である. 同型写像が存在するので, $V \simeq U$ である.

(3) $U \simeq V$ かつ $V \simeq W$ であるとき, 同型写像 $\phi : U \to V$ および $\psi : V \to W$ が存在する. 命題 6.4 より, 合成写像 $\psi \circ \phi : U \to W$ は全単射である. さらに, 命題 6.12 より $\psi \circ \phi$ は線形写像であるから, $\psi \circ \phi$ は同型写像である. したがって $U \simeq W$ である. ■

次の命題は, 有限次元ベクトル空間に関する重要な事実である.

命題 7.5 V は $\{\mathbf{0}\}$ でない K 上の有限次元ベクトル空間であるとする. このとき, V の次元を n とすると, $V \simeq K^n$ である.

証明 V から K^n への同型写像が存在することを示せばよい. そのために, 実際に同型写像を一つ構成しよう.

V の基底 $S = \{\boldsymbol{v}_1, \boldsymbol{v}_2, \ldots, \boldsymbol{v}_n\}$ を一組取る. このとき, V のどのベクトルも, スカラー $\lambda_1, \lambda_2, \ldots, \lambda_n$ を使って $\sum\limits_{j=1}^{n} \lambda_j \boldsymbol{v}_j$ の形でただ一通りに表される (命題 4.11). そこで, 写像 $\phi : V \to K^n$ を

$$\phi(\sum_{j=1}^{n} \lambda_j \boldsymbol{v}_j) = \begin{pmatrix} \lambda_1 \\ \lambda_2 \\ \vdots \\ \lambda_n \end{pmatrix}$$

で定める. このとき ϕ は同型写像であることを以下で示す.

<u>ϕ が線形写像であることの証明</u> $\boldsymbol{x}$ と $\boldsymbol{y}$ は V のベクトルであるとする. S は基底だから, $\boldsymbol{x} = \sum\limits_{j=1}^{n} \lambda_j \boldsymbol{v}_j, \boldsymbol{y} = \sum\limits_{j=1}^{n} \mu_j \boldsymbol{v}_j$ となるスカラー $\lambda_1, \ldots, \lambda_n$ と $\mu_1, \ldots, \mu_n$ が定まる. このとき $\boldsymbol{x} + \boldsymbol{y} = \sum\limits_{j=1}^{n} (\lambda_j + \mu_j) \boldsymbol{v}_j$ であるから

$$\phi(\boldsymbol{x} + \boldsymbol{y}) = \begin{pmatrix} \lambda_1 + \mu_1 \\ \lambda_2 + \mu_2 \\ \vdots \\ \lambda_n + \mu_n \end{pmatrix}$$

である. 右辺を変形すると

$$\begin{pmatrix} \lambda_1 + \mu_1 \\ \lambda_2 + \mu_2 \\ \vdots \\ \lambda_n + \mu_n \end{pmatrix} = \begin{pmatrix} \lambda_1 \\ \lambda_2 \\ \vdots \\ \lambda_n \end{pmatrix} + \begin{pmatrix} \mu_1 \\ \mu_2 \\ \vdots \\ \mu_n \end{pmatrix} = \phi(\boldsymbol{x}) + \phi(\boldsymbol{y})$$

となるから，$\phi(\boldsymbol{x}+\boldsymbol{y}) = \phi(\boldsymbol{x}) + \phi(\boldsymbol{y})$ が成り立つ．また，ν がスカラーであるとき，$\nu\boldsymbol{x} = \nu \sum_{j=1}^{n} \lambda_j \boldsymbol{v}_j = \sum_{j=1}^{n} (\nu\lambda_j)\boldsymbol{v}_j$ であるから

$$\phi(\nu\boldsymbol{x}) = \begin{pmatrix} \nu\lambda_1 \\ \nu\lambda_2 \\ \vdots \\ \nu\lambda_n \end{pmatrix} = \nu \begin{pmatrix} \lambda_1 \\ \lambda_2 \\ \vdots \\ \lambda_n \end{pmatrix} = \nu\phi(\boldsymbol{x})$$

となるので，$\phi(\nu\boldsymbol{x}) = \nu\phi(\boldsymbol{x})$ である．以上より，ϕ は線形写像である．

ϕ が全単射であることの証明　$\boldsymbol{a} = {}^t\begin{pmatrix} a_1 & a_2 & \cdots & a_n \end{pmatrix}$ は K^n のベクトルであるとする．このとき，V のベクトル $\boldsymbol{x} = \sum_{j=1}^{n} a_j \boldsymbol{v}_j$ を取れば，$\phi(\boldsymbol{x}) = \boldsymbol{a}$ が成り立つ．以上より ϕ は全射である．また，V のベクトル $\boldsymbol{x} = \sum_{j=1}^{n} \lambda_j \boldsymbol{v}_j$ について，$\phi(\boldsymbol{x}) = \boldsymbol{0}_{K^n}$ であるとき，${}^t\begin{pmatrix} \lambda_1 & \lambda_2 & \cdots & \lambda_n \end{pmatrix} = \boldsymbol{0}_{K^n}$ であるから，すべての $j = 1, 2, \ldots, n$ について $\lambda_j = 0$ である．よって $\boldsymbol{x} = \boldsymbol{0}_V$ である．したがって $\operatorname{Ker}\phi = \{\boldsymbol{0}\}$ であるから，ϕ は単射である (命題 6.16)．よって ϕ は全単射である．

以上より $\phi : V \to K^n$ は同型写像である．■

命題 7.5 より，有限次元ベクトル空間 V の次元を n とすると，V から数ベクトル空間 K^n への同型写像 $\phi : V \to K^n$ が存在する．この同型によって，抽象的なベクトル空間 V は，数ベクトル空間という具体的な対象として実現される．ただし，命題 7.5 の証明で構成した同型写像 ϕ は，もとのベクトル空間 V の基底の取り方に依存して定まることに注意する．よって，基底の取り方を変えれば，数ベクトル空間としての実現は変わる．たとえば，2 次以下の多項式からなるベクトル空間 $K[x]_2$ において，$K[x]_2$ の基底 $S_1 = \{1, x, x^2\}$ から定まる同型写像は

$$\phi_1 : K[x]_2 \to K^3, \quad \phi_1(a + bx + cx^2) = \begin{pmatrix} a \\ b \\ c \end{pmatrix}$$

であるが，$K[x]_2$ の基底として $S_2 = \{1, 1+x, 1+x+x^2\}$ を取れば，これから定まる同型写像は

$$\phi_2 : K[x]_2 \to K^3, \quad \phi_2(a+bx+cx^2) = \begin{pmatrix} a-b \\ b-c \\ c \end{pmatrix}$$

となる．

命題 7.5 から，次の定理が得られる．

定理 7.6 K 上の有限次元ベクトル空間 U と V について，次の二つの条件は同値である．

(1) U は V と同型である．

(2) U と V の次元は等しい．

証明 <u>(1) ならば (2) であること</u> U は V と同型であるとする．U から V への同型写像 ϕ を一つ取る．$U = \{\mathbf{0}\}$ であるとき，$\mathrm{Im}\,\phi = \{\phi(\mathbf{0}_U)\} = \{\mathbf{0}_V\}$ であり (命題 6.11)，ϕ は全射であるから $V = \{\mathbf{0}_V\}$ となる．よって U と V の次元はともに 0 で等しい．そこで，以下では $U \neq \{\mathbf{0}\}$ の場合を考える．

U の次元を n とおく．U の基底 $S = \{\boldsymbol{u}_1, \boldsymbol{u}_2, \ldots, \boldsymbol{u}_n\}$ を一組取る．このとき，V のベクトルの集合 $T = \{\phi(\boldsymbol{u}_1), \phi(\boldsymbol{u}_2), \ldots, \phi(\boldsymbol{u}_n)\}$ について，ϕ は単射だから，T は線形独立である (問 6.6 (2))．さらに ϕ は全射だから $\mathrm{Im}\,\phi = V$ であり，$\mathrm{Im}\,\phi = \langle T \rangle$ であるから (問 6.7)，T は V を生成する．したがって T は V の基底であるので，V の次元は U の次元 n に等しい．

<u>(2) ならば (1) であること</u> U と V の次元を n とおく．$n = 0$ のときは，U も V も $\{\mathbf{0}\}$ であるから，命題 7.4 (1) より $U \simeq V$ である．$n \geqq 1$ のとき，命題 7.5 より $U \simeq K^n$ かつ $V \simeq K^n$ である．このとき，命題 7.4 (2) より $K^n \simeq V$ であり，これと $U \simeq K^n$ であることから，命題 7.4 (3) より $U \simeq V$ である． ■

次の命題は 8.2 節で用いる．

命題 7.7 U, V, W は K 上のベクトル空間であるとし，$f : U \to V$ と $g : V \to W$ は線形写像であるとする．

(1) f が全射であるとき，$\mathrm{Im}(g \circ f) = \mathrm{Im}\,g$ が成り立つ．

(2) g が単射であるとき，$\mathrm{Im}(g \circ f) \simeq \mathrm{Im}\,f$ である．

証明 (1) は演習問題とし (問 7.1), 以下では (2) を証明する．$\boldsymbol{v}$ が $\mathrm{Im}\, f$ に属するベクトルであるとき，$g(\boldsymbol{v})$ は $\mathrm{Im}\,(g \circ f)$ に属する．よって，写像

$$\phi : \mathrm{Im}\, f \to \mathrm{Im}\,(g \circ f), \quad \phi(\boldsymbol{v}) = g(\boldsymbol{v})$$

を考えられる．このとき ϕ が同型写像であることを示そう．

まず，ϕ が単射であることを示す．$\mathrm{Im}\, f$ のベクトル $\boldsymbol{v}$ について $\phi(\boldsymbol{v}) = \mathbf{0}_W$ が成り立つとすると，ϕ の定義より $g(\boldsymbol{v}) = \mathbf{0}_W$ である．仮定より g は単射であるから，命題 6.16 より $\boldsymbol{v} = \mathbf{0}_V$ である．以上より ϕ は単射である．

次に，ϕ が全射であることを示す．$\boldsymbol{w}$ は $\mathrm{Im}\,(g \circ f)$ に属するベクトルであるとする．このとき $\boldsymbol{w} = (g \circ f)(\boldsymbol{u})$ となる U のベクトル $\boldsymbol{u}$ を取れる．すると $\boldsymbol{w} = (g \circ f)(\boldsymbol{u}) = g(f(\boldsymbol{u}))$ であり，$f(\boldsymbol{u})$ は $\mathrm{Im}\, f$ に属するから，$\boldsymbol{w} = \phi(f(\boldsymbol{u}))$ と表される．したがって ϕ は全射である．

以上のことから ϕ は同型写像なので，$\mathrm{Im}\, f \sim \mathrm{Im}\,(g \circ f)$ である．よって命題 7.4 (2) より $\mathrm{Im}\,(g \circ f) \simeq \mathrm{Im}\, f$ である． ■

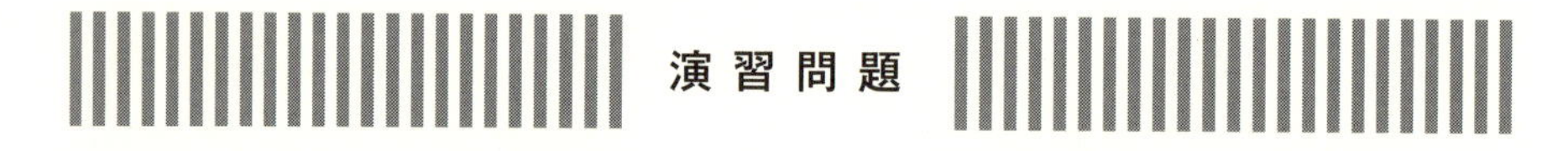

演習問題

問 7.1 命題 7.7 (1) を証明せよ．

問 7.2 m, n は正の整数であるとする．K の要素を成分とする (m, n) 型正方行列全体のなすベクトル空間 $M(m, n; K)$ を考える．P, Q はそれぞれ K の要素を成分とする m 次の正則行列，n 次の正則行列であるとする．このとき写像

$$f : M(m, n; K) \to M(m, n; K), \quad f(A) = P^{-1}AQ$$

は同型写像であることを示せ．

問 7.3 α は複素数の定数であるとする．次の写像 f を考える．

$$f : \mathbb{C}[x]_2 \to \mathbb{C}[x]_2, \quad f(P(x)) = P(2x) - \alpha P(x)$$

(1) f は線形変換であることを示せ．

(2) f が同型写像であるための，α に関する必要十分条件を書き下せ．

第8章

線形写像の行列表示

数ベクトル空間の間の線形写像は行列で表される (問 6.3). また, 有限次元ベクトル空間は, 同じ次元をもつ数ベクトル空間と同型である (命題 7.5). 同型であるとはベクトル空間として区別がつかないということだから, 有限次元ベクトルの間の線形写像も行列で表されるはずである. この章の前半では, 線形写像を行列で表す方法について述べる. 後半では, 行列による表示の意味を説明し, この表示を使えば像の次元が計算できることを示す.

8.1 表現行列

8.1.1 記号の準備

以下では, ベクトルの等式を, 行列を使って略記する. 例として

$$\begin{cases} 2\boldsymbol{a}_1 - 3\boldsymbol{a}_2 = -\boldsymbol{b}_1 + 8\boldsymbol{b}_2 + 5\boldsymbol{b}_3 - 3\boldsymbol{b}_4, \\ 4\boldsymbol{a}_1 + 7\boldsymbol{a}_2 = 2\boldsymbol{b}_1 - 3\boldsymbol{b}_2 - \boldsymbol{b}_3 + 6\boldsymbol{b}_4, \\ -\boldsymbol{a}_1 + \boldsymbol{a}_2 = 9\boldsymbol{b}_1 + \boldsymbol{b}_2 - 4\boldsymbol{b}_3 - \boldsymbol{b}_4 \end{cases} \tag{8.1}$$

という等式を考える. まず, 両辺のベクトルを並べて, 上の等式を

$$\begin{aligned} &(2\boldsymbol{a}_1 - 3\boldsymbol{a}_2,\, 4\boldsymbol{a}_1 + 7\boldsymbol{a}_2,\, -\boldsymbol{a}_1 + \boldsymbol{a}_2) \\ &= (-\boldsymbol{b}_1 + 8\boldsymbol{b}_2 + 5\boldsymbol{b}_3 - 3\boldsymbol{b}_4,\, 2\boldsymbol{b}_1 - 3\boldsymbol{b}_2 - \boldsymbol{b}_3 + 6\boldsymbol{b}_4,\, 9\boldsymbol{b}_1 + \boldsymbol{b}_2 - 4\boldsymbol{b}_3 - \boldsymbol{b}_4) \end{aligned}$$

と表す. 行列の積の計算法を形式的に使えば, 左辺は

$$(2\boldsymbol{a}_1 - 3\boldsymbol{a}_2,\, 4\boldsymbol{a}_1 + 7\boldsymbol{a}_2,\, -\boldsymbol{a}_1 + \boldsymbol{a}_2) = (\boldsymbol{a}_1, \boldsymbol{a}_2)\begin{pmatrix} 2 & 4 & -1 \\ -3 & 7 & 1 \end{pmatrix}$$

と表されるだろう．同様にすれば右辺は

$$
\begin{aligned}
&(-\boldsymbol{b}_1 + 8\boldsymbol{b}_2 + 5\boldsymbol{b}_3 - 3\boldsymbol{b}_4,\ 2\boldsymbol{b}_1 - 3\boldsymbol{b}_2 - \boldsymbol{b}_3 + 6\boldsymbol{b}_4,\ 9\boldsymbol{b}_1 + \boldsymbol{b}_2 - 4\boldsymbol{b}_3 - \boldsymbol{b}_4)\\
&= (\boldsymbol{b}_1, \boldsymbol{b}_2, \boldsymbol{b}_3, \boldsymbol{b}_4)\begin{pmatrix} -1 & 2 & 9 \\ 8 & -3 & 1 \\ 5 & -1 & -4 \\ -3 & 6 & -1 \end{pmatrix}
\end{aligned}
$$

と書ける．これらの表示を使うと，等式 (8.1) は

$$
(\boldsymbol{a}_1, \boldsymbol{a}_2)\begin{pmatrix} 2 & 4 & -1 \\ -3 & 7 & 1 \end{pmatrix} = (\boldsymbol{b}_1, \boldsymbol{b}_2, \boldsymbol{b}_3, \boldsymbol{b}_4)\begin{pmatrix} -1 & 2 & 9 \\ 8 & -3 & 1 \\ 5 & -1 & -4 \\ -3 & 6 & -1 \end{pmatrix}
$$

と行列を使って書き直される．

以上の記法を一般的に説明する．K 上のベクトル空間 V の有限個のベクトル $\boldsymbol{v}_1, \boldsymbol{v}_2, \ldots, \boldsymbol{v}_r$ に順序をつけて並べた組を $(\boldsymbol{v}_1, \boldsymbol{v}_2, \ldots, \boldsymbol{v}_r)$ と表す．そして，二つのベクトルの組 $(\boldsymbol{v}_1, \boldsymbol{v}_2, \ldots, \boldsymbol{v}_r)$ と $(\boldsymbol{w}_1, \boldsymbol{w}_2, \ldots, \boldsymbol{w}_s)$ について，$s = r$ かつ $\boldsymbol{v}_1 = \boldsymbol{w}_1, \boldsymbol{v}_2 = \boldsymbol{w}_2, \ldots, \boldsymbol{v}_r = \boldsymbol{w}_r$ であるとき，これらの組は等しいと言う．このような V のベクトルの組に，行列を右から掛ける演算を定義する．V の m 個のベクトルの組 $(\boldsymbol{v}_1, \boldsymbol{v}_2, \ldots, \boldsymbol{v}_m)$ と，K の要素を成分とする (m, n) 型行列 $A = (a_{ij})$ が与えられたとき

$$
(\boldsymbol{v}_1, \boldsymbol{v}_2, \cdots, \boldsymbol{v}_m)A = \left(\sum_{i=1}^{m} a_{i1}\boldsymbol{v}_i, \sum_{i=1}^{m} a_{i2}\boldsymbol{v}_i, \ldots, \sum_{i=1}^{m} a_{in}\boldsymbol{v}_i\right)
$$

と定める．右辺は n 個のベクトルの組である．特に $n = 1$ の場合は

$$
(\boldsymbol{v}_1, \boldsymbol{v}_2, \ldots, \boldsymbol{v}_m)\begin{pmatrix} a_1 \\ a_2 \\ \vdots \\ a_m \end{pmatrix} = \sum_{i=1}^{m} a_i\boldsymbol{v}_i
$$

となる．つまり，$\boldsymbol{v}_1, \boldsymbol{v}_2, \ldots, \boldsymbol{v}_m$ の線形結合 $\sum_{i=1}^{m} a_i\boldsymbol{v}_i$ は，左辺のように $(\boldsymbol{v}_1, \boldsymbol{v}_2, \ldots, \boldsymbol{v}_m)$ と数ベクトルの積として表される．

命題 8.1 V は K 上のベクトル空間であるとする．$\boldsymbol{v}_1, \boldsymbol{v}_2, \ldots, \boldsymbol{v}_l$ が V のベクトルで，A, B がそれぞれ K の要素を成分とする (l, m) 型行列，(m, n) 型行列であ

るとき，次の等式が成り立つ．

$$((\boldsymbol{v}_1, \boldsymbol{v}_2, \ldots, \boldsymbol{v}_l)A)B = (\boldsymbol{v}_1, \boldsymbol{v}_2, \ldots, \boldsymbol{v}_l)(AB). \tag{8.2}$$

証明 $A = (a_{ij}), B = (b_{ij})$ とおいて

$$(\boldsymbol{v}_1, \boldsymbol{v}_2, \ldots, \boldsymbol{v}_l)A = (\boldsymbol{w}_1, \boldsymbol{w}_2, \ldots, \boldsymbol{w}_m), \tag{8.3}$$

$$(\boldsymbol{v}_1, \boldsymbol{v}_2, \ldots, \boldsymbol{v}_l)(AB) = (\boldsymbol{x}_1, \boldsymbol{x}_2, \ldots, \boldsymbol{x}_n) \tag{8.4}$$

とおく．$(\boldsymbol{w}_1, \boldsymbol{w}_2, \ldots, \boldsymbol{w}_m)B$ を計算しよう．等式 (8.3) より $\boldsymbol{w}_k = \sum_{i=1}^{l} a_{ik}\boldsymbol{v}_i \, (k = 1, 2, \ldots, m)$ であるから，$j = 1, 2, \ldots, l$ について

$$\sum_{k=1}^{m} b_{kj}\boldsymbol{w}_k = \sum_{k=1}^{m} b_{kj}\left(\sum_{i=1}^{l} a_{ik}\boldsymbol{v}_i\right) = \sum_{i=1}^{l}\left(\sum_{k=1}^{m} a_{ik}b_{kj}\right)\boldsymbol{v}_i$$

である．一方で，行列の積 AB の (i, j) 成分は $\sum_{k=1}^{m} a_{ik}b_{kj}$ であるから，(8.4) より上式の右辺は $\boldsymbol{x}_j$ に等しい．したがって

$$(\boldsymbol{w}_1, \boldsymbol{w}_2, \ldots, \boldsymbol{w}_m)B = (\boldsymbol{x}_1, \boldsymbol{x}_2, \ldots, \boldsymbol{x}_n)$$

が成り立つ．これは示すべき等式 (8.2) にほかならない． ■

命題 8.1 より，ベクトルの組に右から行列 A, B を順に掛けて得られるベクトルの組は，行列の積 AB を掛けたものと等しい．そこで以下では (8.2) の右辺もしくは左辺を表すのに，カッコを省略して $(\boldsymbol{v}_1, \boldsymbol{v}_2, \ldots, \boldsymbol{v}_l)AB$ と書く．

命題 8.2 K 上のベクトル空間 V のベクトルの組 $\boldsymbol{v}_1, \boldsymbol{v}_2, \ldots, \boldsymbol{v}_m$ は線形独立であるとする．このとき，K の要素を成分とする (m, n) 型行列 A, B について $(\boldsymbol{v}_1, \boldsymbol{v}_2, \ldots, \boldsymbol{v}_m)A = (\boldsymbol{v}_1, \boldsymbol{v}_2, \ldots, \boldsymbol{v}_m)B$ が成り立つならば，$A = B$ である．

証明 $A = (a_{ij}), B = (b_{ij})$ とおく．このとき仮定より $j = 1, 2, \ldots, n$ について $\sum_{i=1}^{m} a_{ij}\boldsymbol{v}_i = \sum_{i=1}^{m} b_{ij}\boldsymbol{v}_i$ が成り立つ．右辺を移項して $\sum_{i=1}^{m}(a_{ij} - b_{ij})\boldsymbol{v}_i = \boldsymbol{0}$ を得る．$\boldsymbol{v}_1, \boldsymbol{v}_2, \ldots, \boldsymbol{v}_m$ は線形独立であるから，すべての $i = 1, 2, \ldots, m$ について $a_{ij} - b_{ij} = 0$ でなければならない．以上より，すべての i, j について $a_{ij} = b_{ij}$ が成り立つので，行列 A と行列 B は等しい． ■

命題 8.3 U, V は K 上のベクトル空間であるとする．U のベクトルの組 $(\boldsymbol{u}_1, \boldsymbol{u}_2, \ldots, \boldsymbol{u}_r)$ と $(\boldsymbol{u}'_1, \boldsymbol{u}'_2, \ldots, \boldsymbol{u}'_s)$ について，K の要素を成分とする (r, s) 型行列 A であって $(\boldsymbol{u}'_1, \boldsymbol{u}'_2, \ldots, \boldsymbol{u}'_s) = (\boldsymbol{u}_1, \boldsymbol{u}_2, \ldots, \boldsymbol{u}_r)A$ を満たすものがあるとする．写像 $f : U \to V$ が線形写像であるとき，V のベクトルの組の間の等式

$$(f(\boldsymbol{u}'_1), f(\boldsymbol{u}'_2), \ldots, f(\boldsymbol{u}'_s)) = (f(\boldsymbol{u}_1), f(\boldsymbol{u}_2), \ldots, f(\boldsymbol{u}_r))A \tag{8.5}$$

が成り立つ．

証明 $A = (a_{ij})$ とおく．$j = 1, 2, \ldots, s$ について，$\boldsymbol{u}'_j = \sum_{i=1}^{r} a_{ij}\boldsymbol{u}_i$ であるから，f の線形性から $f(\boldsymbol{u}'_j) = f(\sum_{i=1}^{r} a_{ij}\boldsymbol{u}_i) = \sum_{i=1}^{r} a_{ij} f(\boldsymbol{u}_i)$ である．よって等式 (8.5) が成り立つ． ■

8.1.2 表現行列の定義

U, V は K 上の $\{\boldsymbol{0}\}$ でない有限次元ベクトル空間であるとし，$f : U \to V$ は線形写像であるとする．U の基底 $S = \{\boldsymbol{u}_1, \boldsymbol{u}_2, \ldots, \boldsymbol{u}_n\}$ と，V の基底 $T = \{\boldsymbol{v}_1, \boldsymbol{v}_2, \ldots, \boldsymbol{v}_m\}$ を一組ずつ取る（n, m はそれぞれ U, V の次元）．このとき，$j = 1, 2, \ldots, n$ について，$f(\boldsymbol{u}_j)$ は V のベクトルであるから $f(\boldsymbol{u}_j) = \sum_{i=1}^{m} a_{ij}\boldsymbol{v}_i$ を満たすスカラー a_{ij} $(i = 1, 2, \ldots, m)$ がただ一通りに定まる（命題 4.11）．このスカラーを成分とする (m, n) 型行列 $A = (a_{ij})$ を考えると

$$(f(\boldsymbol{u}_1),\ f(\boldsymbol{u}_2),\ \ldots,\ f(\boldsymbol{u}_n)) = (\boldsymbol{v}_1,\ \boldsymbol{v}_2,\ \ldots,\ \boldsymbol{v}_m)A \tag{8.6}$$

が成り立つ．この行列 A は，線形写像 f と，U, V の基底 S, T の取り方，および基底をなすベクトルの並べ方によって定まる．そこで，等式 (8.6) を考える場合には，基底を $S = (\boldsymbol{u}_1, \boldsymbol{u}_2, \ldots, \boldsymbol{u}_n)$ のように順序づけられたベクトルの組として表す．

定義 8.4 U, V は K 上の有限次元ベクトル空間であるとし，写像 $f : U \to V$ は線形写像であるとする．U, V のそれぞれの基底 $S = (\boldsymbol{u}_1, \boldsymbol{u}_2, \ldots, \boldsymbol{u}_n)$, $T = (\boldsymbol{v}_1, \boldsymbol{v}_2, \ldots, \boldsymbol{v}_m)$ を一組ずつ取る．このとき，等式 (8.6) で定まる行列 A を，基底 S, T **に関する線形写像** f **の表現行列**と呼び，等式 (8.6) を f **の行列表示**という．

例 8.5 K の要素を成分とする (m,n) 型行列 A の定める線形写像 $L_A : K^n \to K^m$ を考える (例 6.7). K^n の標準基底 $S = (\boldsymbol{e}_1, \boldsymbol{e}_2, \ldots, \boldsymbol{e}_n)$ と，K^m の標準基底 $T = (\boldsymbol{e}_1, \boldsymbol{e}_2, \ldots, \boldsymbol{e}_m)$ に関する L_A の表現行列を考える．$A = (a_{ij})$ とおくと，行列の積と基本ベクトルの定義から，$j = 1, 2, \ldots, n$ について

$$L_A(\boldsymbol{e}_j) = A\boldsymbol{e}_j = \begin{pmatrix} a_{1j} \\ a_{2j} \\ \vdots \\ a_{mj} \end{pmatrix} = \sum_{i=1}^{m} a_{ij}\boldsymbol{e}_i$$

である．したがって

$$(L_A(\boldsymbol{e}_1), L_A(\boldsymbol{e}_2), \ldots, L_A(\boldsymbol{e}_n)) = (\boldsymbol{e}_1, \boldsymbol{e}_2, \ldots, \boldsymbol{e}_m) \begin{pmatrix} a_{11} & a_{12} & \cdots & a_{1n} \\ a_{21} & a_{22} & \cdots & a_{2n} \\ \vdots & \vdots & \ddots & \vdots \\ a_{m1} & a_{m2} & \cdots & a_{mn} \end{pmatrix}$$

が成り立つ．右辺の行列は A そのものであるから，行列 A の定める線形写像 L_A の標準基底に関する表現行列は A である．

例 8.6 上の例で見たように，行列の定める線形写像の標準基底に関する表現行列は，もとの行列そのものである．しかし，標準基底ではない基底を取れば，表現行列はもとの行列とは異なる．たとえば

$$A = \begin{pmatrix} 1 & 0 & 2 \\ -2 & 1 & -1 \end{pmatrix}$$

の定める線形写像 $L_A : K^3 \to K^2$ を考える．$\boldsymbol{u}_1, \boldsymbol{u}_2, \boldsymbol{u}_3$ および $\boldsymbol{v}_1, \boldsymbol{v}_2$ を

$$\boldsymbol{u}_1 = \begin{pmatrix} 0 \\ 1 \\ 1 \end{pmatrix}, \quad \boldsymbol{u}_2 = \begin{pmatrix} 1 \\ 0 \\ 1 \end{pmatrix}, \quad \boldsymbol{u}_3 = \begin{pmatrix} 1 \\ 1 \\ 0 \end{pmatrix},$$

$$\boldsymbol{v}_1 = \begin{pmatrix} 1 \\ 1 \end{pmatrix}, \quad \boldsymbol{v}_2 = \begin{pmatrix} 1 \\ -1 \end{pmatrix}$$

と定めると，$S = (\boldsymbol{u}_1, \boldsymbol{u}_2, \boldsymbol{u}_3)$, $T = (\boldsymbol{v}_1, \boldsymbol{v}_2)$ はそれぞれ K^3, K^2 の基底である．

$$L_A(\boldsymbol{u}_1) = \begin{pmatrix} 2 \\ 0 \end{pmatrix} = \boldsymbol{v}_1 + \boldsymbol{v}_2, \quad L_A(\boldsymbol{u}_2) = \begin{pmatrix} 3 \\ -3 \end{pmatrix} = 3\boldsymbol{v}_2,$$

$$L_A(\boldsymbol{u}_3) = \begin{pmatrix} 1 \\ -1 \end{pmatrix} = \boldsymbol{v}_2$$

であるから

$$(L_A(\boldsymbol{u}_1), L_A(\boldsymbol{u}_2), L_A(\boldsymbol{u}_3)) = (\boldsymbol{v}_1, \boldsymbol{v}_2) \begin{pmatrix} 1 & 0 & 0 \\ 1 & 3 & 1 \end{pmatrix}$$

が成り立つ．よって，線形写像 $L_A : K^3 \to K^2$ の基底 S, T に関する表現行列は

$$\begin{pmatrix} 1 & 0 & 0 \\ 1 & 3 & 1 \end{pmatrix}$$

である．これはもとの A とは異なる．

命題 8.7 V_1, V_2, V_3 は K 上の $\{\boldsymbol{0}\}$ でない有限次元ベクトル空間であるとし，S_1, S_2, S_3 はそれぞれの基底であるとする．線形写像 $f : V_1 \to V_2$ の S_1, S_2 に関する表現行列を A とし，線形写像 $g : V_2 \to V_3$ の S_2, S_3 に関する表現行列を B とする．このとき，合成写像 $g \circ f$ の S_1, S_3 に関する表現行列は BA に等しい[1]．

証明 V_1, V_2, V_3 のそれぞれの次元を n, m, l とおき

$$S_1 = (\boldsymbol{u}_1, \boldsymbol{u}_2, \ldots, \boldsymbol{u}_n), \quad S_2 = (\boldsymbol{v}_1, \boldsymbol{v}_2, \ldots, \boldsymbol{v}_m), \quad S_3 = (\boldsymbol{w}_1, \boldsymbol{w}_2, \ldots, \boldsymbol{w}_l)$$

とおく．このとき，表現行列の定義から

$$(f(\boldsymbol{u}_1), f(\boldsymbol{u}_2), \ldots, f(\boldsymbol{u}_n)) = (\boldsymbol{v}_1, \boldsymbol{v}_2, \ldots, \boldsymbol{v}_m)A, \tag{8.7}$$

$$(g(\boldsymbol{v}_1), g(\boldsymbol{v}_2), \ldots, g(\boldsymbol{v}_m)) = (\boldsymbol{w}_1, \boldsymbol{w}_2, \ldots, \boldsymbol{w}_l)B \tag{8.8}$$

である．写像 g は線形写像であるから，命題 8.3 と (8.7) より

$$(g(f(\boldsymbol{u}_1)), g(f(\boldsymbol{u}_2)), \ldots, g(f(\boldsymbol{u}_n))) = (g(\boldsymbol{v}_1), g(\boldsymbol{v}_2), \ldots, g(\boldsymbol{v}_m))A$$

である．右辺に (8.8) を代入すれば

$$(g(f(\boldsymbol{u}_1)), g(f(\boldsymbol{u}_2)), \ldots, g(f(\boldsymbol{u}_n))) = (\boldsymbol{w}_1, \boldsymbol{w}_2, \ldots, \boldsymbol{w}_l)BA$$

を得る．よって $g \circ f$ の S_1, S_3 に関する表現行列は BA である． ■

定義 8.4 において，特に $U = V$ の場合を考えると，線形変換 $f : V \to V$ に対して表現行列が定まることになる．このとき，S, T としては同じベクトル空間 V

1] 写像の合成の順序 $g \circ f$ と，表現行列の積の順序 BA が一致していることに注意せよ．

の基底を取ることになるので，$S=T$ の場合の表現行列を考えるのが自然だろう．そこで線形変換の表現行列を次で定義する．

定義 8.8　V は K 上の $\{\mathbf{0}\}$ でない有限次元ベクトル空間であるとし，写像 f は V 上の線形変換であるとする．このとき，V の基底 $S=(\boldsymbol{v}_1,\boldsymbol{v}_2,\ldots,\boldsymbol{v}_n)$ (ただし n は V の次元) を一つ取ると，次の等式を満たす n 次の正方行列 A が定まる．

$$(f(\boldsymbol{v}_1),f(\boldsymbol{v}_2),\ldots,f(\boldsymbol{v}_n))=(\boldsymbol{v}_1,\boldsymbol{v}_2,\ldots,\boldsymbol{v}_n)A$$

この行列 A を，基底 S に関する線形変換 f の**表現行列**という．

注意　線形変換 f が V 上の恒等写像であるならば，f の表現行列は基底 S の取り方によらず単位行列である．

例 8.9　n 次の正方行列 A の定める線形写像 $L_A:K^n\to K^n$ (例 6.7) は，数ベクトル空間 K^n 上の線形変換である．このとき，例 8.5 で述べたことから，K^n の標準基底に関する L_A の表現行列は A そのものである．

8.1.3　基底の変換

命題 8.10　V は K 上の $\{\mathbf{0}\}$ でない n 次元ベクトル空間であるとする (n は正の整数)．$S=(\boldsymbol{v}_1,\boldsymbol{v}_2,\ldots,\boldsymbol{v}_n)$ と $S'=(\boldsymbol{v}'_1,\boldsymbol{v}'_2,\ldots,\boldsymbol{v}'_n)$ が V の基底であるとき，次の等式を満たす n 次の正則行列 P がただ一つ定まる．

$$(\boldsymbol{v}'_1,\boldsymbol{v}'_2,\ldots,\boldsymbol{v}'_n)=(\boldsymbol{v}_1,\boldsymbol{v}_2,\ldots,\boldsymbol{v}_n)P \tag{8.9}$$

証明　S は V の基底であるから，$\boldsymbol{v}'_i\,(i=1,2,\ldots,n)$ は S の要素の線形結合としてただ一通りに表される (命題 4.11)．よって (8.9) を満たす n 次の正方行列 P がただ一つ存在する．同様に，S' が V の基底であることから

$$(\boldsymbol{v}_1,\boldsymbol{v}_2,\ldots,\boldsymbol{v}_n)=(\boldsymbol{v}'_1,\boldsymbol{v}'_2,\ldots,\boldsymbol{v}'_n)Q$$

を満たす n 次の正方行列が定まる．このとき

$$(\boldsymbol{v}_1,\boldsymbol{v}_2,\ldots,\boldsymbol{v}_n)=(\boldsymbol{v}'_1,\boldsymbol{v}'_2,\ldots,\boldsymbol{v}'_n)Q=(\boldsymbol{v}_1,\boldsymbol{v}_2,\ldots,\boldsymbol{v}_n)PQ$$

が成り立つ．左辺は単位行列を使って $(\boldsymbol{v}_1,\boldsymbol{v}_2,\ldots,\boldsymbol{v}_n)I_n$ とも表されて，S は基底であるから，命題 8.2 より $I_n=PQ$ である．したがって，系 1.12 より P は正則である．■

定義 8.11 命題 8.10 の行列 P を，基底 $S = (\boldsymbol{v}_1, \boldsymbol{v}_2, \ldots, \boldsymbol{v}_n)$ から基底 $S' = (\boldsymbol{v}'_1, \boldsymbol{v}'_2, \ldots, \boldsymbol{v}'_n)$ への変換行列という．

注意 命題 8.10 の証明より，基底 S から S' への変換行列が P であるとき，S' から S への変換行列は P^{-1} である．

例 8.12 数ベクトル空間 K^n の基底 $S = (\boldsymbol{p}_1, \boldsymbol{p}_2, \ldots, \boldsymbol{p}_n)$ をとる．S の要素は n 次の列ベクトルであるから，これらを並べると n 次の正方行列 $P = \begin{pmatrix} \boldsymbol{p}_1 & \boldsymbol{p}_2 & \cdots & \boldsymbol{p}_n \end{pmatrix}$ ができる．ここで $P = (p_{ij})$ とおけば，$j = 1, 2, \ldots, n$ について $\boldsymbol{p}_j = \sum_{i=1}^{n} p_{ij} \boldsymbol{e}_i$ であるから $(\boldsymbol{p}_1, \boldsymbol{p}_2, \ldots, \boldsymbol{p}_n) = (\boldsymbol{e}_1, \boldsymbol{e}_2, \ldots, \boldsymbol{e}_n)P$ が成り立つ．したがって，標準基底から基底 S への変換行列は，列ベクトル $\boldsymbol{p}_1, \boldsymbol{p}_2, \ldots, \boldsymbol{p}_n$ を並べてできる n 次の正方行列 P である．

線形写像 $f : U \to V$ について，U, V の基底を取り換えると，f の表現行列は次のように変化する．

定理 8.13 U, V は K 上の $\{\boldsymbol{0}\}$ でない有限次元ベクトル空間であるとし，U, V の次元をそれぞれ m, n とおく．$S = (\boldsymbol{u}_1, \boldsymbol{u}_2, \ldots, \boldsymbol{u}_m)$ と $S' = (\boldsymbol{u}'_1, \boldsymbol{u}'_2, \ldots, \boldsymbol{u}'_m)$ は U の基底であるとし，S から S' への変換行列を P とおく．また，$T = (\boldsymbol{v}_1, \boldsymbol{v}_2, \ldots, \boldsymbol{v}_n)$ と $T' = (\boldsymbol{v}'_1, \boldsymbol{v}'_2, \ldots, \boldsymbol{v}'_n)$ は V の基底であるとし，T から T' への変換行列を Q とおく．このとき，線形写像 $f : U \to V$ の基底 S, T に関する表現行列を A とおくと，基底 S', T' に関する f の表現行列は $Q^{-1}AP$ である．

証明 表現行列の定義より

$$(f(\boldsymbol{u}_1), f(\boldsymbol{u}_2), \ldots, f(\boldsymbol{u}_m)) = (\boldsymbol{v}_1, \boldsymbol{v}_2, \ldots, \boldsymbol{v}_n)A$$

である．ここで基底の変換行列の定義と命題 8.3 より

$$(f(\boldsymbol{u}'_1), f(\boldsymbol{u}'_2), \ldots, f(\boldsymbol{u}'_m)) = (f(\boldsymbol{u}_1), f(\boldsymbol{u}_2), \ldots, f(\boldsymbol{u}_m))P,$$
$$(\boldsymbol{v}'_1, \boldsymbol{v}'_2, \ldots, \boldsymbol{v}'_n) = (\boldsymbol{v}_1, \boldsymbol{v}_2, \ldots, \boldsymbol{v}_n)Q$$

である．したがって

$$(f(\boldsymbol{u}'_1), f(\boldsymbol{u}'_2), \ldots, f(\boldsymbol{u}'_m)) = (f(\boldsymbol{u}_1), f(\boldsymbol{u}_2), \ldots, f(\boldsymbol{u}_m))P$$

$$= (\boldsymbol{v}_1, \boldsymbol{v}_2, \ldots, \boldsymbol{v}_n)AP$$
$$= (\boldsymbol{v}'_1, \boldsymbol{v}'_2, \ldots, \boldsymbol{v}'_n)Q^{-1}AP$$

である．よって基底 S', T' に関する表現行列は $Q^{-1}AP$ である． ■

8.2 表現行列の階数と像の次元

8.2.1 表現行列の意味づけ

U と V は K 上の $\{\mathbf{0}\}$ でない有限次元ベクトル空間であるとし，$f: U \to V$ は線形写像であるとする．U の基底 $S = (\boldsymbol{u}_1, \boldsymbol{u}_2, \ldots, \boldsymbol{u}_n)$ と V の基底 $T = (\boldsymbol{v}_1, \boldsymbol{v}_2, \ldots, \boldsymbol{v}_m)$ を一組ずつ取る．ただし $n = \dim U, m = \dim V$ である．S と T に関する f の表現行列を $A = (a_{ij})$ とおく．このとき，A は (m, n) 型行列で，その成分は等式

$$f(\boldsymbol{u}_j) = \sum_{i=1}^{m} a_{ij}\boldsymbol{v}_i \qquad (j = 1, 2, \ldots, n) \tag{8.10}$$

によって決まっている．

命題 7.5 の証明で述べたように，U の基底 S を使って U から K^n への同型写像

$$\phi: U \to K^n, \quad \phi(\sum_{j=1}^{n} \lambda_j \boldsymbol{u}_j) = {}^t\begin{pmatrix}\lambda_1 & \lambda_2 & \cdots & \lambda_n\end{pmatrix}$$

が定まる．同様に，V の基底 T を使って同型写像

$$\psi: V \to K^m, \quad \psi(\sum_{j=1}^{m} \mu_j \boldsymbol{v}_j) = {}^t\begin{pmatrix}\mu_1 & \mu_2 & \cdots & \mu_m\end{pmatrix}$$

が定まる．このとき，次の合成写像

$$\rho: K^n \xrightarrow{\phi^{-1}} U \xrightarrow{f} V \xrightarrow{\psi} K^m$$

を考える．つまり $\rho = \psi \circ f \circ \phi^{-1}$ である．このとき $\rho: K^n \to K^m$ は線形写像である (命題 6.12，命題 6.13)．以上の設定の下で，次のことが成り立つ．

補題 8.14 線形写像 $\rho: K^n \to K^m$ は，f の表現行列 A の定める線形写像 L_A に等しい．

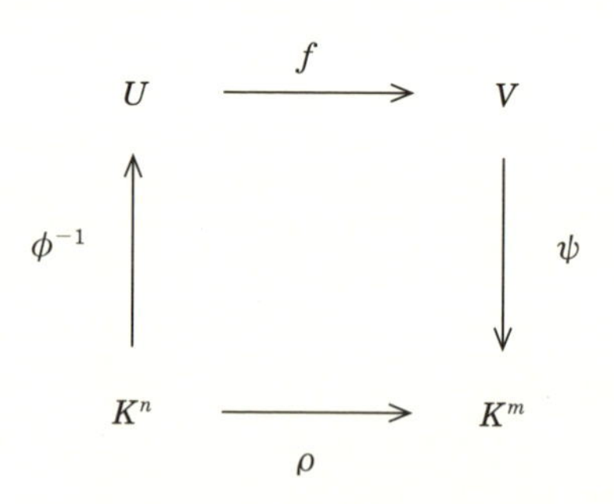

図 8.1　線形写像と表現行列の関係

証明　$\boldsymbol{x} = {}^t\begin{pmatrix} x_1 & x_2 & \cdots & x_n \end{pmatrix}$ は K^n の数ベクトルであるとする．このとき $\phi^{-1}(\boldsymbol{x}) = \sum_{j=1}^{n} x_j \boldsymbol{u}_j$ であるから，f と ψ の線形性より

$$\rho(\boldsymbol{x}) = \psi(f(\phi^{-1}(x))) = \psi(f(\sum_{j=1}^{n} x_j \boldsymbol{u}_j)) = \sum_{j=1}^{n} x_j \psi(f(\boldsymbol{u}_j))$$

となる．表現行列の定義 (8.10) より，右辺は

$$\sum_{j=1}^{n} x_j \psi(f(\boldsymbol{u}_j)) = \sum_{j=1}^{n} x_j \psi(\sum_{i=1}^{m} a_{ij} \boldsymbol{v}_i) = \sum_{j=1}^{n} x_j \sum_{i=1}^{m} a_{ij} \psi(\boldsymbol{v}_i)$$

となる．ψ の定義から $\psi(\boldsymbol{v}_i)$ は K^m の基本ベクトル $\boldsymbol{e}_i$ に等しいから

$$\rho(\boldsymbol{x}) = \sum_{j=1}^{n} x_j \sum_{i=1}^{m} a_{ij} \boldsymbol{e}_i = \sum_{i=1}^{m} (\sum_{j=1}^{n} a_{ij} x_j) \boldsymbol{e}_i = A\boldsymbol{x} = L_A(\boldsymbol{x})$$

である．以上より $\rho = L_A$ である．■

補題 8.14 で得られた関係を図示すると，図 8.1 のようになる．U, V と数ベクトル空間の間の同型写像 ϕ, ψ を使って，K^n から K^m への写像 $\rho = \psi \circ f \circ \phi^{-1}$ が定義される．写像 ρ は数ベクトル空間の間の線形写像であるから，ある (m, n) 型行列の定める線形写像となる (問 6.3)．この行列が写像 f の表現行列 A にほかならない．ここで同型写像 ϕ, ψ は，それぞれ U, V の基底の取り方に応じて定まるから，別の基底を取れば f に対応する行列も変わる．その変わり方を記述しているのが定理 8.13 である．

補題 8.14 の応用を二つ挙げよう．まず，有限次元ベクトル空間上の線形変換が全単射であるかどうかは，その表現行列の正則性で決まることを示す．

定理 8.15 V は K 上の $\{\mathbf{0}\}$ でない有限次元ベクトル空間であるとし，f は V 上の線形変換であるとする．このとき，以下の条件は同値である．

(1) f は全単射である．

(2) V の基底 S をどのように取っても，S に関する f の表現行列は正則である．

(3) V の基底 S であって，S に関する f の表現行列が正則となるものが存在する．

証明 以下，V の次元を n とおく．

(1) ならば (2) であること　V の基底 $S = (\boldsymbol{v}_1, \boldsymbol{v}_2, \ldots, \boldsymbol{v}_n)$ を取り，S に関する f の表現行列を A とおく．このとき，命題 7.5 の証明で定めた同型写像

$$\phi : V \to K^n, \qquad \phi(\sum_{j=1}^{n} \lambda_j \boldsymbol{v}_j) = {}^t\begin{pmatrix}\lambda_1 & \lambda_2 & \cdots & \lambda_n\end{pmatrix} \tag{8.11}$$

を考えると，合成写像

$$K^n \xrightarrow{\phi^{-1}} V \xrightarrow{f} V \xrightarrow{\phi} K^n$$

は，表現行列 A の定める線形写像 $L_A : K^n \to K^n$ に等しい (補題 8.14)．このとき，$L_A = \phi \circ f \circ \phi^{-1}$ であり，ϕ は全単射で，(1) の仮定より f も全単射であるから，L_A も全単射である (命題 6.4)．したがって，A は正則である (問 6.4)．

(2) ならば (3) であること　V の基底 S を何でもよいので一組取れば，仮定 (2) より，S に関する f の表現行列は正則となる．

(3) ならば (1) であること　f の表現行列 A が正則となるような V の基底 $S = (\boldsymbol{v}_1, \boldsymbol{v}_2, \ldots, \boldsymbol{v}_n)$ を一組取る．このとき，(8.11) で定まる同型写像 ϕ を考えると，補題 8.14 より $L_A = \phi \circ f \circ \phi^{-1}$ である．したがって

$$\begin{aligned}\phi^{-1} \circ L_A \circ \phi &= \phi^{-1} \circ (\phi \circ f \circ \phi^{-1}) \circ \phi = (\phi^{-1} \circ \phi) \circ f \circ (\phi^{-1} \circ \phi) \\ &= 1_V \circ f \circ 1_V = f,\end{aligned}$$

すなわち $f = \phi^{-1} \circ L_A \circ \phi$ である．仮定より A は正則であるから L_A は全単射であり (問 6.4)，ϕ も全単射であるから，f は全単射である． ■

8.2.2 像の次元と表現行列の階数

この項では線形写像の像の次元が表現行列の階数に等しいことを示す．まず，行列の階数について復習しよう．

定義 8.16 A は K の要素を成分とする (m,n) 型行列であるとする．このとき，A の定める線形写像 $L_A : K^n \to K^m$ の像 $\mathrm{Im}\,A$ の次元を行列 A の**階数**といい，$\mathrm{rank}\,A$ で表す．すなわち $\mathrm{rank}\,A = \dim \mathrm{Im}\,L_A$ である．

このとき，次のことが成り立つ[2]．

命題 8.17 行列 A を基本変形によって階段行列に変形したとき，0 でない成分を含む行の個数 r は，行列 A の階数に等しい[3]．

線形写像の像の次元と表現行列の階数の間には次の関係がある．

定理 8.18 U と V は $\{\mathbf{0}\}$ でない K 上の有限次元ベクトル空間であるとし，$f : U \to V$ は線形写像であるとする．このとき，f の表現行列の階数は，U と V の基底の取り方によらず一定で，$\mathrm{Im}\,f$ の次元に等しい．

証明 81 ページで定めた記号を用いる．補題 8.14 より $L_A = \psi \circ f \circ \phi^{-1}$ である．ϕ^{-1} と ψ は全単射であるから，命題 7.7 の (1) と (2) を順に使って

$$\mathrm{Im}\,(\psi \circ f \circ \phi^{-1}) = \mathrm{Im}\,(\psi \circ f) \simeq \mathrm{Im}\,f$$

を得る．以上より $\mathrm{Im}\,L_A \simeq \mathrm{Im}\,f$ が成り立つ．したがって，定理 7.6 より $\mathrm{Im}\,L_A$ と $\mathrm{Im}\,f$ の次元は等しいので，A の階数は $\mathrm{Im}\,f$ の次元に等しい． ■

この定理より次のことがわかる．与えられた線形写像 $f : U \to V$ について，その像 $\mathrm{Im}\,f$ の次元が知りたければ，U と V の基底を適当にとって f の表現行列を求め，その階数を計算すればよい．

例題 8.19 $A = \begin{pmatrix} 1 & 2 \\ -1 & 3 \end{pmatrix}$ とする．写像 $f : \mathbb{R}[x]_2 \to M_2(\mathbb{R})$ を次で定める．

2] 『線形代数』系 10.10.

3] 教科書によっては図 1.1 の r の値を，行列の階数の定義としていることもある．その場合は，r の値が $\mathrm{Im}\,L_A$ の次元と等しいことを証明しているはずである．

$$f(c_0 + c_1 x + c_2 x^2) = c_0 I_2 + c_1 A + c_2 A^2$$

このとき f は線形写像である．$\mathrm{Im}\, f$ の次元を計算せよ．

解 $\mathbb{R}_2[x]$ の基底として $S = (1, x, x^2)$ を取り，$M_2(\mathbb{R})$ の基底として $T = (E_{11}, E_{12}, E_{21}, E_{22})$ を取る．ただし E_{ij} は (i, j) 成分のみが 1 である行列単位である．このとき

$$f(1) = I_2 = \begin{pmatrix} 1 & 0 \\ 0 & 1 \end{pmatrix} = E_{11} + E_{22},$$

$$f(x) = A = \begin{pmatrix} 1 & 2 \\ -1 & 3 \end{pmatrix} = E_{11} + 2E_{12} - E_{21} + 3E_{22},$$

$$f(x^2) = A^2 = \begin{pmatrix} -1 & 8 \\ -4 & 7 \end{pmatrix} = -E_{11} + 8E_{12} - 4E_{21} + 7E_{22}$$

であるから，基底 S, T に関する f の表現行列は

$$\begin{pmatrix} 1 & 1 & -1 \\ 0 & 2 & 8 \\ 0 & -1 & -4 \\ 1 & 3 & 7 \end{pmatrix}$$

である．この行列に行に関する基本変形を行うと

$$\begin{pmatrix} 1 & 1 & -1 \\ 0 & 2 & 8 \\ 0 & -1 & -4 \\ 1 & 3 & 7 \end{pmatrix} \to \begin{pmatrix} 1 & 1 & -1 \\ 0 & 2 & 8 \\ 0 & -1 & -4 \\ 0 & 2 & 8 \end{pmatrix} \to \begin{pmatrix} 1 & 1 & -1 \\ 0 & 1 & 4 \\ 0 & -1 & -4 \\ 0 & 2 & 8 \end{pmatrix} \to \begin{pmatrix} 1 & 1 & -1 \\ 0 & 1 & 4 \\ 0 & 0 & 0 \\ 0 & 0 & 0 \end{pmatrix}$$

となるので，表現行列の階数は 2 である．よって $\mathrm{Im}\, f$ の次元は 2 である． □

定理 8.18 の結論を踏まえて，線形写像の階数を次で定義する．

定義 8.20 U と V は K 上の有限次元ベクトル空間であるとする．線形写像 $f : U \to V$ について，$\mathrm{Im}\, f$ の次元を f の**階数**といい，$\mathrm{rank}\, f$ で表す．

定理 8.18 より，線形写像の階数は，その表現行列の階数に等しい．

演習問題

問 8.1 実数係数の 2 次以下の多項式全体のなすベクトル空間 $\mathbb{R}[x]_2$ について，次の写像 f を考える．

$$f : \mathbb{R}[x]_2 \to \mathbb{R}^3, \quad f(P(x)) = {}^t\begin{pmatrix} P(0) & P(1) & P(-1) \end{pmatrix}$$

(1) f は線形写像であることを示せ．

(2) $\mathbb{R}[x]_2$ の基底 $S = (1, x, x^2)$ と，$\mathbb{R}^3$ の標準基底 $T = (\boldsymbol{e}_1, \boldsymbol{e}_2, \boldsymbol{e}_3)$ に関する f の表現行列を計算せよ．

問 8.2 実数を成分とする 2 次の正方行列全体のなすベクトル空間 $M_2(\mathbb{R})$ を考える．$P = \begin{pmatrix} 1 & 2 \\ 0 & -1 \end{pmatrix}$ とし，次で定まる写像 f を考える．

$$f : M_2(\mathbb{R}) \to M_2(\mathbb{R}), \quad f(A) = PA - AP$$

(1) f は線形変換であることを示せ．

(2) $M_2(\mathbb{R})$ の基底 $S = (E_{11}, E_{12}, E_{21}, E_{22})$ に関する f の表現行列を求めよ．ただし E_{ij} は行列単位である．

(3) $\operatorname{rank} f$ を求めよ．

問 8.3 V は K 上の $\{\mathbf{0}\}$ でない有限次元ベクトル空間であるとし，V 上の線形変換 f は全単射であるとする．V の基底 S に関する f の表現行列を A とするとき，逆写像 f^{-1} の S に関する表現行列は A^{-1} であることを示せ．

問 8.4 U, V は K 上の $\{\mathbf{0}\}$ でない有限次元ベクトル空間であるとし，S, T はそれぞれ U, V の基底であるとする．U から V への線形写像 f, g の S, T に関する表現行列をそれぞれ A, B とおく．このとき，線形写像 $f + g, \lambda f$ (ただし λ はスカラー) の S, T に関する表現行列は[4]，それぞれ $A + B, \lambda A$ であることを示せ．

問 8.5 U, V は K 上の $\{\mathbf{0}\}$ でない有限次元ベクトル空間であるとし，それぞれの次元を n, m とおく．U, V の基底 S, T をそれぞれ取って固定する．U から V への線形写像 f の S, T に関する表現行列を M_f で表す．このとき，写像

$$\phi : \operatorname{Hom}_K(U, V) \to M(m, n; K), \quad \phi(f) = M_f$$

は同型写像であることを示せ．(よって $\operatorname{Hom}_K(U, V)$ の次元は mn である．)

4] $f + g, \lambda f$ の定義については 6.4 節を参照のこと．

第9章

部分空間の和と直和

ベクトル空間の部分空間がいくつかあるとき，これらの和と呼ばれる新しい部分空間が定まる．部分空間の和が良い性質を持つとき，この和は直和であるという．線形写像の対角化 (第 13 章) およびジョルダン標準形の理論 (第 17 章) においては，ベクトル空間を部分空間の直和として表すことが重要な意味をもつ．

9.1　部分空間の和

9.1.1　部分空間の和の定義

命題 9.1　$W_1, W_2, \ldots, W_r$ は数ベクトル空間 V の部分空間であるとする．V の部分集合 U を次で定める．

$$U = \left\{ \boldsymbol{v} \in V \;\middle|\; \begin{array}{l} \text{ベクトル } \boldsymbol{w}_1 \in W_1, \boldsymbol{w}_2 \in W_2, \ldots, \boldsymbol{w}_r \in W_r \text{ であって} \\ \boldsymbol{v} = \boldsymbol{w}_1 + \boldsymbol{w}_2 + \cdots + \boldsymbol{w}_r \text{ を満たすものが存在する．} \end{array} \right\}$$

このとき U は V の部分空間である．

証明　$\boldsymbol{a}, \boldsymbol{b}$ は U に属するベクトルで，λ はスカラーであるとする．U の定義より W_j $(j = 1, 2, \ldots, r)$ のベクトル $\boldsymbol{w}_j, \boldsymbol{w}'_j$ を取って $\boldsymbol{a} = \sum_{j=1}^{r} \boldsymbol{w}_j, \boldsymbol{b} = \sum_{j=1}^{r} \boldsymbol{w}'_j$ と表される．このとき

$$\boldsymbol{a} + \boldsymbol{b} = \sum_{j=1}^{r} (\boldsymbol{w}_j + \boldsymbol{w}'_j), \quad \lambda \boldsymbol{a} = \sum_{j=1}^{r} \lambda \boldsymbol{w}_j$$

である．$j = 1, 2, \ldots, r$ について，W_j は部分空間だから $\boldsymbol{w}_j + \boldsymbol{w}'_j$ と $\lambda \boldsymbol{w}_j$ は W_j に属する．よって $\boldsymbol{a} + \boldsymbol{b}, \lambda \boldsymbol{a}$ は U に属する．したがって U は部分空間である．■

定義 9.2 命題 9.1 で定めた部分空間 U を $W_1+W_2+\cdots+W_r$ (もしくは $\sum_{j=1}^{r} W_j$) で表し，部分空間 $W_1, W_2, \ldots, W_r$ の和と呼ぶ．

9.1.2 2 個の部分空間の和の次元

定理 9.3 W_1, W_2 はベクトル空間 V の部分空間で，有限次元であるとする．このとき，W_1+W_2 も有限次元で次の等式が成り立つ [1]．

$$\dim(W_1+W_2) = \dim W_1 + \dim W_2 - \dim(W_1 \cap W_2)$$

証明 $W_1, W_2, W_1 \cap W_2$ の次元をそれぞれ d_1, d_2, r とおく．このとき，W_1+W_2 が d_1+d_2-r 個のベクトルからなる基底をもつことを示せばよい．

$W_1 \cap W_2$ の基底を 1 組とって $S = \{\boldsymbol{w}_1, \boldsymbol{w}_2, \ldots, \boldsymbol{w}_r\}$ とする [2]．この基底を拡張して，W_1 の基底 $S_1 = \{\boldsymbol{w}_1, \ldots, \boldsymbol{w}_r, \boldsymbol{u}_1, \ldots, \boldsymbol{u}_{d_1-r}\}$ と W_2 の基底 $S_2 = \{\boldsymbol{w}_1, \ldots, \boldsymbol{w}_r, \boldsymbol{v}_1, \ldots, \boldsymbol{v}_{d_2-r}\}$ を構成する (定理 5.12)．ただし，$W_1 = W_1 \cap W_2$ ならば $S_1 = S$ とし，$W_2 = W_1 \cap W_2$ ならば $S_2 = S$ とする．$\boldsymbol{u}_1, \boldsymbol{u}_2, \ldots, \boldsymbol{u}_{d_1-r}$ は W_1 のベクトルで，$\boldsymbol{v}_1, \boldsymbol{v}_2, \ldots, \boldsymbol{v}_{d_2-r}$ は W_2 のベクトルであるが，$W_1 \cap W_2$ には属さない．よって，これらのベクトルは相異なる．したがって，集合

$$S_1 \cup S_2 = \{\boldsymbol{w}_1, \ldots, \boldsymbol{w}_r, \boldsymbol{u}_1, \ldots, \boldsymbol{u}_{d_1-r}, \boldsymbol{v}_1, \ldots, \boldsymbol{v}_{d_2-r}\}$$

の要素の個数は $r+(d_1-r)+(d_2-r) = d_1+d_2-r$ である．よって $S_1 \cup S_2$ が W_1+W_2 の基底であることを示せばよい．以下で，$S_1 \cup S_2$ が線形独立であること，および W_1+W_2 を生成することを順に示そう．

$S_1 \cup S_2$ が線形独立であること　スカラー $\lambda_1, \lambda_2, \ldots, \lambda_r$, $\mu_1, \mu_2, \ldots, \mu_{d_1-r}$ および $\nu_1, \nu_2, \ldots, \nu_{d_2-r}$ について

$$\sum_{j=1}^{r} \lambda_j \boldsymbol{w}_j + \sum_{j=1}^{d_1-r} \mu_j \boldsymbol{u}_j + \sum_{j=1}^{d_2-r} \nu_j \boldsymbol{v}_j = \boldsymbol{0} \tag{9.1}$$

が成り立つとする．このとき $\boldsymbol{y} = \sum_{j=1}^{r} \lambda_j \boldsymbol{w}_j + \sum_{j=1}^{d_1-r} \mu_j \boldsymbol{u}_j$ とおく．$\boldsymbol{w}_1, \boldsymbol{w}_2, \ldots, \boldsymbol{w}_r$

[1] $W_1 \cap W_2$ が部分空間であることについては問 3.4 を参照せよ．
[2] $W_1 \cap W_2 = \{\boldsymbol{0}\}$ の場合は $S = \varnothing, r = 0$ として以下の証明を書き換えればよい．

と $\boldsymbol{u}_1,\boldsymbol{u}_2,\ldots,\boldsymbol{u}_{d_1-r}$ は部分空間 W_1 に属するから，$\boldsymbol{y}$ も W_1 に属する．また (9.1) より $\boldsymbol{y}=-\sum_{j=1}^{d_2-r}\nu_j\boldsymbol{v}_j$ とも表されて，$\boldsymbol{v}_1,\boldsymbol{v}_2,\ldots,\boldsymbol{v}_{d_2-r}$ は部分空間 W_2 に属するから，$\boldsymbol{y}$ は W_2 にも属する．以上より $\boldsymbol{y}\in W_1\cap W_2$ である．S は $W_1\cap W_2$ の基底であるから，スカラー $\theta_1,\theta_2,\ldots,\theta_r$ を適当にとって $\boldsymbol{y}=\sum_{j=1}^{r}\theta_j\boldsymbol{w}_j$ と表される．すると

$$\boldsymbol{y}=\sum_{j=1}^{r}\lambda_j\boldsymbol{w}_j+\sum_{j=1}^{d_1-r}\mu_j\boldsymbol{u}_j=\sum_{j=1}^{r}\theta_j\boldsymbol{w}_j$$

となるので，右辺を移項して

$$\sum_{j=1}^{r}(\lambda_j-\theta_j)\boldsymbol{w}_j+\sum_{j=1}^{d_1-r}\mu_j\boldsymbol{u}_j=\boldsymbol{0}$$

を得る．この左辺は S_1 の要素の線形結合であり，S_1 は線形独立であるから，左辺の和のなかの係数はすべて 0 である．特に $\mu_1,\mu_2,\ldots,\mu_{d_1-r}$ はすべて 0 である．これを (9.1) に代入して

$$\sum_{j=1}^{r}\lambda_j\boldsymbol{w}_j+\sum_{j=1}^{d_2-r}\nu_j\boldsymbol{v}_j=\boldsymbol{0}$$

を得る．左辺は S_2 の要素の線形結合であり，S_2 は線形独立だから $\lambda_1,\lambda_2,\ldots,\lambda_r$ および $\nu_1,\nu_2,\ldots,\nu_{d_2-r}$ はすべて 0 である．以上より，(9.1) の左辺の係数はすべて 0 であるから，$S_1\cup S_2$ は線形独立である．

<u>$S_1\cup S_2$ が W_1+W_2 を生成すること</u>　$\boldsymbol{v}$ は W_1+W_2 に属するベクトルであるとする．このとき，W_1 のベクトル $\boldsymbol{w}_1$ と W_2 のベクトル $\boldsymbol{w}_2$ を適当に取って $\boldsymbol{v}=\boldsymbol{w}_1+\boldsymbol{w}_2$ と表される．S_1,S_2 はそれぞれ W_1,W_2 の基底であるから，$\boldsymbol{w}_1,\boldsymbol{w}_2$ はそれぞれ S_1,S_2 の要素の線形結合として表される．よって $\boldsymbol{w}_1+\boldsymbol{w}_2$ は $S_1\cup S_2$ の要素の線形結合である．したがって $\boldsymbol{v}$ は $\langle S_1\cup S_2\rangle$ に属する．以上より，$S_1\cup S_2$ は W_1+W_2 を生成する． ■

系 9.4　$W_1,W_2,\ldots,W_r$ がベクトル空間 V の有限次元部分空間であるとき

$$\dim(W_1+W_2+\cdots+W_r)\leqq\sum_{j=1}^{r}\dim W_j$$

である．

証明　r に関する数学的帰納法を用いる．$r=1$ の場合は不等式の両辺がともに $\dim W_1$ であるから自明に成り立つ．k を正の整数として，$r=k$ の場合に示すべき不等式が正しいと仮定する．$r=k+1$ の場合を考える．$W_1, W_2, \ldots, W_{k+1}$ は V の部分空間であるとする．記号を簡単にするために，$U = W_1 + W_2 + \cdots + W_k$ および $W = W_1 + W_2 + \cdots + W_{k+1}$ とおく．このとき $U + W_{k+1} = W$ である (問 9.2)．よって定理 9.3 から

$$\dim W = \dim U + \dim W_{k+1} - \dim (U \cap W_{k+1})$$

が成り立つ．$U \cap W_{k+1}$ の次元は 0 以上の整数であるから，$\dim W \leqq \dim U + \dim W_{k+1}$ である．数学的帰納法の仮定より $\dim U \leqq \sum_{j=1}^{k} \dim W_j$ であるので

$$\dim W \leqq \dim U + \dim W_{k+1} \leqq \sum_{j=1}^{k+1} \dim W_j$$

である．したがって $r=k+1$ の場合にも示すべき不等式が成り立つ．■

9.2　部分空間の直和

9.2.1　直和の定義

定義 9.5　$W_1, W_2, \ldots, W_r$ はベクトル空間 V の部分空間であるとする．部分空間の和 $W_1 + W_2 + \cdots + W_r$ が**直和**であるとは，次の条件が成り立つときにいう．

　ベクトル $\boldsymbol{w}_1 \in W_1, \boldsymbol{w}_2 \in W_2, \ldots, \boldsymbol{w}_r \in W_r$ が $\boldsymbol{w}_1 + \boldsymbol{w}_2 + \cdots + \boldsymbol{w}_r = \boldsymbol{0}$ を満たすならば，$\boldsymbol{w}_1, \boldsymbol{w}_2, \ldots, \boldsymbol{w}_r$ はすべてゼロベクトルである．

部分空間の和 $W_1 + W_2 + \cdots + W_r$ が直和であるとき，$+$ の代わりに記号 $\oplus$ を使って $W_1 \oplus W_2 \oplus \cdots \oplus W_r$ と表す．

命題 9.6　r を 2 以上の整数とする．ベクトル空間 V の部分空間 $W_1, W_2, \ldots, W_r$ について，次の二つの条件は同値である．

(1)　$W_1 + W_2 + \cdots + W_r$ は直和である．

(2)　すべての $j = 2, 3, \ldots, r$ について，$(W_1 + \cdots + W_{j-1}) \cap W_j = \{\boldsymbol{0}\}$ である．

証明 (1) ならば (2) であること　部分空間の和 $W_1 + W_2 + \cdots + W_r$ は直和であるとし，j を $2, 3, \ldots, r$ のいずれかとする．$(W_1 + \cdots + W_{j-1}) \cap W_j$ は部分空間であるから (問 3.4), ゼロベクトルを含む．よって，この部分空間の要素はゼロベクトルしかないことを示せばよい．

$\boldsymbol{u}$ は $(W_1 + \cdots + W_{j-1}) \cap W_j$ に属するベクトルであるとする．$\boldsymbol{u} \in W_1 + \cdots + W_{j-1}$ であるから，ベクトル $\boldsymbol{w}_1 \in W_1, \boldsymbol{w}_2 \in W_2, \ldots, \boldsymbol{w}_{j-1} \in W_{j-1}$ であって $\boldsymbol{u} = \boldsymbol{w}_1 + \cdots + \boldsymbol{w}_{j-1}$ を満たすものが取れる．このとき

$$\boldsymbol{w}_1 + \boldsymbol{w}_2 + \cdots + \boldsymbol{w}_{j-1} + (-\boldsymbol{u}) + \underbrace{\boldsymbol{0} + \cdots + \boldsymbol{0}}_{r-j\ \text{個}} = \boldsymbol{0}$$

が成り立つ．ここで，W_j は部分空間であるから $-\boldsymbol{u} \in W_j$ であり，$\boldsymbol{0}$ は部分空間 $W_{j+1}, W_{j+2}, \ldots, W_r$ に属する．そして，$W_1 + W_2 + \cdots + W_r$ は直和であるから，$\boldsymbol{w}_1, \boldsymbol{w}_2, \ldots, \boldsymbol{w}_{j-1}$ および $-\boldsymbol{u}$ はすべて $\boldsymbol{0}$ である．よって $\boldsymbol{u} = \boldsymbol{0}$ であるので，$(W_1 + \cdots + W_{j-1}) \cap W_j$ の要素は $\boldsymbol{0}$ しかない．

(2) ならば (1) であること　すべての $j = 2, 3, \ldots, r$ について $(W_1 + \cdots + W_{j-1}) \cap W_j = \{\boldsymbol{0}\}$ であるとする．ベクトル $\boldsymbol{w}_1 \in W_1, \boldsymbol{w}_2 \in W_2, \ldots, \boldsymbol{w}_r \in W_r$ について

$$\boldsymbol{w}_1 + \boldsymbol{w}_2 + \cdots + \boldsymbol{w}_r = \boldsymbol{0} \tag{9.2}$$

が成り立つとき，$\boldsymbol{w}_1, \boldsymbol{w}_2, \ldots, \boldsymbol{w}_r$ がすべて $\boldsymbol{0}$ であることを示せばよい．

等式 (9.2) より，$\boldsymbol{w}_r = \sum\limits_{k=1}^{r-1} (-\boldsymbol{w}_k)$ である．$W_1, W_2, \ldots, W_{r-1}$ は部分空間であるから，$k = 1, 2, \ldots, r-1$ について $-\boldsymbol{w}_k \in W_k$ である．よって $\boldsymbol{w}_r$ は W_r にも $W_1 + W_2 + \cdots + W_{r-1}$ にも属する．したがって，条件 (2) より，$\boldsymbol{w}_r = \boldsymbol{0}$ である．これを (9.2) に代入して $\boldsymbol{w}_1 + \boldsymbol{w}_2 + \cdots + \boldsymbol{w}_{r-1} = \boldsymbol{0}$ を得る．すると $\boldsymbol{w}_{r-1} = \sum\limits_{k=1}^{r-2} (-\boldsymbol{w}_k)$ であるから，上と同様の議論により $\boldsymbol{w}_{r-1}$ は $(W_1 + \cdots + W_{r-2}) \cap W_{r-1}$ に属することがわかる．よって条件 (2) より $\boldsymbol{w}_{r-1} = \boldsymbol{0}$ である．これを繰り返せば，$\boldsymbol{w}_r, \boldsymbol{w}_{r-1}, \ldots, \boldsymbol{w}_2, \boldsymbol{w}_1$ はすべて $\boldsymbol{0}$ であることが順にわかる．■

命題 9.6 より，2 個の部分空間 W_1, W_2 について，$W_1 + W_2$ が直和であることと $W_1 \cap W_2 = \{\boldsymbol{0}\}$ であることは同値である．この事実の応用例を次に挙げる．

例 9.7 実数全体において定義された実数値連続関数全体のなすベクトル空間

$C(\mathbb{R})$ において，偶関数もしくは奇関数全体のなす部分空間をそれぞれ W_0, W_1 とおく (例 3.10). このとき $C(\mathbb{R}) = W_0 \oplus W_1$ であることを示そう.

$C(\mathbb{R}) = W_0 + W_1$ であること　f は $C(\mathbb{R})$ の要素であるとする．このとき，$\mathbb{R}$ 上の関数 g, h を次で定義する.

$$g(x) = \frac{f(x)+f(-x)}{2}, \quad h(x) = \frac{f(x)-f(-x)}{2} \qquad (x \in \mathbb{R})$$

f が $\mathbb{R}$ 全体において連続であることから，g, h も $C(\mathbb{R})$ に属する．さらに

$$g(-x) = \frac{f(-x)+f(x)}{2} = g(x), \quad h(-x) = \frac{f(-x)-f(x)}{2} = -h(x)$$

であるから，$g \in W_0, h \in W_1$ である．g, h の定義から，すべての実数 x について $f(x) = g(x) + h(x)$ が成り立つので，$f = g + h$ である．よって $f \in W_0 + W_1$ である．以上より $C(\mathbb{R}) = W_0 + W_1$ である.

$W_0 + W_1$ は直和であること　$W_0 \cap W_1 = \{\mathbf{0}\}$ であることを示せばよい．関数 f は $W_0 \cap W_1$ に属するとする．このとき，すべての実数 x について $f(x) = f(-x)$ かつ $f(x) = -f(-x)$ である．よって $f(x) = -f(x)$ であるので，$f(x) = 0$ である．すなわち，f は 0 を値としてもつ定数関数である．これは $C(\mathbb{R})$ におけるゼロベクトルであるから $f = \mathbf{0}$ である．したがって $W_0 \cap W_1 = \{\mathbf{0}\}$ である.

9.2.2　直和の次元

定理 9.8　r を 2 以上の整数とする．ベクトル空間 V の r 個の有限次元部分空間 $W_1, W_2, \ldots, W_r$ について，次の二つの条件は同値である.

(1)　$W_1 + W_2 + \cdots + W_r$ は直和である.

(2)　$\dim(W_1 + W_2 + \cdots + W_r) = \sum_{j=1}^{r} \dim W_j$ が成り立つ.

証明　$j = 1, 2, \ldots, r$ について $U_j = W_1 + W_2 + \cdots + W_j$ とおく．$j = 2, 3, \ldots, r$ について $U_j = U_{j-1} + W_j$ であるから (問 9.2), 定理 9.3 より

$$\dim U_j - \dim U_{j-1} = \dim W_j - \dim(U_{j-1} \cap W_j)$$

である．この両辺を $j = 2, 3, \ldots, r$ について足し合わせて

$$\dim U_r - \dim U_1 = \sum_{j=2}^{r} \dim W_j - \sum_{j=2}^{r} \dim(U_{j-1} \cap W_j)$$

を得る．$U_r = W_1 + W_2 + \cdots + W_r$ および $U_1 = W_1$ であるから

$$\dim(W_1 + W_2 + \cdots + W_r) = \sum_{j=1}^{r} \dim W_j - \sum_{j=2}^{r} \dim(U_{j-1} \cap W_j)$$

である．すべての $j = 2, 3, \ldots, r$ について $\dim(U_{j-1} \cap W_j)$ は 0 以上の整数であるから，条件 (2) は次の条件と同値である．

(2') すべての $j = 2, 3, \ldots, r$ について $U_{j-1} \cap W_j = \{\mathbf{0}\}$ である．

命題 9.6 より，条件 (2') と $W_1 + W_2 + \cdots + W_r$ が直和であることは同値である．したがって条件 (1) と (2) は同値である． ■

さらに，部分空間の直和の基底については次のことが成り立つ．

系 9.9 r を 2 以上の整数とし，ベクトル空間 V の $\{\mathbf{0}\}$ でない有限次元部分空間の和 $W_1 + W_2 + \cdots + W_r$ は直和であるとする．このとき，各 $j = 1, 2, \ldots, r$ について W_j の基底 $S_j = \{\boldsymbol{v}_1^{(j)}, \boldsymbol{v}_2^{(j)}, \ldots, \boldsymbol{v}_{d_j}^{(j)}\}$ (ただし $d_j = \dim W_j$) を 1 組ずつとると，集合 $S_1 \cup S_2 \cup \cdots \cup S_r$ は $W_1 + W_2 + \cdots + W_r$ の基底である．

証明 記号を簡単にするため $S = S_1 \cup S_2 \cup \cdots \cup S_r$ および $W = W_1 + W_2 + \cdots + W_r$ とおく．まず，$S_1, S_2, \ldots, S_r$ のどの二つも共通部分をもたないことを背理法で示す．仮に，ベクトル $\boldsymbol{v}$ が $S_i \cap S_j$ に属するとする．ただし $1 \leqq i < j \leqq r$ とする．このとき，$\boldsymbol{v} \in W_i \cap W_j$ であり，$W_i \subset W_1 + W_2 + \cdots + W_{j-1}$ であるから，$\boldsymbol{v}$ は $(W_1 + W_2 + \cdots + W_{j-1}) \cap W_j$ に属する．仮定より $W_1 + W_2 + \cdots + W_r$ は直和なので，定理 9.8 より $(W_1 + W_2 + \cdots + W_{j-1}) \cap W_j = \{\mathbf{0}\}$ である．したがって $\boldsymbol{v} = \mathbf{0}$ となる．これは命題 4.5 (1) に反する．よって $S_1, S_2, \ldots, S_r$ のどの二つも共通部分をもたない．

上で示したことから，集合 S の要素の個数は $d_1 + d_2 + \cdots + d_r$ である．一方で，$W_1 + W_2 + \cdots + W_r$ は直和であるから，定理 9.8 より W の次元も $d_1 + d_2 + \cdots + d_r$ である．さらに，W のどの要素も S の要素の線形結合として表されるから [3]，$W = \langle S \rangle$ である．よって，命題 5.14 より，S は W の基底である． ■

3] このことは定理 9.3 の証明 ($S_1 \cup S_2$ が $W_1 + W_2$ を生成すること) と同様にしてわかる．

9.2.3 補部分空間

命題 9.10 V は K 上の有限次元ベクトル空間であるとし，W は V の部分空間であるとする．このとき，V の部分空間 W' であって，$V = W \oplus W'$ を満たすものが存在する．

証明 $W = V$ もしくは $W = \{\mathbf{0}\}$ のときは，それぞれ $W' = \{\mathbf{0}\}$ もしくは $W = V$ と取ればよい．そこで以下では，W が V 全体でも $\{\mathbf{0}\}$ でもない場合を考える．

W の次元を m とおき，W の基底 $T = \{\boldsymbol{a}_1, \boldsymbol{a}_2, \ldots, \boldsymbol{a}_m\}$ を一組取る．このとき，定理 5.12 より，V の基底 S であって T を含むものが取れる．そこで，$T' = S \setminus T$ とおき[4]，$W' = \langle T' \rangle$ と定めれば，$V = W \oplus W'$ が成り立つことを示そう．

$W \neq V$ の場合を考えているので，T' は空集合ではなく，よって W' は $\{\mathbf{0}\}$ ではない．また，T' は線形独立であるから (命題 4.5)，T' は W' の基底である．よって，T' の要素の個数を n とおくと，W' の次元は n である．以下，T' の要素を $\boldsymbol{b}_1, \boldsymbol{b}_2, \ldots, \boldsymbol{b}_n$ とおく．

ここで部分空間の和 $W + W'$ は直和であることを示そう．ベクトル $\boldsymbol{w} \in W, \boldsymbol{w}' \in W'$ について $\boldsymbol{w} + \boldsymbol{w}' = \mathbf{0}$ が成り立つとする．T, T' はそれぞれ W, W' の基底であるから，スカラー $\lambda_1, \ldots, \lambda_m$ および $\mu_1, \ldots, \mu_n$ を適当に取って $\boldsymbol{w} = \sum_{j=1}^{m} \lambda_j \boldsymbol{a}_j$, $\boldsymbol{w}' = \sum_{j=1}^{n} \mu_j \boldsymbol{b}_j$ と表される．このとき $\sum_{j=1}^{m} \lambda_j \boldsymbol{a}_j + \sum_{j=1}^{n} \mu_j \boldsymbol{b}_j = \mathbf{0}$ である．ここで $S = T \cup T' = \{\boldsymbol{a}_1, \ldots, \boldsymbol{a}_m, \boldsymbol{b}_1, \ldots, \boldsymbol{b}_n\}$ であり，S は V の基底であるから線形独立なので，係数 $\lambda_1, \ldots, \lambda_m$ および $\mu_1, \ldots, \mu_n$ はすべて 0 である．よって $\boldsymbol{w}$ と $\boldsymbol{w}'$ はともに $\mathbf{0}$ である．以上より $W + W'$ は直和である．

定理 9.8 より，V の部分空間 $W \oplus W'$ の次元は $(m+n)$ である．一方で，S の要素の個数は $(m+n)$ であるので，V の次元は $(m+n)$ である．したがって，命題 5.13 より $V = W \oplus W'$ が成り立つ． ■

定義 9.11 V は K 上のベクトル空間であるとし，W は V の部分空間であるとする．V の部分空間 W' が $V = W \oplus W'$ を満たすとき，W' は W の**補部分空間**であるという．

4] $S \setminus T$ は S の要素であって T には属さないもの全体のなす集合である．すなわち

$$S \setminus T = \{\boldsymbol{v} \in S \mid \boldsymbol{v} \notin T\}.$$

注意 命題 9.10 の結論は無限次元の場合でも正しいことが知られている．その証明には，定理 4.15 をさらに一般化した次の定理を用いる．

定理 V は K 上のベクトル空間で，V の部分集合 T は線形独立であるとする．このとき，$T \subset S$ を満たす V の基底 S が存在する．

この定理の証明にはツォルンの補題が必要となるので，本書では証明を省略する．

命題 9.10 より，有限次元ベクトル空間の部分空間は必ず補部分空間をもつ．ただし，次の例で見るように，与えられた部分空間に対して，その補部分空間がただ一つに定まるとは限らない．

例 9.12 2 次元数ベクトル空間 K^2 において，基本ベクトル $\boldsymbol{e}_1$ が生成する部分空間 $W = \langle \boldsymbol{e}_1 \rangle$ を考える．このとき，$W' = \langle \boldsymbol{e}_2 \rangle$ は W の補部分空間である．このことは，K^2 の標準基底 $T = \{\boldsymbol{e}_1, \boldsymbol{e}_2\}$ は，W の基底 $S = \{\boldsymbol{e}_1\}$ を含み，W' は $T \setminus S = \{\boldsymbol{e}_2\}$ を基底としてもつことからわかる (命題 9.10 の証明を見よ)．

また，集合 $\{\boldsymbol{e}_1, \boldsymbol{e}_1 + \boldsymbol{e}_2\}$ は線形独立であるから K^2 の基底であり (命題 5.14)，W の基底 S を含むから，上と同じ議論によりベクトル $\boldsymbol{e}_1 + \boldsymbol{e}_2$ が生成する部分空間 $W'' = \langle \boldsymbol{e}_1 + \boldsymbol{e}_2 \rangle$ も W の補部分空間であることがわかる．

9.3 直和分解と射影

K 上のベクトル空間 V が，r 個の部分空間 $W_1, W_2, \ldots, W_r$ の直和として表されるとする．つまり

$$V = W_1 \oplus W_2 \oplus \cdots \oplus W_r$$

であるとする．このような表示をベクトル空間 V の**直和分解**と言い，部分空間 $W_1, W_2, \ldots, W_r$ をこの直和分解における**直和因子**と呼ぶ．

補題 9.13 K 上のベクトル空間 V は直和分解 $V = W_1 \oplus W_2 \oplus \cdots \oplus W_r$ をもつとする．このとき，V のどのベクトル $\boldsymbol{v}$ についても，$\boldsymbol{v} = \boldsymbol{w}_1 + \boldsymbol{w}_2 + \cdots + \boldsymbol{w}_r$ を満たすベクトル $\boldsymbol{w}_1 \in W_1, \boldsymbol{w}_2 \in W_2, \ldots, \boldsymbol{w}_r \in W_r$ が，$\boldsymbol{v}$ に応じてただ一通りに定まる．

証明 $\boldsymbol{v}$ は V のベクトルであるとする．部分空間の和の定義9.2から，$\boldsymbol{v} = \boldsymbol{w}_1 + \boldsymbol{w}_2 + \cdots + \boldsymbol{w}_r$ を満たすベクトル $\boldsymbol{w}_j \in W_j\ (j = 1, 2, \ldots, r)$ が少なくとも一組は存在する．このようなベクトルが別に一組あるとして，それを $\boldsymbol{w}'_1, \boldsymbol{w}'_2, \ldots, \boldsymbol{w}'_r$ とおく．すなわち，$j = 1, 2, \ldots, r$ について $\boldsymbol{w}'_j \in W_j$ であり，$\boldsymbol{v} = \boldsymbol{w}'_1 + \boldsymbol{w}'_2 + \cdots + \boldsymbol{w}'_r$ であるとする．このとき $\sum_{j=1}^{r} \boldsymbol{w}_j = \sum_{j=1}^{r} \boldsymbol{w}'_j$ であるから，右辺を移項して

$$(\boldsymbol{w}_1 - \boldsymbol{w}'_1) + (\boldsymbol{w}_2 - \boldsymbol{w}'_2) + \cdots + (\boldsymbol{w}_r - \boldsymbol{w}'_r) = \boldsymbol{0}$$

を得る．ここで $j = 1, 2, \ldots, r$ について，W_j は部分空間で，$\boldsymbol{w}_j$ と $\boldsymbol{w}'_j$ は W_j に属するから，$\boldsymbol{w}_j - \boldsymbol{w}'_j$ も W_j に属する．よって，直和の定義9.5より，すべての $j = 1, 2, \ldots, r$ について $\boldsymbol{w}_j = \boldsymbol{w}'_j$ である．以上より，$\boldsymbol{v} = \sum_{j=1}^{r} \boldsymbol{w}_j$ となるベクトル $\boldsymbol{w}_j \in W_j\ (j = 1, 2, \ldots, r)$ は，$\boldsymbol{v}$ に応じてただ一通りに定まる． ■

ベクトル空間 V が直和分解

$$V = W_1 \oplus W_2 \oplus \cdots \oplus W_r \tag{9.3}$$

を持つとする．$\boldsymbol{v}$ が V のベクトルであるとき，補題9.13より

$$\boldsymbol{v} = \boldsymbol{w}_1 + \boldsymbol{w}_2 + \cdots + \boldsymbol{w}_r$$

を満たすベクトル $\boldsymbol{w}_j \in W_j\ (j = 1, 2, \ldots, r)$ が $\boldsymbol{v}$ に応じてただ一通りに定まる．そこで，V から V への写像 $p_j\ (j = 1, 2, \ldots, r)$ を

$$p_j : V \to V, \quad p_j(\boldsymbol{v}) = \boldsymbol{w}_j$$

で定める．この定義から，すべてのベクトル $\boldsymbol{v}$ について

$$\boldsymbol{v} = p_1(\boldsymbol{v}) + p_2(\boldsymbol{v}) + \cdots + p_r(\boldsymbol{v}) \tag{9.4}$$

が成り立つことに注意する．

定義 9.14 以上のようにして定まる写像 $p_j\ (j = 1, 2, \ldots, r)$ を，直和分解 (9.3) から定まる V から W_j への射影と呼ぶ．

命題 9.15 V は K 上のベクトル空間であるとし，$p_j\ (j = 1, 2, \ldots, r)$ は直和分解 $V = W_1 \oplus W_2 \oplus \cdots \oplus W_r$ から定まる V から W_j への射影であるとする．このとき，次のことが成り立つ．

(1) $p_j\,(j=1,2,\ldots,r)$ は線形写像である.

(2) $\operatorname{Im} p_j = W_j\,(j=1,2,\ldots,r)$ である.

(3) $p_j \circ p_j = p_j\,(j=1,2,\ldots,r)$ である.

(4) $i \neq j$ ならば $p_i \circ p_j = 0$ である[5].

(5) $p_1 + p_2 + \cdots + p_r = 1_V$ である[6].

証明 (1) $\boldsymbol{x}, \boldsymbol{y}$ は V のベクトルで, λ はスカラーであるとする. このとき $\boldsymbol{x} = \sum_{j=1}^{r} p_j(\boldsymbol{x}), \boldsymbol{y} = \sum_{j=1}^{r} p_j(\boldsymbol{y})$ が成り立つので

$$\begin{aligned}\boldsymbol{x}+\boldsymbol{y} &= (p_1(\boldsymbol{x})+p_1(\boldsymbol{y})) + (p_2(\boldsymbol{x})+p_2(\boldsymbol{y})) + \cdots + (p_r(\boldsymbol{x})+p_r(\boldsymbol{y})),\\ \lambda\boldsymbol{x} &= \lambda p_1(\boldsymbol{x}) + \lambda p_2(\boldsymbol{x}) + \cdots + \lambda p_r(\boldsymbol{x})\end{aligned}$$

である. $j=1,2,\ldots,r$ について, 射影の定義より $p_j(\boldsymbol{x}), p_j(\boldsymbol{y})$ は W_j に属し, W_j は部分空間であるから, $p_i(\boldsymbol{x})+p_j(\boldsymbol{y}), \lambda p_j(\boldsymbol{x})$ も W_j に属する. よって, 射影の定義から $j=1,2,\ldots,r$ について

$$p_j(\boldsymbol{x}+\boldsymbol{y}) = p_j(\boldsymbol{x}) + p_j(\boldsymbol{y}), \quad p_j(\lambda\boldsymbol{x}) = \lambda p_j(\boldsymbol{x})$$

である. したがって p_j は線形写像である.

(2) 射影の定義から $\operatorname{Im} p_j \subset W_j$ であることは明らかである. $\boldsymbol{w}$ が W_j のベクトルであるとき

$$\boldsymbol{w} = \underbrace{\boldsymbol{0}+\cdots+\boldsymbol{0}}_{(j-1)\text{ 個}} + \boldsymbol{w} + \underbrace{\boldsymbol{0}+\cdots+\boldsymbol{0}}_{(n-j)\text{ 個}} \tag{9.5}$$

と表されるので, $p_j(\boldsymbol{w}) = \boldsymbol{w}$ である. よって $\boldsymbol{w} \in \operatorname{Im} p_j$ である. 以上より $W_j \subset \operatorname{Im} p_j$ である. したがって $\operatorname{Im} p_j = W_j$ である.

(3) (2) の証明から W_j のどのベクトル $\boldsymbol{w}$ についても $p_j(\boldsymbol{w}) = \boldsymbol{w}$ が成り立つ. $\boldsymbol{v}$ が V のベクトルであるとき, $p_j(\boldsymbol{v}) \in W_j$ であるから, $(p_j \circ p_j)(\boldsymbol{v}) = p_j(p_j(\boldsymbol{v})) = p_j(\boldsymbol{v})$ である. 以上より $p_j \circ p_j = p_j$ である.

(4) $\boldsymbol{v}$ は V のベクトルであるとする. $\boldsymbol{w} = p_j(\boldsymbol{v})$ とおくと, $\boldsymbol{w}$ は (9.5) の右辺のように表されるので, $i \neq j$ であれば $p_i(\boldsymbol{w}) = \boldsymbol{0}$ である. したがって $(p_i \circ p_j)(\boldsymbol{v}) =$

5] 右辺の 0 は V から V への零写像である. 命題 6.18 を参照のこと.

6] 線形変換の和については 6.4 節を参照のこと.

$p_i(\boldsymbol{w}) = \boldsymbol{0}$ である．以上より，$p_i \circ p_j = 0$ である．

(5) 射影の性質 (9.4) より明らか． ■

命題 9.15 (2) より，射影 p_j を V から直和因子 W_j への線形写像と見なすことができる．以下では射影を直和因子への写像と見なす．

ベクトル空間 V とその部分空間 W が与えられたとき，W の補部分空間 W' が存在する (命題 9.10)．このとき，直和分解 $V = W \oplus W'$ によって V から W への射影 $p : V \to W$ が定まる．この写像は直和分解に依存して定まるので，補部分空間 W' の取り方によって異なる射影が得られることに注意する．

例 9.16 $\mathbb{R}$ 上の 2 次元数ベクトル空間 $\mathbb{R}^2$ において，部分空間 $W = \langle \boldsymbol{e}_1 \rangle$ を考える．このとき，$W' = \langle \boldsymbol{e}_2 \rangle, W'' = \langle \boldsymbol{e}_1 + \boldsymbol{e}_2 \rangle$ はいずれも W の補部分空間である (例 9.12)．そこで，2 通りの直和分解 $\mathbb{R} = W \oplus W', \mathbb{R}^2 = W \oplus W''$ のそれぞれに対応する W への射影を記述しよう．

$\boldsymbol{x} = {}^t\begin{pmatrix} x_1 & x_2 \end{pmatrix}$ は $\mathbb{R}^2$ の数ベクトルであるとする．まず，$\boldsymbol{x}$ は $\boldsymbol{x} = x_1\boldsymbol{e}_1 + x_2\boldsymbol{e}_2$ と表されて，$x_1\boldsymbol{e}_1 \in W, x_2\boldsymbol{e}_2 \in W'$ である．よって，直和分解 $\mathbb{R}^2 = W \oplus W'$ が定める W への射影を p' と書くと

$$p' : \mathbb{R}^2 \to W, \quad p'(\begin{pmatrix} x_1 \\ x_2 \end{pmatrix}) = x_1 \begin{pmatrix} 1 \\ 0 \end{pmatrix}$$

である．次に，$\boldsymbol{x}$ は $\boldsymbol{x} = (x_1 - x_2)\boldsymbol{e}_1 + x_2(\boldsymbol{e}_1 + \boldsymbol{e}_2)$ と表されて，$(x_1 - x_2)\boldsymbol{e}_1 \in W, x_2(\boldsymbol{e}_1 + \boldsymbol{e}_2) \in W''$ であるから，直和分解 $\mathbb{R}^2 = W \oplus W''$ が定める W への射影を p'' と書くと

$$p'' : \mathbb{R}^2 \to W, \quad p''(\begin{pmatrix} x_1 \\ x_2 \end{pmatrix}) = (x_1 - x_2) \begin{pmatrix} 1 \\ 0 \end{pmatrix}$$

となる．したがって射影 p', p'' は異なる写像である．

以上のことは xy 平面上に図示するとわかりやすい．1.4.3 項で述べたように，$\mathbb{R}^2$ の数ベクトルを xy 平面上の平面ベクトルと同一視する．平面ベクトルの始点を原点に置くように平行移動すれば，部分空間 $W = \langle \boldsymbol{e}_1 \rangle$ に属するベクトルの終点全体のなす集合は x 軸と一致する．そして W の補部分空間 W', W'' はそれぞれ y 軸，直線 $y = x$ に対応する (図 9.1) このとき，図 9.2 のベクトル $\boldsymbol{x}$ は，W のベクトル $\boldsymbol{w}_1$ と W' のベクトル $\boldsymbol{w}'$ の和として表される．そして，射影の定義よ

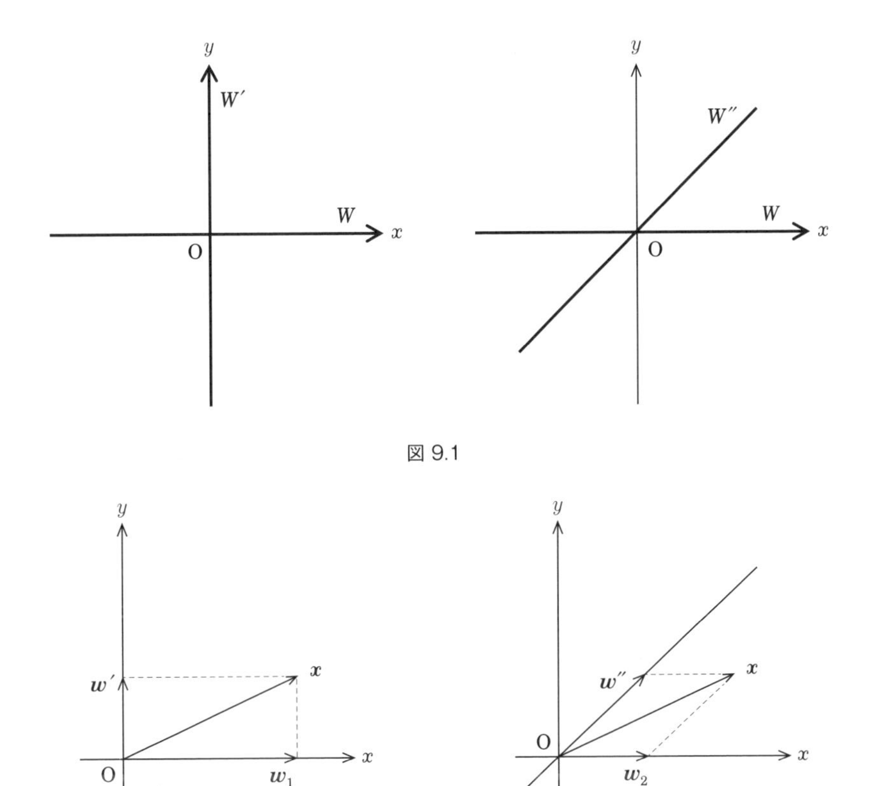

図 9.1

図 9.2

図 9.3

り $p'(\boldsymbol{x}) = \boldsymbol{w}_1$ である．一方で，同じベクトル $\boldsymbol{x}$ を，W と W'' のベクトルの和として表すと，図 9.3 のようになる．このとき $p''(\boldsymbol{x}) = \boldsymbol{w}_2$ であるが，これは図 9.2 の $\boldsymbol{w}_1$ とは異なる．よって射影 p' と p'' は異なる写像である．

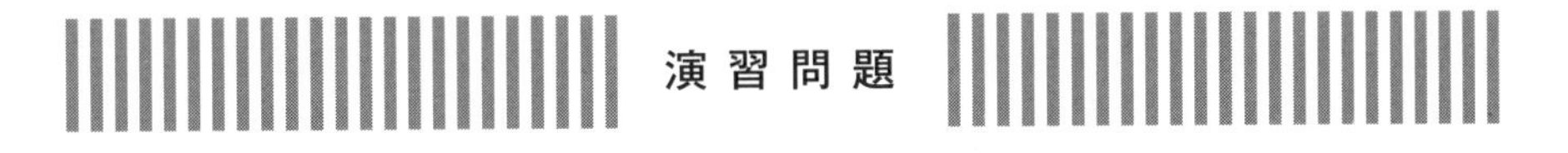

演習問題

問 9.1 $W_1, W_2, \ldots, W_r$ は K 上のベクトル空間 V の部分空間であるとし，その和を $W = W_1 + W_2 + \cdots + W_r$ とおく．このとき，以下のことを示せ．

(1) すべての $j = 1, 2, \ldots, r$ について $W_j \subset W$ である．

(2) V の部分空間 U が $W_1, W_2, \ldots, W_r$ をすべて含むならば，$W \subset U$ である．

問 9.2 r を 2 以上の整数とし，$W_1, W_2, \ldots, W_r$ は数ベクトル空間 V の部分空間であるとする．このとき，部分空間 $W_1 + W_2 + \cdots + W_{r-1}$ を W' とおくと，$W' + W_r = W_1 + W_2 + \cdots + W_r$ が成り立つことを，問 9.1 の結果を使って示せ．

問 9.3 U, V は K 上のベクトル空間であるとし，f, g は U から V への線形写像であるとする．このとき，6.4 節で述べたように，U から V への線形写像 $f + g$ が定まる．

(1) $\mathrm{Im}\,(f+g) \subset \mathrm{Im}\, f + \mathrm{Im}\, g$ であることを示せ．

(2) $\mathrm{rank}\,(f+g) \leqq \mathrm{rank}\, f + \mathrm{rank}\, g$ であることを示せ．

問 9.4 K の要素を成分とする n 次の正方行列全体のなすベクトル空間 $M_n(K)$ の部分集合 $S_n(K), A_n(K)$ を次で定める．

$$S_n(K) = \{A \in M_n(K) \mid {}^tA = A\},$$
$$A_n(K) = \{A \in M_n(K) \mid {}^tA = -A\}$$

問 5.2 (1) より $S_n(K)$ は $M_n(K)$ の部分空間である．

(1) $A_n(K)$ は $M_n(K)$ の部分空間であることを示せ．

(2) $M_n(K) = S_n(K) \oplus A_n(K)$ であることを示せ．

問 9.5 r は正の整数であるとする．K 上のベクトル空間 V の部分空間 $W_1, W_2, \ldots, W_r, W_{r+1}$ について，次の二つの条件が成り立つとする．

(1) r 個の部分空間の和 $W = W_1 + W_2 + \cdots + W_r$ は直和である．

(2) (1) の W について，$W + W_{r+1}$ は直和である．

このとき, 部分空間の和 $W_1 + W_2 + \cdots + W_r + W_{r+1}$ は直和であることを示せ．

(補足：この問題の結果から $(W_1 \oplus W_2 \oplus \cdots \oplus W_r) \oplus W_{r+1} = W_1 \oplus W_2 \oplus \cdots \oplus W_r \oplus W_{r+1}$ である.)

問 9.6 V は K 上のベクトル空間であるとする．V 上の線形変換 f について，$f \circ f = f$ が成り立つとき，$V = \mathrm{Ker}\, f \oplus \mathrm{Im}\, f$ であることを示せ．(ヒント: $f(\boldsymbol{v} - f(\boldsymbol{v}))$ を計算せよ.)

第10章

商空間と準同型定理

この章の目標は，線形写像に対する準同型定理を証明することである．準同型定理を述べるためには，ベクトル空間の商空間の概念が必要となる．本章では，商空間を定義するための基礎となる商集合の考え方について説明し，商空間の定義を述べる．そして，準同型定理を証明し，有限次元の場合における応用として次元定理を証明する．

10.1 商集合の考え方

10.1.1 同値関係

X は集合であるとする．二つの変数を含む文で，これらの変数に X の要素を代入すると，その真偽が定まるものを，集合 X 上の **2 項関係**と呼ぶ．たとえば，$X = \mathbb{Z}$ のときに，x と y を変数とする文「x は y より大きい」を考えよう．この文を $R(x, y)$ で表すことにする．$R(x, y)$ の x と y に整数を代入すると，真偽が判定できる命題になる．たとえば

$R(4, 2)$:「4 は 2 より大きい」

$R(-1, 3)$:「-1 は 3 より大きい」

であるから，$R(4, 2)$ は真であり，$R(-1, 3)$ は偽である．このように「x は y より大きい」という文は $\mathbb{Z}$ 上の 2 項関係であることがわかる．

2 項関係 $R(x, y)$ について，$R(x, y)$ が真であることを xRy と表す．数学でよく使われる具体的な 2 項関係には，R として特定の記号が定められている．たとえば，$\mathbb{Z}$ 上の 2 項関係「x は y より大きい」は，記号 $>$ を使って $x > y$ と表す．

X が集合のとき，X 上の 2 項関係「x と y は等しい」を $x=y$ で表す．この 2 項関係 $=$ は次の性質を持っている．

(1) $x=x$ である．

(2) $x=y$ ならば $y=x$ である．

(3) 「$x=y$ かつ $y=z$」ならば $x=z$ である．

一般に，これらの性質をもつ 2 項関係を同値関係と呼ぶ．

定義 10.1 集合 X 上の 2 項関係 R について，X の要素 x, y, z をどのようにとっても次のことが成り立つとき，R は X 上の**同値関係**であるという．

(1) xRx である．

(2) xRy ならば yRx である．

(3) 「xRy かつ yRz」ならば xRz である．

また，(1)〜(3) の性質を順に**反射律**，**対称律**，**推移律**と呼ぶ．

整数全体のなす集合 $\mathbb{Z}$ 上の 2 項関係で，同値関係であるものとそうでないものの例を挙げる．

例 10.2 整数 x, y について「$x-y$ は 2 の倍数である」という 2 項関係を $x \equiv y$ で表すことにする．このとき $\equiv$ は同値関係であることを示そう．

反射律の確認　x が整数のとき，$x-x=0$ であり，0 は 2 の倍数であるから，$x \equiv x$ である．

対称律の確認　x, y が整数で $x \equiv y$ であるとする．このとき，$x-y$ は 2 の倍数であるから，整数 m を適当にとれば $x-y=2m$ と表される．すると，$y-x=-2m=2(-m)$ であり，$(-m)$ は整数であるから，$y-x$ は 2 の倍数である．したがって $y \equiv x$ である．

推移律の確認　x, y, z が整数で $x \equiv y$ かつ $y \equiv z$ であるとする．このとき，$x-y$ と $y-z$ は 2 の倍数であるから，整数 m, n であって $x-y=2m, y-z=2n$ となるものが取れる．このとき

$$x-z=(x-y)+(y-z)=2m+2n=2(m+n)$$

であり，$m+n$ は整数であるから，$x-z$ も 2 の倍数である．よって $x \equiv z$ である．

以上より，2 項関係 $\equiv$ は同値関係である．

例 10.3 整数 x, y について，y が x の倍数であることを，$x|y$ と表すことにする．この 2 項関係 $|$ は同値関係ではない．なぜならば，4 は 2 の倍数であるから $2|4$ であるが，2 は 4 の倍数ではないから $4|2$ ではない．よって対称律が満たされないので，$|$ は同値関係ではない．

ベクトル空間に関しては次のことが基本的である．

例 10.4 二つのベクトル空間 U, V が同型であることを $U \simeq V$ と表す (定義 7.1)．このとき，命題 7.4 より $\simeq$ は同値関係である．

10.1.2 同値類

定義 10.5 集合 X 上の 2 項関係 $\sim$ は同値関係であるとする．このとき，X の要素 a に対して，X の部分集合 $[a]_\sim$ を

$$[a]_\sim = \{x \in X \mid x \sim a\}$$

で定め，同値関係 $\sim$ に関する a の**同値類**と呼ぶ．

同値関係 $\sim$ を固定して論じるときには，同値類 $[a]_\sim$ を表すのに $\sim$ を省略して $[a]$ と書くことが多い．以下でもこの記法を用いる．a が集合 X の要素のとき，その同値類 $[a]$ は X の要素ではなく X の部分集合であることに注意する．

例 10.6 例 10.2 で定めた $\mathbb{Z}$ 上の 2 項関係 $x \equiv y$ (「$x - y$ は 2 の倍数である」) を考える．このとき，整数 1 の同値類は

$$[1] = \{x \in \mathbb{Z} \mid x - 1 \text{ は 2 の倍数である.}\}$$

であるから，[1] は奇数全体のなす集合である．同様に [0] は偶数全体のなす集合である．さらに，[3] が奇数全体のなす集合であり，[2] が偶数全体のなす集合であることも容易にわかる．よって $[1] = [3], [0] = [2]$ である．

例 10.6 で見たように，集合 X の要素 a, b が異なっていても，これらの同値類 $[a], [b]$ は等しくなることがある [1]．そこで，X の要素とそれが定める同値類の関

1] たとえば例 10.6 では $[1] = [3]$ であった．見た目が異なる [1] と [3] が同じものを表すことに違和感を覚えるかも知れない．しかし「見た目は違うが同じもの」の例を，読者はすでに知っているはずである．それは小学校で学ぶ分数である．たとえば $\frac{1}{2}$ と $\frac{2}{4}$ は見た目が異なるが，数としては等しい．

係を次の命題で明確にしよう．以下，同値関係 $\sim$ について,「$a \sim b$ でない」ことを $a \not\sim b$ と表す．

命題 10.7 空でない集合 X 上の同値関係 $\sim$ に関する同値類を $[\,]$ で表す．このとき，X の要素 a,b をどのようにとっても，以下のことが成り立つ．

(1) $a \in [a]$ である．

(2) $a \sim b$ であることと，$[a] = [b]$ であることは同値である．

(3) $a \not\sim b$ であることと，$[a] \cap [b] = \varnothing$ であることは同値である．

証明 a,b は X の要素であるとする．

(1) 反射律より $a \sim a$ であるので，同値類の定義から $a \in [a]$ である．

(2) $a \sim b$ ならば $[a] = [b]$ であること　$a \sim b$ であるとする．x は同値類 $[a]$ に属するとする．このとき，$x \sim a$ であり，仮定より $a \sim b$ であるから，推移律より $x \sim b$ である．よって x は同値類 $[b]$ に属する．以上より $[a] \subset [b]$ である．

$a \sim b$ であることと対称律より，$b \sim a$ でもあるので，このことから出発すれば前段落と同様にして $[b] \subset [a]$ であることもわかる．以上より $[a] = [b]$ である．

$[a] = [b]$ ならば $a \sim b$ であること　$[a] = [b]$ であるとする．(1) より $a \in [a]$ であるから，$a \in [b]$ でもある．よって同値類の定義から $a \sim b$ である．

(3) 対偶を示す．

$[a] \cap [b] \neq \varnothing$ ならば $a \sim b$ であること　$[a] \cap [b] \neq \varnothing$ であるとする．$[a] \cap [b]$ に属する要素 c を一つ取ると，$c \sim a$ かつ $c \sim b$ である．対称律より $a \sim c$ でもあるので，これと $c \sim b$ であることから，推移律より $a \sim b$ である．

$a \sim b$ ならば $[a] \cap [b] \neq \varnothing$ であること　$a \sim b$ であるとする．このとき (2) より $[a] = [b]$ であるから，$[a] \cap [b] = [a]$ である．さらに (1) より $a \in [a]$ であるから，$[a] \cap [b]$ は空でない． ■

例 10.8 例 10.2 で定めた $\mathbb{Z}$ 上の 2 項関係 $x \equiv y$（「$x - y$ は 2 の倍数である」）を考える．いま，$3 - 1 = 2$ であるから $3 \equiv 1$ である．よって命題 10.7 (2) より $[3] = [1]$ となるはずだが，同値類 $[1]$ と $[3]$ はともに奇数全体のなす集合であるので (例 10.6), たしかに $[3] = [1]$ である．また，1 は 2 の倍数ではないから $1 \not\equiv 0$ であるので，命題 10.7 (3) より $[1] \cap [0] = \varnothing$ となるはずである．例 10.6 で述べたよ

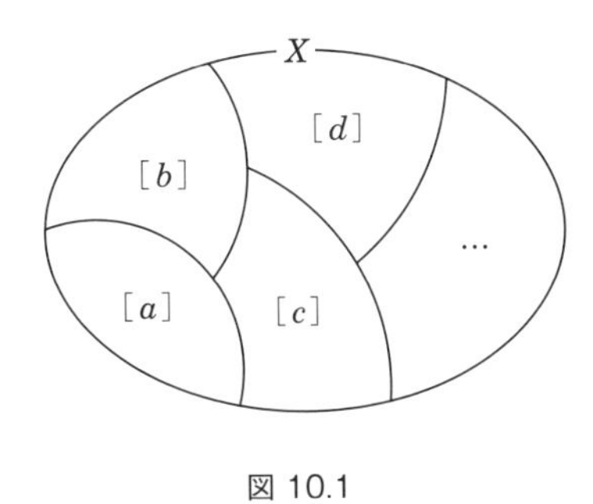

図 10.1

うに，$[1]$ は奇数全体のなす集合で，$[0]$ は偶数全体のなす集合であるから，たしかに $[1] \cap [0] = \varnothing$ が成り立っている．

集合 X 上に同値関係が定められているとする．命題 10.7 より次のことがわかる．

- X のどの要素も，いずれかの同値類に属する．
- 異なる同値類は共通部分を持たない．

よって，集合 X の全体は，図 10.1 のようにいくつかの同値類に分割される．

例 10.9 ここでは X が有限集合の場合の例を挙げよう．1 から 8 までの整数からなる集合 $X = \{1,2,3,4,5,6,7,8\}$ を考える．X の要素 x, y について，$x - y$ が 3 の倍数であることを，$x \equiv_3 y$ と表すことにする．このとき，$\equiv_3$ は X 上の同値関係であることが，例 10.2 と同様にしてわかる．

X のそれぞれの要素の $\equiv_3$ に関する同値類は次の通りである．

$$[1] = [4] = [7] = \{1,4,7\}, \quad [2] = [5] = [8] = \{2,5,8\}, \quad [3] = [6] = \{3,6\}$$

これらは X の部分集合で，互いに共通部分を持たず

$$X = \{1,4,7\} \cup \{2,5,8\} \cup \{3,6\}$$

であるから，X は三つの同値類 $\{1,4,7\}, \{2,5,8\}, \{3,6\}$ に分割されている．

例 10.10 例 10.2 で定めた $\mathbb{Z}$ 上の 2 項関係 $x \equiv y$（「$x - y$ は 2 の倍数である」）を考えよう．整数 n をどのようにとっても，$n \equiv 1$ もしくは $n \equiv 0$ のいずれか一方のみが成り立つ．よって，$\equiv$ に関する同値類は $[0]$ と $[1]$ の二つしかない．

$[0]$ は偶数のなす集合で，$[1]$ は奇数のなす集合だから，これらは共通部分を持たず，$\mathbb{Z} = [0] \cup [1]$ と二つの同値類に分割されている．

10.1.3　商集合

前項で述べたように，集合 X 上に同値関係 $\sim$ が定まっているとき，X は $\sim$ に関する同値類によって分割される．この分割をなす同値類を集めてできる集合を，X の $\sim$ による商集合と呼ぶ (正確な定義は後で述べる)．たとえば，例 10.9 の場合には，同値類が $\{1,4,7\}, \{2,5,8\}, \{3,6\}$ の三つであるから，$X = \{1,2,3,4,5,6,7,8\}$ の $\equiv_3$ による商集合は

$$\{\{1,4,7\}, \{2,5,8\}, \{3,6\}\}$$

となる．商集合の要素は，もとの集合 X の部分集合であることに注意する．

商集合を正確に定義するために，ベキ集合の概念を導入する．集合 X に対して，X の部分集合全体のなす集合を，X の**ベキ集合**と呼ぶ．以下では X のベキ集合を $\mathcal{P}(X)$ と表すことにする[2]．たとえば，$X = \{1,2\}$ のとき

$$\mathcal{P}(X) = \{\varnothing, \{1\}, \{2\}, \{1,2\}\}$$

である (ただし $\varnothing$ は空集合を表す)．ベキ集合 $\mathcal{P}(X)$ の要素は X の部分集合であるから，$A \in \mathcal{P}(X)$ であるとは，A が X の部分集合であることを意味する．

商集合は，X のベキ集合 $\mathcal{P}(X)$ の部分集合として次のように定義される．

定義 10.11　X は空でない集合とし，$\sim$ は X 上の同値関係であるとする．このとき，集合 $X/\sim$ を次で定め，集合 X の同値関係 $\sim$ に関する**商集合**と呼ぶ．

$$X/\sim = \{C \in \mathcal{P}(X) \mid C = [a] \text{ となる } X \text{ の要素 } a \text{ が存在する.}\}$$

ただし $[a]$ は同値関係 $\sim$ に関する a の同値類である．

商集合 $X/\sim$ の要素は，X のいずれかの要素の同値類である．そこで，$X/\sim$ の要素を $\sim$ に関する**同値類**と呼ぶ．そして，$X/\sim$ の要素 C に対して，X の要素 a

---

2］ベキ集合を英語では power set というので文字 $\mathcal{P}$ を用いる．ドイツ文字の $\mathfrak{P}$ を使って $\mathfrak{P}(X)$ と表すこともある．また，2^X と書くことも多い．これは，X のどの部分集合も，X から 2 元集合 $\{0,1\}$ への写像と同一視できることを念頭においた記法である．

が $C=[a]$ を満たすとき，a は同値類 C の**代表元**であるという．

C は $\sim$ に関する同値類であるとする．X の要素 a,b について，a が C の代表元で，$a\sim b$ であるならば，$C=[b]$ であるから (命題 10.7), b も C の代表元である．したがって，同値類の代表元は一通りに定まるとは限らない．

例 10.12 X の $\equiv_3$ に関する商集合は

$$X/{\equiv_3}=\{\{1,4,7\},\{2,5,8\},\{3,6\}\}$$

となる．同値類 $\{1,4,7\},\{2,5,8\},\{3,6\}$ の代表元として，それぞれ $1,2,3$ が取れるから，$X/{\equiv_3}=\{[1],[2],[3]\}$ と表される．もし代表元として $4,8,6$ を取るなら，$X/{\equiv_3}=\{[4],[8],[6]\}$ と表されることになる．

例 10.13 例 10.2 で定めた $\mathbb{Z}$ 上の 2 項関係 $x\equiv y$ (「$x-y$ は 2 の倍数である」) については，例 10.10 で述べたことから $\mathbb{Z}/{\equiv}=\{[0],[1]\}$ となる．ただし，$[0]=[2],[1]=[-1]$ より，$\mathbb{Z}/{\equiv}=\{[2],[-1]\}$ と表すこともできる．

以下，商集合 $X/\sim$ の要素，すなわち同値類を取るときには，同値類そのものに名前をつけるのではなく，その代表元を一つ取って $[a]$ のように表す．ただし，上の例のように，同値類を表す代表元の取り方は一通りではない．このことが，次節で述べる well-defined という概念に関係する．

10.2 商空間

10.2.1 集合としての商空間の定義

命題 10.14 V は K 上のベクトル空間であるとし，W は V の部分空間であるとする．V のベクトル $\boldsymbol{x}$ と $\boldsymbol{y}$ について，$\boldsymbol{x}-\boldsymbol{y}\in W$ であることを，$\boldsymbol{x}\sim_W\boldsymbol{y}$ と表すことにする．このとき，V 上の 2 項関係 $\sim_W$ は同値関係である．

証明 <u>反射律の確認</u> $\boldsymbol{x}$ は V のベクトルであるとする．$\boldsymbol{x}-\boldsymbol{x}=\boldsymbol{0}$ であり，W は部分空間だから $\boldsymbol{0}\in W$ である (命題 3.4). よって $\boldsymbol{x}\sim_W\boldsymbol{x}$ である．

<u>対称律の確認</u> V のベクトル $\boldsymbol{x},\boldsymbol{y}$ について $\boldsymbol{x}\sim_W\boldsymbol{y}$ であるとする．このとき，$\boldsymbol{x}-\boldsymbol{y}\in W$ である．W は部分空間であるから，W に属するベクトル $\boldsymbol{x}-\boldsymbol{y}$ の

(-1) 倍も W に属する．よって $\boldsymbol{y}-\boldsymbol{x}=(-1)(\boldsymbol{x}-\boldsymbol{y}) \in W$ である．したがって $\boldsymbol{y} \sim_W \boldsymbol{x}$ である．

推移律の確認　V のベクトル $\boldsymbol{x}, \boldsymbol{y}, \boldsymbol{z}$ について，$\boldsymbol{x} \sim_W \boldsymbol{y}$ かつ $\boldsymbol{y} \sim_W \boldsymbol{z}$ であるとする．このとき，$\boldsymbol{x}-\boldsymbol{y}$ と $\boldsymbol{y}-\boldsymbol{z}$ はともに W に属する．W は部分空間であるから，これらの和も W に属する．よって $\boldsymbol{x}-\boldsymbol{z}=(\boldsymbol{x}-\boldsymbol{y})+(\boldsymbol{y}-\boldsymbol{z}) \in W$ である．したがって $\boldsymbol{x} \sim_W \boldsymbol{z}$ である．■

命題 10.14 で示したように，ベクトル空間 V の部分空間 W を一つ取ると，それに応じて同値関係 $\sim_W$ が定まる．そこで，この同値関係による商集合を考える．

定義 10.15　V は K 上のベクトル空間であるとし，W は V の部分空間であるとする．V のベクトル $\boldsymbol{x}, \boldsymbol{y}$ について，$\boldsymbol{x}-\boldsymbol{y} \in W$ であることを $\boldsymbol{x} \sim_W \boldsymbol{y}$ と表すと，$\sim_W$ は V 上の同値関係となる (命題 10.14)．この同値関係 $\sim_W$ に関する V の商集合 $V/{\sim_W}$ を，V の W による**商空間**と呼び，V/W で表す．

商空間の例を挙げる．

例 10.16　K 上のベクトル空間 V について，V 自身は V の部分空間でもあるから，商空間 V/V を考えられる．これはどのような集合だろうか．

V/V の要素は V のベクトルの同値類である．$\boldsymbol{a}$ が V のベクトルであるとき，$\boldsymbol{a}$ の同値類 $[\boldsymbol{a}]$ は $[\boldsymbol{a}]=\{\boldsymbol{x} \in V \mid \boldsymbol{x}-\boldsymbol{a} \in V\}$ と表される．ここで，V のどのベクトル $\boldsymbol{x}$ についても明らかに $\boldsymbol{x}-\boldsymbol{a} \in V$ であるので，$[\boldsymbol{a}]=V$ である．したがって，$W=V$ の場合には，同値類は V 全体のみである．よって $V/V=\{V\}$ である．また，V のどのベクトル $\boldsymbol{a}$ についても $[\boldsymbol{a}]=V$ であるから，V のベクトル $\boldsymbol{a}$ をどれか一つ選べば $V/V=\{[\boldsymbol{a}]\}$ と表される．ただし，次項の例 10.22 で述べる理由から，通常は V のゼロベクトル $\boldsymbol{0}$ を使って $V/V=\{[\boldsymbol{0}]\}$ と表す．

例 10.17　K 上のベクトル空間 V のゼロベクトルだけからなる部分空間 $W=\{\boldsymbol{0}\}$ について，V/W はどうなるだろうか．

V のベクトル $\boldsymbol{a}$ について，その同値類 $[\boldsymbol{a}]$ は $\boldsymbol{x}-\boldsymbol{a} \in W$ を満たすベクトル $\boldsymbol{x}$ からなる．ここで $W=\{\boldsymbol{0}\}$ であるから，$\boldsymbol{x}-\boldsymbol{a} \in W$ は $\boldsymbol{x}=\boldsymbol{a}$ と同値である．よって同値類 $[\boldsymbol{a}]$ はただ一つのベクトル $\boldsymbol{a}$ からなる．つまり $[\boldsymbol{a}]=\{\boldsymbol{a}\}$ である．した

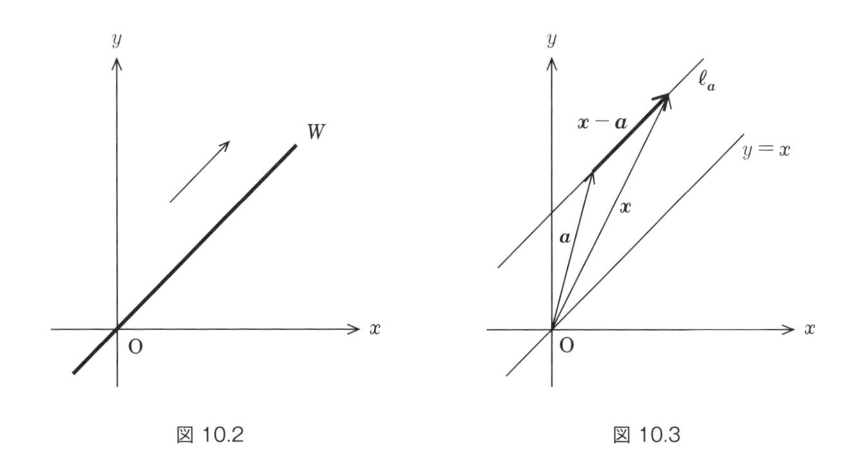

図 10.2　　　図 10.3

がって，商集合 $V/\{\mathbf{0}\}$ は

$$V/\{\mathbf{0}\} = \{\{\boldsymbol{a}\} \mid \boldsymbol{a} \in V\}$$

と表される．このことから，V のベクトル $\boldsymbol{a}$ に $V/\{\mathbf{0}\}$ の要素 $[\boldsymbol{a}]$ を対応させる写像 $\phi(\boldsymbol{a}) = [\boldsymbol{a}]$ を考えると，写像 ϕ は全単射である．

例 10.18　1.4.3 項で述べたように，$\mathbb{R}^2$ に属する数ベクトルと xy 平面上の平面ベクトルを同一視する．このとき，$\mathbb{R}^2$ の部分空間 $W = \langle \boldsymbol{e}_1 + \boldsymbol{e}_2 \rangle$ について，商空間 $\mathbb{R}^2/W$ が xy 平面においてどのように実現されるかを調べよう．

xy 平面上の平面ベクトルについて，それが W に属することは，直線 $y = x$ と平行であることと同値である．(図 10.2)．いま，$\mathbb{R}^2$ のベクトル $\boldsymbol{a}$ の同値類 $[\boldsymbol{a}]$ を考える．ベクトル $\boldsymbol{x}$ が $[\boldsymbol{a}]$ に属するとき，$\boldsymbol{x} - \boldsymbol{a} \in W$ である．数ベクトル $\boldsymbol{x} - \boldsymbol{a}$ は，$\boldsymbol{a}$ の終点から $\boldsymbol{x}$ の終点を結ぶ平面ベクトルに対応する．よって，$\boldsymbol{x} - \boldsymbol{a} \in W$ であることは，$\boldsymbol{x}$ の終点が，$\boldsymbol{a}$ の終点を通り直線 $y = x$ に平行な直線 $\ell_{\boldsymbol{a}}$ 上にあることと同値である (図 10.3)．よって，同値類 $[\boldsymbol{a}]$ は，始点が原点で終点が $\ell_{\boldsymbol{a}}$ 上にあるベクトル全体のなす集合となる．そこで同値類 $[\boldsymbol{a}]$ を直線 $\ell_{\boldsymbol{a}}$ と同一視すれば，商空間 $\mathbb{R}^2/W$ の要素は，直線 $y = x$ に平行な xy 平面上の直線と一対一に対応する．

10.2.2 商空間上の和・定数倍・ゼロベクトル

この項では，V は K 上のベクトル空間で，W は V の部分空間であるとする．また，命題 10.14 で定めた V 上の同値関係 $\sim_W$ に関するベクトル $\boldsymbol{a}$ の同値類を $[\boldsymbol{a}]$ で表す．このとき次のことが成り立つ (問 10.1).

命題 10.19 V のベクトル $\boldsymbol{a}, \boldsymbol{b}$ について，次の二つの条件は同値である．

(1) $[\boldsymbol{a}] = [\boldsymbol{b}]$ である．

(2) $\boldsymbol{a} - \boldsymbol{b} \in W$ である．

以下の目標は，商集合 V/W に K 上のベクトル空間としての構造を定めることである．そのためには，まず V/W の要素の和と定数倍を定義しなければならない．V/W の要素は $[\boldsymbol{a}]\,(\boldsymbol{a} \in V)$ と表されるから，V のベクトル $\boldsymbol{a}, \boldsymbol{b}$ とスカラー λ に対して，$[\boldsymbol{a}] + [\boldsymbol{b}]$ および $\lambda[\boldsymbol{a}]$ と書かれるべきものを定義すればよい．

ここで例 10.17 で述べた $W = \{\boldsymbol{0}\}$ の場合を考えよう．このとき，$\phi(\boldsymbol{a}) = [\boldsymbol{a}]$ で定まる写像 $\phi : V \to V/\{\boldsymbol{0}\}$ は全単射となる．さらに，これが同型写像であるためには $\phi(\boldsymbol{a}) + \phi(\boldsymbol{b}) = \phi(\boldsymbol{a} + \boldsymbol{b}), \lambda\phi(\boldsymbol{a}) = \phi(\lambda\boldsymbol{a})$ となるように $V/\{\boldsymbol{0}\}$ 上の和と定数倍を定めなければならない．いまの場合，これらの等式は

$$[\boldsymbol{a}] + [\boldsymbol{b}] = [\boldsymbol{a} + \boldsymbol{b}], \quad \lambda[\boldsymbol{a}] = [\lambda\boldsymbol{a}] \tag{10.1}$$

と表される．

そこで，部分空間 W が $\{\boldsymbol{0}\}$ でない場合にも，(10.1) によって V/W 上の和と定数倍を定義したい．ここで同値類の代表元の取り方が一通りではないことが問題となる．V/W の要素 $[\boldsymbol{a}], [\boldsymbol{b}]$ について，(10.1) の第 1 式で和を定義するのなら

$$[\boldsymbol{a}] + [\boldsymbol{b}] = [\boldsymbol{a} + \boldsymbol{b}]$$

である．いま，$[\boldsymbol{a}], [\boldsymbol{b}]$ が別の代表元 $\boldsymbol{x}, \boldsymbol{y}$ を使ってそれぞれ $[\boldsymbol{x}], [\boldsymbol{y}]$ とも表されるとする．このとき，$[\boldsymbol{a}], [\boldsymbol{b}]$ を $[\boldsymbol{x}], [\boldsymbol{y}]$ に書き直してから (10.1) の定義で計算すると

$$[\boldsymbol{a}] + [\boldsymbol{b}] = [\boldsymbol{x}] + [\boldsymbol{y}] = [\boldsymbol{x} + \boldsymbol{y}]$$

となる．すると，もし $[\boldsymbol{a} + \boldsymbol{b}]$ と $[\boldsymbol{x} + \boldsymbol{y}]$ が V/W の要素として異なるのなら，同じ同値類を加えているのに結果が違うことになり，和が定義されているとは言えないだろう．同様に，スカラー λ に対して，$[\lambda\boldsymbol{a}]$ と $[\lambda\boldsymbol{x}]$ が異なるのなら，定数倍

$\lambda[\boldsymbol{a}]$ が (10.1) の第 2 式で定まるとは言えない．しかし，次の命題で示すように，実際にはこれらのことは起こらない．

命題 10.20 $\boldsymbol{a}, \boldsymbol{b}, \boldsymbol{x}, \boldsymbol{y}$ は V のベクトルで，λ はスカラーであるとする．$[\boldsymbol{a}] = [\boldsymbol{x}], [\boldsymbol{b}] = [\boldsymbol{y}]$ であるとき，次のことが成り立つ．

(1) $[\boldsymbol{a} + \boldsymbol{b}] = [\boldsymbol{x} + \boldsymbol{y}]$

(2) $[\lambda \boldsymbol{a}] = [\lambda \boldsymbol{x}]$

証明 $[\boldsymbol{a}] = [\boldsymbol{x}], [\boldsymbol{b}] = [\boldsymbol{y}]$ であるとする．このとき，$\boldsymbol{a} - \boldsymbol{x}$ と $\boldsymbol{b} - \boldsymbol{y}$ はともに W に属することに注意する (命題 10.19).

(1) W は部分空間であるから，$(\boldsymbol{a} - \boldsymbol{x}) + (\boldsymbol{b} - \boldsymbol{y})$ も W に属する．$(\boldsymbol{a} - \boldsymbol{x}) + (\boldsymbol{b} - \boldsymbol{y}) = (\boldsymbol{a} + \boldsymbol{b}) - (\boldsymbol{x} + \boldsymbol{y})$ であるから，$(\boldsymbol{a} + \boldsymbol{b}) - (\boldsymbol{x} + \boldsymbol{y}) \in W$ である．よって，命題 10.19 より，$[\boldsymbol{a} + \boldsymbol{b}] = [\boldsymbol{x} + \boldsymbol{y}]$ である．

(2) W は部分空間であるから，$\lambda(\boldsymbol{a} - \boldsymbol{x})$ も W に属する．よって $\lambda \boldsymbol{a} - \lambda \boldsymbol{x} \in W$ であるから，命題 10.19 より $[\lambda \boldsymbol{a}] = [\lambda \boldsymbol{x}]$ である． ■

以上の議論から，V/W の要素 $[\boldsymbol{a}], [\boldsymbol{b}]$ と K の要素 λ について，和 $[\boldsymbol{a}] + [\boldsymbol{b}]$ と定数倍 $\lambda[\boldsymbol{a}]$ が (10.1) によってきちんと定義できることがわかった．ここで問題となったことを少し一般的に述べておこう．商集合 V/W の要素 (同値関係 $\sim_W$ に関する同値類) に対して，和や定数倍などの操作を定義したい．このとき

(1) その操作は，同値類の代表元によって表される．

(2) 操作の結果が代表元の取り方に依存しない場合にのみ，同値類に対する操作としてきちんと定義されていると言える．

この意味で商集合上の操作が定義されているとき，その操作は **well-defined** であると言う．

定理 10.21 V は K 上のベクトル空間であるとし，W は V の部分空間であるとする．このとき，V/W 上の和と定数倍を (10.1) によって定め，さらに V/W のゼロベクトル $\mathbf{0}_{V/W}$ を $\mathbf{0}_{V/W} = [\mathbf{0}_V]$ で定めれば，V/W は K 上のベクトル空間となる．

証明 等式 (10.1) で定まる和と定数倍が well-defined であることはすでに示した．あとは，定義 2.1 の条件 (1)〜(8) が満たされることを示せばよい．すべて同様に

できるので，ここでは (1) のみを示す．

V/W の要素 $[\boldsymbol{a}], [\boldsymbol{b}], [\boldsymbol{c}]$(ただし $\boldsymbol{a}, \boldsymbol{b}, \boldsymbol{c}$ は V のベクトル) について，V/W における和の定義から

$$([\boldsymbol{a}] + [\boldsymbol{b}]) + [\boldsymbol{c}] = [\boldsymbol{a} + \boldsymbol{b}] + [\boldsymbol{c}] = [(\boldsymbol{a} + \boldsymbol{b}) + \boldsymbol{c}],$$
$$[\boldsymbol{a}] + ([\boldsymbol{b}] + [\boldsymbol{c}]) = [\boldsymbol{a}] + [\boldsymbol{b} + \boldsymbol{c}] = [\boldsymbol{a} + (\boldsymbol{b} + \boldsymbol{c})]$$

である．ベクトル空間の性質 (1) より，$(\boldsymbol{a}+\boldsymbol{b})+\boldsymbol{c} = \boldsymbol{a}+(\boldsymbol{b}+\boldsymbol{c})$ が成り立つので，$([\boldsymbol{a}] + [\boldsymbol{b}]) + [\boldsymbol{c}] = [\boldsymbol{a}] + ([\boldsymbol{b}] + [\boldsymbol{c}])$ である． ■

例 10.22　例 10.16 の商空間 V/V は，ただ一つの同値類 V だけからなる集合である．その代表元として $\mathbf{0}_V$ を取れば，$V/V = \{[\mathbf{0}_V]\}$ である．定理 10.21 で述べたように $[\mathbf{0}_V]$ は V/V のゼロベクトルであるから，V/V はゼロベクトルだけからなるベクトル空間である．

例 10.23　例 10.17 で述べたように，$W = \{\mathbf{0}\}$ の場合の商空間 $V/\{\mathbf{0}\}$ について，$\phi(\boldsymbol{a}) = [\boldsymbol{a}]$ で定まる写像 $\phi : V \to V/\{\mathbf{0}\}$ は全単射である．さらに，$V/\{\mathbf{0}\}$ における和と定数倍の定義から，この写像 ϕ は線形写像である．したがって，ϕ は同型写像であるから，$V \simeq V/\{\mathbf{0}\}$ である．

商空間におけるゼロベクトルの代表元について，次の命題が成り立つ．

命題 10.24　V は K 上のベクトル空間で，W はその部分空間であるとする．このとき，V のベクトル $\boldsymbol{v}$ について，次の二つの条件は同値である．

(1) $[\boldsymbol{v}]$ は V/W のゼロベクトルである．

(2) $\boldsymbol{v} \in W$ である．

証明　V/W のゼロベクトルは $[\mathbf{0}_V]$ である．よって，命題 10.19 より条件 (1) は $\boldsymbol{v} - \mathbf{0}_V \in W$ であること，すなわち条件 (2) と同値である． ■

この項の最後に，写像が well-defined であることを示す例題を一つ挙げる．

例題 10.25　数ベクトル空間 $\mathbb{C}^3$ の部分空間

$$W = \left\{ \begin{pmatrix} x_1 \\ x_2 \\ x_3 \end{pmatrix} \in \mathbb{C}^3 \,\middle|\, x_1 = x_2 = x_3 \right\}$$

について，次の写像 f は well-defined であることを示せ．

$$f : \mathbb{C}^3/W \to \mathbb{C}^2, \quad f\left(\left[\begin{pmatrix} a_1 \\ a_2 \\ a_3 \end{pmatrix}\right]\right) = \begin{pmatrix} a_1 - a_2 \\ a_2 - a_3 \end{pmatrix}$$

解 示すべきことは，写像 f によって移る先が，代表元の取り方によらないことである．つまり，$\mathbb{C}^3$ のベクトル $\boldsymbol{a} = {}^t\begin{pmatrix} a_1 & a_2 & a_3 \end{pmatrix}, \boldsymbol{b} = {}^t\begin{pmatrix} b_1 & b_2 & b_3 \end{pmatrix}$ について

$$[\boldsymbol{a}] = [\boldsymbol{b}] \quad \text{ならば} \quad \begin{pmatrix} a_1 - a_2 \\ a_2 - a_3 \end{pmatrix} = \begin{pmatrix} b_1 - b_2 \\ b_2 - b_3 \end{pmatrix}$$

となることである．

$[\boldsymbol{a}] = [\boldsymbol{b}]$ であるとする．このとき，命題 10.19 より $\boldsymbol{a} - \boldsymbol{b} \in W$ であるから，$\boldsymbol{a} - \boldsymbol{b} = {}^t\begin{pmatrix} c & c & c \end{pmatrix}$ となる複素数 c が取れる．すると，$j = 1, 2, 3$ について $a_j - b_j = c$ が成り立つから

$$a_1 - a_2 = (b_1 + c) - (b_2 + c) = b_1 - b_2$$

である．同様に $a_2 - a_3 = b_2 - b_3$ であることもわかる．よって $\begin{pmatrix} a_1 - a_2 \\ a_2 - a_3 \end{pmatrix} = \begin{pmatrix} b_1 - b_2 \\ b_2 - b_3 \end{pmatrix}$ が成り立つ．以上より写像 f は well-defined である． □

10.2.3 商空間の次元

有限次元ベクトル空間の商空間の次元について，次の定理が成り立つ．

定理 10.26 V は K 上の有限次元ベクトル空間であるとし，W はその部分空間であるとする．このとき，商空間 V/W も有限次元であり

$$\dim(V/W) = \dim V - \dim W$$

が成り立つ．

証明 $W = \{\mathbf{0}_V\}$ のときは $V/W \simeq V$ であり，$W = V$ のときは $V/W = \{\mathbf{0}_{V/W}\}$ であるから，これらの場合には示すべき定理が成り立つ．そこで以下では W が $\{\mathbf{0}_V\}$ でも V でもない場合を考える．

V の次元を n とおき，W の次元を d とおく．W の基底 $T = \{\boldsymbol{w}_1, \boldsymbol{w}_2, \ldots, \boldsymbol{w}_d\}$ を取り，T を含む V の基底 S を取る (定理 5.12)．$S \setminus T = \{\boldsymbol{v}_1, \boldsymbol{v}_2, \ldots, \boldsymbol{v}_{n-d}\}$ とおくとき，集合 $\tilde{S} = \{[\boldsymbol{v}_1], [\boldsymbol{v}_2], \ldots, [\boldsymbol{v}_{n-d}]\}$ は V/W の基底であることを示そう．

$\tilde{S}$ が線形独立であること　スカラー $\lambda_1, \lambda_2, \ldots, \lambda_{n-d}$ について，$\sum_{j=1}^{n-d} \lambda_j [\boldsymbol{v}_j] = \boldsymbol{0}_{V/W}$ が成り立つとする．左辺は $[\sum_{j=1}^{n-d} \lambda_j \boldsymbol{v}_j]$ に等しいから，命題 10.24 より $\sum_{j=1}^{n-d} \lambda_j \boldsymbol{v}_j$ は W に属する．T は W の基底であるから，スカラー $\mu_1, \mu_2, \ldots, \mu_d$ を適当にとれば

$$\sum_{j=1}^{n-d} \lambda_j \boldsymbol{v}_j = \sum_{k=1}^{d} \mu_k \boldsymbol{w}_k$$

と表される．右辺を移項すれば

$$\sum_{j=1}^{n-d} \lambda_j \boldsymbol{v}_j + \sum_{k=1}^{d} (-\mu_k) \boldsymbol{w}_k = \boldsymbol{0}_V$$

となり，S は V の基底であることから，左辺の係数はすべて 0 である．特に $\lambda_1, \lambda_2, \ldots, \lambda_{n-d}$ はすべて 0 である．以上より，$\tilde{S}$ は線形独立である．

$\tilde{S}$ が V/W を生成すること　$[\boldsymbol{v}]$ は V/W の要素であるとする (ただし $\boldsymbol{v}$ は V のベクトルである)．S は V の基底であるから，スカラー $\nu_1, \ldots, \nu_d$ と $\theta_1, \ldots, \theta_{n-d}$ を適当に取って

$$\boldsymbol{v} = \sum_{j=1}^{d} \nu_j \boldsymbol{w}_j + \sum_{k=1}^{n-d} \theta_k \boldsymbol{v}_k$$

と表される．右辺の第 1 項は W に属するから，$\boldsymbol{v} - \sum_{k=1}^{n-d} \theta_k \boldsymbol{v}_k \in W$ である．よって命題 10.19 より $[\boldsymbol{v}] = [\sum_{k=1}^{n-d} \theta_k \boldsymbol{v}_k]$ であり，V/W における和と定数倍の定義から $[\sum_{k=1}^{n-d} \theta_k \boldsymbol{v}_k] = \sum_{k=1}^{n-d} \theta_k [\boldsymbol{v}_k]$ となるので，$[\boldsymbol{v}] = \sum_{k=1}^{n-d} \theta_k [\boldsymbol{v}_k]$ である．したがって $\tilde{S}$ は V/W を生成する．

以上より $\tilde{S}$ は V/W の基底であるから，V/W は有限次元であり，その次元は $n - d = \dim V - \dim W$ に等しい．■

10.3 準同型定理

定理 10.27 (準同型定理) U と V は K 上のベクトル空間であるとし，$f: U \to V$ は線形写像であるとする．このとき，次の同型がある．

$$U/\operatorname{Ker} f \simeq \operatorname{Im} f$$

証明 以下のような写像 $\overline{f}$ が定まり，これが同型写像であることを示そう．

$$\overline{f}: U/\operatorname{Ker} f \to \operatorname{Im} f, \quad \overline{f}([\boldsymbol{u}]) = f(\boldsymbol{u})$$

ただし $[\boldsymbol{u}]$ は $U/\operatorname{Ker} f$ における同値類である．

$\overline{f}$ が well-defined であること　U のベクトル $\boldsymbol{x}$ と $\boldsymbol{y}$ について $[\boldsymbol{x}] = [\boldsymbol{y}]$ が成り立つとする．このとき，命題 10.19 より $\boldsymbol{x} - \boldsymbol{y} \in \operatorname{Ker} f$ である．よって $f(\boldsymbol{x} - \boldsymbol{y}) = \boldsymbol{0}_V$ である．f の線形性より $f(\boldsymbol{x} - \boldsymbol{y}) = f(\boldsymbol{x}) - f(\boldsymbol{y})$ であるから，$f(\boldsymbol{x}) = f(\boldsymbol{y})$ である．以上より $\overline{f}$ は well-defined である．

$\overline{f}$ が線形写像であること　$\boldsymbol{x}, \boldsymbol{y}$ は U のベクトルで，λ はスカラーであるとする．$U/\operatorname{Ker} f$ での和と定数倍の定義と，f の線形性から

$$\overline{f}([\boldsymbol{x}] + [\boldsymbol{y}]) = \overline{f}([\boldsymbol{x} + \boldsymbol{y}]) = f(\boldsymbol{x} + \boldsymbol{y}) = f(\boldsymbol{x}) + f(\boldsymbol{y}) = \overline{f}([\boldsymbol{x}]) + \overline{f}([\boldsymbol{y}]),$$
$$\overline{f}(\lambda[\boldsymbol{x}]) = \overline{f}([\lambda\boldsymbol{x}]) = f(\lambda\boldsymbol{x}) = \lambda f(\boldsymbol{x}) = \lambda\overline{f}([\boldsymbol{x}])$$

となるので，$\overline{f}$ は線形写像である．

$\overline{f}$ が全単射であること　まず，$\overline{f}$ が単射であることを示す．U のベクトル $\boldsymbol{x}$ について，$\overline{f}([\boldsymbol{x}]) = \boldsymbol{0}_V$ が成り立つとする．$\overline{f}$ の定義から左辺は $f(\boldsymbol{x})$ に等しいので，$f(\boldsymbol{x}) = \boldsymbol{0}_V$ である．よって $\boldsymbol{x} \in \operatorname{Ker} f$ である．したがって $[\boldsymbol{x}]$ は $U/\operatorname{Ker} f$ のゼロベクトルであるから (命題 10.24), $\overline{f}$ は単射である (命題 6.16).

次に，$\overline{f}$ が全射であることを示す．$\boldsymbol{v}$ は $\operatorname{Im} f$ に属するベクトルであるとする．$\operatorname{Im} f$ の定義から，$\boldsymbol{v} = f(\boldsymbol{u})$ となる U のベクトル $\boldsymbol{u}$ が取れる．このとき $[\boldsymbol{u}]$ は $U/\operatorname{Ker} f$ の要素で

$$\overline{f}([\boldsymbol{u}]) = f(\boldsymbol{u}) = \boldsymbol{v}$$

が成り立つ．したがって，$\overline{f}$ は全射である．

以上より，$\overline{f}$ は同型写像であるから，$U/\operatorname{Ker} f \simeq \operatorname{Im} f$ である． ■

準同型定理 (定理 10.27) を有限次元ベクトル空間に適用して，定理 10.26 を使えば，次の次元定理が得られる．

系 10.28 (次元定理) U と V は K 上のベクトル空間であるとし，$f: U \to V$ は線形写像であるとする．U が有限次元のとき，次の等式が成り立つ．

$$\dim \operatorname{Ker} f + \dim \operatorname{Im} f = \dim U$$

証明 U は有限次元だから，定理 10.26 より $U/\operatorname{Ker} f$ も有限次元であり，その次元は $\dim U - \dim \operatorname{Ker} f$ に等しい．定理 10.27 より $U/\operatorname{Ker} f$ と $\operatorname{Im} f$ は同型であるから，定理 7.6 より

$$\dim U - \dim \operatorname{Ker} f = \dim \operatorname{Im} f$$

である．よって示すべき等式が成り立つ． ■

次元定理を応用して次の命題が得られる．証明は演習問題とする (問 10.4).

命題 10.29 U, V は次元の等しい有限次元ベクトル空間であるとし，写像 $f: U \to V$ は線形写像であるとする．このとき，次の三つの条件は同値である．

(1) f は単射である．

(2) f は全射である．

(3) f は全単射である．

演習問題

問 10.1 命題 10.7 を使って命題 10.19 を示せ．

問 10.2 K 係数の多項式全体のなすベクトル空間 $K[x]$ を考える．a は K の要素であるとする．このとき例 3.8 で定めた部分空間

$$W = \{P(x) \in K[x] \mid P(a) = 0\}$$

について，商空間 $K[x]/W$ を考える．

(1) 次の写像 ϕ は well-defined であることを示せ.

$$\phi : K[x]/W \to K, \quad \phi([P(x)]) = P(a)$$

(2) ϕ は同型写像であることを示せ.

問 10.3 K の要素を並べた数列全体のなすベクトル空間 $\ell(K)$ の部分集合

$$W = \{(a_n) \in \ell(K) \mid \text{すべての正の整数 } n \text{ について } a_{2n} = 0 \text{ である.}\}$$

を考える.

(1) W は部分空間であることを示せ.

(2) $\ell(K)/W \simeq \ell(K)$ であることを示せ.

問 10.4 命題 10.29 を証明せよ.

問 10.5 A は K の要素を成分とする n 次の正方行列であるとする. A の定める線形変換 $L_A : K^n \to K^n$ に対して命題 10.29 を適用することにより, 次の三つの条件が同値であることを示せ.

(1) 連立 1 次方程式 $A\boldsymbol{x} = \boldsymbol{0}$ の解は $\boldsymbol{x} = \boldsymbol{0}$ のみである.

(2) K^n のどのベクトル $\boldsymbol{b}$ についても, 連立 1 次方程式 $A\boldsymbol{x} = \boldsymbol{b}$ は解をもつ.

(3) A は正則である.

第11章

線形変換

ここでは第 12 章以降で必要となる線形変換に関する事項をまとめておく．まず，線形変換を多項式に代入する操作を定義する．次に，表現行列と基底の変換との関係について復習する．最後に不変部分空間の概念を導入し，線形変換の制限および商空間上に誘導される写像について説明する．

11.1　線形変換全体のなす代数

V が K 上のベクトル空間であるとき，V から V 自身への線形写像を V 上の線形変換という (定義 6.6)．定理 6.19 において $U=V$ の場合を考えれば，V 上の線形変換全体のなす集合 $\mathrm{Hom}_K(V,V)$ は K 上のベクトル空間となることがわかる．以下，この集合を $\mathrm{End}_K(V)$ と表す．

V 上の線形変換の合成写像は，ふたたび V 上の線形変換となる (命題 6.12)．以下では，線形変換 f,g の合成写像 $g\circ f$ を gf と略記する．

命題 11.1　V は K 上のベクトル空間であるとする．f,g,h が V 上の線形変換で，λ がスカラーのとき，以下の等式が成り立つ．ただし 0_V は V 上の零変換で，1_V は V 上の恒等写像である．

(1)　$f0_V=0_V$, $0_Vf=0_V$

(2)　$f1_V=f$, $1_Vf=f$

(3)　$(fg)h=f(gh)$

(4)　$f(g+h)=fg+fh$, $(f+g)h=fh+gh$

(5)　$\lambda(fg)=(\lambda f)g=f(\lambda g)$

証明　(1) $\boldsymbol{v}$ は V のベクトルであるとする．このとき，零写像の定義より $(f0_V)(\boldsymbol{v}) = f(0_V(\boldsymbol{v})) = f(\boldsymbol{0})$ であり，命題 6.11 より $f(\boldsymbol{0}) = \boldsymbol{0}$ であるから，$(f0_V)(\boldsymbol{v}) = \boldsymbol{0}$ が成り立つ．したがって $f0_V = 0_V$ である．

また，V のどのベクトル $\boldsymbol{v}$ についても $(0_V f)(\boldsymbol{v}) = 0_V(f(\boldsymbol{v})) = \boldsymbol{0}$ であるから，$0_V f = 0_V$ が成り立つ．

(2) $\boldsymbol{v}$ が V のベクトルであるとき，$(f1_V)(\boldsymbol{v}) = f(1_V(\boldsymbol{v})), (1_V f)(\boldsymbol{v}) = 1_V(f(\boldsymbol{v}))$ であり，恒等写像 1_V の定義から，これらはいずれも $f(\boldsymbol{v})$ に等しい．よって $f1_V = f, 1_V f = f$ である．

(3) は命題 6.1 による．

(4) $\boldsymbol{v}$ が V のベクトルであるとき，$\mathrm{End}_K(V)$ における和の定義から

$$(f(g+h))(\boldsymbol{v}) = f((g+h)(\boldsymbol{v})) = f(g(\boldsymbol{v}) + h(\boldsymbol{v}))$$

である．ここで f の線形性を使えば，右辺は

$$f(g(\boldsymbol{v}) + h(\boldsymbol{v})) = f(g(\boldsymbol{v})) + f(h(\boldsymbol{v})) = (fg)(\boldsymbol{v}) + (fh)(\boldsymbol{v}) = (fg + fh)(\boldsymbol{v})$$

と書き直される．したがって $f(g+h) = fg + fh$ である．また

$$\begin{aligned}((f+g)h)(\boldsymbol{v}) &= (f+g)(h(\boldsymbol{v})) \\ &= f(h(\boldsymbol{v})) + g(h(\boldsymbol{v})) = (fh)(\boldsymbol{v}) + (gh)(\boldsymbol{v}) = (fh + gh)(\boldsymbol{v})\end{aligned}$$

となるので，$(f+g)h = fh + gh$ である．

(5) $\boldsymbol{v}$ が V のベクトルであるとき，$\mathrm{End}_K(V)$ における定数倍の定義から

$$(\lambda(fg))(\boldsymbol{v}) = \lambda((fg)(\boldsymbol{v})) = \lambda f(g(\boldsymbol{v})) = ((\lambda f)g)(\boldsymbol{v})$$

であるから，$\lambda(fg) = (\lambda f)g$ である．また

$$(f(\lambda g))(\boldsymbol{v}) = f((\lambda g)(\boldsymbol{v})) = f(\lambda g(\boldsymbol{v}))$$

であり，f の線形性から右辺は

$$f(\lambda g(\boldsymbol{v})) = \lambda f(g(\boldsymbol{v})) = \lambda((fg)(\boldsymbol{v})) = (\lambda(fg))(\boldsymbol{v})$$

となるので，$f(\lambda g) = \lambda(fg)$ である．　■

命題 11.1 より，V 上の線形変換全体のなすベクトル空間 $\mathrm{End}_K(V)$ には，積 fg が定義されていると見なせる．ただし，積と言っても合成写像をとる操作であ

る．このとき，恒等写像 1_V は積に関する単位元である．すなわち，$\mathrm{End}_K(V)$ のどの要素 f についても $1_V f = f 1_V = f$ が成り立つ．また，結合法則と分配法則が成り立つ (命題 11.1 の (3) と (4))．さらに定数倍も定義されていて，積をとる演算との間に命題 11.1 (5) の関係式が成り立つ．以上の性質をもつ積が定義されたベクトル空間のことを，一般に K 上の**多元環** (もしくは K 上の**代数**) と呼ぶ．多元環の正確な定義については，代数学の教科書を参照してほしい．

注意　f と g が V 上の線形変換であるとき，合成写像 $f \circ g$ と $g \circ f$ は一致するとは限らない (たとえば例 6.9 の σ と τ について $\sigma \circ \tau \neq \tau \circ \sigma$ である)．よって，$\mathrm{End}_K(V)$ の積は一般には可換でない．

ベクトル空間 V 上の線形変換 f と正の整数 n に対して

$$f^n = \underbrace{f f \cdots f}_{n\text{ 個}}$$

と定める．これは V のベクトルを写像 f で n 回続けて移す線形変換である．また，f^0 は V 上の恒等写像 1_V であるとする．

例 11.2　K の要素を成分にもつ m 次の正方行列 A は，数ベクトル空間 K^m 上の線形変換 L_A を定める (例 6.7)．n が正の整数であるとき，K^m のすべての数ベクトル $\boldsymbol{v}$ について

$$\begin{aligned}(L_A)^n(\boldsymbol{v}) &= (L_A)^{n-1} L_A(\boldsymbol{v}) = (L_A)^{n-1}(A\boldsymbol{v}) \\ &= (L_A)^{n-2} L_A(A\boldsymbol{v}) = (L_A)^{n-2}(A^2\boldsymbol{v}) \\ &= \cdots = L_A(A^{n-1}\boldsymbol{v}) = A^n \boldsymbol{v}\end{aligned}$$

となる．よって $(L_A)^n$ は A^n の定める線形変換 L_{A^n} に等しい．$n = 0$ の場合は $(L_A)^0 = 1_{K^m}$ であり，$A^0 = I$ であるから，この場合も $(L_A)^0 = L_{A^0}$ が成り立つ．したがって，0 以上のすべての整数 n について $(L_A)^n = L_{A^n}$ である．

命題 11.1 (5) より，m, n が 0 以上の整数で，λ, μ がスカラーのとき

$$(\lambda f^m)(\mu f^n) = (\lambda\mu) f^{m+n} \tag{11.1}$$

である．これは，写像の合成 $(\lambda f^m)(\mu f^n)$ が，変数 f の単項式の積として計算できることを意味する．そこで，線形変換を多項式に代入する操作を次で定義する．

定義 11.3 V は K 上のベクトル空間であるとし，f は V 上の線形変換であるとする．K 係数の多項式

$$P(x) = c_d x^d + c_{d-1} x^{d-1} + \cdots + c_1 x + c_0$$

に対して，V 上の線形変換 $P(f)$ を

$$P(f) = c_d f^d + c_{d-1} f^{d-1} + \cdots + c_1 f^1 + c_0 f^0$$

で定める．

このとき，次のことが成り立つ．

命題 11.4 V は K 上のベクトル空間であるとし，f は V 上の線形変換であるとする．K 係数の多項式 $P(x), Q(x)$ に対し，$S(x) = P(x) + Q(x), T(x) = P(x)Q(x)$ とおくと

$$S(f) = P(f) + Q(f), \quad T(f) = P(f)Q(f)$$

が成り立つ．

命題 11.4 は以下のことを意味する．$S(f), T(f)$ は，それぞれ多項式 $P(x) + Q(x), P(x)Q(x)$ を展開してから f を代入したものとして定義される．しかし $S(f), T(f)$ を計算するのに，多項式の展開を実行しなくても，$P(x), Q(x)$ にそれぞれ f を代入してから，線形変換の和 $P(f) + Q(f)$ および合成 $P(f)Q(f)$ を計算すればよい．

命題 11.4 が成り立つことは，線形変換の和が可換であること，合成をとる操作が分配法則を満たすことと，関係式 (11.1) からわかる．証明をきちんと述べるためには，$P(x), Q(x)$ の次数や係数を文字でおいて，やや煩雑な式変形を書き下さなければならないので，本書では証明を省略する．

命題 11.4 から次のことも分かる．

系 11.5 $P(x), Q(x)$ は K 係数の多項式で，f は K 上のベクトル空間 V 上の線形変換であるとする．このとき，線形変換 $P(f)$ と $Q(f)$ は可換である．

証明 多項式の積 $P(x)Q(x)$ を $T(x)$ とおけば，$T(f) = P(f)Q(f)$ である．また，$T(x) = Q(x)P(x)$ でもあるので，命題 11.4 より $T(f) = Q(f)P(f)$ も成り立つ．よって $P(f)Q(f) = Q(f)P(f)$ である． ■

11.2 線形変換の表現行列

線形変換の表現行列の定義 8.8 を復習しよう．V は K 上の n 次元ベクトル空間であるとし，f は V 上の線形変換であるとする．V の基底 $S = (\boldsymbol{v}_1, \boldsymbol{v}_2, \ldots, \boldsymbol{v}_n)$ を一つ取ると，等式

$$(f(\boldsymbol{v}_1), f(\boldsymbol{v}_2), \ldots, f(\boldsymbol{v}_n)) = (\boldsymbol{v}_1, \boldsymbol{v}_2, \ldots, \boldsymbol{v}_n)A$$

によって n 次の正方行列 A が定まる．この行列 A を，基底 S に関する線形変換 f の表現行列と呼ぶ．

定理 8.13 より次のことがわかる．

命題 11.6　V は K 上の $\{\mathbf{0}\}$ でないベクトル空間であるとし，写像 f は V 上の線形変換であるとする．S, T は V の基底であるとし，基底 S, T に関する f の表現行列をそれぞれ A, B とする．このとき，基底 S から T への変換行列を P とすると，$B = P^{-1}AP$ である．

系 11.7　A は K の要素を成分とする n 次の正方行列であるとする．K^n の数ベクトルの組 $T = (\boldsymbol{p}_1, \boldsymbol{p}_2, \ldots, \boldsymbol{p}_n)$ は K^n の基底であるとし，T の要素を並べてできる行列を $P = \begin{pmatrix} \boldsymbol{p}_1 & \boldsymbol{p}_2 & \cdots & \boldsymbol{p}_n \end{pmatrix}$ とおく．このとき，A が定める線形変換 $L_A : K^n \to K^n$ の T に関する表現行列は $P^{-1}AP$ である．

証明　数ベクトル空間 K^n の標準基底を S とおく．このとき，線形変換 L_A の S に関する表現行列は A である (例 8.5)．行列 P は標準基底 S から基底 T への変換行列であるから (例 8.12)，命題 11.6 より，基底 T に関する L_A の表現行列は $P^{-1}AP$ である．■

V は K 上の $\{\mathbf{0}\}$ でない有限次元ベクトル空間であるとし，S は V の基底であるとする．V 上の線形変換 f, g の S に関する表現行列をそれぞれ A, B とおくとき，$f+g, \lambda f, gf$ (λ はスカラー) の S に関する表現行列はそれぞれ $A+B, \lambda A, BA$ に等しい (命題 8.7，問 8.4)．よって $\mathrm{End}_K(V)$ における和・定数倍・積 (合成) は，表現行列の和・定数倍・積にそれぞれ対応する．特に，すべての 0 以上の整数について f^n の表現行列は A^n である．また，恒等写像 1_V の表現行列は単位行列 I である．以上より次のことがわかる．

系 11.8 V は K 上の $\{\mathbf{0}\}$ でない有限次元ベクトル空間であるとし，f は V 上の線形変換であるとする．S は V の基底であるとし，S に関する f の表現行列を A とおく．このとき，K の要素を係数とする多項式

$$P(x) = c_d x^d + c_{d-1} x^{d-1} + \cdots + c_1 x + c_0$$

について，線形変換 $P(f)$ の S に関する表現行列は

$$c_d A^d + c_{d-1} A^{d-1} + \cdots + c_1 A + c_0 I$$

に等しい．

系 11.8 の結果を踏まえて，次の定義をする．

定義 11.9 A は K の要素を成分とする正方行列であるとする．K 係数の多項式

$$P(x) = c_d x^d + c_{d-1} x^{d-1} + \cdots + c_1 x + c_0$$

に対して，行列 $P(A)$ を

$$P(A) = c_d A^d + c_{d-1} A^{d-1} + \cdots + c_1 A + c_0 I$$

で定める．ここで I は A と同じ型の単位行列である．

例 11.10 $A = \begin{pmatrix} 2 & -1 \\ 1 & 1 \end{pmatrix}$, $P(x) = 2x^2 - 3x + 2$ のとき

$$P(A) = 2A^2 - 3A + 2I = 2\begin{pmatrix} 3 & -3 \\ 3 & 0 \end{pmatrix} - 3\begin{pmatrix} 2 & -1 \\ 1 & 1 \end{pmatrix} + 2\begin{pmatrix} 1 & 0 \\ 0 & 1 \end{pmatrix} = \begin{pmatrix} 2 & -3 \\ 3 & -1 \end{pmatrix}.$$

$P(x)$ は K 係数の多項式であるとする．線形変換 f の基底 S に関する表現行列が A のとき，系 11.8 より，$P(f)$ の S に関する表現行列は $P(A)$ に等しい．

11.3 不変部分空間

11.3.1 不変部分空間の定義

定義 11.11 V は K 上のベクトル空間であるとし，f は V 上の線形変換であるとする．V の部分空間 W が次の条件を満たすとき，W は f に関して**不変** (もしくは f–**不変**) であるという．

(条件) W のどのベクトル $\boldsymbol{w}$ についても，$f(\boldsymbol{w})$ は W に属する．

例 11.12 2 次元数ベクトル空間 K^2 において，行列 $A = \begin{pmatrix} 0 & 1 \\ 1 & 0 \end{pmatrix}$ の定める線形変換 $L_A : K^2 \to K^2$ を考える．K^2 の部分空間 W を

$$W = \left\{ \begin{pmatrix} x_1 \\ x_2 \end{pmatrix} \in K^2 \mid x_1 + x_2 = 0 \right\}$$

で定める．$\boldsymbol{x} = \begin{pmatrix} x_1 \\ x_2 \end{pmatrix}$ が W に属するベクトルであるとき

$$L_A(\boldsymbol{x}) = A\boldsymbol{x} = \begin{pmatrix} 0 & 1 \\ 1 & 0 \end{pmatrix} \begin{pmatrix} x_1 \\ x_2 \end{pmatrix} = \begin{pmatrix} x_2 \\ x_1 \end{pmatrix}$$

である．$\boldsymbol{x}$ は W に属するので $x_1 + x_2 = 0$ であるから，$x_2 + x_1 = 0$ でもある．よって $L_A(\boldsymbol{x})$ も W に属する．以上より，W は L_A に関して不変である．

ベクトル空間 V の部分空間 W が，V 上の線形変換 f に関して不変であるとき，次の二つの線形変換が定まる．

$$f|_W : W \to W, \quad \overline{f} : V/W \to V/W$$

これらの定義を順に述べよう．

11.3.2 不変部分空間への制限

部分空間 W が f–不変であるとき，f は W のすべての要素を W に移す．よって，W の部分だけを取り出せば，f は W 上の線形変換を定めていると見なせる (図 11.1)．そこでこの線形変換を $f|_W$ と表す．正確な定義を次に述べる．

定義 11.13 V は K 上のベクトル空間で，f は V 上の線形変換であるとする．V の部分空間 W が f–不変であるとき，次で定まる W 上の線形変換 $f|_W$ を，線形変換 f の W への**制限**と呼ぶ．

$$f|_W : W \to W, \quad f|_W(\boldsymbol{w}) = f(\boldsymbol{w})$$

次の命題は，行列のジョルダン標準型の意味を理解するために必要となる．

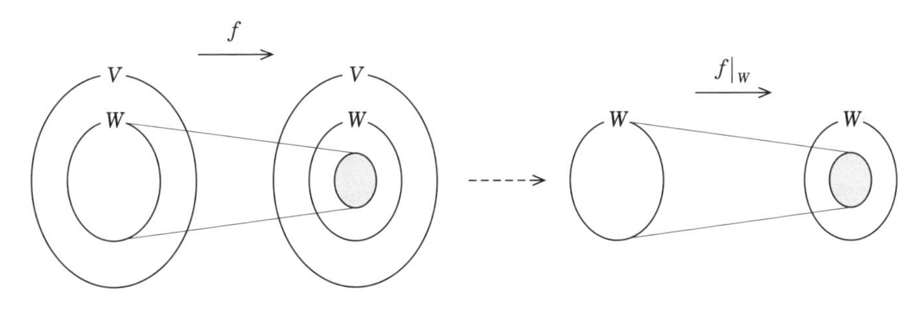

図 11.1

命題 11.14 V は K 上の有限次元ベクトル空間で，f は V 上の線形変換であるとする．V は直和分解 $V = W_1 \oplus W_2 \oplus \cdots \oplus W_r$ を持ち，それぞれの直和因子 $W_k\,(k = 1, 2, \ldots, r)$ は $\{\mathbf{0}\}$ でなく，かつ f–不変であるとする．$k = 1, 2, \ldots, r$ について，W_k の基底 $S_k = (\boldsymbol{v}_1^{(k)}, \boldsymbol{v}_2^{(k)}, \ldots, \boldsymbol{v}_{d_k}^{(k)})$ (ただし $d_k = \dim W_k$) を取り，f の W_k への制限 $f|_{W_k}$ の S_k に関する表現行列を A_k とおく．このとき，V の基底

$$S = (\underbrace{\boldsymbol{v}_1^{(1)}, \ldots, \boldsymbol{v}_{d_1}^{(1)}}_{d_1\text{ 個}}, \underbrace{\boldsymbol{v}_1^{(2)}, \ldots, \boldsymbol{v}_{d_2}^{(2)}}_{d_2\text{ 個}}, \ldots, \underbrace{\boldsymbol{v}_1^{(r)}, \ldots, \boldsymbol{v}_{d_r}^{(r)}}_{d_r\text{ 個}})$$

に関する f の表現行列は[1]，ブロック対角行列

$$\begin{pmatrix} A_1 & & & \\ & A_2 & & \\ & & \ddots & \\ & & & A_r \end{pmatrix} \tag{11.2}$$

に等しい．

証明 k は $1, 2, \cdots, r$ のいずれかとし，$A_k = (a_{ij}^{(k)})$ とおく．$j = 1, 2, \ldots, d_k$ について，$\boldsymbol{v}_j^{(k)} \in W_k$ であることと表現行列の定義より

$$f(\boldsymbol{v}_j^{(k)}) = f|_{W_k}(\boldsymbol{v}_j^{(k)}) = \sum_{i=1}^{d_k} a_{ij}^{(k)} \boldsymbol{v}_i^{(k)}$$

である．よって基底 S に関する f の表現行列は (11.2) に等しい． ■

1] S が V の基底であることは系 9.9 による．

11.3.3 不変部分空間から誘導される写像

命題 11.15 V は K 上のベクトル空間であるとし，f は V 上の線形変換であるとする．V の部分空間 W が f–不変であるとき，写像

$$\overline{f}: V/W \to V/W, \quad \overline{f}([\boldsymbol{v}]) = [f(\boldsymbol{v})]$$

は well-defined で，V/W 上の線形変換となる．

証明 <u>$\overline{f}$ が well-defined であること</u> V のベクトル $\boldsymbol{x}, \boldsymbol{y}$ について $[\boldsymbol{x}] = [\boldsymbol{y}]$ が成り立つとする．このとき，$\boldsymbol{w} = \boldsymbol{x} - \boldsymbol{y}$ とおくと，$\boldsymbol{w}$ は W に属する (命題 10.19)．写像 f は線形変換であるから

$$f(\boldsymbol{x}) - f(\boldsymbol{y}) = f(\boldsymbol{x} - \boldsymbol{y}) = f(\boldsymbol{w})$$

であり，W は f–不変であるから，$f(\boldsymbol{w})$ は W に属する．したがって $[f(\boldsymbol{x})] = [f(\boldsymbol{y})]$ である (命題 10.19)．以上より，写像 $\overline{f}$ は well-defined である．

<u>$\overline{f}$ が線形変換であること</u> $\boldsymbol{x}, \boldsymbol{y}$ は V のベクトルで，λ はスカラーであるとする．このとき，f の線形性と V/W における和・定数倍の定義から

$$\begin{aligned}
\overline{f}([\boldsymbol{x}] + [\boldsymbol{y}]) &= \overline{f}([\boldsymbol{x} + \boldsymbol{y}]) = [f(\boldsymbol{x} + \boldsymbol{y})] = [f(\boldsymbol{x}) + f(\boldsymbol{y})] \\
&= [f(\boldsymbol{x})] + [f(\boldsymbol{y})] = \overline{f}([\boldsymbol{x}]) + \overline{f}([\boldsymbol{y}]), \\
\overline{f}(\lambda[\boldsymbol{x}]) &= \overline{f}([\lambda\boldsymbol{x}]) = [f(\lambda\boldsymbol{x})] = [\lambda f(\boldsymbol{x})] = \lambda[f(\boldsymbol{x})] = \lambda\overline{f}([\boldsymbol{x}])
\end{aligned}$$

が成り立つ．したがって $\overline{f}$ は線形変換である． ■

命題 11.15 で定義した線形変換 $\overline{f}$ を，本書では不変部分空間 W から誘導される写像と呼ぶ．

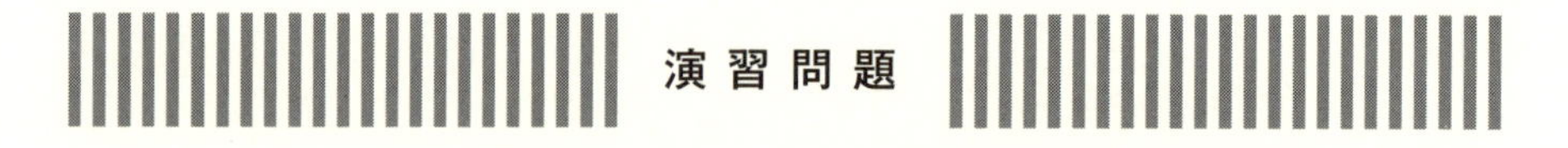

問 11.1 V は K 上のベクトル空間で，f, g は V 上の線形変換であるとする．f と g が可換であるとき，$\operatorname{Ker} f$ と $\operatorname{Im} f$ は g–不変であることを示せ．

問 11.2 V は K 上のベクトル空間で，f は V 上の線形変換であるとする．W が f–不変な V の部分空間で，$P(x)$ が K 係数の多項式であるとき，W は $P(f)$–

不変であることを示せ．

問 11.3 行列 $A = \begin{pmatrix} 0 & 1 & 0 \\ 0 & 0 & 1 \\ 1 & 0 & 0 \end{pmatrix}$ の定める数ベクトル空間 K^3 上の線形変換 $L_A : K^3 \to K^3$ を考える．$\boldsymbol{e}_1, \boldsymbol{e}_2, \boldsymbol{e}_3$ は K^3 の基本ベクトル (1.5) とする．

(1) 次で定まる部分空間 W_1, W_2 は L_A–不変であることを示せ．

$$W_1 = \left\{ \begin{pmatrix} x_1 \\ x_2 \\ x_3 \end{pmatrix} \in K^3 \;\middle|\; x_1 = x_2 = x_3 \right\},$$

$$W_2 = \left\{ \begin{pmatrix} x_1 \\ x_2 \\ x_3 \end{pmatrix} \in K^3 \;\middle|\; x_1 + x_2 + x_3 = 0 \right\}$$

(2) $K^3 = W_1 \oplus W_2$ であることを示せ．

(3) $S_1 = \{\boldsymbol{e}_1 + \boldsymbol{e}_2 + \boldsymbol{e}_3\}$ は W_1 の基底で，$S_2 = \{\boldsymbol{e}_1 - \boldsymbol{e}_2, \boldsymbol{e}_2 - \boldsymbol{e}_3\}$ は W_2 の基底であることを確認せよ．そして，$S = (\boldsymbol{e}_1 + \boldsymbol{e}_2 + \boldsymbol{e}_3, \boldsymbol{e}_1 - \boldsymbol{e}_2, \boldsymbol{e}_2 - \boldsymbol{e}_3)$ に関する L_A の表現行列を計算せよ．

問 11.4 m, n は正の整数であるとする．V は K 上の $(m+n)$ 次元ベクトル空間であるとし，f は V 上の線形変換であるとする．さらに，V の m 次元部分空間 W は f–不変であるとする．V の基底 $S = (\boldsymbol{w}_1, \ldots, \boldsymbol{w}_m, \boldsymbol{v}_1, \ldots, \boldsymbol{v}_n)$ であって，次の条件を満たすものを取る[2]．

- $T = (\boldsymbol{w}_1, \ldots, \boldsymbol{w}_m)$ は W の基底である．
- $\tilde{S} = ([\boldsymbol{v}_1], \ldots, [\boldsymbol{v}_n])$ は V/W の基底である．

f の W への制限 $f|_W$ の T に関する表現行列を A とおき，W から誘導される写像 $\overline{f} : V/W \to V/W$ の $\tilde{S}$ に関する表現行列を B とおく．このとき，f の S に関する表現行列は，次の形にブロック分解されることを示せ．

$$\begin{pmatrix} A & C \\ O & B \end{pmatrix} \qquad (C \text{ は } (m,n) \text{ 型行列で，} O \text{ は零行列．})$$

2] このような基底が取れることは定理 10.26 の証明のなかで示した．

第12章

線形変換の固有値

この章では線形変換の固有値と固有ベクトルに関する基本的な事項について説明する．一般に固有値は複素数であるが，12.3 節で述べるように，実数を成分とする対称行列については，固有値も固有ベクトルも実数の範囲に納まる．この事実は 19.4 節で用いる．

12.1 固有値と固有空間

12.1.1 固有値と固有ベクトル

定義 12.1 V は K 上のベクトル空間であるとし，写像 $f: V \to V$ は V 上の線形変換であるとする．

(1) スカラー α について，V の $\mathbf{0}$ でないベクトル $\boldsymbol{v}$ であって

$$f(\boldsymbol{v}) = \alpha \boldsymbol{v} \tag{12.1}$$

を満たすものが存在するとき，α は f の**固有値**であるという．

(2) α が f の固有値であるとする．V のベクトル $\boldsymbol{v}$ が条件 (12.1) を満たすとき，$\boldsymbol{v}$ は固有値 α に対する f の**固有ベクトル**であるという（α に属する f の固有ベクトルということもある）．

ベクトル空間 V 上の線形変換 f について，ベクトル $\boldsymbol{v}$ が固有値 α に対する f の固有ベクトルであるとする．このとき，0 でないどのスカラー λ についても

$$f(\lambda \boldsymbol{v}) = \lambda f(\boldsymbol{v}) = \lambda \alpha \boldsymbol{v} = \alpha(\lambda \boldsymbol{v})$$

が成り立ち，$\lambda\boldsymbol{v} \neq \boldsymbol{0}$ であるから，$\lambda\boldsymbol{v}$ も f の固有ベクトルである．よって，一つの固有値に対して固有ベクトルがただ一つに定まるわけではない．

例 12.2 A は K の要素を成分とする n 次の正方行列であるとする．行列 A の定める線形変換 $L_A : K^n \to K^n$ を考える．K^n の $\boldsymbol{0}$ でない数ベクトル $\boldsymbol{v}$ が固有値 α に対する L_A の固有ベクトルであるとは，$A\boldsymbol{v} = \alpha\boldsymbol{v}$ が成り立つことである．そこで，線形写像 L_A の固有値および固有ベクトルを，**行列 A の固有値**および**固有ベクトル**という．

例 12.3 K の要素を並べた無限数列全体のなすベクトル空間 $\ell(K)$ を考える (例 2.5)．このとき，$\ell(K)$ 上の線形変換 τ を次で定める (例 6.9)．

$$\tau : \ell(K) \to \ell(K), \quad \tau((a_n)) = (a_2, a_3, a_4, \ldots)$$

この写像 τ の固有ベクトルを求めよう．

$\ell(K)$ の要素 (x_n) は固有値 α に対する τ の固有ベクトルであるとする．このとき，$\tau((x_n)) = \alpha(x_n)$ であり，$\ell(K)$ における定数倍の定義より

$$(x_2, x_3, x_4, \ldots) = (\alpha x_1, \alpha x_2, \alpha x_3, \ldots)$$

である．よって，すべての正の整数 n について $x_{n+1} = \alpha x_n$ が成り立つ．したがって (x_n) は α を公比とする等比数列である．ただし，$x_1 = 0$ であるとすると，すべての正の整数 n について $x_n = 0$ となり，(x_n) は $\ell(K)$ におけるゼロベクトルとなる．これは (x_n) が固有ベクトルであることに反する．よって $x_1 \neq 0$ である．以上より，線形変換 τ の固有値 α に対する固有ベクトルは，公比が α の等比数列であって初項が 0 でないものである．

12.1.2 固有空間

命題 12.4 V は K 上のベクトル空間であるとし，f は V 上の線形変換であるとする．スカラー α に対し，V の部分集合 $W(\alpha)$ を

$$W(\alpha) = \{\boldsymbol{v} \in V \mid f(\boldsymbol{v}) = \alpha\boldsymbol{v}\} \tag{12.2}$$

で定める．このとき，$W(\alpha)$ は V の f–不変な部分空間である．

証明 <u>$W(\alpha)$ が部分空間であること</u> $\boldsymbol{v}, \boldsymbol{w}$ は $W(\alpha)$ に属するベクトルであるとし，λ はスカラーであるとする．このとき，f の線形性と $W(\alpha)$ の定義から

$$f(\boldsymbol{v}+\boldsymbol{w}) = f(\boldsymbol{v}) + f(\boldsymbol{w}) = \alpha\boldsymbol{v} + \alpha\boldsymbol{w} = \alpha(\boldsymbol{v}+\boldsymbol{w}),$$
$$f(\lambda\boldsymbol{v}) = \lambda f(\boldsymbol{v}) = \lambda\alpha\boldsymbol{v} = \alpha(\lambda\boldsymbol{v})$$

が成り立つので，$\boldsymbol{v}+\boldsymbol{w}, \lambda\boldsymbol{v}$ はともに $W(\alpha)$ に属する．よって $W(\alpha)$ は部分空間である．

<u>$W(\alpha)$ は f–不変であること</u> $\boldsymbol{v}$ は $W(\alpha)$ に属するとする．このとき，$W(\alpha)$ の定義と f の線形性から

$$f(f(\boldsymbol{v})) = f(\alpha\boldsymbol{v}) = \alpha f(\boldsymbol{v})$$

が成り立つので，$f(\boldsymbol{v})$ も $W(\alpha)$ に属する．よって，$W(\alpha)$ は f–不変である． ■

固有値の定義から，(12.2) で定まる部分空間 $W(\alpha)$ が $\{\boldsymbol{0}\}$ でないことと，α が f の固有値であることは同値である．また，等式 $f(\boldsymbol{v}) = \alpha\boldsymbol{v}$ は $(\alpha 1_V - f)(\boldsymbol{v}) = \boldsymbol{0}$ とも表されるから，$W(\alpha) = \mathrm{Ker}\,(\alpha 1_V - f)$ であることに注意する．

定義 12.5 V は K 上の $\{\boldsymbol{0}\}$ でないベクトル空間であるとし，f は V 上の線形変換であるとする．f の固有値 α に対して，(12.2) で定まる部分空間 $W(\alpha)$ を，固有値 α に対する**固有空間**という．

例 12.6 この例では微積分に関する知識を仮定する．

$\mathbb{R}$ 上のすべての点において何度でも微分可能な関数全体のなす集合を $C^\infty(\mathbb{R})$ と表す．このとき，$C^\infty(\mathbb{R})$ は $\mathbb{R}$ 上のベクトル空間である．$C^\infty(\mathbb{R})$ におけるゼロベクトルとは，0 を値にとる定数関数である．

$C^\infty(\mathbb{R})$ の要素 f に対し，導関数 f' を対応させる写像 D を考える．すなわち

$$D : C^\infty(\mathbb{R}) \to C^\infty(\mathbb{R}), \quad D(f) = f'$$

である．f, g が何回でも微分可能な関数で，λ が実数の定数であるとき

$$(f+g)' = f' + g', \quad (\lambda f)' = \lambda f'$$

であるから，D は $C^\infty(\mathbb{R})$ 上の線形変換である．このとき，D の固有空間を記述しよう．

$C^\infty(\mathbb{R})$ の要素 f は固有値 α に対する固有空間 $W(\alpha)$ に属するとする．このとき，$D(f) = \alpha f$ であるから，すべての実数 x について

$$f'(x) = \alpha f(x)$$

が成り立つ．f が定数関数 0 であれば，この等式は自明に成り立つ．f が 0 でないとき，両辺を $f(x)$ で割れば $\dfrac{f'(x)}{f(x)} = \alpha$ が得られる．左辺は $\log|f(x)|$ の微分に等しいので $(\log|f(x)|)' = \alpha$ である．この両辺を積分すると $\log|f(x)| = \alpha x + c$ となる．ただし c は積分定数である．よって

$$f(x) = \pm e^{\alpha x + c} = \pm e^c e^{\alpha x}$$

である．したがって f は指数関数 $e^{\alpha x}$ の定数倍である．以上より，$C^\infty(\mathbb{R})$ 上の線形変換 D は，すべての実数 α を固有値として持ち，α に対する固有空間 $W(\alpha)$ は指数関数 $e^{\alpha x}$ が生成する 1 次元の部分空間 $\langle e^{\alpha x} \rangle$ である．

命題 12.7 f は K 上のベクトル空間 V 上の線形変換であるとし，$P(x)$ は x を変数とする K 係数の多項式であるとする．$\boldsymbol{v}$ が f の固有空間 $W(\alpha)$ に属するベクトルであるとき，$P(f)(\boldsymbol{v}) = P(\alpha)\boldsymbol{v}$ が成り立つ．

証明 k が正の整数であるとき，f^k は線形変換 f を k 回合成したものであり，f^{k-1} も線形変換であるから

$$f^k(\boldsymbol{v}) = f^{k-1}(f(\boldsymbol{v})) = f^{k-1}(\alpha\boldsymbol{v}) = \alpha f^{k-1}(\boldsymbol{v})$$

が成り立つ．これを繰り返し用いれば

$$\begin{aligned} f^k(\boldsymbol{v}) &= \alpha f^{k-1}(\boldsymbol{v}) = \alpha \cdot \alpha f^{k-2}(\boldsymbol{v}) = \alpha^2 f^{k-2}(\boldsymbol{v}) = \alpha^2 \cdot \alpha f^{k-3}(\boldsymbol{v}) \\ &= \alpha^3 f^{k-3}(\boldsymbol{v}) = \cdots = \alpha^k f^0(\boldsymbol{v}) = \alpha^k 1_V(\boldsymbol{v}) = \alpha^k \boldsymbol{v}, \end{aligned}$$

すなわち $f^k(\boldsymbol{v}) = \alpha^k \boldsymbol{v}$ であることがわかる．この等式は $k = 0$ の場合でも正しい[1]．よって，$P(x) = \sum_{k=0}^{d} c_k x^k$ とおくと

$$P(f)(\boldsymbol{v}) = (\sum_{k=0}^{d} c_k f^k)(\boldsymbol{v}) = \sum_{k=0}^{d} c_k f^k(\boldsymbol{v}) = \sum_{k=0}^{d} c_k \alpha^k \boldsymbol{v}$$

1] ただし $\alpha^0 = 1$ と定める．

$$= (\sum_{k=0}^{d} c_k\alpha^k)\boldsymbol{v} = P(\alpha)\boldsymbol{v}$$

となるので，$P(f)(\boldsymbol{v}) = P(\alpha)\boldsymbol{v}$ である． ■

12.2 固有方程式

12.2.1 固有多項式

以下では，$\{\boldsymbol{0}\}$ でない有限次元ベクトル空間上の線形変換の固有値・固有ベクトルを考える．

命題 12.8 K 上の $\{\boldsymbol{0}\}$ でない有限次元ベクトル空間 V と，その上の線形変換 $f: V \to V$ を考える．V の基底 S に関する f の表現行列を A とし，別の基底 T に関する表現行列を B とする．このとき，変数 x の多項式として $\det(xI_n - A) = \det(xI_n - B)$ が成り立つ．

証明 基底 S から T への変換行列を P とおくと，命題 11.6 より $B = P^{-1}AP$ である．よって

$$xI_n - B = xP^{-1}P - P^{-1}AP = P^{-1}(xI_n - A)P$$

が成り立つ．よって，命題 1.9 (5) と命題 1.11 より

$$\begin{aligned}\det(xI_n - B) &= \det(P^{-1}(xI_n - A)P) = \det(P^{-1}) \cdot \det(xI_n - A) \cdot \det P \\ &= \frac{1}{\det P} \cdot \det(xI_n - A) \cdot \det P = \det(xI_n - A)\end{aligned}$$

である． ■

定義 12.9 V は K 上の $\{\boldsymbol{0}\}$ でない有限次元ベクトル空間であるとし，f は V 上の線形変換であるとする．V の基底を一つ選び，それに関する f の表現行列を A とするとき，変数 x の多項式 $\det(xI_n - A)$ を，線形変換 f の**固有多項式**と呼ぶ．命題 12.8 より固有多項式は V の基底の取り方によらず定まる．

命題 12.10 V は K 上の $\{\boldsymbol{0}\}$ でない有限次元ベクトル空間であるとし，その次元を n とおく．f が V 上の線形変換であるとき，f の固有多項式 $F(x)$ は x の n 次式で，x^n の係数は 1 である．

証明 V の基底を一つ選び，それに関する f の表現行列を A とおくと，$F(x) = \det(xI_n - A)$ である．行列 $(xI_n - A)$ の (i,j) 成分を b_{ij} とおくと

$$b_{ij} = \begin{cases} x - a_{ii} & (i = j\text{ のとき}) \\ -a_{ij} & (i \neq j\text{ のとき}) \end{cases}$$

である．よって $i = j$ のとき b_{ij} は x の 1 次式で，$i \neq j$ のとき b_{ij} は定数である．行列式の定義から

$$F(x) = \sum_{\sigma \in S_n} \mathrm{sgn}(\sigma) b_{\sigma(1)1} b_{\sigma(2)2} \cdots b_{\sigma(n)n}$$

である．σ が恒等置換でなければ，$\sigma(j) \neq j$ となる j が少なくとも二つあるので，$b_{\sigma(1)1} b_{\sigma(2)2} \cdots b_{\sigma(n)n}$ は $(n-2)$ 次以下の多項式となる．よって，σ が恒等置換の項とそれ以外の項に分ければ

$$F(x) = (x - a_{11})(x - a_{22}) \cdots (x - a_{nn}) + ((n-2)\text{ 次以下の多項式})$$

と表されるので，$F(x)$ は x の n 次多項式で，x^n の係数は 1 である． ■

12.2.2 固有方程式

命題 12.11 K 上の $\{\mathbf{0}\}$ でない有限次元ベクトル空間 V と，その上の線形変換 $f : V \to V$ について，f の固有多項式を $F(x)$ とおく．このとき，スカラー α について以下の二つの条件は同値である．

(1) α は f の固有値である．

(2) $F(\alpha) = 0$ である．

証明 α はスカラーであるとする．このとき，V 上の線形変換 $(\alpha 1_V - f)$ が定まる．V の基底 S を一つ選び，S に関する f の表現行列を A とするとき，S に関する $(\alpha 1_V - f)$ の表現行列は $(\alpha I_n - A)$ である．この行列の行列式は $\det(\alpha I_n - A) = F(\alpha)$ であることに注意する．

(1) ならば (2) であること　α が f の固有値であるとする．このとき，$(\alpha 1_V - f)(\boldsymbol{v}) = \mathbf{0}$ を満たす 0 でないベクトル $\boldsymbol{v}$ が存在する．よって $\mathrm{Ker}(\alpha 1_V - f) \neq \{\mathbf{0}\}$ であるから，命題 6.16 より線形変換 $(\alpha 1_V - f)$ は単射でない．よって，定理 8.15 より表現行列 $(\alpha I_n - A)$ は正則でない．したがって命題 1.11 より，$(\alpha I_n - A)$ の行列式 $F(\alpha)$ は 0 である．

(2) ならば (1) であること　$F(\alpha)=0$ であるとする．このとき，基底 S に関する表現行列 $(\alpha I_n - A)$ は正則でないから，定理 8.15 より線形変換 $(\alpha 1_V - f)$ は単射でない．よって，命題 6.16 より $\mathrm{Ker}(\alpha 1_V - f) \neq \{\mathbf{0}\}$ である．したがって $W(\alpha) \neq \{\mathbf{0}\}$ であるから，α は f の固有値である． ■

定義 12.12　V は K 上の $\{\mathbf{0}\}$ でない有限次元ベクトル空間であるとする．V 上の線形変換 f の固有多項式を $F(x)$ とおくとき，方程式 $F(x)=0$ を線形変換 f の**固有方程式**という．

命題 12.11 より，線形変換 f の固有値全体のなす集合は，f の固有方程式の解全体のなす集合と一致する．よって，線形変換の固有値を求めるには，その固有多項式を計算し，固有方程式の解を求めればよい．

例題 12.13　行列 $A=\begin{pmatrix}2 & -1 & 3\\ 1 & 3 & 0\\ 1 & 2 & -1\end{pmatrix}$ の定める $\mathbb{C}^3$ 上の線形変換 $L_A(\boldsymbol{v})=A\boldsymbol{v}$ を考える．

(1) 部分空間 $W=\left\{\begin{pmatrix}x_1\\ x_2\\ x_3\end{pmatrix}\in\mathbb{C}^3 \,\middle|\, x_1-x_2+x_3=0\right\}$ は L_A–不変であることを示せ．

(2) L_A の W への制限 $L_A|_W$ の固有値をすべて求めよ．

解　(略解) (1) $\mathbb{C}^3$ のベクトル $\boldsymbol{v}={}^t(x_1,x_2,x_3)$ が W に属するとき，$x_1-x_2+x_3=0$ であり

$$L_A(\boldsymbol{v})=\begin{pmatrix}2x_1-x_2+3x_3\\ x_1+3x_2\\ x_1+2x_2-x_3\end{pmatrix}$$

の成分について

$$(2x_1-x_2+3x_3)-(x_1+3x_2)+(x_1+2x_2-x_3)=2(x_1-x_2+x_3)=0$$

が成り立つから，$L_A(\boldsymbol{v})$ も W に属する．以上より W は L_A–不変である．

(2) W に属するベクトル $\boldsymbol{v}_1={}^t\begin{pmatrix}1 & 1 & 0\end{pmatrix}$, $\boldsymbol{v}_2={}^t\begin{pmatrix}1 & 0 & -1\end{pmatrix}$ を考えると，$\{\boldsymbol{v}_1,\boldsymbol{v}_2\}$ は W の基底をなす．これに関する $L_A|_W$ の表現行列 A を計算しよう．

$$L_A(\boldsymbol{v}_1) = {}^t\begin{pmatrix}1 & 4 & 3\end{pmatrix} = 4\boldsymbol{v}_1 - 3\boldsymbol{v}_2,$$
$$L_A(\boldsymbol{v}_2) = {}^t\begin{pmatrix}-1 & 1 & 2\end{pmatrix} = \boldsymbol{v}_1 - 2\boldsymbol{v}_2$$

であるから，$A = \begin{pmatrix}4 & 1 \\ -3 & -2\end{pmatrix}$ である．よって $L_A|_W$ の固有多項式は

$$\det(xI_2 - A) = \begin{vmatrix}x-4 & -1 \\ 3 & x+2\end{vmatrix} = x^2 - 2x - 5$$

である．したがって固有方程式は $x^2 - 2x - 5 = 0$ であり，この解は $x = 1 \pm \sqrt{6}$ であるから，$L_A|_W$ の固有値は $1+\sqrt{6}$ と $1-\sqrt{6}$ である． □

A は n 次の正方行列であるとする．このとき，A の定める線形写像 $L_A : K^n \to K^n$ の標準基底に関する表現行列は A そのものである (例 8.9)．よって，L_A の固有多項式は $\det(xI_n - A)$ に等しい．そこで，多項式 $F_A(x) = \det(xI_n - A)$ を正方行列 A の**固有多項式**と呼び，方程式 $F_A(x) = 0$ を A の**固有方程式**という．正方行列 A の固有値とは L_A の固有値のことであったから (例 12.2)，命題 12.11 より，正方行列 A の固有値全体のなす集合と固有方程式 $F_A(x) = 0$ の解全体のなす集合は一致する．

12.2.3 代数学の基本定理と固有値の個数

行列 $A = \begin{pmatrix}1 & 1 \\ -1 & 1\end{pmatrix}$ の固有多項式は

$$\det(xI_2 - A) = \begin{vmatrix}x-1 & -1 \\ 1 & x-1\end{vmatrix} = (x-1)^2 + 1$$

となる．よって固有方程式は $(x-1)^2 + 1 = 0$ であるが，この方程式は実数の範囲に解を持たない．しかし，複素数の範囲であれば解 $x = 1+i, 1-i$ を持ち，それぞれに対する固有ベクトルとして $\begin{pmatrix}1 \\ i\end{pmatrix}, \begin{pmatrix}1 \\ -i\end{pmatrix}$ が取れる．

以上のように，線形変換の固有値や固有ベクトルは，実数の範囲では存在しないことがある．しかし，複素数の範囲で考えれば，有限次元ベクトル空間上の線形変換は，固有値を必ず持つ．このことは次の定理から保証される．

代数学の基本定理　$P(x)$ は複素数係数の n 次多項式であるとする (ただし n は正の整数). このとき, $P(x)$ は次のように 1 次式に分解される.

$$P(x) = c(x - \alpha_1)(x - \alpha_2)\cdots(x - \alpha_n)$$

ただし c は $P(x)$ の x^n の係数で, $\alpha_1, \alpha_2, \ldots, \alpha_n$ は複素数である. さらに $\alpha_1, \alpha_2, \ldots, \alpha_n$ は並び換えを除いてただ一通りに定まる.

代数学の基本定理を証明するには複素解析学の知識が必要となるので, 本書では証明を省略する.

V は $\mathbb{C}$ 上の $\{\mathbf{0}\}$ でない有限次元ベクトル空間であるとし, V の次元を n とおく. V 上の線形変換 f の固有多項式を $F(x)$ とおくと, $F(x)$ は複素数係数の n 次式で, x^n の係数は 1 である (命題 12.10). よって, 代数学の基本定理から

$$F(x) = (x - \alpha_1)(x - \alpha_2)\cdots(x - \alpha_n)$$

と複素数の範囲で因数分解される. このとき, $\alpha_1, \alpha_2, \ldots, \alpha_n$ は f の固有値である (命題 12.11). ただし, $\alpha_1, \alpha_2, \ldots, \alpha_n$ のなかには等しいものもあり得る. そこで, 等しい因子をまとめて

$$F(x) = (x - \alpha_1)^{m_1}(x - \alpha_2)^{m_2}\cdots(x - \alpha_r)^{m_r} \tag{12.3}$$

と表す. ここで $\alpha_1, \alpha_2, \ldots, \alpha_r$ は相異なる複素数で, $m_1, m_2, \ldots, m_r$ は $\sum_{j=1}^{r} m_j = n$ を満たす正の整数である.

定義 12.14　V は $\mathbb{C}$ 上の $\{\mathbf{0}\}$ でない有限次元ベクトル空間であるとする. V 上の線形変換 f の固有多項式 $F(x)$ を (12.3) のように分解したとき, m_j を固有値 α_j の**重複度**という.

固有値の個数を数えるときに重複度もこめて数えることが多い. すなわち, 重複度が m の固有値は同じ値が m 個あると見なすのである. このとき, ここまでの議論から, 次の結果が得られたことになる.

命題 12.15　V は $\mathbb{C}$ 上の $\{\mathbf{0}\}$ でない有限次元ベクトル空間であるとする. このとき, V 上の線形変換の固有値の (重複度もこめた) 個数は, V の次元に等しい.

12.3 実対称行列の固有値・固有ベクトル

前項で述べたように，正方行列の成分がすべて実数であっても，実数の範囲では固有値と固有ベクトルをもたないことがある．しかし，次に定義する実対称行列については，その固有値と固有ベクトルが実数の範囲で存在する．

定義 12.16 実数を成分とする正方行列 A が，${}^tA = A$ を満たすとき，A は**実対称行列**であるという．

命題 12.17 正方行列 A が実対称行列であるとき，次のことが成り立つ．

(1) A の固有値はすべて実数である．

(2) A のすべての固有値について，それに対する固有ベクトルが実数の範囲で取れる．

証明 A は n 次の実対称行列であるとする．A は複素数を成分とする正方行列と見なせるから，A の定める線形変換 $L_A : \mathbb{C}^n \to \mathbb{C}^n$ を考えられる．このとき，A の固有値・固有ベクトルとは，L_A の固有値・固有ベクトルのことである．

(1) α は L_A の固有値であるとし，それに対する L_A の固有ベクトル $\boldsymbol{p}$ を一つ取る．このとき $A\boldsymbol{p} = \alpha\boldsymbol{p}$ である．A の成分はすべて実数であるから $A^* = {}^tA$ である．A は実対称行列であるから ${}^tA = A$ である．よって，命題 1.13 より，$\mathbb{C}^n$ の標準内積に関して $(A\boldsymbol{p}, \boldsymbol{p}) = (\boldsymbol{p}, A\boldsymbol{p})$ が成り立つ．両辺をそれぞれ計算すると

$$(A\boldsymbol{p}, \boldsymbol{p}) = (\alpha\boldsymbol{p}, \boldsymbol{p}) = \overline{\alpha}(\boldsymbol{p}, \boldsymbol{p}), \quad (\boldsymbol{p}, A\boldsymbol{p}) = (\boldsymbol{p}, \alpha\boldsymbol{p}) = \alpha(\boldsymbol{p}, \boldsymbol{p})$$

となる．$\boldsymbol{p} \neq \boldsymbol{0}$ であるから，$(\boldsymbol{p}, \boldsymbol{p}) \neq 0$ である．よって $\overline{\alpha} = \alpha$ が成り立つので，α は実数である．以上より，A のすべての固有値は実数である．

(2) α は A の固有値であるとする．(1) より α は実数で，$\det(\alpha I - A) = 0$ であるから，行列 $(\alpha I - A)$ は正則でない (命題 1.11)．よって，実数係数の連立方程式 $(\alpha I - A)\boldsymbol{x} = \boldsymbol{0}$ は，$\mathbb{R}^n$ において $\boldsymbol{0}$ 以外の解 $\boldsymbol{x} = \boldsymbol{p}$ をもつ (問 10.5)．このとき $A\boldsymbol{p} = \alpha\boldsymbol{p}$ であるから，$\boldsymbol{p}$ は固有値 α に対する A の固有ベクトルで，$\boldsymbol{p}$ の成分はすべて実数である． ■

さらに，n 次の実対称行列については，その固有ベクトルからなる $\mathbb{R}^n$ の基底が存在する．このことは第 19 章で証明する．

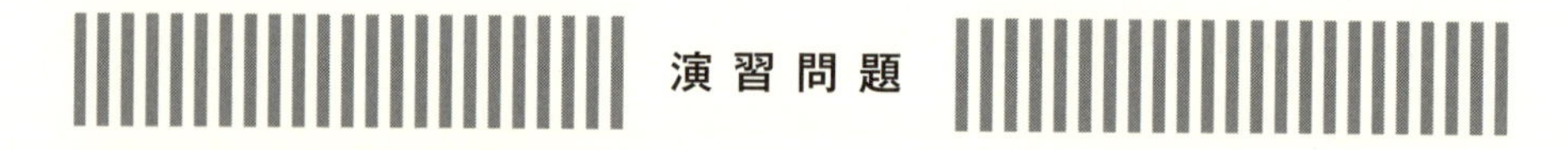

演習問題

問 12.1　A は K の要素を成分とする n 次の正方行列であるとする．n 次の正則行列 P について，次の二つの条件は同値であることを示せ．

(1)　P のすべての列ベクトルは A の固有ベクトルである．

(2)　$P^{-1}AP$ は対角行列である．

問 12.2　実数係数の2次以下の多項式全体のなすベクトル空間 $\mathbb{R}[x]_2$ を考える．写像 f を次で定める[2]．

$$f : \mathbb{R}[x]_2 \to \mathbb{R}[x]_2, \quad f(P(x)) = P(2x) + \frac{P(x) - P(0)}{x}$$

(1)　f は線形写像であることを示せ．

(2)　$\mathbb{R}[x]_2$ の基底 $S = (1, x, x^2)$ に関する f の表現行列を求めよ．

(3)　f の固有多項式を計算し，f の固有値をすべて求めよ．

(4)　(3) で求めた f のそれぞれの固有値に対し，固有ベクトルを一つ求めよ．

問 12.3　V は $\mathbb{C}$ 上の $\{\mathbf{0}\}$ でない有限次元ベクトル空間であるとする．V 上の線形変換 f について，$f^n = 0$ となる正の整数 n が存在するとき，f は**ベキ零変換**であるという．ベキ零変換の固有値は0のみであることを示せ．

問 12.4　A と B が同じ型の正方行列で，A が正則であるとき，AB と BA の固有多項式は等しいことを示せ．

問 12.5　A は (m, n) 型行列で，B は (n, m) 型行列であるとする．AB, BA の固有多項式をそれぞれ $F_{AB}(x), F_{BA}(x)$ とおくとき

$$x^n F_{AB}(x) = x^m F_{BA}(x)$$

が成り立つことを，$(m + n)$ 次の正方行列

$$X = \begin{pmatrix} I_m & A \\ O & I_n \end{pmatrix}, \quad Y = \begin{pmatrix} AB & -ABA \\ -B & BA \end{pmatrix}$$

に対して問 12.4 の結果を使うことにより示せ．

（補足：この問の結果から，特に $m = n$ の場合を考えれば，問 12.4 の結果は A が正則でなくても正しいことがわかる．）

2］ 多項式 $P(x) - P(0)$ は x で割りきれるから，$\dfrac{P(x) - P(0)}{x}$ は多項式であることに注意する．

第13章
線形変換の対角化

有限次元ベクトル空間 V 上の線形変換 f について，V の基底を一つ取れば f の表現行列が定まる．表現行列は線形変換を目に見える形で表すものだから，表現行列がなるべく簡単な形になるように上手く基底を取ることは自然な問題であろう．この章では，表現行列が対角行列となるような基底が存在する線形変換を特徴づける (定理 13.4).

13.1 対角化可能性の定義

13.1.1 線形変換の対角化可能性

定義 13.1 V は K 上の $\{\mathbf{0}\}$ でない有限次元ベクトルであるとし，f は V 上の線形変換であるとする．V の基底 S であって，S に関する f の表現行列が対角行列となるものが存在するとき，線形変換 f は**対角化可能**であるという．

以下，紙面を節約するために，n 次の対角行列

$$\begin{pmatrix} d_1 & & & \\ & d_2 & & \\ & & \ddots & \\ & & & d_n \end{pmatrix}$$

を $\mathrm{diag}(d_1, d_2, \ldots, d_n)$ と略記する．

n 次元ベクトル空間 V 上の線形変換 f は対角化可能であるとする．このとき，V の基底 $S = (\boldsymbol{v}_1, \boldsymbol{v}_2, \ldots, \boldsymbol{v}_n)$ であって，S に関する f の表現行列が対角行列と

なるものが取れる．この表現行列を $\mathrm{diag}(\alpha_1, \alpha_2, \ldots, \alpha_n)$ とおくと

$$(f(\boldsymbol{v}_1), f(\boldsymbol{v}_2), \ldots, f(\boldsymbol{v}_n)) = (\boldsymbol{v}_1, \boldsymbol{v}_2, \ldots, \boldsymbol{v}_n) \begin{pmatrix} \alpha_1 & & & \\ & \alpha_2 & & \\ & & \ddots & \\ & & & \alpha_n \end{pmatrix}$$

である．よって，すべての $j = 1, 2, \ldots, n$ について $f(\boldsymbol{v}_j) = \alpha_j \boldsymbol{v}_j$ である．S は基底であるから，$\boldsymbol{v}_j$ はゼロベクトルではない．したがって基底 S は f の固有ベクトルからなる．よって，線形変換 f が対角化可能であれば，f の固有ベクトルからなる基底が存在する．以上の議論は逆にたどることができる．したがって，有限次元ベクトル空間 V 上の線形変換 f が対角化可能であることと，f の固有ベクトルからなる V の基底が存在することは同値である．

13.1.2　行列の対角化可能性

A は K の成分を要素とする n 次の正方行列であるとする．このとき，数ベクトル空間 K^n 上の線形変換 L_A が

$$L_A : K^n \to K^n, \quad L_A(\boldsymbol{x}) = A\boldsymbol{x}$$

により定まる．この線形変換 L_A が対角化可能であることと，L_A の固有ベクトルからなる K^n の基底 S が存在することは同値である．いま，$S = (\boldsymbol{p}_1, \boldsymbol{p}_2, \ldots, \boldsymbol{p}_n)$ とおき，$j = 1, 2, \ldots, n$ について $\boldsymbol{p}_j$ の固有値を α_j とおく．このとき，L_A の S に関する表現行列は $\mathrm{diag}(\alpha_1, \alpha_2, \ldots, \alpha_n)$ である．一方で，S のベクトルを並べて得られる正則行列 $P = \begin{pmatrix} \boldsymbol{p}_1 & \boldsymbol{p}_2 & \cdots & \boldsymbol{p}_n \end{pmatrix}$ を考えると，線形変換 L_A の S に関する表現行列は $P^{-1}AP$ と表される (系 11.7)．したがって

$$P^{-1}AP = \mathrm{diag}(\alpha_1, \alpha_2, \ldots, \alpha_n) \tag{13.1}$$

である．逆に，K の要素を成分とする n 次の正則行列 P であって，$P^{-1}AP$ が (13.1) のように対角行列となるものが存在するとき，P の列ベクトルは線形変換 L_A の固有ベクトルであり，P の列ベクトル全体は数ベクトル空間 K^n の基底をなす．

以上より，線形変換 L_A が定義 13.1 の意味で対角化可能であることと，正則行列 P であって $P^{-1}AP$ が対角行列となるものが存在することは同値である．そこ

で，行列の対角化可能性を次で定義する．

定義 13.2 A は K の要素を成分とする n 次の正方行列であるとする．K の要素を成分とする n 次の正則行列であって，$P^{-1}AP$ が対角行列となるものが存在するとき，正方行列 A は**対角化可能**であるという．

13.2 対角化可能性の言い換え

命題 13.3 V は K 上のベクトル空間であるとする．このとき，V 上の線形変換 f の相異なる固有値 $\beta_1, \beta_2, \ldots, \beta_r$ に対する固有空間の和 $W(\beta_1) + W(\beta_2) + \cdots + W(\beta_r)$ は直和である．

証明 ベクトル $\boldsymbol{w}_1, \boldsymbol{w}_2, \ldots, \boldsymbol{w}_r$ はそれぞれ $W(\beta_1), W(\beta_2), \ldots, W(\beta_r)$ に属し，$\sum_{j=1}^{r} \boldsymbol{w}_j = \boldsymbol{0}$ が成り立つとする．このとき，すべての $k = 1, 2, \ldots, r$ について $\boldsymbol{w}_k = \boldsymbol{0}$ であることを示せばよい．

k は $1, 2, \ldots, r$ のいずれかとする．このとき，多項式

$$P(x) = (x - \beta_1) \cdots (x - \beta_{k-1}) \cdot (x - \beta_{k+1}) \cdots (x - \beta_r)$$

を取り，線形変換 $P(f)$ を考える．この線形変換で $\sum_{j=1}^{r} \boldsymbol{w}_j = \boldsymbol{0}$ の両辺を移すと，$P(f)$ の線形性と命題 12.7 より $\sum_{j=1}^{r} P(\beta_j)(\boldsymbol{w}_j) = \boldsymbol{0}$ となる．j が k と異なるならば $P(\beta_j) = 0$ であるから，左辺は $P(\beta_k)\boldsymbol{w}_k$ のみが残る．よって $P(\beta_k)\boldsymbol{w}_k = \boldsymbol{0}$ である．$\beta_1, \beta_2, \ldots, \beta_r$ は相異なるので $P(\beta_k)$ は 0 でない．よって $\boldsymbol{w}_k = \boldsymbol{0}$ である．以上より，すべての $k = 1, 2, \ldots, r$ について $\boldsymbol{w}_k = \boldsymbol{0}$ である． ■

線形変換が対角化可能であることは，次のように言い換えられる．

定理 13.4 V は $\mathbb{C}$ 上の $\{\boldsymbol{0}\}$ でない有限次元ベクトルであるとする．V 上の線形変換 f の相異なる固有値を $\alpha_1, \alpha_2, \ldots, \alpha_r$ とおき，それぞれの重複度を $m_1, m_2, \ldots, m_r$ とおく．このとき，次の四つの条件は同値である．

(1) f は対角化可能である．

(2) $V = W(\alpha_1) \oplus W(\alpha_2) \oplus \cdots \oplus W(\alpha_r)$ である．

(3) V の基底を適当にとれば，それに関する f の表現行列は対角行列

$$\mathrm{diag}(\underbrace{\alpha_1,\ldots,\alpha_1}_{m_1\text{ 個}},\underbrace{\alpha_2,\ldots,\alpha_2}_{m_2\text{ 個}},\ldots,\underbrace{\alpha_r,\ldots,\alpha_r}_{m_r\text{ 個}}) \tag{13.2}$$

となる.

(4) すべての $j=1,2,\ldots,r$ について $\dim W(\alpha_j)=m_j$ が成り立つ.

証明 重複度の定義より $\sum_{j=1}^{r} m_j$ は V の次元に等しい (命題 12.15). 以下，$W= W(\alpha_1)\oplus W(\alpha_2)\oplus\cdots\oplus W(\alpha_r)$ とおく. 定理 9.8 より $\dim W=\sum_{j=1}^{r}\dim W(\alpha_j)$ が成り立つことに注意する.

<u>(1) ならば (2) であること</u> 線形変換 f は対角化可能であるとする. このとき，V の基底 S であって，f の固有ベクトルからなるものが存在する. S のそれぞれのベクトルは $W(\alpha_1),W(\alpha_2),\ldots,W(\alpha_r)$ のいずれかに属するので，W にも属する. よって $\langle S\rangle\subset W$ である. S は基底だから $V=\langle S\rangle$ であるので，$V\subset W$ である. W は V の部分空間であるから $V\supset W$ でもあるので，$V=W$ である.

<u>(2) ならば (3) であること</u> それぞれの固有空間 $W(\alpha_j)\,(j=1,2,\ldots,r)$ の基底 $(\boldsymbol{v}_{j,1},\boldsymbol{v}_{j,2},\ldots,\boldsymbol{v}_{j,k_j})$ (ただし k_j は $W(\alpha_j)$ の次元) を一組ずつとり，これらを並べたベクトルの組

$$S=(\underbrace{\boldsymbol{v}_{1,1},\ldots,\boldsymbol{v}_{1,k_1}}_{k_1\text{ 個}},\underbrace{\boldsymbol{v}_{2,1},\ldots,\boldsymbol{v}_{2,k_2}}_{k_2\text{ 個}},\ldots,\underbrace{\boldsymbol{v}_{r,1},\ldots,\boldsymbol{v}_{r,k_r}}_{k_r\text{ 個}})$$

を考えると，S は V の基底である (系 9.9). この基底に関する f の表現行列は

$$\mathrm{diag}(\underbrace{\alpha_1,\ldots,\alpha_1}_{k_1\text{ 個}},\underbrace{\alpha_2,\ldots,\alpha_2}_{k_2\text{ 個}},\ldots,\underbrace{\alpha_r,\ldots,\alpha_r}_{k_r\text{ 個}})$$

となる. この行列を A とおくと，f の固有多項式は

$$\det(xI_n-A)=(x-\alpha_1)^{k_1}(x-\alpha_2)^{k_2}\cdots(x-\alpha_r)^{k_r}$$

となるので，$k_1,k_2,\ldots,k_r$ は重複度 $m_1,m_2,\ldots,m_r$ にそれぞれ等しい. よって基底 S に関する線形変換 f の表現行列は (13.2) となる.

<u>(3) ならば (4) であること</u> V の基底を適当にとると f の表現行列が対角行列 (13.2) になるとする. このときの基底を

$$(\underbrace{\boldsymbol{v}_{1,1},\ldots,\boldsymbol{v}_{1,m_1}}_{m_1\text{ 個}},\underbrace{\boldsymbol{v}_{2,1},\ldots,\boldsymbol{v}_{2,m_2}}_{m_2\text{ 個}},\ldots,\underbrace{\boldsymbol{v}_{r,1},\ldots,\boldsymbol{v}_{r,m_r}}_{m_r\text{ 個}})$$

とおく．$j=1,2,\ldots,r$ について，$W_j=\langle \boldsymbol{v}_{j,1},\boldsymbol{v}_{j,2},\ldots,\boldsymbol{v}_{j,m_j}\rangle$ とおくと，$W_j\subset W(\alpha_j)$ であるから，$\dim W_j \leqq \dim W(\alpha_j)$ である．さらに $V=W_1\oplus W_2\oplus\cdots\oplus W_r$ であるから，命題 5.13 より

$$\dim V=\sum_{j=1}^{r}\dim W_j \leqq \sum_{j=1}^{r}\dim W(\alpha_j)=\dim W \leqq \dim V$$

となる．したがって $\sum_{j=1}^{r}\dim W_j=\sum_{j=1}^{r}\dim W(\alpha_j)$ が成り立つから，すべての $j=1,2,\ldots,r$ について $\dim W_j=\dim W(\alpha_j)$ でなければならない．W_j の次元は m_j であるから，すべての $j=1,2,\ldots,r$ について $\dim W(\alpha_j)=m_j$ である．

(4) ならば (1) であること　条件 (4) が成り立つとき

$$\dim W=\sum_{j=1}^{r}\dim W(\alpha_j)=\sum_{j=1}^{r}m_j=\dim V$$

であるから，W の次元と V の次元は等しい．W は V の部分空間であるから $W=V$ である (命題 5.13)．よって，それぞれの固有空間 $W(\alpha_j)$ から基底 S_j を取れば $(j=1,2,\ldots,r)$, 和集合 $S=S_1\cup S_2\cup\cdots\cup S_r$ は V の基底であり，S の要素はすべて f の固有ベクトルである．したがって f は対角化可能である．■

定理 13.4 の結果を正方行列に適用すれば，次の系が得られる．

系 13.5 A は n 次の正方行列であるとする．A の相異なる固有値を $\alpha_1,\alpha_2,\ldots,\alpha_r$ とおき，それぞれの重複度を $m_1,m_2,\ldots,m_r$ とおく．このとき，次の三つの条件は同値である．

(1) A は対角化可能である．

(2) n 次の正則行列 P を適当に取れば

$$P^{-1}AP=\mathrm{diag}(\underbrace{\alpha_1,\ldots,\alpha_1}_{m_1\text{ 個}},\underbrace{\alpha_2,\ldots,\alpha_2}_{m_2\text{ 個}},\ldots,\underbrace{\alpha_r,\ldots,\alpha_r}_{m_r\text{ 個}}) \tag{13.3}$$

となる．

(3) すべての $j=1,2,\ldots,r$ について $\mathrm{rank}\,(\alpha_j I-A)=n-m_j$ である．

証明　行列 A が定める線形変換 $L_A : \mathbb{C}^n \to \mathbb{C}^n$ を考える．13.1.2 項で述べたことから，条件 (1) は L_A が対角化可能であることと同値である．また，条件 (2) は，$\mathbb{C}^n$ のある基底に関する L_A の表現行列が (13.3) の右辺となることと同値である．さらに条件 (3) は以下のように言い換えられる．L_A の固有値 α に対する固有空間 $W(\alpha)$ は，行列 $(\alpha I - A)$ の定める線形変換 $L_{\alpha I - A}$ の核であるから，次元定理 (系 10.28) より

$$\dim W(\alpha) = \dim \operatorname{Ker} L_{\alpha I - A} = n - \dim \operatorname{Im} L_{\alpha I - A}$$

である．行列の階数の定義より $\dim \operatorname{Im} L_{\alpha I - A} = \operatorname{rank}(\alpha I - A)$ であるから

$$\operatorname{rank}(\alpha I - A) = n - \dim W(\alpha)$$

である．したがって，条件 (3) はすべての $j = 1, 2, \ldots, n$ について $\dim W(\alpha_j) = m_j$ であることと同値である．以上より，線形変換 L_A に対して定理 13.4 を適用すれば，条件 (1)〜(3) はすべて同値であることがわかる．■

演習問題

問 13.1　ベクトル $\boldsymbol{v}$ が r 個の線形変換 $f_1, f_2, \ldots, f_r$ すべての固有ベクトルであるとき，$\boldsymbol{v}$ は $f_1, f_2, \ldots, f_r$ の**同時固有ベクトル**であるという．

V は K 上の $\{\mathbf{0}\}$ でない有限次元ベクトル空間であるとし，f と g は V 上の線形変換であるとする．V の基底 S であって，f と g の同時固有ベクトルからなるものが存在するとき，f と g は可換であることを示せ．

問 13.2　V は $\mathbb{C}$ 上の $\{\mathbf{0}\}$ でない有限次元ベクトル空間であるとする．V 上の線形変換 f の固有方程式が重解を持たなければ，f は対角化可能であることを示せ．

問 13.3　次の行列 A が複素数の範囲で対角化可能となる定数 a の値を求めよ．

$$A = \begin{pmatrix} -1 & 3 & -3 \\ -3 & a+2 & -a \\ -3 & a & -a+2 \end{pmatrix}$$

第14章

ハミルトン–ケーリーの定理

本章では線形変換に対するハミルトン–ケーリーの定理を証明する．この定理にはいくつかの証明法があるが，ここではやや高度な次の定理 14.1 を使って証明する．行列の計算だけで証明する方法もあり，これについては演習問題としたので (問 14.2), 参考にしてほしい．

14.1 同時三角化定理

定理 14.1 V は $\mathbb{C}$ 上の $\{\mathbf{0}\}$ でない有限次元ベクトル空間であるとし，その次元を n とおく．V 上の線形変換 f と g は可換であるとする．このとき，V の基底 $(\boldsymbol{v}_1, \boldsymbol{v}_2, \ldots, \boldsymbol{v}_n)$ であって，次の条件 ($\diamondsuit$) を満たすものが存在する．

($\diamondsuit$) すべての $j = 1, 2, \ldots, n$ について，$f(\boldsymbol{v}_j)$ と $g(\boldsymbol{v}_j)$ はともに部分空間 $\langle \boldsymbol{v}_1, \boldsymbol{v}_2, \ldots, \boldsymbol{v}_j \rangle$ に属する．

証明 Step1. f と g の同時固有ベクトルが存在することを示す．[1]

f の固有値 α を一つ取り，固有値 α に対する固有空間 $W(\alpha)$ を考える．このとき，$W(\alpha)$ は f–不変である (命題 12.4). さらに，$W(\alpha)$ は g–不変でもあることを示そう．$\boldsymbol{v}$ が $W(\alpha)$ に属するとき，f と g が可換であることから

$$f(g(\boldsymbol{v})) = g(f(\boldsymbol{v})) = g(\alpha \boldsymbol{v}) = \alpha g(\boldsymbol{v})$$

となる．よって $g(\boldsymbol{v})$ も $W(\alpha)$ に属する．以上より，$W(\alpha)$ は g–不変でもある．

1] 同時固有ベクトルの定義については問 13.1 を参照せよ．

α は f の固有値であるから，$W(\alpha)$ は $\mathbb{C}$ 上の $\{\mathbf{0}\}$ でない有限次元ベクトル空間である．よって，g の $W(\alpha)$ への制限 $g|_{W(\alpha)}$ は，少なくとも一つの固有値 β をもつ．この固有値に対する固有ベクトルを一つ取って $\boldsymbol{v}_1$ とおくと，$g(\boldsymbol{v}_1) = \beta\boldsymbol{v}_1$ であり，$\boldsymbol{v}_1 \in W(\alpha)$ であることから $f(\boldsymbol{v}_1) = \alpha\boldsymbol{v}_1$ でもある．よって，$\boldsymbol{v}_1$ は f と g の同時固有ベクトルである．

Step2. 条件 $(\diamondsuit)$ を満たす基底が存在することを示す．

次元 n に関する数学的帰納法で証明する．$n=1$ のときは，V の $\mathbf{0}$ でないベクトル $\boldsymbol{v}_1$ を取れば，$(\boldsymbol{v}_1)$ は V の基底であり，明らかに条件 $(\diamondsuit)$ を満たす．

k を正の整数として，$\mathbb{C}$ 上の k 次元ベクトル空間において，可換な線形変換に対し条件 $(\diamondsuit)$ を満たす基底が存在すると仮定する．$n = k+1$ の場合を考える．V は $\mathbb{C}$ 上の $(k+1)$ 次元ベクトル空間で，V 上の線形変換 f と g は可換であるとする．Step 1 で示したことから，f と g の同時固有ベクトル $\boldsymbol{v}_1$ が取れる．このとき，$\boldsymbol{v}_1$ が生成する部分空間 $W = \langle\boldsymbol{v}_1\rangle$ は，f と g について不変である．よって，命題 11.15 より，商空間 V/W 上の線形変換 $\overline{f}$ と $\overline{g}$ が

$$\overline{f}([\boldsymbol{v}]) = [f(\boldsymbol{v})], \quad \overline{g}([\boldsymbol{v}]) = [g(\boldsymbol{v})]$$

によって定まる．

$\overline{f}$ と $\overline{g}$ が可換であることを示そう．$[\boldsymbol{v}]$ は V/W の要素であるとする ($\boldsymbol{v}$ は V のベクトル)．このとき

$$\overline{f}(\overline{g}([\boldsymbol{v}])) = \overline{f}([g(\boldsymbol{v})]) = [f(g(\boldsymbol{v}))]$$

であり，同様の計算によって $\overline{g}(\overline{f}[\boldsymbol{v}]) = [g(f(\boldsymbol{v}))]$ であることがわかる．f と g は可換であるから $f(g(\boldsymbol{v})) = g(f(\boldsymbol{v}))$ であるので，$\overline{f}(\overline{g}([\boldsymbol{v}])) = \overline{g}(\overline{f}([\boldsymbol{v}]))$ である．以上より $\overline{f}$ と $\overline{g}$ は可換である．

W は 1 次元の部分空間であり，V の次元は $(k+1)$ であるから，V/W の次元は k である (定理 10.26)．$\overline{f}$ と $\overline{g}$ は V/W 上の可換な線形変換であるから，数学的帰納法の仮定より，V/W の基底 $\overline{S} = ([\boldsymbol{v}_2], [\boldsymbol{v}_3], \ldots, [\boldsymbol{v}_{k+1}])$ であって，次の条件 $(\spadesuit)$ を満たすものが取れる ($\boldsymbol{v}_2, \boldsymbol{v}_3, \ldots, \boldsymbol{v}_{k+1}$ は V のベクトル)．

$(\spadesuit)$ すべての $j = 2, 3, \ldots, k+1$ について，$\overline{f}([\boldsymbol{v}_j])$ と $\overline{g}([\boldsymbol{v}_j])$ は V/W の部分空間 $\langle[\boldsymbol{v}_2], [\boldsymbol{v}_3], \ldots, [\boldsymbol{v}_j]\rangle$ に属する．

このとき V のベクトルの組 $S = (\boldsymbol{v}_1, \boldsymbol{v}_2, \ldots, \boldsymbol{v}_{k+1})$ は条件 $(\diamondsuit)$ を満たし，V の基底をなすことを示そう．

<u>S が条件 $(\diamondsuit)$ を満たすこと</u>　$\boldsymbol{v}_1$ は f と g の固有ベクトルだから，$f(\boldsymbol{v}_1), g(\boldsymbol{v}_1)$ は $\boldsymbol{v}_1$ の定数倍である．よって，$f(\boldsymbol{v}_1), g(\boldsymbol{v}_1)$ は $\langle \boldsymbol{v}_1 \rangle$ に属する．

$j = 2, 3, \ldots, k+1$ について，$\overline{f}([\boldsymbol{v}_j]) = [f(\boldsymbol{v}_j)]$ であることと，条件 $(\spadesuit)$ より，スカラー $\lambda_{j,2}, \lambda_{j,3}, \ldots, \lambda_{j,j}$ を適当に取れば $[f(\boldsymbol{v}_j)] = \sum_{p=2}^{j} \lambda_{j,p}[\boldsymbol{v}_p]$ と表される．このとき，V/W における和と定数倍の定義より

$$\left[f(\boldsymbol{v}_j) - \sum_{p=2}^{j} \lambda_{j,p} \boldsymbol{v}_p \right] = \mathbf{0}_{V/W}$$

である．よって，$W = \langle \boldsymbol{v}_1 \rangle$ であることと，命題 10.24 より

$$f(\boldsymbol{v}_j) - \sum_{p=2}^{j} \lambda_{j,p} \boldsymbol{v}_p = \lambda_{j,1} \boldsymbol{v}_1$$

となるスカラー $\lambda_{j,1}$ が取れる．このとき

$$f(\boldsymbol{v}_j) = \lambda_{j,1} \boldsymbol{v}_1 + \sum_{p=2}^{j} \lambda_{j,p} \boldsymbol{v}_p = \sum_{p=1}^{j} \lambda_{j,p} \boldsymbol{v}_p$$

となるので，$f(\boldsymbol{v}_j)$ は $\langle \boldsymbol{v}_1, \boldsymbol{v}_2, \ldots, \boldsymbol{v}_j \rangle$ に属する．以上の計算と同様にして，$g(\boldsymbol{v}_j)$ も $\langle \boldsymbol{v}_1, \boldsymbol{v}_2, \ldots, \boldsymbol{v}_j \rangle$ に属することがわかる．

<u>S が V の基底であること</u>　V の次元は $(k+1)$ であるから，S が線形独立であることを示せばよい (命題 5.14)．スカラー $\mu_1, \mu_2, \ldots, \mu_{k+1}$ について $\sum_{j=1}^{k+1} \mu_j \boldsymbol{v}_j = \mathbf{0}$ が成り立つとする．このとき $\sum_{j=2}^{k+1} \mu_j \boldsymbol{v}_j = (-\mu_1)\boldsymbol{v}_1$ であり，右辺のベクトルは W に属するから，V/W において

$$\left[\sum_{j=2}^{k+1} \mu_j \boldsymbol{v}_j \right] = \mathbf{0}_{V/W}$$

が成り立つ (命題 10.24)．V/W における和・定数倍の定義から，上式の左辺は

$$\left[\sum_{j=2}^{k+1} \mu_j \boldsymbol{v}_j \right] = \sum_{j=2}^{k+1} \mu_j [\boldsymbol{v}_j]$$

となる．これが V/W のゼロベクトルに等しく，$\overline{S}$ は V/W の基底であるから，係

数 $\mu_2, \mu_3, \ldots, \mu_{k+1}$ はすべて 0 である．よって $(-\mu_1)\boldsymbol{v}_1 = \sum_{j=2}^{k+1} \mu_j \boldsymbol{v}_j = \mathbf{0}$ である．$\boldsymbol{v}_1$ は固有ベクトルであるから $\boldsymbol{v}_1 \neq \mathbf{0}$ であるので，$\mu_1 = 0$ である．したがって，$\mu_1, \mu_2, \ldots, \mu_{k+1}$ はすべて 0 である．よって S は線形独立である．

以上より，$n = k$ のときに示すべき定理が正しいことを仮定すると，$n = k+1$ の場合にも正しいことが示されたので，すべての正の整数 n について条件 $(\diamondsuit)$ を満たす基底が存在する． ■

以下では，記号の使い方の約束として，$r = 0$ のとき $\langle \boldsymbol{v}_1, \boldsymbol{v}_2, \ldots, \boldsymbol{v}_r \rangle$ はゼロベクトルだけからなる部分空間 $\{\mathbf{0}\}$ を表すものとする．

系 14.2 V は $\mathbb{C}$ 上の $\{\mathbf{0}\}$ でないベクトル空間であるとし，その次元を n とおく．写像 $f : V \to V$ は V 上の線形変換であるとする．このとき，V の基底 $S = (\boldsymbol{v}_1, \boldsymbol{v}_2, \ldots, \boldsymbol{v}_n)$ であって，次の条件を満たすものが f に応じて取れる．

各 $j = 1, 2, \ldots, n$ について，スカラー α_j を適当に取ると

$$f(\boldsymbol{v}_j) - \alpha_j \boldsymbol{v}_j \in \langle \boldsymbol{v}_1, \boldsymbol{v}_2, \ldots, \boldsymbol{v}_{j-1} \rangle \tag{14.1}$$

が成り立つ．

さらにこのとき，$\alpha_1, \alpha_2, \ldots, \alpha_n$ は f のすべての固有値である．

証明 線形変換 f と，V 上の恒等写像 1_V は可換である．そこで，この二つに対して定理 14.1 を適用すれば，V の基底 $S = (\boldsymbol{v}_1, \boldsymbol{v}_2, \ldots, \boldsymbol{v}_n)$ であって，すべての $j = 1, 2, \ldots, n$ について $f(\boldsymbol{v}_j) \in \langle \boldsymbol{v}_1, \boldsymbol{v}_2, \ldots, \boldsymbol{v}_j \rangle$ となるものが取れる．このとき，$f(\boldsymbol{v}_j)$ は $\boldsymbol{v}_1, \boldsymbol{v}_2, \ldots, \boldsymbol{v}_j$ の線形結合として表されて，そのときの $\boldsymbol{v}_j$ の係数を α_j とおけば (14.1) が成り立つ．以上より，条件 (14.1) を満たす基底 S は存在する．

$\alpha_1, \alpha_2, \ldots, \alpha_n$ が f のすべての固有値であることを示そう．条件 (14.1) より，$j = 1, 2, \ldots, n$ について

$$f(\boldsymbol{v}_j) = \alpha_j \boldsymbol{v}_j + \lambda_{j-1,j} \boldsymbol{v}_{j-1} + \lambda_{j-2,j} \boldsymbol{v}_{j-2} + \cdots + \lambda_{1,j} \boldsymbol{v}_1$$

となるスカラー $\lambda_{j-1,j}, \lambda_{j-2,j}, \ldots, \lambda_{1,j}$ が取れる．このとき，S に関する f の表現行列を A とおくと

$$A = \begin{pmatrix} \alpha_1 & \lambda_{1,2} & \lambda_{1,3} & \cdots & \lambda_{1,n} \\ & \alpha_2 & \lambda_{2,3} & \cdots & \lambda_{2,n} \\ & & \ddots & \ddots & \vdots \\ & & & \alpha_{n-1} & \lambda_{n-1,n} \\ & & & & \alpha_n \end{pmatrix} \tag{14.2}$$

である．よって，行列式の性質 (1.4) より，f の固有多項式は

$$\det(xI_n - A) = (x-\alpha_1)(x-\alpha_2)\cdots(x-\alpha_n)$$

となる．したがって $\alpha_1, \alpha_2, \ldots, \alpha_n$ は f のすべての固有値である．■

系 14.2 を行列の定める線形変換に適用すれば，次の結果が得られる．

系 14.3　A は複素成分の n 次の正方行列であるとする．このとき，正則行列 P であって，$P^{-1}AP$ が上三角行列となるものが存在する．さらにこのとき $P^{-1}AP$ の対角成分には A のすべての固有値が並ぶ．

証明　行列 A が定める $\mathbb{C}^n$ 上の線形変換 L_A に系 14.2 を適用すれば，$\mathbb{C}^n$ の基底 $S = (\boldsymbol{p}_1, \boldsymbol{p}_2, \ldots, \boldsymbol{p}_n)$ であって，L_A について条件 (14.1) を満たすものが取れることがわかる．これらを並べて n 次の正方行列 $P = \begin{pmatrix} \boldsymbol{p}_1 & \boldsymbol{p}_2 & \cdots & \boldsymbol{p}_n \end{pmatrix}$ を作ると，S に関する L_A の表現行列は $P^{-1}AP$ であり (系 11.7), 系 14.2 の証明より，この表現行列は (14.2) の形をしている．よって $P^{-1}AP$ は上三角行列であり，その対角成分には L_A の固有値 (すなわち A の固有値) が並んでいる．■

14.2 ハミルトン–ケーリーの定理

系 14.2 の結果を使ってハミルトン–ケーリーの定理を証明しよう．

定理 14.4（ハミルトン–ケーリー (Hamilton-Cayley) の定理）　V は K 上の $\{\mathbf{0}\}$ でない有限次元ベクトル空間であるとし，f は V 上の線形変換であるとする．f の固有多項式を $F(x)$ とおく．このとき $F(f) = 0$ である[2]．

2] 右辺の 0 は V から V への零写像である．

証明 系 14.2 の条件 (14.1) を満たす V の基底 $(\boldsymbol{v}_1, \boldsymbol{v}_2, \ldots, \boldsymbol{v}_n)$ をとる．この基底に対応するスカラー $\alpha_1, \alpha_2, \ldots, \alpha_n$ は f の固有値であるから，$F(x) = (x - \alpha_1)(x - \alpha_2)\cdots(x - \alpha_n)$ と表される．よって命題 11.4 より

$$F(f) = (f - \alpha_1 1_V)(f - \alpha_2 1_V)\cdots(f - \alpha_n 1_V)$$

である．写像 $f - \alpha_j 1_V$ $(j = 1, 2, \ldots, n)$ は互いに可換であることに注意する．

$k = 1, 2, \ldots, n$ について次の等式が成り立つことを数学的帰納法で示そう．

$$((f - \alpha_1 1_V)\cdots(f - \alpha_k 1_V))(\boldsymbol{v}_k) = \boldsymbol{0} \tag{14.3}$$

$k = 1$ のときは条件 (14.1) より成り立つ．p を $1 \leqq p \leqq n - 1$ の範囲にある整数として，$k = 1, 2, \ldots, p$ のときに (14.3) が成り立つと仮定する．$k = p + 1$ の場合を考える．条件 (14.1) より

$$(f - \alpha_{p+1} 1_V)(\boldsymbol{v}_{p+1}) = \sum_{j=1}^{p} \lambda_j \boldsymbol{v}_j$$

となるスカラー $\lambda_1, \lambda_2, \ldots, \lambda_p$ が取れる．このとき

$$\begin{aligned}&((f - \alpha_1 1_V)\cdots(f - \alpha_p 1_V)(f - \alpha_{p+1} 1_V))(\boldsymbol{v}_{p+1}) \\ &= \sum_{j=1}^{p} \lambda_j ((f - \alpha_1 1_V)\cdots(f - \alpha_p 1_V))(\boldsymbol{v}_j)\end{aligned}$$

であり，数学的帰納法の仮定より右辺の和のなかの各項は $\boldsymbol{0}$ である．よって $k = p + 1$ のときも (14.3) が成り立つ．以上より，すべての $k = 1, 2, \ldots, n$ について (14.3) が成り立つ．

関係式 (14.3) から，すべての $k = 1, 2, \ldots, n$ について $F(f)(\boldsymbol{v}_k) = \boldsymbol{0}$ となる．$(\boldsymbol{v}_1, \ldots, \boldsymbol{v}_n)$ は V の基底であるから，$F(f)$ は V 上の零写像である． ■

系 14.5 正方行列 A の固有多項式を $F_A(x)$ とおくと，$F_A(A) = O$ である．

証明 A は n 次の正方行列であるとすると，A の定める線形変換 $L_A : K^n \to K^n$ の固有多項式は $F_A(x)$ である．ここで，A は標準基底に関する L_A の表現行列であるから，系 11.8 より，標準基底に関する $F_A(L_A)$ の表現行列は $F_A(A)$ である．定理 14.4 より $F_A(L_A) = 0$ であるから，$F_A(A) = O$ である． ■

系 14.5 が正しいことを，具体例で確認しておこう．

例 14.6 2次の正方行列 $A=\begin{pmatrix}2 & -1\\ 1 & 1\end{pmatrix}$ の固有多項式は

$$F_A(x)=\begin{vmatrix}x-2 & 1\\ -1 & x-1\end{vmatrix}=x^2-3x+3$$

である．$F_A(A)$ を計算すると

$$F_A(A)=A^2-3A+3I=\begin{pmatrix}3 & -3\\ 3 & 0\end{pmatrix}-3\begin{pmatrix}2 & -1\\ 1 & 1\end{pmatrix}+3\begin{pmatrix}1 & 0\\ 0 & 1\end{pmatrix}=O.$$

演習問題

問 14.1 複素数を成分とする n 次の正方行列 A と B は可換であるとする．このとき，正則行列 P であって，$P^{-1}AP$ と $P^{-1}BP$ がともに上三角行列となるものが存在することを示せ．(ヒント：定理 14.1 の結果を言いかえる.)

問 14.2 n 次の正方行列 $A=(a_{ij})$ に対し，次の値を A の (k,l) **余因子**という．

$$\tilde{a}_{kl}=(-1)^{k+l}\begin{vmatrix}a_{11} & \cdots & a_{1\,l-1} & a_{1\,l+1} & \cdots & a_{1n}\\ \vdots & \ddots & \vdots & \vdots & \ddots & \vdots\\ a_{k-1\,1} & \cdots & a_{k-1\,l-1} & a_{k-1\,l+1} & \cdots & a_{k-1\,n}\\ a_{k+1\,1} & \cdots & a_{k+1\,l-1} & a_{k+1\,l+1} & \cdots & a_{k+1\,n}\\ \vdots & \ddots & \vdots & \vdots & \ddots & \vdots\\ a_{n1} & \cdots & a_{n\,l-1} & a_{n\,l+1} & \cdots & a_{nn}\end{vmatrix}$$

そして，(i,j) 成分が $\tilde{a}_{ji}$ である n 次の正方行列 $\tilde{A}$ を A の**余因子行列**という．余因子行列については $A\tilde{A}=\tilde{A}A=(\det A)I$ が成り立つ[3]．

正方行列に対するハミルトン–ケーリーの定理 (系 14.5) を別の方法で証明しよう．n 次の正方行列 A に対し，変数 x を含む行列 $B=xI-A$ を考える．

(1) B の余因子行列 $\tilde{B}$ の成分は $(n-1)$ 次以下の x の多項式である．なぜか．

(2) (1) より，定数を成分とする行列 $B_0, B_1, \ldots, B_{n-1}$ で $\tilde{B}=\sum_{j=0}^{n-1}x^jB_j$ となるものが定まる．A の固有多項式を $F_A(x)=\sum_{j=0}^{n}c_jx^j$ (c_j は係数) とおく

3] 『線形代数』系 6.17.

とき，次の等式が成り立つことを示せ.

$$B_{n-1} = c_n I, \quad B_{j-1} - B_j A = c_j I \ (j = 1, 2, \ldots, n-1), \quad -B_0 A = c_0 I$$

(3) $F_A(A) = O$ であることを示せ.

問 14.3 正方行列 A について，$A^m = O$ となる正の整数 m が存在するとき，A は**ベキ零行列**であるという．複素数を成分とする n 次の正方行列 A について，次の三つの条件は同値であることを示せ.

(1) A はベキ零行列である.

(2) A の固有値は 0 のみである.

(3) $A^n = O$ である.

問 14.4 複素数を成分とする 3 次の正方行列 A であって $A^2 = \begin{pmatrix} 0 & 1 & 0 \\ 0 & 0 & 1 \\ 0 & 0 & 0 \end{pmatrix}$ を満たすものは存在しないことを示せ.（ヒント：右辺の行列はベキ零である.）

問 14.5 A は複素数を成分とする n 次の正方行列であるとする．$\mathbb{C}[x]$ の部分集合 $\mathcal{F}_A$ を次で定める.

$$\mathcal{F}_A = \{P(x) \in \mathbb{C}[x] \mid P(A) = O\}$$

$\mathcal{F}_A$ の 0 でない要素のうち，次数が最小で，最高次の係数が 1 であるものを，A の**最小多項式**という[4]．行列 A の最小多項式を $\Phi_A(x)$ とおくとき，$\mathcal{F}_A$ のすべての要素は $\Phi_A(x)$ で割り切れることを示せ.

（補足：この結果から行列 A の最小多項式はただ一つに定まることもわかる.）

問 14.6 $A = \begin{pmatrix} 0 & 1 \\ 0 & 0 \end{pmatrix}, B = \begin{pmatrix} 0 & 0 \\ 0 & 1 \end{pmatrix}$ について，AB と BA の最小多項式を求め，これらが異なることを確認せよ.

（補足：問 12.5 で示したように，A, B が同じ型の正方行列であるとき，AB と BA の固有多項式は一致する．しかし，この問の結論から，AB と BA の最小多項式が一致するとは限らない.）

4] 線形変換 f についても，$P(f) = 0$ を満たす 0 でない多項式 $P(x)$ のうちで，次数が最小で，最高次の係数が 1 であるものを，f の最小多項式という.

第15章

広義固有空間と分解定理

この章から第17章まではジョルダン標準形の理論を展開する．有限次元ベクトル空間上の線形変換のなかには，対角化可能でないものがある．対角化可能でないときに，どの程度まで良い表現行列が得られるかを問題とする．その答えの一つがジョルダン標準形である[1]．

本章では，ジョルダン標準形を構成するための準備として，線形変換に対する広義固有空間および分解定理について説明する．

15.1 広義固有空間

補題 15.1 V は K 上のベクトル空間であるとし，f は V 上の線形変換であるとする．スカラー α に対し，V の部分集合 $\widetilde{W}(\alpha)$ を

$$\widetilde{W}(\alpha) = \{\boldsymbol{v} \in V \mid (f - \alpha 1_V)^k(\boldsymbol{v}) = \boldsymbol{0} \text{ を満たす正の整数 } k \text{ が存在する.}\} \tag{15.1}$$

と定める．このとき $\widetilde{W}(\alpha)$ は V の部分空間である．

証明 $\boldsymbol{u}, \boldsymbol{v}$ は $\widetilde{W}(\alpha)$ に属するベクトルであるとする．このとき，正の整数 k, l であって $(f - \alpha 1_V)^k(\boldsymbol{u}) = \boldsymbol{0}, (f - \alpha 1_V)^l(\boldsymbol{v}) = \boldsymbol{0}$ となるものが取れる．

まず，$(f - \alpha 1_V)$ の線形性から

$$(f - \alpha 1_V)^{k+l}(\boldsymbol{u} + \boldsymbol{v}) = (f - \alpha 1_V)^{k+l}(\boldsymbol{u}) + (f - \alpha 1_V)^{k+l}(\boldsymbol{v})$$

1] 表現行列の「良さ」は，それを使ってどのような問題を考えるかによって決まる．ジョルダン標準形は常微分方程式の解析などに使えるという意味で良い表示である．たとえば巻末の参考文献 [7] を参照してほしい．

であり，右辺の第 1 項は

$$(f-\alpha 1_V)^{k+l}(\boldsymbol{u}) = (f-\alpha 1_V)^l((f-\alpha 1_V)^k(\boldsymbol{u})) = (f-\alpha 1_V)^l(\boldsymbol{0}) = \boldsymbol{0}$$

となる．同様に，$(f-\alpha 1_V)^l(\boldsymbol{v}) = \boldsymbol{0}$ より $(f-\alpha 1_V)^{k+l}(\boldsymbol{v}) = \boldsymbol{0}$ となるので，$(f-\alpha 1_V)^{k+l}(\boldsymbol{u}+\boldsymbol{v}) = \boldsymbol{0}$ である．$k+l$ は正の整数であるから，$\boldsymbol{u}+\boldsymbol{v}$ も $\widetilde{W}(\alpha)$ に属する．次に，λ がスカラーのとき，$(f-\alpha 1_V)$ の線形性より

$$(f-\alpha 1_V)^k(\lambda\boldsymbol{u}) = \lambda(f-\alpha 1_V)^k(\boldsymbol{u}) = \lambda\boldsymbol{0} = \boldsymbol{0}$$

となるから，$\lambda\boldsymbol{u}$ も $\widetilde{W}(\alpha)$ に属する．以上より $\widetilde{W}(\alpha)$ は部分空間である．■

補題 15.2　ベクトル空間 V 上の線形変換 f について，補題 15.1 で定めた部分空間 $\widetilde{W}(\alpha)$ を考える．スカラー α について次の二つの条件は同値である．

(1)　α は f の固有値である．

(2)　$\widetilde{W}(\alpha) \neq \{\boldsymbol{0}\}$ である．

証明　(1) ならば (2) であること　α は f の固有値であるとする．このとき固有空間 $W(\alpha)$ は $\{\boldsymbol{0}\}$ でなく，$W(\alpha)$ の定義より $W(\alpha) \subset \widetilde{W}(\alpha)$ であるから，$\widetilde{W}(\alpha) \neq \{\boldsymbol{0}\}$ である．

(2) ならば (1) であること　$\widetilde{W}(\alpha) \neq \{\boldsymbol{0}\}$ であるとすると，$\widetilde{W}(\alpha)$ に属する $\boldsymbol{0}$ でないベクトル $\boldsymbol{v}$ が取れる．この $\boldsymbol{v}$ に対して，$(f-\alpha 1_V)^k(\boldsymbol{v}) = \boldsymbol{0}$ を満たす正の整数 k が取れる．このとき線形写像 $(f-\alpha 1_V)^k$ の核は $\{\boldsymbol{0}\}$ でないから，$(f-\alpha 1_V)^k$ は単射でない．したがって $(f-\alpha 1_V)$ も単射でないから (命題 6.4 (1))，$(f-\alpha 1_V)(\boldsymbol{u}) = \boldsymbol{0}$ となる $\boldsymbol{0}$ でないベクトル $\boldsymbol{u}$ が存在する．このとき $f(\boldsymbol{u}) = \alpha\boldsymbol{u}$ であるから，α は f の固有値である．■

定義 15.3　f はベクトル空間 V 上の線形変換であるとし，α は f の固有値であるとする．このとき，(15.1) で定まる V の部分空間 $\widetilde{W}(\alpha)$ を，固有値 α に対する**広義固有空間**という．

補題 15.2 の証明で述べたように次のことが成り立つ．

系 15.4　f はベクトル空間 V 上の線形変換であるとし，α は f の固有値であるとする．このとき，固有値 α に対する固有空間 $W(\alpha)$ は，同じ固有値に対する広義固有空間 $\widetilde{W}(\alpha)$ に含まれる．

命題 15.5 f はベクトル空間 V 上の線形変換であるとし，α は f の固有値であるとする．β をスカラーとするとき，次のことが成り立つ．

(1) 広義固有空間 $\widetilde{W}(\alpha)$ は線形変換 $(f-\beta 1_V)$ について不変である．

(2) $\widetilde{W}(\alpha)$ が有限次元であるとき，β が α と異なるスカラーであれば，$(f-\beta 1_V)|_{\widetilde{W}(\alpha)}$ は全単射である．

証明 (1) $\boldsymbol{v}$ は広義固有空間 $\widetilde{W}(\alpha)$ に属するベクトルであるとする．このとき，$(f-\alpha 1_V)^k(\boldsymbol{v})=\boldsymbol{0}$ を満たす正の整数 k が取れる．$(f-\alpha 1_V)^k$ と $(f-\beta 1_V)$ は可換であるから (系 11.5)

$$
\begin{aligned}
&(f-\alpha 1_V)^k\left((f-\beta 1_V)(\boldsymbol{v})\right) \\
&= (f-\beta 1_V)\big((f-\alpha 1_V)^k(\boldsymbol{v})\big) = (f-\beta 1_V)(\boldsymbol{0}) = \boldsymbol{0}
\end{aligned}
$$

となるから，ベクトル $(f-\beta 1_V)(\boldsymbol{v})$ も広義固有空間 $\widetilde{W}(\alpha)$ に属する．以上より，$\widetilde{W}(\alpha)$ は $(f-\beta 1_V)$ について不変である．

(2) 記号を簡単にするために $\varphi=(f-\beta 1_V)|_{\widetilde{W}(\alpha)}$ とおく．広義固有空間 $\widetilde{W}(\alpha)$ は有限次元であるから，φ が単射であることを示せばよい (命題 10.29)．そのためには，$\operatorname{Ker}\varphi=\{\boldsymbol{0}\}$ であることを示せばよい (命題 6.16)．

ベクトル $\boldsymbol{v}$ は $\operatorname{Ker}\varphi$ に属するとする．このとき，$\boldsymbol{v}$ は広義固有空間 $\widetilde{W}(\alpha)$ に属するので，$(f-\alpha 1_V)^k(\boldsymbol{v})=\boldsymbol{0}$ となる正の整数 k が取れる．一方，$\varphi(\boldsymbol{v})=(f-\beta 1_V)(\boldsymbol{v})=\boldsymbol{0}$ であるから，$f(\boldsymbol{v})=\beta\boldsymbol{v}$ となるので，$(f-\alpha 1_V)(\boldsymbol{v})=(\beta-\alpha)\boldsymbol{v}$ である．したがって $(f-\alpha 1_V)^k(\boldsymbol{v})=(\beta-\alpha)^k\boldsymbol{v}$ となる．このベクトルは $\boldsymbol{0}$ に等しく，$\beta\neq\alpha$ であるから，$\boldsymbol{v}=\boldsymbol{0}$ である (系 2.14)．以上より $\operatorname{Ker}\varphi=\{\boldsymbol{0}\}$ である． ■

命題 15.5 (2) の証明から次のことが言える．

系 15.6 V は $\mathbb{C}$ 上の $\{\boldsymbol{0}\}$ でない有限次元ベクトル空間であるとする．V 上の線形変換 f の固有値 α について，α に対する広義固有空間を $\widetilde{W}(\alpha)$ とする．このとき，$f|_{\widetilde{W}(\alpha)}$ の固有値は α のみである．

証明 V は有限次元であるから，$\widetilde{W}(\alpha)$ も有限次元である．よって，命題 15.5 (2) より，β が α と異なる複素数であれば，$(f-\beta 1_V)|_{\widetilde{W}(\alpha)}$ は単射である．したがっ

て，$\widetilde{W}(\alpha)$ のベクトル $\boldsymbol{v}$ であって，$f(\boldsymbol{v}) = \beta\boldsymbol{v}$ となるものは $\mathbf{0}$ しかない (命題 6.16). 以上より，α と異なる複素数は $f|_{\widetilde{W}(\alpha)}$ の固有値ではないので，固有値は α のみである. ■

15.2 分解定理

この節では分解定理 (定理 15.10) を証明する．そのために多項式に関する次の定理を使う．証明は付録の A.3 項で述べる．

定理 15.7　r は 2 以上の整数であるとする．K 係数の多項式 $P_1(x), \ldots, P_r(x)$ が定数以外の共通因子をもたないとき，K 係数の多項式 $Q_1(x), \ldots, Q_r(x)$ であって，$\sum_{j=1}^{r} Q_j(x)P_j(x) = 1$ を満たすものが存在する．

まず，広義固有空間が固有値の重複度を使って記述されることを示す．

命題 15.8　f はベクトル空間 V 上の線形変換であるとする．f の固有値 α の重複度を m とおくとき，α に対する広義固有空間は次のように表される．

$$\widetilde{W}(\alpha) = \{\boldsymbol{v} \in V \mid (f - \alpha 1_V)^m(\boldsymbol{v}) = \mathbf{0}\} \tag{15.2}$$

証明　記号を簡単にするために (15.2) の右辺の集合を W' とおく．広義固有空間の定義から $W' \subset \widetilde{W}(\alpha)$ である．逆向きの包含関係 $W' \supset \widetilde{W}(\alpha)$ を証明する．

ベクトル $\boldsymbol{v}$ は広義固有空間 $\widetilde{W}(\alpha)$ に属するとする．広義固有空間の定義から，$(f - \alpha 1_V)^k(\boldsymbol{v}) = \mathbf{0}$ を満たす正の整数 k が取れる．このとき $(f - \alpha 1_V)^m(\boldsymbol{v}) = \mathbf{0}$ が成り立つことを示せばよい．もし k が m 以下であれば

$$(f - \alpha 1_V)^m(\boldsymbol{v}) = (f - \alpha 1_V)^{m-k}\left((f - \alpha 1_V)^k(\boldsymbol{v})\right) = (f - \alpha 1_V)^{m-k}(\mathbf{0}) = \mathbf{0}$$

であるから，$(f - \alpha 1_V)^m(\boldsymbol{v}) = \mathbf{0}$ が成り立つ．

次に，k が m よりも大きい場合を考える．f の α 以外の相異なる固有値を $\beta_1, \beta_2, \ldots, \beta_r$ とし，その重複度をそれぞれ $m_1, m_2, \ldots, m_r$ とおく．多項式 $P_1(x), P_2(x)$ を

$$P_1(x) = (x - \alpha)^{k-m}, \quad P_2(x) = (x - \beta_1)^{m_1}(x - \beta_2)^{m_2} \cdots (x - \beta_r)^{m_r}$$

と定める．f の固有多項式を $F(x)$ とおくと，$F(x)=(x-\alpha)^m P_2(x)$ であることに注意する．$P_1(x)$ と $P_2(x)$ は定数以外の共通因子を持たないから，定理 15.7 より，$Q_1(x)P_1(x)+Q_2(x)P_2(x)=1$ を満たす多項式 $Q_1(x), Q_2(x)$ が取れる．この両辺に $(x-\alpha)^m$ を掛けると

$$Q_1(x)(x-\alpha)^k+Q_2(x)F(x)=(x-\alpha)^m$$

となる．x に f を代入すれば，ハミルトン–ケーリーの定理 14.4 より $F(f)=0$ であるから，$Q_1(f)(f-\alpha 1_V)^k=(f-\alpha 1_V)^m$ となる．よって

$$(f-\alpha 1_V)^m(\boldsymbol{v})=Q_1(f)\left((f-\alpha 1_V)^k(\boldsymbol{v})\right)=Q_1(f)(\boldsymbol{0})=\boldsymbol{0}$$

である．■

注意 広義固有空間の定義 (15.1) においては，k が $\boldsymbol{v}$ に応じて定まればよい．しかし，命題 15.8 の結果から，$(f-\alpha 1_V)^k(\boldsymbol{v})=\boldsymbol{0}$ となる k として $\boldsymbol{v}$ によらない値 m を取れることがわかる．

次に，広義固有空間の和は直和であることを示す．

命題 15.9 f はベクトル空間 V 上の線形変換であるとし，$\beta_1,\beta_2,\ldots,\beta_s$ は f の相異なる固有値であるとする．このとき，広義固有空間の和 $\widetilde{W}(\beta_1)+\widetilde{W}(\beta_2)+\cdots+\widetilde{W}(\beta_s)$ は直和である．

証明 広義固有空間 $\widetilde{W}(\beta_j)$ のベクトル $\boldsymbol{w}_j$ $(j=1,2,\ldots,r)$ について $\sum_{j=1}^{r}\boldsymbol{w}_j=\boldsymbol{0}$ が成り立つとする．このとき，すべての $k=1,2,\ldots,r$ について $\boldsymbol{w}_k=\boldsymbol{0}$ であること示せばよい．

k を $1,2,\ldots,r$ のいずれかとする．多項式

$$P(x)=(x-\beta_1)^{m_1}\cdots(x-\beta_{k-1})^{m_{k-1}}(x-\beta_{k+1})^{m_{k+1}}\cdots(x-\beta_r)^{m_r}$$

を考える．系 11.5 と命題 15.8 より，$j\neq k$ のとき $P(f)(\boldsymbol{w}_j)=\boldsymbol{0}$ が成り立つ．よって，$\sum_{j=1}^{r}\boldsymbol{w}_j=\boldsymbol{0}$ の両辺のベクトルを線形変換 $P(f)$ で移すと $P(f)(\boldsymbol{w}_k)=\boldsymbol{0}$ となる．ここで $P(f)$ は線形変換 $(f-\beta_j 1_V)$ $(j=1,\ldots,k-1,k+1,\ldots,r)$ の合成であり，$\beta_1,\ldots,\beta_{k-1},\beta_{k+1},\ldots,\beta_r$ は β_k とは異なるから，命題 15.5 より $P(f)|_{\widetilde{W}(\beta_k)}$

は単射である．したがって命題 6.16 より $\boldsymbol{w}_k = \boldsymbol{0}$ である．

以上より，すべての $k = 1, 2, \ldots, r$ について $\boldsymbol{w}_k = \boldsymbol{0}$ である．■

命題 15.9 より次の分解定理が得られる．

定理 15.10（分解定理） V は $\mathbb{C}$ 上の $\{\boldsymbol{0}\}$ でない有限次元ベクトル空間であるとし，f は V 上の線形変換であるとする．f の相異なる固有値を $\alpha_1, \alpha_2, \ldots, \alpha_r$ とおくと，次の等式が成り立つ．

$$V = \widetilde{W}(\alpha_1) \oplus \widetilde{W}(\alpha_2) \oplus \cdots \oplus \widetilde{W}(\alpha_r)$$

証明 広義固有空間の和 $\widetilde{W}(\alpha_1) + \widetilde{W}(\alpha_2) + \cdots + \widetilde{W}(\alpha_r)$ を W とおく．命題 15.9 より，この和は直和である．よって $V = W$ であることを示せばよい．

$r = 1$ のとき，f はただ一つの固有値 α_1 をもつ．よって，V の次元を n とすると，f の固有多項式は $(x - \alpha_1)^n$ である．ハミルトン–ケーリーの定理 14.4 より $(f - \alpha_1 1_V)^n = 0$ が成り立つから，V のどのベクトル $\boldsymbol{v}$ についても $(f - \alpha_1 1_V)^n(\boldsymbol{v}) = \boldsymbol{0}$ である．したがって $V = \widetilde{W}(\alpha_1)$ である．

以下，r が 2 以上の場合を考える．$j = 1, 2, \ldots, r$ について，固有値 α_j の重複度を m_j とおく．f の固有多項式を $F(x)$ とおき，$F(x)$ を $(x - \alpha_j)^{m_j}$ で割って得られる多項式を $P_j(x)$ とおく．すなわち

$$\begin{aligned} P_j(x) &= \frac{F(x)}{(x - \alpha_j)^{m_j}} \\ &= (x - \alpha_1)^{m_1} \cdots (x - \alpha_{j-1})^{m_{j-1}} (x - \alpha_{j+1})^{m_{j+1}} \cdots (x - \alpha_r)^{m_r} \end{aligned}$$

である．このとき，$P_1(x), P_2(x), \ldots, P_r(x)$ は定数以外の共通因子を持たないから，定理 15.7 より，多項式 $Q_1(x), Q_2(x), \ldots, Q_r(x)$ であって $\sum_{j=1}^{r} P_j(x) Q_j(x) = 1$ となるものが取れる．両辺の x に f を代入して $\sum_{j=1}^{r} P_j(f) Q_j(f) = 1_V$ を得る．

$\boldsymbol{v}$ は V のベクトルであるとする．このとき

$$\boldsymbol{v} = 1_V(\boldsymbol{v}) = \sum_{j=1}^{r} (P_j(f) Q_j(f))(\boldsymbol{v}) \tag{15.3}$$

である．ここで，$P_j(x)$ の定義から $(x - \alpha_j)^{m_j} P_j(x) = F(x)$ であるから

$$(f - \alpha_j 1_V)^{m_j} P_j(f) = F(f)$$

であり，ハミルトン–ケーリーの定理 14.4 より $F(f)=0$ であるので

$$
\begin{aligned}
&(f-\alpha_j 1_V)^{m_j}\left((P_j(f)Q_j(f)(\boldsymbol{v})\right)\\
&=(F(f)Q_j(f))(\boldsymbol{v})=0(Q_j(f)(\boldsymbol{v}))=\mathbf{0}
\end{aligned}
$$

となる．よって，$j=1,2,\ldots,r$ について $(P_j(f)Q_j(f))(\boldsymbol{v})$ は広義固有空間 $\widetilde{W}(\alpha_j)$ に属するから，(15.3) より $\boldsymbol{v}$ は W に属する．以上より $V=W$ である． ■

分解定理 15.10 を使うと，広義固有空間 $\widetilde{W}(\alpha)$ の次元は，α の重複度に等しいことが証明できる．そのための準備として，次の命題を示す．

命題 15.11 V は K 上の有限次元ベクトル空間であるとし，f は V 上の線形変換であるとする．V は f–不変な $\{\mathbf{0}\}$ でない部分空間の直和 $V=W_1\oplus W_2\oplus\cdots\oplus W_r$ に分解されるとする．このとき，f の固有多項式を $F(x)$ とし，$f|_{W_k}$ の固有多項式を $f_k(x)$ とすると $(k=1,2,\ldots,r)$, $F(x)=f_1(x)f_2(x)\cdots f_r(x)$ である．

証明 $k=1,2,\ldots,r$ について，W_k の基底 S_k を取り，基底 S_k に関する $f|_{W_k}$ の表現行列を A_k とおく．このとき $f_k(x)=\det(xI-A_k)$ である．命題 11.14 より，基底 $S_1,S_2,\ldots,S_r$ のベクトルを順に並べて得られるベクトルの組 S について，S は V の基底であり，S に関する f の表現行列は

$$
\begin{pmatrix}
A_1 & & & \\
 & A_2 & & \\
 & & \ddots & \\
 & & & A_r
\end{pmatrix}
$$

とブロック分解される．よって，命題 1.9 (6) を繰り返し使って

$$
\begin{aligned}
F(x)&=\det\begin{pmatrix}
xI-A_1 & & & \\
 & xI-A_2 & & \\
 & & \ddots & \\
 & & & xI-A_r
\end{pmatrix}\\
&=\det(xI-A_1)\cdot\det(xI-A_2)\cdot\cdots\cdot\det(xI-A_r)\\
&=f_1(x)f_2(x)\cdots f_r(x)
\end{aligned}
$$

を得る． ■

系 15.12　V は $\mathbb{C}$ 上の有限次元ベクトル空間であるとし，f は V 上の線形変換であるとする．このとき，f の固有値 α に対する広義固有空間 $\widetilde{W}(\alpha)$ の次元は，α の重複度に等しい．

証明　f の相異なる固有値を $\alpha_1, \alpha_2, \ldots, \alpha_r$ とする．広義固有空間 $\widetilde{W}(\alpha_j)\,(j = 1, 2, \ldots, r)$ の次元を d_j とおく．命題 15.5 より，それぞれの広義固有空間 $\widetilde{W}(\alpha_j)\,(j = 1, 2, \ldots, r)$ は f–不変である．さらに，命題 15.5 より，$f|_{\widetilde{W}(\alpha_j)}$ の固有値は α_j のみである．したがって $f|_{\widetilde{W}(\alpha_j)}$ の固有多項式は $(x - \alpha_j)^{d_j}$ である．よって，命題 15.11 と定理 15.10 より，f の固有多項式は

$$(x - \alpha_1)^{d_1}(x - \alpha_2)^{d_2} \cdots (x - \alpha_r)^{d_r}$$

と因数分解される．したがって，すべての $j = 1, 2, \ldots, r$ について d_j は固有値 α_j の重複度に等しい．■

演習問題

問 15.1　α は 0 でない複素数の定数とし，$A = \begin{pmatrix} \alpha & 1 & 0 \\ 0 & \alpha & 1 \\ 0 & 0 & \alpha \end{pmatrix}$ とする．

(1)　A の固有値は α のみで，その重複度は 3 であることを確認せよ．

(2)　A の定める線形変換 $L_A : \mathbb{C}^3 \to \mathbb{C}^3$ を考える．(1) の結果と系 15.12 より，L_A の広義固有空間 $\widetilde{W}(\alpha)$ は $\widetilde{W}(\alpha) = \{\boldsymbol{v} \in \mathbb{C}^3 \mid (A - \alpha I)^3 \boldsymbol{v} = \boldsymbol{0}\}$ と表される．$\widetilde{W}(\alpha)$ と集合 $W = \{\boldsymbol{v} \in \mathbb{C}^3 \mid A^3 \boldsymbol{v} = \alpha^3 \boldsymbol{v}\}$ は一致するか．

問 15.2　V は $\mathbb{C}$ 上の $\{\boldsymbol{0}\}$ でない有限次元ベクトルであるとし，f は V 上の線形変換であるとする．f の相異なる固有値を $\alpha_1, \alpha_2, \ldots, \alpha_r$ とおくとき，次の二つの条件は同値であることを示せ．

(1)　f は対角化可能である．

(2)　x を変数とする多項式 $G(x) = (x - \alpha_1)(x - \alpha_2) \cdots (x - \alpha_r)$ について，$G(f) = 0$ が成り立つ．

(ヒント：定理 13.4 より，条件 (1) は V が固有空間の直和であることと同値である．このことを使って，定理 15.10 の証明と同様に考えればよい．)

第16章
ベキ零変換

前章の定理 15.10 より，$\mathbb{C}$ 上の $\{\mathbf{0}\}$ でない有限次元ベクトル空間 V と，V 上の線形変換 f があるとき，V は f の広義固有空間に分解される．広義固有空間は f–不変であるから，f の表現行列はそれぞれの直和因子における表現行列を並べたブロック対角行列となる (命題 11.14)．そこで，それぞれの広義固有空間において良い表現行列を構成したい．ジョルダン標準形の理論では，この問題を以下で説明するベキ零変換の標準形の構成に帰着させる．

16.1 ベキ零変換の定義と例

命題 16.1 V は $\mathbb{C}$ 上の $\{\mathbf{0}\}$ でない有限次元ベクトル空間であるとする．V 上の線形変換 f の固有値 α の重複度は m であるとする．広義固有空間 $\widetilde{W}(\alpha)$ への線形変換 $(f-\alpha 1_V)$ の制限を φ とおく [1]．このとき，φ^m は $\widetilde{W}(\alpha)$ 上の零写像である．

証明 命題 15.8 より，$\widetilde{W}(\alpha)$ のどのベクトル $\boldsymbol{v}$ についても

$$\varphi^m(\boldsymbol{v}) = (f-\alpha 1_V)^m(\boldsymbol{v}) = \mathbf{0}$$

が成り立つ．よって $\varphi^m = 0$ である． ■

1] 広義固有空間 $\widetilde{W}(\alpha)$ が $(f-\alpha 1_V)$ について不変であることは，命題 15.5 (1) で証明した．

定義 16.2　V は K 上の有限次元ベクトル空間であるとし，φ は V 上の線形変換であるとする．

(1) $\varphi^q = 0$ となる正の整数 q が存在するとき，φ は**ベキ零変換**であるという．

(2) φ がベキ零変換であるとき，$\varphi^q = 0$ となる正の整数 q のうち最小のものを φ の**指数**という．

例 16.3　m 次の正方行列 N_m を

$$N_m = \begin{pmatrix} 0 & 1 & & & \\ & 0 & 1 & & \\ & & \ddots & \ddots & \\ & & & 0 & 1 \\ & & & & 0 \end{pmatrix} \tag{16.1}$$

で定める．ただし $m = 1$ のときは $N_1 = O$ と定める．このとき $(N_m)^{m-1} \neq O, (N_m)^m = O$ であるから (問 16.2), N_m が定める線形変換 $L_{N_m} : K^m \to K^m$ はベキ零であり，その指数は m である．

例 16.4　d は正の整数であるとする．複素数を係数にもつ d 次以下の多項式全体からなるベクトル空間 $\mathbb{C}[x]_d$ を考える (例 3.5)．このとき次の写像 D が定まる．

$$D : \mathbb{C}[x]_d \to \mathbb{C}[x]_d, \quad D(P(x)) = \frac{P(2x) - P(x)}{x}$$

なぜならば，$\mathbb{C}[x]_d$ の要素 $P(x) = \sum_{k=0}^{d} a_k x^k$ について

$$D(P(x)) = \frac{1}{x}\left(\sum_{k=0}^{d} a_k (2x)^k - \sum_{k=0}^{d} a_k x^k\right) = \frac{1}{x}\sum_{k=0}^{d} a_k (2^k - 1) x^k$$

であり，$k = 0$ のとき $2^k - 1 = 0$ であることから，上式の右辺は

$$\frac{1}{x}\sum_{k=0}^{d} a_k (2^k - 1) x^k = \frac{1}{x}\sum_{k=1}^{d} a_k (2^k - 1) x^k = \sum_{k=1}^{d} a_k (2^k - 1) x^{k-1}$$

と書き直される．よって $D(P(x))$ は $(d-1)$ 次以下の多項式であるから，D は $\mathbb{C}[x]_d$ からそれ自身への写像として定まる．このとき，D は $\mathbb{C}[x]_d$ 上の線形変換であることが，D の定義からわかる．さらに，$n = 0, 1, \ldots, d$ について $D(x^n) = (2^n - 1)x^{n-1}$ となるので，$D^d \neq 0, D^{d+1} = 0$ である．よって D は指数 $(d+1)$ の

ベキ零変換である.

16.2 ベキ零変換の標準形

16.2.1 標準形の存在

ベキ零変換に対しては特徴的な基底を取ることができる. その特徴を述べるために整数の分割を用いる. 整数の組 $\boldsymbol{\lambda} = (\lambda_1, \lambda_2, \cdots, \lambda_k)$ について

$$\lambda_1 \geqq \lambda_2 \geqq \cdots \geqq \lambda_k > 0$$

が成り立つとき[2], $\boldsymbol{\lambda}$ は**分割**であるといい, k の値を分割 $\boldsymbol{\lambda}$ の**長さ**, $\lambda_1 + \lambda_2 + \cdots + \lambda_k$ の値を分割 $\boldsymbol{\lambda}$ の**大きさ**という. 分割 $\boldsymbol{\lambda}$ の大きさが m であるとき, $\boldsymbol{\lambda}$ は m の分割であるとも言う.

例 16.5 $\boldsymbol{\lambda} = (5, 2, 1, 1)$ は 9 の分割で, その長さは 4 である.

定理 16.6 V は K 上の $\{\mathbf{0}\}$ でない有限次元ベクトル空間であるとし, その次元を m とする. V 上の線形変換 φ はベキ零であるとし, その指数を q とする. このとき, φ に応じて m の分割 $\boldsymbol{\lambda} = (\lambda_1, \lambda_2, \ldots, \lambda_k)$ (ただし $\lambda_1 = q$) がただ一つ定まり, V のベクトル $\boldsymbol{v}_1, \boldsymbol{v}_2, \ldots, \boldsymbol{v}_k$ であって次の条件を満たすものが存在する.

(1) $j = 1, 2, \ldots, k$ について $\varphi^{\lambda_j}(\boldsymbol{v}_j) = \mathbf{0}$ である.

(2) $j = 1, 2, \ldots, k$ について $S_j = \{\boldsymbol{v}_j, \varphi(\boldsymbol{v}_j), \ldots, \varphi^{\lambda_j - 1}(\boldsymbol{v}_j)\}$ と定めると, その和集合 $S = S_1 \cup S_2 \cup \cdots \cup S_k$ は V の基底である.

定理 16.6 の証明は次項で述べる. この定理から, ベキ零変換は次のような表現行列を持つことがわかる. 以下, 紙面を節約するために, ブロック対角行列

$$\begin{pmatrix} A_1 & & & \\ & A_2 & & \\ & & \ddots & \\ & & & A_r \end{pmatrix} \tag{16.2}$$

2] 本書では正の整数からなる分割のみを扱うが, 現代数学では 0 を含む分割を考えることも多い.

を $A_1 \oplus A_2 \oplus \cdots \oplus A_r$ と略記し，(16.2) の形の正方行列を $A_1, A_2, \ldots, A_r$ の**直和**と呼ぶ.

定理 16.6 (2) で定めた V の基底 S について，その要素を次の順に並べて，あらためて S とおく.

$$S = (\underbrace{\varphi^{\lambda_1-1}(\boldsymbol{v}_1), \ldots, \varphi(\boldsymbol{v}_1), \boldsymbol{v}_1}_{\lambda_1\text{ 個}}, \ldots, \underbrace{\varphi^{\lambda_k-1}(\boldsymbol{v}_k), \ldots, \varphi(\boldsymbol{v}_k), \boldsymbol{v}_k}_{\lambda_k\text{ 個}}) \tag{16.3}$$

定理 16.6 (1) より，この基底 S に関する φ の表現行列は

$$N_{\lambda_1} \oplus N_{\lambda_2} \oplus \cdots \oplus N_{\lambda_k} \tag{16.4}$$

となる．ただし N_m は (16.1) で定まる行列である．具体的に書くと，たとえば $(\lambda_1, \lambda_2, \lambda_3) = (3, 2, 1)$ のとき

$$N_3 \oplus N_2 \oplus N_1 = \begin{pmatrix} 0 & 1 & 0 & & & \\ & 0 & 1 & & & \\ & & 0 & & & \\ & & & 0 & 1 & \\ & & & & 0 & \\ & & & & & 0 \end{pmatrix}$$

である (空白の部分の成分はすべて 0 である).

16.2.2　定理 16.6 の証明

定理 16.6 を証明するために，次の補題 16.7 を示す．この補題を述べるのに次の記号を使う．ベクトル空間 V 上の線形変換 f と，V の部分空間 W について，V の部分集合 $f(W)$ を次で定める.

$$f(W) = \{\boldsymbol{v} \in V \mid \boldsymbol{v} = f(\boldsymbol{w}) \text{ を満たす } W \text{ のベクトル } \boldsymbol{w} \text{ が存在する.}\}$$

このとき $f(W)$ は V の部分空間である[3].

補題 16.7　V は K 上の $\{\boldsymbol{0}\}$ でない有限次元ベクトル空間であるとし，V 上の線形変換 φ はベキ零であるとする．φ の指数を q とおき，$j = 0, 1, \ldots, q$ について $Z_j = \mathrm{Ker}\,(\varphi^j)$ とおく．このとき次のことが成り立つ.

3]　命題 6.15 (2) と同様にして証明できる.

(1) $j=1,2,\ldots,q$ について $Z_{j-1}\subset Z_j$ かつ $Z_{j-1}\neq Z_j$ である.

(2) j を $2,3,\ldots,q$ のいずれかとする. Z_j の部分空間 W について $Z_{j-1}\cap W=\{\mathbf{0}\}$ が成り立つとする. このとき, $\varphi(W)$ は Z_{j-1} の部分空間で $Z_{j-2}\cap\varphi(W)=\{\mathbf{0}\}$ が成り立つ. さらに, $\{\boldsymbol{u}_1,\boldsymbol{u}_2,\ldots,\boldsymbol{u}_r\}$ が W の基底であれば, $\{\varphi(\boldsymbol{u}_1),\varphi(\boldsymbol{u}_2),\ldots,\varphi(\boldsymbol{u}_r)\}$ は $\varphi(W)$ の基底である.

(3) $j=2,\ldots,q$ について次の不等式が成り立つ.

$$\dim Z_{j-1}-\dim Z_{j-2}\geqq\dim Z_j-\dim Z_{j-1}$$

証明 (1) j を $1,2,\ldots,q$ のいずれかとする. V のベクトル $\boldsymbol{v}$ が $\varphi^{j-1}(\boldsymbol{v})=\mathbf{0}$ を満たすならば,

$$\varphi^j(\boldsymbol{v})=\varphi(\varphi^{j-1}(\boldsymbol{v}))=\varphi(\mathbf{0})=\mathbf{0}$$

となるので, $Z_{j-1}\subset Z_j$ が成り立つ. よって, すべての $j=1,2,\ldots,q$ について $Z_{j-1}\neq Z_j$ であることを示せばよい. 指数の定義から $\varphi^{q-1}\neq 0$, $\varphi^q=0$ であるので, $Z_{q-1}\neq V$ かつ $Z_q=V$ である. よって $Z_{q-1}\neq Z_q$ は成り立つ.

仮に, $Z_{j-1}=Z_j$ となる j が, $1,2,\ldots,q-1$ のなかに存在するとしよう. このような j のうち最大のものを取って k とおく. $\boldsymbol{u}$ が Z_{k+1} に属するベクトルであるとき, $\varphi^k(\varphi(\boldsymbol{u}))=\varphi^{k+1}(\boldsymbol{u})=\mathbf{0}$ となるので $\varphi(\boldsymbol{u})\in Z_k$ である. 仮定より $Z_{k-1}=Z_k$ であるから $\varphi(\boldsymbol{u})\in Z_{k-1}$ でもある. したがって $\varphi^{k-1}(\varphi(\boldsymbol{u}))=\mathbf{0}$ であり, この左辺は $\varphi^k(\boldsymbol{u})$ に等しいから, $\varphi^k(\boldsymbol{u})=\mathbf{0}$ となる. よって $\boldsymbol{u}\in Z_k$ である. 以上より $Z_{k+1}\subset Z_k$ が成り立つ. 前の段落で述べたように $Z_k\subset Z_{k+1}$ でもあるので, $Z_k=Z_{k+1}$ が成り立つ. これは k の最大性 (もしくは $Z_{q-1}\neq Z_q$ であること) に反する. 以上より, すべての $j=1,2,\ldots,q$ について $Z_{j-1}\neq Z_j$ が成り立つ.

(2) まず $\varphi(W)\subset Z_{j-1}$ であることを示す. $\boldsymbol{u}$ は $\varphi(W)$ に属するベクトルであるとする. このとき, $\boldsymbol{u}=\varphi(\boldsymbol{w})$ となる W のベクトル $\boldsymbol{w}$ が取れる. W は Z_j の部分空間であるから, $\varphi^j(\boldsymbol{w})=\mathbf{0}$ が成り立つ. よって

$$\varphi^{j-1}(\boldsymbol{u})=\varphi^{j-1}(\varphi(\boldsymbol{w}))=\varphi^j(\boldsymbol{w})=\mathbf{0}$$

となるから, $\boldsymbol{u}\in Z_{j-1}$ である. 以上より $\varphi(W)\subset Z_{j-1}$ である.

次に, $Z_{j-2}\cap\varphi(W)=\{\mathbf{0}\}$ であることを示そう. $\boldsymbol{x}$ は $Z_{j-2}\cap\varphi(W)$ に属するベ

クトルであるとする．$\boldsymbol{x} \in \varphi(W)$ であるから，$\boldsymbol{x} = \varphi(\boldsymbol{y})$ となる W のベクトル $\boldsymbol{y}$ が取れる．このとき，$\boldsymbol{x}$ は Z_{j-2} にも属することから

$$\varphi^{j-1}(\boldsymbol{y}) = \varphi^{j-2}(\varphi(\boldsymbol{y})) = \varphi^{j-2}(\boldsymbol{x}) = \boldsymbol{0}$$

となる．したがって $\boldsymbol{y} \in Z_{j-1}$ である．よって $\boldsymbol{y} \in Z_{j-1} \cap W$ であるので，仮定より $\boldsymbol{y} = \boldsymbol{0}$ である．したがって $\boldsymbol{x} = \varphi(\boldsymbol{y}) = \varphi(\boldsymbol{0}) = \boldsymbol{0}$ である．以上より $Z_{j-2} \cap \varphi(W) = \{\boldsymbol{0}\}$ である．

最後に，集合 $S = \{\boldsymbol{u}_1, \boldsymbol{u}_2, \ldots, \boldsymbol{u}_r\}$ が W の基底であるとき，集合 $T = \{\varphi(\boldsymbol{u}_1), \varphi(\boldsymbol{u}_2), \ldots, \varphi(\boldsymbol{u}_r)\}$ が $\varphi(W)$ の基底であることを示そう．$\varphi(W)$ は T の要素で生成されるから[4]，T が線形独立であることを示せばよい．スカラー $\lambda_1, \lambda_2, \ldots, \lambda_r$ について $\sum_{k=1}^{r} \lambda_k \varphi(\boldsymbol{u}_k) = \boldsymbol{0}$ が成り立つとする．$\boldsymbol{w} = \sum_{k=1}^{r} \lambda_k \boldsymbol{u}_k$ とおくと，$\boldsymbol{w} \in W$ であり

$$\varphi^{j-1}(\boldsymbol{w}) = \varphi^{j-2}\left(\varphi\left(\sum_{k=1}^{r} \lambda_k \boldsymbol{u}_k\right)\right) = \varphi^{j-2}\left(\sum_{k=1}^{r} \lambda_k \varphi(\boldsymbol{u}_k)\right) = \varphi^{j-2}(\boldsymbol{0}) = \boldsymbol{0}$$

となるので，$\boldsymbol{w} \in Z_{j-1}$ である．よって $\boldsymbol{w} \in Z_{j-1} \cap W$ となるので，仮定より $\boldsymbol{w} = \boldsymbol{0}$ である．すなわち $\sum_{k=1}^{r} \lambda_k \boldsymbol{u}_k = \boldsymbol{0}$ が成り立つ．$\boldsymbol{u}_1, \boldsymbol{u}_2, \ldots, \boldsymbol{u}_r$ は線形独立であるから，$\lambda_1, \lambda_2, \ldots, \lambda_r$ はすべて 0 である．以上より $\varphi(\boldsymbol{u}_1), \varphi(\boldsymbol{u}_2), \ldots, \varphi(\boldsymbol{u}_r)$ は線形独立である．

(3) j は $1, 2, \ldots, q-1$ のいずれかとする．$Z_{j-1} \subset Z_j$ であるから，$Z_{j-1} \oplus W = Z_j$ となる Z_j の補部分空間 W が取れる (命題 9.10)．このとき，(2) より Z_{j-2} と $\varphi(W)$ は Z_{j-1} の部分空間で，$Z_{j-2} \cap \varphi(W) = \{\boldsymbol{0}\}$ が成り立つ．よって Z_{j-1} は $Z_{j-2} \oplus \varphi(W)$ を部分空間として含む．以上のことから

$$\dim Z_j = \dim(Z_{j-1} \oplus W) = \dim Z_{j-1} + \dim W,$$
$$\dim Z_{j-1} \geqq \dim(Z_{j-2} \oplus \varphi(W)) = \dim Z_{j-2} + \dim \varphi(W)$$

であり，(2) より $\dim W = \dim \varphi(W)$ である．したがって

$$\dim Z_{j-1} \geqq \dim Z_{j-2} + (\dim Z_j - \dim Z_{j-1})$$

であり，右辺の $\dim Z_{j-2}$ を左辺に移項すれば示すべき不等式が得られる．■

4] このことは問 6.7 と同様にしてわかる．

補題 16.7 を使って定理 16.6 を証明しよう.

証明（定理 16.6） $j = 0, 1, \ldots, q$ に対し $Z_j = \mathrm{Ker}\,(\varphi^j)$ とおく. このとき, 指数の定義と補題 16.7 (1) より次の包含関係がある.

$$\{\mathbf{0}\} = Z_0 \subset Z_1 \subset \cdots \subset Z_{q-1} \subset Z_q = V$$

まず, $Z_q = Z_{q-1} \oplus W_q$ となる補部分空間 W_q を取る. このとき, 補題 16.7 (3) の証明で述べたように, Z_{q-1} は $Z_{q-2} \oplus \varphi(W_q)$ を部分空間として含む. そこで, この部分空間の補部分空間を一つ取って W'_{q-1} とすると, 問 9.5 の結果より

$$Z_{q-1} = Z_{q-2} \oplus \varphi(W_q) \oplus W'_{q-1}$$

となる. そこで $W_{q-1} = \varphi(W_q) \oplus W'_{q-1}$ とおく. このとき $Z_{q-1} = Z_{q-2} \oplus W_{q-1}$ であるから, 上の議論と同様にして Z_{q-2} は $Z_{q-3} \oplus \varphi(W_{q-1})$ を部分空間として含むことがわかる. その補部分空間を W'_{q-2} とおけば

$$Z_{q-2} = Z_{q-3} \oplus \varphi(W_{q-1}) \oplus W'_{q-2}$$

となる. そこで $W_{q-2} = \varphi(W_{q-1}) \oplus W'_{q-2}$ とおくと, $Z_{q-2} = Z_{q-3} \oplus W_{q-2}$ である. 以上の構成を繰り返すと, $j = q-1, q-2, \ldots, 1$ について Z_j の部分空間 W'_j と W_j であって

$$\begin{aligned} W_j &= \varphi(W_{j+1}) \oplus W'_j, \\ Z_j &= Z_{j-1} \oplus W_j \end{aligned} \tag{16.5}$$

となるものが順に取れる. $Z_0 = \{\mathbf{0}\}$ であるから $W_1 = Z_1$ であるので

$$\begin{aligned} V = Z_q = Z_{q-1} \oplus W_q &= Z_{q-2} \oplus W_{q-1} \oplus W_q = \cdots \\ &= Z_1 \oplus W_2 \oplus \cdots \oplus W_{q-1} \oplus W_q \\ &= W_1 \oplus W_2 \oplus \cdots \oplus W_{q-1} \oplus W_q \end{aligned} \tag{16.6}$$

となる.

以下, $W'_q = W_q$ とおく. $a = 1, 2, \ldots, q$ について $\dim W'_a = m_a$ とおき, W'_a の基底 $T'_a = \{\boldsymbol{u}_{a,1}, \boldsymbol{u}_{a,2}, \ldots, \boldsymbol{u}_{a,m_a}\}$ を取る ($m_a = 0$ のときは $T'_a = \varnothing$ とする). W'_a の定め方から $W'_a \subset Z_a$ かつ $W'_a \cap Z_{a-1} = \{\mathbf{0}\}$ であるので, すべての $k = 1, 2, \ldots, m_a$ について

$$\boldsymbol{u}_{a,k} \neq \mathbf{0}, \quad \varphi(\boldsymbol{u}_{a,k}) \neq \mathbf{0}, \quad \cdots, \quad \varphi^{a-1}(\boldsymbol{u}_{a,k}) \neq \mathbf{0}, \quad \varphi^{a}(\boldsymbol{u}_{a,k}) = \mathbf{0}$$

であることに注意する．

集合 $T_q, T_{q-1}, \ldots, T_1$ を次のように順に定める．

$$T_q = T'_q, \quad T_k = \varphi(T_{k+1}) \cup T'_k \qquad (k = q-1, q-2, \ldots, 2, 1)$$

ただし，$a = 2, 3, \ldots, q$ について，$\varphi(T_a)$ は T_a の要素を φ で移したものの集合である．たとえば

$$\varphi(T_q) = \{\varphi(\boldsymbol{u}_{q,1}), \varphi(\boldsymbol{u}_{q,2}), \ldots, \varphi(\boldsymbol{u}_{q,m_q})\},$$
$$\varphi(T_{q-1}) = \{\varphi^2(\boldsymbol{u}_{q,1}), \ldots, \varphi^2(\boldsymbol{u}_{q,m_q}), \varphi(\boldsymbol{u}_{q-1,1}), \ldots, \varphi(\boldsymbol{u}_{q-1,m_{q-1}})\}$$

である．このとき，(16.5) と補題 16.7 (2) より，$a = q, q-1, \ldots, 1$ について T_a は W_a の基底であることが順にわかる．したがって (16.6) より集合 $T = T_1 \sqcup T_2 \sqcup \cdots \sqcup T_q$ は V の基底をなす．そこで，分割 $\boldsymbol{\lambda}$ を

$$\boldsymbol{\lambda} = (\underbrace{q, \ldots, q}_{m_q\text{ 個}}, \underbrace{q-1, \ldots, q-1}_{m_{q-1}\text{ 個}}, \ldots, \underbrace{1, \ldots, 1}_{m_1\text{ 個}})$$

と定め，ベクトル

$$\underbrace{\boldsymbol{u}_{q,1}, \ldots, \boldsymbol{u}_{q,m_q}}_{m_q\text{ 個}}, \underbrace{\boldsymbol{u}_{q-1,1}, \ldots, \boldsymbol{u}_{q-1,m_{q-1}}}_{m_{q-1}\text{ 個}}, \ldots, \underbrace{\boldsymbol{u}_{1,1}, \ldots, \boldsymbol{u}_{1,m_1}}_{m_1\text{ 個}}$$

を順に $\boldsymbol{v}_1, \boldsymbol{v}_2, \ldots, \boldsymbol{v}_m$ と定めれば，定理 16.6 の条件 (1), (2) を満たす． ■

16.3 ベキ零変換の不変系

定理 16.6 における分割 $\boldsymbol{\lambda}$ の意味を明らかにし，$\boldsymbol{\lambda}$ が φ に応じてただ一通りに定まることを確認しよう．以下，話を分かりやすくするために，具体例として $\dim V = 12$, $\boldsymbol{\lambda} = (5, 4, 2, 1)$ の場合を考える．定理 16.6 の条件 (1), (2) を満たすベクトル $\boldsymbol{v}_1, \boldsymbol{v}_2, \boldsymbol{v}_3, \boldsymbol{v}_4$ をとっておく．このとき

$$\varphi^5(\boldsymbol{v}_1) = \mathbf{0}, \quad \varphi^4(\boldsymbol{v}_2) = \mathbf{0}, \quad \varphi^2(\boldsymbol{v}_3) = \mathbf{0}, \quad \varphi(\boldsymbol{v}_4) = \mathbf{0}$$

である．

分割 $\boldsymbol{\lambda} = (5, 4, 2, 1)$ を以下のように図示する．正方形を 5 個，4 個，2 個，1

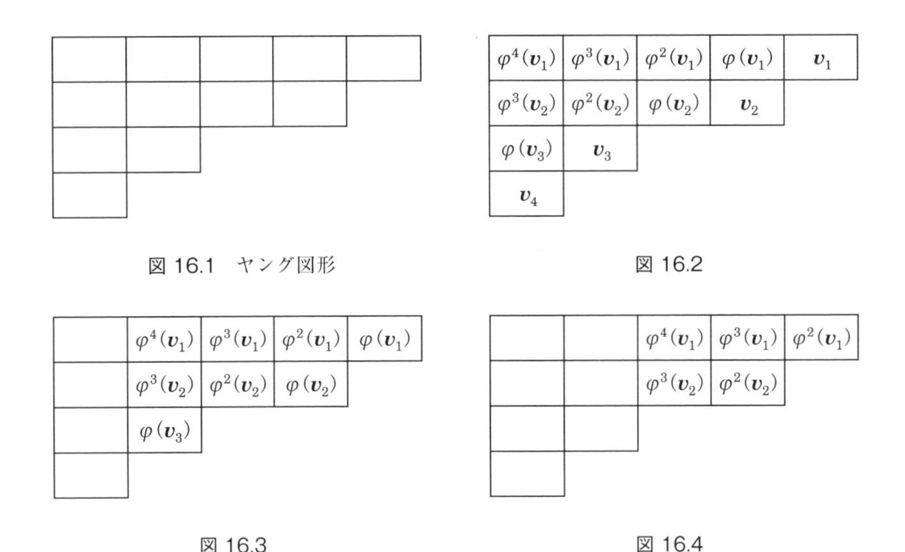

図 16.1 ヤング図形

図 16.2

図 16.3

図 16.4

個並べてできる帯を，左端を揃えて上から順に並べる (図 16.1)．この図形を分割 $\boldsymbol{\lambda}=(5,4,2,1)$ に対する**ヤング (Young) 図形**という．

定理 16.6 の条件 (2) より

$$
\begin{aligned}
S_1 &= \{\boldsymbol{v}_1, \varphi(\boldsymbol{v}_1), \varphi^2(\boldsymbol{v}_1), \varphi^3(\boldsymbol{v}_1), \varphi^4(\boldsymbol{v}_1)\},\\
S_2 &= \{\boldsymbol{v}_2, \varphi(\boldsymbol{v}_2), \varphi^2(\boldsymbol{v}_2), \varphi^3(\boldsymbol{v}_2)\},\\
S_3 &= \{\boldsymbol{v}_3, \varphi(\boldsymbol{v}_3)\},\\
S_4 &= \{\boldsymbol{v}_4\}
\end{aligned}
$$

の和集合 $S=S_1\cup S_2\cup S_3\cup S_4$ は V の基底をなす．そこで，分割 $\boldsymbol{\lambda}$ のヤング図形のそれぞれの箱に，S の要素を図 16.2 のように書き入れる．

以上の準備のもとで，$\varphi, \varphi^2, \varphi^3, \ldots$ の核の次元がどのように表されるのかを考えよう．まず $\operatorname{Ker}\varphi$ を考える．図 16.2 に書かれているそれぞれのベクトルを φ で移したものを，図 16.3 のように書く．ただし $\mathbf{0}$ になるところは空欄にする．

$\boldsymbol{u}$ は V のベクトルであるとする．S は V の基底だから，$\boldsymbol{u}$ は図 16.2 の 12 個のベクトルの線形結合として表される．このとき $\varphi(\boldsymbol{u})$ は，図 16.3 の箱に入っているベクトルの線形結合であり，その係数は，$\boldsymbol{u}$ を図 16.2 のベクトルの線形結合として表したときの係数と，箱ごとに一致する．ここで，図 16.3 のベクト

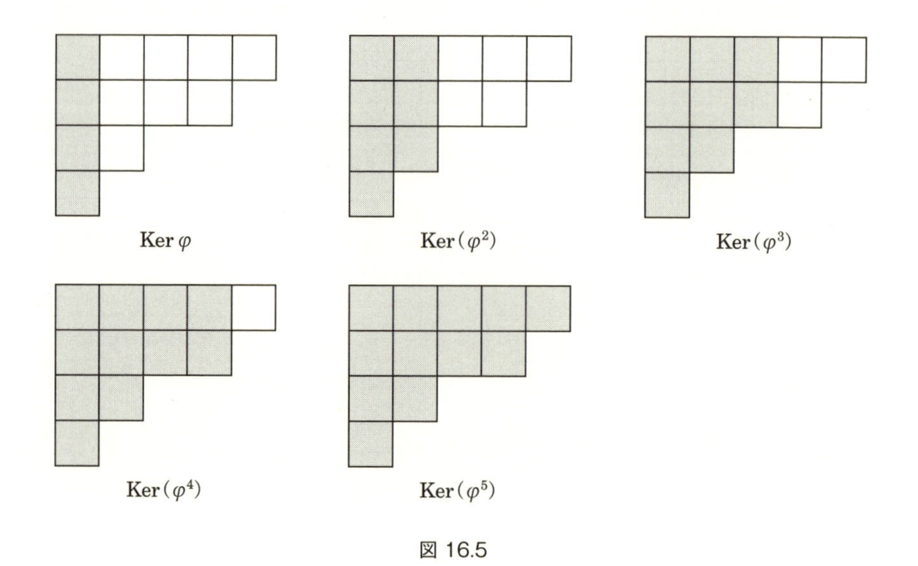

図 16.5

ルは V の基底 S の一部分であるから，線形独立である．よって，もし $\varphi(\boldsymbol{u}) = \mathbf{0}$ であれば，図 16.3 の空欄の箱以外のベクトルの係数は 0 でなければならない．したがって，$\boldsymbol{u}$ が $\mathrm{Ker}\,\varphi$ に属するならば，$\boldsymbol{u}$ は図 16.2 の 1 列目にあるベクトル $\varphi^4(\boldsymbol{v}_1), \varphi^3(\boldsymbol{v}_2), \varphi(\boldsymbol{v}_3), \boldsymbol{v}_4$ の線形結合である．これらは線形独立であるから，$\mathrm{Ker}\,\varphi$ の次元は 4 である．

同様に $\mathrm{Ker}\,(\varphi^2)$ の次元を考えよう．今度は図 16.2 のベクトルを φ^2 で移す．このときに残るベクトルは図 16.4 のようになる．これらも線形独立であるから，上の議論と同様にして，図 16.2 の 2 列目までにあるベクトル

$$\varphi^4(\boldsymbol{v}_1), \varphi^3(\boldsymbol{v}_1), \varphi^3(\boldsymbol{v}_2), \varphi^2(\boldsymbol{v}_2), \varphi(\boldsymbol{v}_3), \boldsymbol{v}_3, \boldsymbol{v}_4$$

が $\mathrm{Ker}\,(\varphi^2)$ の基底をなすことがわかる．したがって $\mathrm{Ker}\,(\varphi^2)$ の次元は $4+3=7$ である．同様に，$\mathrm{Ker}\,(\varphi^3)$ の次元は $4+3+2=9$, $\mathrm{Ker}\,(\varphi^4)$ の次元は $4+3+2+2=11$, そして $\mathrm{Ker}\,(\varphi^5)$ の次元は $4+3+2+2+1=12$ となる (図 16.5).

以上のようにして，定理 16.6 の分割 $\boldsymbol{\lambda}$ に対応するヤング図形において，左から j 列目までにある箱の数は，φ^j の核の次元に等しいことがわかる．この個数は次に定義する分割の双対を使えば簡明に記述できる．

分割 $\boldsymbol{\lambda}$ に対し，その双対 $\boldsymbol{\lambda}'$ を以下のようにして定める．例として $\boldsymbol{\lambda} =$

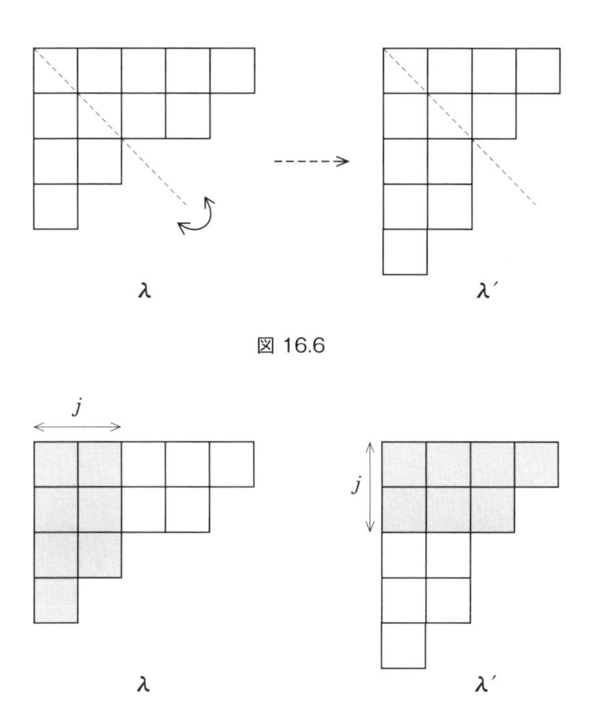

図 16.6

図 16.7

$(5, 4, 2, 1)$ を考える．$\boldsymbol{\lambda}$ のヤング図形 (図 16.1) を対角線に沿って折り返すと，新たなヤング図形ができる (図 16.6)．このヤング図形に対応する分割 $(4, 3, 2, 2, 1)$ を，分割 $\boldsymbol{\lambda} = (5, 4, 2, 1)$ の**双対**と呼び，以下では $\boldsymbol{\lambda}'$ と表す．分割 $\boldsymbol{\lambda}$ とその双対 $\boldsymbol{\lambda}'$ は大きさが等しく，$\boldsymbol{\lambda}$ の長さは $\boldsymbol{\lambda}'$ の第 1 成分に等しい．

分割 $\boldsymbol{\lambda}$ に対応するヤング図形において，左から j 列目までにある箱の数は，$\boldsymbol{\lambda}$ の双対 $\boldsymbol{\lambda}'$ に対応するヤング図形の，j 行目までにある箱の数に等しい (図 16.7)．したがって，これまでの議論から次の命題が得られる．

命題 16.8 定理 16.6 における分割 $\boldsymbol{\lambda}$ の双対を $(\lambda'_1, \lambda'_2, \ldots, \lambda'_q)$ とおくと，$s = 1, 2, \ldots, q$ について

$$\lambda'_1 + \lambda'_2 + \cdots + \lambda'_s = \dim \mathrm{Ker}\,(\varphi^s)$$

が成り立つ．よって分割 $\boldsymbol{\lambda}$ は φ に応じてただ一通りに定まる．特に，$\mathrm{Ker}\,\varphi$ の次元は $\boldsymbol{\lambda}$ の長さに等しい．

定義 16.9　V は K 上の $\{\mathbf{0}\}$ でない有限次元ベクトル空間であるとし，V 上の線形変換 φ はベキ零であるとする．このとき，定理 16.6 における分割 $\boldsymbol{\lambda}$ を，ベキ零変換 φ の不変系と呼ぶ．

演習問題

問 16.1　V は K 上のベクトル空間であるとする．V 上のベキ零変換 f と g が可換であるならば，$f+g$ もベキ零であることを示せ．

問 16.2　例 16.3 の行列 N_m について，$m=4$ の場合に $(N_m)^{m-1} \neq O, (N_m)^m = O$ であることを確認せよ．

問 16.3　4 次元ベクトル空間上のベキ零変換の不変系をすべて列挙し，それぞれの不変系について表現行列 (16.4) を書き下せ．

第17章

ジョルダン標準形

前章では，ベキ零変換が (16.4) の形の表現行列を持つことを示した．本章ではこの結果を使って，ジョルダン標準形の存在と一意性を示す．

17.1 ジョルダン標準形

定義 17.1 スカラー α と正の整数 r に対し，r 次正方行列 $J(\alpha;r)$ を次で定め，この形の行列をジョルダン細胞 **(Jordan cell)** と呼ぶ．

$$J(\alpha;r)=\begin{pmatrix}\alpha & 1 & & & \\ & \alpha & 1 & & \\ & & \ddots & \ddots & \\ & & & \alpha & 1 \\ & & & & \alpha\end{pmatrix}$$

V は $\mathbb{C}$ 上の有限次元ベクトル空間であるとし，V 上の線形変換 f の固有値 α の重複度は m であるとする．このとき，命題 16.1 より，広義固有空間 $\widetilde{W}(\alpha)$ 上の線形変換 $(f-\alpha 1_V)|_{\widetilde{W}(\alpha)}$ はベキ零となる．このベキ零変換の不変系を，本書では線形変換 f の固有値 α に対する不変系と呼ぶ．

命題 17.2 V は $\mathbb{C}$ 上の $\{\mathbf{0}\}$ でない有限次元ベクトル空間であるとし，f は V 上の線形変換であるとする．f の固有値 α に対する不変系を $\boldsymbol{\lambda}=(\lambda_1,\lambda_2,\ldots,\lambda_k)$ とする．このとき，次のことが成り立つ．

(1) $\widetilde{W}(\alpha)$ の基底を適当に選べば，それに関する $f|_{\widetilde{W}(\alpha)}$ の表現行列は

$$J(\alpha;\lambda_1) \oplus J(\alpha;\lambda_2) \oplus \cdots \oplus J(\alpha;\lambda_k) \tag{17.1}$$

となる.

(2) 固有値 α に対する固有空間 $W(\alpha)$ の次元は $\boldsymbol{\lambda}$ の長さ k に等しい.

証明　$\varphi = (f - \alpha 1_V)|_{\widetilde{W}(\alpha)}$ とおく．φ はベキ零変換で，その不変系は $\boldsymbol{\lambda}$ である.

(1) φ の不変系 $\boldsymbol{\lambda}$ に対応して，$\widetilde{W}(\alpha)$ に属するベクトル $\boldsymbol{v}_1, \boldsymbol{v}_2, \ldots, \boldsymbol{v}_k$ であって，定理 16.6 の条件 (1), (2) を満たすものがとれる．このとき (16.3) によって $\widetilde{W}(\alpha)$ の基底 S が定まる．基底 S に関する φ の表現行列は (16.4) である．また，$\alpha 1_V$ の $\widetilde{W}(\alpha)$ への制限の表現行列は αI である．よって，$f|_{\widetilde{W}(\alpha)} = \varphi + \alpha 1_{\widetilde{W}(\alpha)}$ の表現行列は，行列 (16.4) と αI の和であり (問 8.4), この和は (17.1) に等しい.

(2) 系 15.4 より，$W(\alpha)$ は $\widetilde{W}(\alpha)$ に含まれ，固有空間の定義から $W(\alpha) = \mathrm{Ker}\,\varphi$ である．よって，命題 16.8 より $W(\alpha)$ の次元は $\boldsymbol{\lambda}$ の長さ k に等しい.　■

次の意味で命題 17.2 (1) の逆が成り立つ.

命題 17.3　V は $\mathbb{C}$ 上の $\{\mathbf{0}\}$ でない有限次元ベクトル空間であるとし，f は V 上の線形変換であるとする．V の部分空間 W は f–不変で，W の基底を適当に選ぶと，$f|_W$ の表現行列がスカラー α と分割 $\boldsymbol{\mu} = (\mu_1, \mu_2, \ldots, \mu_r)$ によって

$$J(\alpha;\mu_1) \oplus J(\alpha;\mu_2) \oplus \cdots \oplus J(\alpha;\mu_r) \tag{17.2}$$

と表されるとする．このとき次のことが成り立つ.

(1) W は f の広義固有空間 $\widetilde{W}(\alpha)$ に含まれる.

(2) $W = \widetilde{W}(\alpha)$ のとき，$\boldsymbol{\mu}$ は f の固有値 α に対する不変系に等しい.

証明　(1) 行列表示 (17.2) を与える W の基底を

$$(\underbrace{\boldsymbol{u}_{1,\mu_1-1}, \boldsymbol{u}_{1,\mu_1-2}, \ldots, \boldsymbol{u}_{1,0}}_{\mu_1\text{ 個}}, \ldots\ldots, \underbrace{\boldsymbol{u}_{r,\mu_r-1}, \boldsymbol{u}_{r,\mu_r-2}, \ldots, \boldsymbol{u}_{r,0}}_{\mu_r\text{ 個}}) \tag{17.3}$$

とおく．$f|_W$ の表現行列が (17.2) であることから，$i = 1, 2, \ldots, r$ について

$$(f - \alpha 1_V)(\boldsymbol{u}_{i,j}) = \begin{cases} \boldsymbol{u}_{i,j+1} & (j = 0, 1, \ldots, \mu_i - 2) \\ \mathbf{0} & (j = \mu_i - 1) \end{cases} \tag{17.4}$$

である．よって $(f-\alpha 1_V)^{\mu_i - j}(\boldsymbol{u}_{i,j}) = \boldsymbol{0}$ が成り立つ．したがって，(17.3) のベクトルはすべて広義固有空間 $\widetilde{W}(\alpha)$ に属するので，W は $\widetilde{W}(\alpha)$ に含まれる．

(2) $W = \widetilde{W}(\alpha)$ であるとき，ベクトルの組 (17.3) は $\widetilde{W}(\alpha)$ の基底となる．$\varphi = (f-\alpha 1_V)|_{\widetilde{W}(\alpha)}$ とおき，$\boldsymbol{v}_i = \boldsymbol{u}_{i,0}\,(i=1,2,\ldots,r)$ とおくと，(17.4) より基底 (17.3) は

$$(\underbrace{\varphi^{\mu_1-1}(\boldsymbol{v}_1),\ldots,\varphi(\boldsymbol{v}_1),\boldsymbol{v}_1}_{\mu_1\text{ 個}},\ldots\ldots,\underbrace{\varphi^{\mu_r-1}(\boldsymbol{v}_r),\ldots,\varphi(\boldsymbol{v}_r),\boldsymbol{v}_r}_{\mu_r\text{ 個}})$$

と表され，$\varphi^{\mu_i}(\boldsymbol{v}_i) = \boldsymbol{0}\,(i=1,2,\ldots,r)$ が成り立つ．したがって 16.3 節の議論より，$\boldsymbol{\mu}$ は φ の不変系である． ■

以上の準備の下に，この節の冒頭で述べたことを証明しよう．

定理 17.4（ジョルダン (Jordan) 標準形） V は $\mathbb{C}$ 上の $\{\boldsymbol{0}\}$ でない有限次元ベクトル空間であるとし，その次元を n とする．f は V 上の線形変換であるとし，f の相異なる固有値を $\alpha_1,\alpha_2,\ldots,\alpha_r$ とする．さらに，$j=1,2,\ldots,r$ に対し，f の固有値 α_j に対する不変系を $\boldsymbol{\lambda_j} = (\lambda_{j,1},\lambda_{j,2},\ldots,\lambda_{j,k_j})$ とおく．このとき，V の基底を適当に選べば，その基底に関する f の行列表示は，$(k_1+k_2+\cdots+k_r)$ 個のジョルダン細胞

$$\begin{aligned}&J(\alpha_1;\lambda_{1,1}),\ J(\alpha_1;\lambda_{1,2}),\ \ldots,\ J(\alpha_1;\lambda_{1,k_1}),\\ &J(\alpha_2;\lambda_{2,1}),\ J(\alpha_2;\lambda_{2,2}),\ \ldots,\ J(\alpha_2;\lambda_{2,k_2}),\\ &\qquad\vdots\\ &J(\alpha_r;\lambda_{r,1}),\ J(\alpha_r;\lambda_{r,2}),\ \ldots,\ J(\alpha_r;\lambda_{r,k_r})\end{aligned} \tag{17.5}$$

の直和となる．逆に，V のある基底に関する f の表現行列がジョルダン細胞の直和になったとすると，そこに現れるジョルダン細胞のリストは (17.5) と一致する．

証明 V を定理 15.10 のように広義固有空間の直和に分解する．このとき，$j=1,2,\ldots,r$ について，命題 17.2 (1) のように広義固有空間 $\widetilde{W}(\alpha_j)$ の基底をとれば，$f|_{\widetilde{W}(\alpha_j)}$ の表現行列は $J(\alpha_j;\lambda_{j,1})\oplus J(\alpha_j;\lambda_{j,2})\oplus\cdots\oplus J(\alpha_j;\lambda_{j,k_j})$ となる．この基底をすべて集めれば V の基底となり，広義固有空間は f–不変であるから，命題 11.14 よりこの基底に関する f の表現行列は (17.5) のリストにあるジョルダン細

胞の直和となる．以上で定理の前半部分は示された．

定理の後半部分の証明を述べるために次の記号を用いる．分割 $\boldsymbol{\mu} = (\mu_1, \mu_2, \ldots, \mu_k)$ と，スカラー β に対し，ジョルダン細胞の直和

$$J(\beta; \mu_1) \oplus J(\beta; \mu_2) \oplus \cdots \oplus J(\beta; \mu_k)$$

を $J(\beta; \boldsymbol{\mu})$ と表す．

いま，ある基底に関する f の表現行列がジョルダン細胞の直和になったとする．この基底を並び換えれば，対応する f の表現行列が

$$J(\beta_1; \boldsymbol{\mu}_1) \oplus J(\beta_2; \boldsymbol{\mu}_2) \oplus \cdots \oplus J(\beta_s; \boldsymbol{\mu}_s) \tag{17.6}$$

という形になるようにできる．ただし $\beta_1, \beta_2, \ldots, \beta_s$ は相異なるスカラーで，$\boldsymbol{\mu_1}, \boldsymbol{\mu_2}, \ldots, \boldsymbol{\mu_s}$ は分割である．$j = 1, 2, \ldots, s$ について，分割 $\boldsymbol{\mu}_j$ の大きさを d_j とおくと，$J(\beta_j; \boldsymbol{\mu}_j)$ は d_j 次の上三角行列で，対角成分はすべて β_j である．よって，この表現行列 (17.6) を使って f の固有多項式を計算すると

$$(x - \beta_1)^{d_1} (x - \beta_2)^{d_2} \cdots (x - \beta_s)^{d_s}$$

となる．したがって $s = r$ であり，$(\beta_1, d_1), (\beta_2, d_2), \ldots, (\beta_s, d_s)$ は，固有値と重複度の組 $(\alpha_1, m_1), (\alpha_2, m_2), \ldots, (\alpha_r, m_r)$ の並び換えである．よって，基底を並び換えれば対応する f の表現行列を

$$J(\alpha_1; \boldsymbol{\nu}_1) \oplus J(\alpha_2; \boldsymbol{\nu}_2) \oplus \cdots \oplus J(\alpha_r; \boldsymbol{\nu}_r)$$

にできる．ただし，$\boldsymbol{\nu}_1, \boldsymbol{\nu}_2, \ldots, \boldsymbol{\nu}_r$ はそれぞれ $m_1, m_2, \ldots, m_r$ の分割である．この表現行列に対応する V の基底を

$$(\underbrace{\boldsymbol{v}_{1,1}, \boldsymbol{v}_{1,2}, \ldots, \boldsymbol{v}_{1,m_1}}_{m_1 \text{ 個}}, \ldots\ldots, \underbrace{\boldsymbol{v}_{r,1}, \boldsymbol{v}_{r,2}, \ldots, \boldsymbol{v}_{r,m_r}}_{m_r \text{ 個}})$$

とおく．$j = 1, 2, \ldots, r$ に対し，部分空間 $W_j = \langle \boldsymbol{v}_{j,1}, \boldsymbol{v}_{j,2}, \ldots, \boldsymbol{v}_{j,m_j} \rangle$ を考えると，表現行列の形から W_j は f–不変であり，命題 17.3 より $W_j \subset \widetilde{W}(\alpha_j)$ が成り立つ．さらに W_j の次元と $\widetilde{W}(\alpha_j)$ の次元はともに m_j で等しいから (系 15.12), $W_j = \widetilde{W}(\alpha_j)$ が成り立つ．したがって命題 17.3 より，$\boldsymbol{\nu_j}$ は f の固有値 α_j に対する不変系である．以上より，(17.6) は (17.5) のリストにあるジョルダン細胞を並び換えた直和である．■

定義 17.5 V は $\mathbb{C}$ 上の $\{\mathbf{0}\}$ でない有限次元ベクトル空間であるとし，f は V 上の線形変換であるとする．V の基底を適当にとると，それに関する f の表現行列はジョルダン細胞の直和として表される (定理 17.4)．このときの表現行列を線形変換 f の**ジョルダン標準形**と呼ぶ．

線形変換のジョルダン標準形は，ジョルダン細胞の並び換えを除いて一意的に定まる．つまり，線形変換 f の表現行列であって，ジョルダン細胞の直和となるものが (基底の取り方によって) 2 通り得られたとすると，それらはジョルダン細胞の並び換えによって一致する．

A は複素数を成分とする n 次の正方行列であるとする．このとき，A が定める線形変換 $L_A : \mathbb{C}^n \to \mathbb{C}^n$ に定理 17.4 を適用すれば次の系が得られる．

系 17.6 A は複素数を成分とする n 次の正方行列であるとする．このとき，正則行列 P を適当にとれば，$P^{-1}AP$ はジョルダン細胞の直和となる．

$$P^{-1}AP = J(\alpha_1; n_1) \oplus J(\alpha_2; n_2) \oplus \cdots \oplus J(\alpha_k; n_k) \tag{17.7}$$

ここで $\alpha_1, \alpha_2, \ldots, \alpha_k$ は (等しいものもあるかもしれないが)A の固有値で，$n_1, n_2, \ldots, n_k$ は和が n となる正の整数である．この行列 $P^{-1}AP$ を，正方行列 A の**ジョルダン標準形**と呼ぶ．与えられた正方行列に対して，そのジョルダン標準形は，ジョルダン細胞の並び換えを除いて一意的に定まる．

証明 定理 17.4 より，線形変換 $L_A : \mathbb{C}^n \to \mathbb{C}^n$ に対して $\mathbb{C}^n$ の基底 $S = (\boldsymbol{p}_1, \boldsymbol{p}_2, \ldots, \boldsymbol{p}_n)$ を適当に取れば，L_A の S に関する表現行列は (17.7) の右辺の形になる．このとき，$P = \begin{pmatrix} \boldsymbol{p}_1 & \boldsymbol{p}_2 & \cdots & \boldsymbol{p}_n \end{pmatrix}$ と定めれば，系 11.7 より $P^{-1}AP$ は L_A の S に関する表現行列であるから (17.7) が成り立つ．

次に，別の正則行列 Q によって $Q^{-1}AQ$ がジョルダン細胞の直和になったとする．Q の列ベクトルを $\boldsymbol{q}_1, \boldsymbol{q}_2, \ldots, \boldsymbol{q}_n$ とおくと，$T = (\boldsymbol{q}_1, \boldsymbol{q}_2, \ldots, \boldsymbol{q}_n)$ は $\mathbb{C}^n$ の基底であり，$Q^{-1}AQ$ は L_A の T に関する表現行列である．よって，定理 17.4 より $Q^{-1}AQ$ は $P^{-1}AP$ においてジョルダン細胞を並び換えたものと一致する． ■

注意 (1) (17.7) の右辺にあるジョルダン細胞の順序は，P の列ベクトルの入れ換えにより変えることができる．たとえば，4 次の正方行列 A と正則行列 $P = \begin{pmatrix} \boldsymbol{p}_1 & \boldsymbol{p}_2 & \boldsymbol{p}_3 & \boldsymbol{p}_4 \end{pmatrix}$ に

ついて $P^{-1}AP = J(\alpha;2) \oplus J(\beta;2)$ であるとする．このとき $Q = \begin{pmatrix} \boldsymbol{p}_3 & \boldsymbol{p}_4 & \boldsymbol{p}_1 & \boldsymbol{p}_2 \end{pmatrix}$ と定めれば，$Q^{-1}AQ = J(\beta;2) \oplus J(\alpha;2)$ となる．

(2) 行列 A が対角化可能である場合は，ジョルダン標準形 (17.7) においてすべての $n_1, n_2, \ldots, n_k$ が 1 となるときに対応する．

最後に，ジョルダン標準形の重要な応用について述べよう．

定義 17.7　同じ型の正方行列 A, B について，$B = P^{-1}AP$ となる正則行列 P が存在するとき，A は B と**相似**であるという．

正方行列の相似は同値関係であることに注意する (問 17.1). 二つの正方行列が相似であるかどうかはジョルダン標準形を求めることにより判定できる．

定理 17.8　同じ型の正方行列 A, B について，次の二つの条件は同値である．

(1) A と B は相似である．

(2) A と B のジョルダン標準形は (ジョルダン細胞の並び換えを除いて) 一致する．

証明　(1) ならば (2) であること　A と B は相似であるとする．このとき $B = P^{-1}AP$ となる正則行列 P がとれる．いま，正則行列 Q であって $Q^{-1}BQ$ が B のジョルダン標準形となるものをとる．このとき行列

$$Q^{-1}BQ = Q^{-1}(P^{-1}AP)Q = (PQ)^{-1}A(PQ)$$

はジョルダン細胞の直和であり，PQ は正則行列であるから，$Q^{-1}BQ$ は A のジョルダン標準形でもある．したがって，A と B のジョルダン標準形は一致する．

(2) ならば (1) であること　A と B のジョルダン標準形が一致するとき，系 17.6 の注意 (1) より，適当に正則行列 P, Q を取れば $P^{-1}AP = Q^{-1}BQ$ (両辺はジョルダン細胞の直和) となる．このとき $A = (QP^{-1})^{-1}B(QP^{-1})$ であるから，A と B は相似である．■

17.2　ジョルダン標準形の分類

一般に，正方行列のジョルダン標準形を計算することは，それほど簡単ではない．しかし，2 次および 3 次の正方行列に対しては，以下で説明する特殊な事情

により，それほど難しくなくジョルダン標準形を計算できる．以下，固有値 α に対する不変系と固有空間の次元をそれぞれ $\boldsymbol{\lambda}_\alpha, d_\alpha$ で表す．命題 17.2 (2) より，d_α は $\boldsymbol{\lambda}_\alpha$ の長さに等しいことに注意する．

17.2.1　2 次の正方行列のジョルダン標準形

2 次の正方行列のジョルダン標準形は，次の 3 通りしかない．

$$(1)\quad \begin{pmatrix} \alpha & \\ & \beta \end{pmatrix} \qquad (2)\quad \begin{pmatrix} \alpha & \\ & \alpha \end{pmatrix} \qquad (3)\quad \begin{pmatrix} \alpha & 1 \\ & \alpha \end{pmatrix}$$

ただし，α, β は異なる複素数である．それぞれの場合に，A の固有多項式，それぞれの固有値に対する不変系と固有空間の次元は以下のようになる．

	固有多項式	不変系	固有空間の次元
(1)	$(x-\alpha)(x-\beta)$	$\boldsymbol{\lambda}_\alpha = \boldsymbol{\lambda}_\beta = (1)$	$(d_\alpha, d_\beta) = (1, 1)$
(2)	$(x-\alpha)^2$	$\boldsymbol{\lambda}_\alpha = (1, 1)$	$d_\alpha = 2$
(3)	$(x-\alpha)^2$	$\boldsymbol{\lambda}_\alpha = (2)$	$d_\alpha = 1$

固有多項式と固有空間の次元の組み合わせは (1) から (3) ですべて異なるから，これらの情報だけでジョルダン標準形が決まる．

例 17.9　次の行列 A のジョルダン標準形を計算しよう[1]．

$$A = \begin{pmatrix} 4 & -9 \\ 4 & -8 \end{pmatrix}$$

A の固有多項式は

$$\det(xI_2 - A) = \begin{vmatrix} x-4 & 9 \\ -4 & x+8 \end{vmatrix} = x^2 + 4x + 4 = (x+2)^2$$

となるから，A の固有値は -2 のみである．固有空間 $W(-2)$ を計算するには，連立方程式 $A\boldsymbol{v} = -2\boldsymbol{v}$ を満たす $\boldsymbol{v}$ を求めればよい．これを解くと

$$\boldsymbol{v} = \begin{pmatrix} \frac{3}{2}c \\ c \end{pmatrix} = \frac{c}{2}\begin{pmatrix} 3 \\ 2 \end{pmatrix}$$

1] 以下，計算の詳細は省略する．練習問題を解くつもりで，一つひとつ確認してほしい．

(c は任意定数) が得られる．よって $W(-2) = \langle \begin{pmatrix} 3 \\ 2 \end{pmatrix} \rangle$ であるから，$W(-2)$ の次元は 1 である．したがって，上の表の (3) の場合にあたるから，A のジョルダン標準形は

$$J = \begin{pmatrix} -2 & 1 \\ 0 & -2 \end{pmatrix}$$

である．

$P^{-1}AP = J$ となる正則行列 P を求めるには次のようにすればよい．P の列ベクトル表示を $P = \begin{pmatrix} \boldsymbol{p}_1 & \boldsymbol{p}_2 \end{pmatrix}$ とおく．$P^{-1}AP = J$ より $AP = PJ$ であるが，これは数ベクトルの連立方程式

$$A\boldsymbol{p}_1 = -2\boldsymbol{p}_1, \quad A\boldsymbol{p}_2 = \boldsymbol{p}_1 - 2\boldsymbol{p}_2 \tag{17.8}$$

と同値である．$\boldsymbol{p}_1$ は固有値 (-2) の固有ベクトルであるから，前段落で計算したように $\boldsymbol{p}_1 = \begin{pmatrix} 3 \\ 2 \end{pmatrix}$ と取ればよい．(17.8) の二番目の方程式は $(A + 2I)\boldsymbol{p}_2 = \boldsymbol{p}_1$ と変形できて，$\boldsymbol{p}_1 = \begin{pmatrix} 3 \\ 2 \end{pmatrix}$ のときに解 $\boldsymbol{p}_2$ を計算すると

$$\boldsymbol{p}_2 = \begin{pmatrix} \frac{1}{2} + \frac{3}{2}t \\ t \end{pmatrix}$$

(t は任意定数) が得られる．そこで $t = 1$ とした解を取って $\boldsymbol{p}_2 = \begin{pmatrix} 2 \\ 1 \end{pmatrix}$ と定めれば，行列

$$P = \begin{pmatrix} \boldsymbol{p}_1 & \boldsymbol{p}_2 \end{pmatrix} = \begin{pmatrix} 3 & 2 \\ 2 & 1 \end{pmatrix}$$

は正則であり [2]，$P^{-1}AP = J$ が成り立つ．

17.2.2 3 次の正方行列のジョルダン標準形

3 次の正方行列のジョルダン標準形は以下の 6 通りある．

$$(1) \begin{pmatrix} \alpha & & \\ & \beta & \\ & & \gamma \end{pmatrix} \qquad (2) \begin{pmatrix} \alpha & & \\ & \alpha & \\ & & \beta \end{pmatrix} \qquad (3) \begin{pmatrix} \alpha & 1 & \\ & \alpha & \\ & & \beta \end{pmatrix}$$

2] 任意定数 t としてどの値を取っても P は正則となるので，$t = 1$ でなくてもかまわない．

$$(4)\ \begin{pmatrix}\alpha & & \\ & \alpha & \\ & & \alpha\end{pmatrix} \qquad (5)\ \begin{pmatrix}\alpha & 1 & \\ & \alpha & \\ & & \alpha\end{pmatrix} \qquad (6)\ \begin{pmatrix}\alpha & 1 & \\ & \alpha & 1 \\ & & \alpha\end{pmatrix}$$

ただし α, β, γ は相異なる複素数である．それぞれの場合の固有多項式，不変系および固有空間の次元は以下の通りである．

	固有多項式	不変系	固有空間の次元
(1)	$(x-\alpha)(x-\beta)(x-\gamma)$	$\boldsymbol{\lambda}_\alpha = \boldsymbol{\lambda}_\beta = \boldsymbol{\lambda}_\gamma = (1)$	$(d_\alpha, d_\beta, d_\gamma) = (1, 1, 1)$
(2)	$(x-\alpha)^2(x-\beta)$	$\boldsymbol{\lambda}_\alpha = (1, 1), \boldsymbol{\lambda}_\beta = (1)$	$(d_\alpha, d_\beta) = (2, 1)$
(3)	$(x-\alpha)^2(x-\beta)$	$\boldsymbol{\lambda}_\alpha = (2), \boldsymbol{\lambda}_\beta = (1)$	$(d_\alpha, d_\beta) = (1, 1)$
(4)	$(x-\alpha)^3$	$\boldsymbol{\lambda}_\alpha = (1, 1, 1)$	$d_\alpha = 3$
(5)	$(x-\alpha)^3$	$\boldsymbol{\lambda}_\alpha = (2, 1)$	$d_\alpha = 2$
(6)	$(x-\alpha)^3$	$\boldsymbol{\lambda}_\alpha = (3)$	$d_\alpha = 1$

3 次の場合も固有多項式と固有空間の次元の組み合わせはすべて異なるので，これらの情報でジョルダン標準形が決まる．

例 17.10 次の行列 A のジョルダン標準形を計算しよう．

$$A = \begin{pmatrix} 4 & -3 & 2 \\ -3 & 8 & -3 \\ -11 & 21 & -9 \end{pmatrix}$$

まず，A の固有多項式は $F_A(x) = (x+1)(x-2)^2$ となるので，A の固有値は 2 と -1 である．それぞれの固有空間は

$$W(2) = \left\langle \begin{pmatrix} 1 \\ 0 \\ -1 \end{pmatrix} \right\rangle, \quad W(-1) = \left\langle \begin{pmatrix} -1 \\ 1 \\ 4 \end{pmatrix} \right\rangle$$

となって，ともに 1 次元である．したがって，A のジョルダン標準形 J は

$$J = \begin{pmatrix} 2 & 1 & \\ & 2 & \\ & & -1 \end{pmatrix}$$

であることがわかる．

$P^{-1}AP = J$ となる正則行列 P を求める．$P = \begin{pmatrix} \boldsymbol{p}_1 & \boldsymbol{p}_2 & \boldsymbol{p}_3 \end{pmatrix}$ とおくと，$P^{-1}AP = J$ は次の方程式と同値である．

$$A\boldsymbol{p}_1 = 2\boldsymbol{p}_1, \quad A\boldsymbol{p}_2 = 2\boldsymbol{p}_2 + \boldsymbol{p}_1, \quad A\boldsymbol{p}_3 = -\boldsymbol{p}_3$$

$\boldsymbol{p}_1, \boldsymbol{p}_3$ はそれぞれ固有値 $2, -1$ に対する固有ベクトルだから

$$\boldsymbol{p}_1 = \begin{pmatrix} 1 \\ 0 \\ -1 \end{pmatrix}, \quad \boldsymbol{p}_3 = \begin{pmatrix} -1 \\ 1 \\ 4 \end{pmatrix}$$

と取ればよい．$\boldsymbol{p}_2$ は連立 1 次方程式 $(A - 2I)\boldsymbol{p}_2 = \boldsymbol{p}_1$ の解で，これを解くと

$$\boldsymbol{p}_2 = \begin{pmatrix} 2-t \\ 1 \\ t \end{pmatrix}$$

(t は任意定数) が得られる．そこで，$t = 0$ とした解を取って

$$\boldsymbol{p}_2 = \begin{pmatrix} 2 \\ 1 \\ 0 \end{pmatrix}$$

と定めれば，行列 P は

$$P = \begin{pmatrix} 1 & 2 & -1 \\ 0 & 1 & 1 \\ -1 & 0 & 4 \end{pmatrix}$$

となり，これは $P^{-1}AP = J$ を満たす．

17.2.3 4 次の正方行列のジョルダン標準形

2 次と 3 次の正方行列のジョルダン標準形は，固有多項式と固有空間の次元だけで決まった．しかし，4 次以上の正方行列については，さらに詳しい情報が必要となることがある．

以下，紙面を節約するために，同じ固有値をもつジョルダン細胞の直和

$$J(\alpha; \lambda_1) \oplus J(\alpha; \lambda_2) \oplus \cdots \oplus J(\alpha; \lambda_k)$$

を $J(\alpha; \lambda_1, \lambda_2, \ldots, \lambda_k)$ と略記する．4 次の正方行列のジョルダン標準形は以下の 14 通りある．

(1) $J(\alpha; 1) \oplus J(\beta; 1) \oplus J(\gamma; 1) \oplus J(\delta; 1)$

(2) $J(\alpha; 1, 1) \oplus J(\beta; 1) \oplus J(\gamma; 1)$ (3) $J(\alpha; 2) \oplus J(\beta; 1) \oplus J(\gamma; 1)$

(4) $J(\alpha;1,1,1)\oplus J(\beta;1)$　(5) $J(\alpha;2,1)\oplus J(\beta;1)$　(6) $J(\alpha;3)\oplus J(\beta;1)$

(7) $J(\alpha;1,1)\oplus J(\beta;1,1)$　(8) $J(\alpha;1,1)\oplus J(\beta;2)$　(9) $J(\alpha;2)\oplus J(\beta;2)$

(10) $J(\alpha;1,1,1,1)$　(11) $J(\alpha;2,1,1)$　(12) $J(\alpha;2,2)$　(13) $J(\alpha;3,1)$

(14) $J(\alpha;4)$

これらの固有多項式と固有空間の次元は次の通りである．

	固有多項式	固有空間の次元
(1)	$(x-\alpha)(x-\beta)(x-\gamma)(x-\delta)$	$(d_\alpha,d_\beta,d_\gamma,d_\delta)=(1,1,1,1)$
(2)	$(x-\alpha)^2(x-\beta)(x-\gamma)$	$(d_\alpha,d_\beta,d_\gamma)=(2,1,1)$
(3)	$(x-\alpha)^2(x-\beta)(x-\gamma)$	$(d_\alpha,d_\beta,d_\gamma)=(1,1,1)$
(4)	$(x-\alpha)^3(x-\beta)$	$(d_\alpha,d_\beta)=(3,1)$
(5)	$(x-\alpha)^3(x-\beta)$	$(d_\alpha,d_\beta)=(2,1)$
(6)	$(x-\alpha)^3(x-\beta)$	$(d_\alpha,d_\beta)=(1,1)$
(7)	$(x-\alpha)^2(x-\beta)^2$	$(d_\alpha,d_\beta)=(2,2)$
(8)	$(x-\alpha)^2(x-\beta)^2$	$(d_\alpha,d_\beta)=(2,1)$
(9)	$(x-\alpha)^2(x-\beta)^2$	$(d_\alpha,d_\beta)=(1,1)$
(10)	$(x-\alpha)^4$	$d_\alpha=4$
(11)	$(x-\alpha)^4$	$d_\alpha=3$
(12)	$(x-\alpha)^4$	$d_\alpha=2$
(13)	$(x-\alpha)^4$	$d_\alpha=2$
(14)	$(x-\alpha)^4$	$d_\alpha=1$

この表において，(12) と (13) の場合には固有方程式と固有空間の次元が一致するので，これらの情報だけではジョルダン標準形が決まらない．不変系を計算するなどして，どちらの形になるのかを決定せねばならない．

例 17.11　次の行列 A のジョルダン標準形を考えよう．

$$A=\begin{pmatrix} 2 & 0 & 1 & 0 \\ 0 & 2 & 0 & 0 \\ -2 & 1 & 0 & 2 \\ -2 & 1 & -1 & 4 \end{pmatrix}$$

A の固有多項式は $(x-2)^4$ であるから，固有値は 2 のみである．そこで，行列 $A-2I$ の定める線形変換を φ とおく．すなわち

$$\varphi:\mathbb{C}^4\to\mathbb{C}^4,\quad \varphi(\boldsymbol{v})=(A-2I)\boldsymbol{v}$$

である．このとき，固有空間 $W(2)$ は $\operatorname{Ker}\varphi$ に等しい．ここで次元定理 (系 10.28) と行列の階数の定義 8.16 から

$$\dim \operatorname{Ker}\varphi = 4 - \dim \operatorname{Im}\varphi = 4 - \operatorname{rank}(A - 2I)$$

である．行列の基本変形によって $\operatorname{rank}(A-2I) = 2$ であることがわかる．よって固有空間 $W(2)$ の次元は $4-2=2$ である．したがって，ジョルダン標準形は $J(2;2,2)$ もしくは $J(2;3,1)$ のいずれかである．

固有値 2 に対する不変系を求めるには，$\varphi, \varphi^2, \varphi^3, \ldots$ の核の次元を計算すればよい (後の注意を参照せよ)．前段落の計算より $\operatorname{Ker}\varphi$ の次元は 2 である．次に $\operatorname{Ker}(\varphi^2)$ を考える．線形変換 φ^2 は行列

$$(A-2I)^2 = \begin{pmatrix} -2 & 1 & -2 & 2 \\ 0 & 0 & 0 & 0 \\ 0 & 0 & 0 & 0 \\ -2 & 1 & -2 & 2 \end{pmatrix}$$

の定める線形写像であり，この行列の階数は 1 だから，次元定理より

$$\dim \operatorname{Ker}(\varphi^2) = 4 - \dim \operatorname{Im}(\varphi^2) = 4 - 1 = 3$$

である．最後に，$(A-2I)^3 = O$ であるから $\varphi^3 = 0$ となるので，$\operatorname{Ker}(\varphi^3)$ の次元は 4 である．よって，命題 16.8 より φ の不変系 $\boldsymbol{\lambda}$ の転置が $\boldsymbol{\lambda}' = (2,1,1)$ と定まる．したがって $\boldsymbol{\lambda} = (3,1)$ であるから，行列 A のジョルダン標準形は

$$J(2;3,1) = \begin{pmatrix} 2 & 1 & & \\ & 2 & 1 & \\ & & 2 & \\ & & & 2 \end{pmatrix}$$

である．

注意 V 上の線形変換 f とその固有値 α について，$\varphi = f - \alpha 1_V$ とおく．このとき，すべての正の整数 j について，φ^j の核は，広義固有空間 $\widetilde{W}(\alpha)$ に含まれるから，$(\varphi|_{\widetilde{W}(\alpha)})^j$ の核と一致する．よって，固有値 α に対する不変系 $\boldsymbol{\lambda}$ の双対を $\boldsymbol{\lambda}' = (\lambda_1', \lambda_2', \ldots, \lambda_q')$ とおくと，$s = 1, 2, \ldots, q$ について $\sum_{j=1}^{s} \lambda_j' = \dim \operatorname{Ker}(\varphi^s)$ が成り立つ (命題 16.8)．以上より，$\varphi, \varphi^2, \varphi^3, \ldots$ の核の次元を計算すれば，固有値 α に対する不変系が求められる．

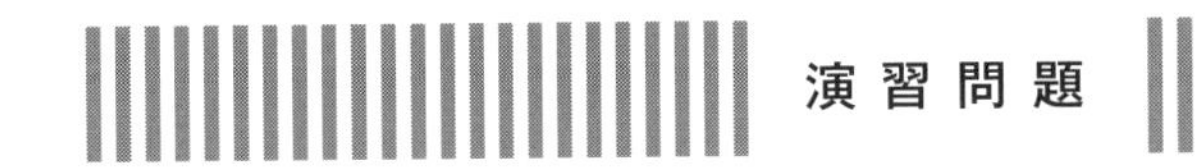

演習問題

問 17.1　同じ型の正方行列 A, B について，A が B と相似であるとき $A \sim B$ と表すことにする．この 2 項関係 $\sim$ は同値関係であることを示せ．

問 17.2　次の行列のジョルダン標準形を求めよ．

(1) $\begin{pmatrix} -4 & -9 \\ 1 & 2 \end{pmatrix}$　　(2) $\begin{pmatrix} 3 & -1 \\ 2 & 0 \end{pmatrix}$

(3) $\begin{pmatrix} -1 & 8 & -2 \\ -1 & 5 & -1 \\ -1 & 4 & 0 \end{pmatrix}$　　(4) $\begin{pmatrix} 1 & -2 & 2 \\ 6 & 10 & -7 \\ 6 & 7 & -4 \end{pmatrix}$

(5) $\begin{pmatrix} 3 & -1 & 3 & -4 \\ -2 & 1 & -1 & 3 \\ 0 & 1 & 2 & -2 \\ 2 & 0 & 3 & -4 \end{pmatrix}$　　(6) $\begin{pmatrix} -4 & 1 & -1 & 2 \\ -1 & -1 & 0 & 1 \\ 2 & -1 & 0 & -1 \\ -3 & 1 & -1 & 1 \end{pmatrix}$

第18章

計量ベクトル空間

数ベクトル空間には標準内積が定義される (1.4.2 項). 標準内積は数ベクトルの組 $\boldsymbol{x}, \boldsymbol{y}$ にスカラー $(\boldsymbol{x}, \boldsymbol{y})$ を定める対応である. 数ベクトル空間とは限らない一般のベクトル空間において, このような対応であって標準内積と同様の性質を持つものが定義されているとき, そのベクトル空間は計量ベクトル空間であるという. 計量ベクトル空間の重要な例は, 特定の性質をもつ関数からなるベクトル空間である. この章の後半ではそのような例を扱い, 計量ベクトル空間の一般論の解析学的な応用を紹介する.

18.1 計量ベクトル空間の定義

以下, $K = \mathbb{R}$ もしくは $K = \mathbb{C}$ とする.

定義 18.1 V は K 上のベクトル空間であるとする. V のすべてのベクトルの組 $\boldsymbol{x}, \boldsymbol{y}$ に対して$\underline{K\ の要素}$$(\boldsymbol{x}, \boldsymbol{y})$ が定まり, 以下の条件が成り立っているとき, V は K 上の**計量ベクトル空間** (もしくは**内積空間**) であるという. さらにこのとき, $(\boldsymbol{x}, \boldsymbol{y})$ の値を $\boldsymbol{x}$ と $\boldsymbol{y}$ の**内積**という.

(条件) $\boldsymbol{x}, \boldsymbol{y}, \boldsymbol{z}$ が V のベクトルで, λ がスカラーのとき, 以下のことが成り立つ.

(1) $(\boldsymbol{x} + \boldsymbol{y}, \boldsymbol{z}) = (\boldsymbol{x}, \boldsymbol{z}) + (\boldsymbol{y}, \boldsymbol{z}), \quad (\boldsymbol{x}, \boldsymbol{y} + \boldsymbol{z}) = (\boldsymbol{x}, \boldsymbol{y}) + (\boldsymbol{x}, \boldsymbol{z})$

(2) $(\lambda \boldsymbol{x}, \boldsymbol{y}) = \overline{\lambda}(\boldsymbol{x}, \boldsymbol{y}), \quad (\boldsymbol{x}, \lambda \boldsymbol{y}) = \lambda(\boldsymbol{x}, \boldsymbol{y})$

(3) $(\boldsymbol{x}, \boldsymbol{y}) = \overline{(\boldsymbol{y}, \boldsymbol{x})}$

(4) $(\boldsymbol{x}, \boldsymbol{x}) \geqq 0$. 等号が成立するのは $\boldsymbol{x} = \boldsymbol{0}$ のときに限る.

注意 $K = \mathbb{R}$ のとき，スカラーは実数であるから，(2) の最初の条件は $(\lambda \boldsymbol{x}, \boldsymbol{y}) = \lambda(\boldsymbol{x}, \boldsymbol{y})$ となる．さらに，内積の値は実数であるから，(3) の条件は $(\boldsymbol{x}, \boldsymbol{y}) = (\boldsymbol{y}, \boldsymbol{x})$ と書き直せる．

計量ベクトル空間において，ベクトル $\boldsymbol{x}$ と $\boldsymbol{y}$ の内積が 0 であるとき，$\boldsymbol{x}$ と $\boldsymbol{y}$ は**直交**するという．また，内積の性質 (4) より，どのベクトル $\boldsymbol{x}$ についても $(\boldsymbol{x}, \boldsymbol{x})$ は 0 以上の実数であるから

$$\|\boldsymbol{x}\| = \sqrt{(\boldsymbol{x}, \boldsymbol{x})}$$

によって，0 以上の実数 $\|\boldsymbol{x}\|$ が定まる．この値を $\boldsymbol{x}$ の**ノルム** (もしくは**長さ**) と呼ぶ．内積の性質 (4) より，ノルムが 0 となるベクトルはゼロベクトルのみである．

内積の性質 (1) より，等式

$$\left(\sum_{k=1}^{n} \boldsymbol{x}_k, \boldsymbol{y}\right) = \sum_{k=1}^{n} (\boldsymbol{x}_k, \boldsymbol{y}), \quad \left(\boldsymbol{x}, \sum_{k=1}^{n} \boldsymbol{y}_k\right) = \sum_{k=1}^{n} (\boldsymbol{x}, \boldsymbol{y}_k)$$

が成り立つ (きちんと証明するには n に関する数学的帰納法を用いればよい)．また，次のことにも注意する．

補題 18.2 V は K 上の計量ベクトル空間であるとする．このとき，V のどのベクトル $\boldsymbol{x}$ についても $(\boldsymbol{x}, \boldsymbol{0}) = 0, (\boldsymbol{0}, \boldsymbol{x}) = 0$ である．

証明 $\boldsymbol{x}$ は V のベクトルであるとする．ゼロベクトルについては $\boldsymbol{0} + \boldsymbol{0} = \boldsymbol{0}$ が成り立つから，内積の性質 (1) より

$$(\boldsymbol{x}, \boldsymbol{0}) = (\boldsymbol{x}, \boldsymbol{0} + \boldsymbol{0}) = (\boldsymbol{x}, \boldsymbol{0}) + (\boldsymbol{x}, \boldsymbol{0})$$

となる．よって $(\boldsymbol{x}, \boldsymbol{0}) = 0$ である．同様に $(\boldsymbol{0}, \boldsymbol{x}) = 0$ も得られる． ■

計量ベクトル空間の例を挙げよう．

例 18.3 数ベクトル空間 $\mathbb{R}^n$ および $\mathbb{C}^n$ は，1.4.2 項で定義した標準内積によって計量ベクトル空間となる．

例 18.4 数ベクトル空間には標準内積ではない内積を考えることもできる．たとえば，2 次元の数ベクトル空間 $\mathbb{R}^2$ において

$$(\boldsymbol{x}, \boldsymbol{y})' = {}^t\boldsymbol{x} \begin{pmatrix} 2 & 1 \\ 1 & 2 \end{pmatrix} \boldsymbol{y}$$

によって実数 $(\boldsymbol{x}, \boldsymbol{y})'$ を定めても，定義 18.1 の条件 (1)〜(4) は満たされる．ここでは，条件 (4) が成り立つことを確認しよう．$\boldsymbol{x} = {}^t\begin{pmatrix} x_1 & x_2 \end{pmatrix}$ とおくと

$$(\boldsymbol{x}, \boldsymbol{x})' = \begin{pmatrix} x_1 & x_2 \end{pmatrix} \begin{pmatrix} 2 & 1 \\ 1 & 2 \end{pmatrix} \begin{pmatrix} x_1 \\ x_2 \end{pmatrix} = 2(x_1^2 + x_1x_2 + x_2^2)$$

であり

$$x_1^2 + x_1x_2 + x_2^2 = \left(x_1 + \frac{x_2}{2}\right)^2 + \frac{3}{4}x_2^2$$

と変形できるから，$\mathbb{R}^2$ のすべてのベクトル $\boldsymbol{x}$ について $(\boldsymbol{x}, \boldsymbol{x})' \geqq 0$ である．さらに，$(\boldsymbol{x}, \boldsymbol{x})' = 0$ となるのは，$x_1 + \dfrac{x_2}{2} = 0$ かつ $x_2 = 0$ であるときで，こうなるのは $\boldsymbol{x} = \boldsymbol{0}$ のときに限るから，条件 (4) が成り立つ．

以上のことから，$(\ ,\ )'$ は $\mathbb{R}^2$ の標準内積ではない内積である．このように，同じベクトル空間に異なる内積が定義され得る．そして，計量ベクトル空間としての構造は内積の決め方によって変わる．たとえば，$\mathbb{R}^2$ を標準内積に関して計量ベクトル空間と見るとき，基本ベクトル $\boldsymbol{e}_1, \boldsymbol{e}_2$ は直交する．しかし，内積 $(\ ,\ )'$ に関して計量ベクトル空間と見るときには，$(\boldsymbol{e}_1, \boldsymbol{e}_2)' = 1$ であるから基本ベクトルは直交しない．

例 18.5 $a < b$ とする．閉区間 $[a, b]$ 上の実数値連続関数全体のなすベクトル空間 $C([a, b])$ を考える (例 2.6)．$C([a, b])$ の要素 f, g に対して，実数 (f, g) を

$$(f, g) = \int_a^b f(x)g(x)\,dx \tag{18.1}$$

で定める．このとき $(\ ,\ )$ は $C([a, b])$ の内積となることが，以下のようにしてわかる．定義 18.1 の条件 (1) と (2) が満たされることは定積分の基本的な性質である．条件 (3) を満たすことは $(\ ,\ )$ の定義から明らかである．条件 (4) について，f が $C([a, b])$ の要素であるとき

$$(f, f) = \int_a^b \{f(x)\}^2\,dx$$

であり，$\{f(x)\}^2$ は閉区間 $[a, b]$ において 0 以上の値をとるから，右辺の定積分の値も 0 以上である．$(f, f) = 0$ のとき $f = 0$ であることの証明には次の補題を使う (証明は付録 C.1 項で述べる)．

補題 18.6 $a<b$ とする．関数 h は閉区間 $[a,b]$ において連続で，常に 0 以上の値を取るとする．このとき，$\displaystyle\int_a^b h(x)\,dx=0$ が成り立つならば，$a\leqq x\leqq b$ の範囲にあるすべての実数 x について $h(x)=0$ である．

$C([a,b])$ の要素 f について $(f,f)=0$ が成り立つとする．このとき，関数 h を $h(x)=\{f(x)\}^2$ によって定めると，h は閉区間 $[a,b]$ において 0 以上の値をとり

$$\int_a^b h(x)\,dx=\int_a^b f(x)^2\,dx=(f,f)=0$$

が成り立つ．よって上の補題より $a\leqq x\leqq b$ の範囲において $h(x)=0$ が成り立つ．したがってこの範囲で $f(x)=0$ であるから，$f=0$ である．

以上より，(18.1) によって $C([a,b])$ に内積が定まり，この内積によって $C([a,b])$ は $\mathbb{R}$ 上の計量ベクトル空間となる．

内積については次の不等式が成り立つ．以下の議論では用いないので，証明は付録 B 節で述べる．

命題 18.7 V は K 上の計量ベクトル空間であるとする．このとき，V のベクトル $\boldsymbol{x},\boldsymbol{y}$ をどのようにとっても，次の不等式が成り立つ

(1) $|(\boldsymbol{x},\boldsymbol{y})|\leqq\|\boldsymbol{x}\|\|\boldsymbol{y}\|$ **(コーシー–シュワルツの不等式)**

(2) $\|\boldsymbol{x}+\boldsymbol{y}\|\leqq\|\boldsymbol{x}\|+\|\boldsymbol{y}\|$ **(三角不等式)**

計量ベクトル空間の部分空間には，次のようにして自然に計量ベクトル空間の構造が定まる．計量ベクトル空間 V の内積を $(\ ,\ )_V$ と表そう．W が V の部分空間であるとき，W はベクトル空間である．そこで，W のベクトル $\boldsymbol{a},\boldsymbol{b}$ に対して

$$(\boldsymbol{a},\boldsymbol{b})=(\boldsymbol{a},\boldsymbol{b})_V$$

と定めると，これは明らかに内積の性質 (1)〜(4) を満たす．よって，この内積に関して W は計量ベクトル空間となる．以下で計量ベクトル空間の部分空間を計量ベクトル空間として取り出すときには，上のようにして定まる内積のみを考える[1]．

1] 部分空間 W に内積を定義するだけなら，全体の空間 V の内積とは無関係に定めることもできる．たとえば，$\mathbb{R}^2$ の 1 次元の部分空間 W に，例 18.4 の内積 $(\ ,\ )'$ を考えれば，標準内積とは異なる内積が W に定まることになる．

18.2 正規直交系とその構成法

18.2.1 正規直交系と正規直交基底

定義 18.8 V は K 上の計量ベクトル空間であるとする．V の空でない部分集合 S について，次の二つの条件が成り立つとき，S は**正規直交系**であるという．

(1) $\boldsymbol{x}$ が S の要素であるとき，$(\boldsymbol{x}, \boldsymbol{x}) = 1$ である．

(2) $\boldsymbol{x}$ と $\boldsymbol{y}$ が S の異なる要素であるとき，$(\boldsymbol{x}, \boldsymbol{y}) = 0$ である．

例 18.9 数ベクトル空間 K^n を標準内積によって計量ベクトル空間と見なす．このとき，基本ベクトルのなす集合 $S = \{\boldsymbol{e}_1, \boldsymbol{e}_2, \ldots, \boldsymbol{e}_n\}$ は正規直交系である．

命題 18.10 正規直交系は線形独立である．

証明 S は計量ベクトル空間 V の正規直交系であるとする．S から有限個の相異なるベクトル $\boldsymbol{v}_1, \boldsymbol{v}_2, \ldots, \boldsymbol{v}_n$ をとる．S は正規直交系であるから，$(\boldsymbol{v}_j, \boldsymbol{v}_k) = \delta_{jk}\,(j, k = 1, 2, \ldots, n)$ が成り立つ．ただし δ_{jk} は**クロネッカーのデルタ記号**

$$\delta_{jk} = \begin{cases} 1 & (j = k \text{ のとき}) \\ 0 & (j \neq k \text{ のとき}) \end{cases}$$

である．

スカラー $\lambda_1, \lambda_2, \ldots, \lambda_n$ について，$\sum_{j=1}^{n} \lambda_j \boldsymbol{v}_j = \boldsymbol{0}$ が成り立つとする．k を $1, 2, \ldots, n$ のいずれかとすると

$$\left(\boldsymbol{v}_k, \sum_{j=1}^{n} \lambda_j \boldsymbol{v}_j\right) = (\boldsymbol{v}_k, \boldsymbol{0}) = 0$$

である (補題 18.2)．上式の左辺を，内積の性質 (1), (2) を使って計算すると

$$\left(\boldsymbol{v}_k, \sum_{j=1}^{n} \lambda_j \boldsymbol{v}_j\right) = \sum_{j=1}^{n} (\boldsymbol{v}_k, \lambda_j \boldsymbol{v}_j) = \sum_{j=1}^{n} \lambda_j (\boldsymbol{v}_k, \boldsymbol{v}_j) = \sum_{j=1}^{n} \lambda_j \delta_{kj} = \lambda_k$$

となるから，$\lambda_k = 0$ である．よって，すべての $k = 1, 2, \ldots, n$ について $\lambda_k = 0$ であるから，$\boldsymbol{v}_1, \boldsymbol{v}_2, \ldots, \boldsymbol{v}_n$ は線形独立である．以上より S は線形独立である．■

定義 18.11 V は K 上の計量ベクトル空間であるとする．V の基底 S が正規直交系でもあるとき，S は V の**正規直交基底**であるという．

有限次元ベクトル空間においては次のことが成り立つ.

系 18.12 V は K 上の $\{\mathbf{0}\}$ でない有限次元計量ベクトル空間であるとし, V の次元を n とおく. V の n 個のベクトルからなる集合 $S = \{\boldsymbol{v}_1, \boldsymbol{v}_2, \ldots, \boldsymbol{v}_n\}$ が正規直交系であるならば, S は V の正規直交基底である.

証明 命題 18.10 より S は線形独立である. S の要素の個数は V の次元と等しいから, 命題 5.14 より S は V の基底でもある. ■

例 18.13 数ベクトル空間 K^n を標準内積に関して計量ベクトル空間と見なすとき, 標準基底 $\{\boldsymbol{e}_1, \boldsymbol{e}_2, \ldots, \boldsymbol{e}_n\}$ は正規直交基底である.

18.2.2 グラム–シュミットの直交化

有限個もしくは可算無限個の線形独立なベクトルの組があれば, 以下に述べる方法によって正規直交系を作ることができる.

命題 18.14 r は正の整数であるとする. K 上の計量ベクトル空間 V のベクトルの組 $\boldsymbol{v}_1, \boldsymbol{v}_2, \ldots, \boldsymbol{v}_r$ が線形独立であるとき, 次の条件を満たす正規直交系 $\{\boldsymbol{b}_1, \boldsymbol{b}_2, \ldots, \boldsymbol{b}_r\}$ が存在する.

(△) すべての $j = 1, 2, \ldots, r$ について $\boldsymbol{b}_j \in \langle \boldsymbol{v}_1, \boldsymbol{v}_2, \ldots, \boldsymbol{v}_j \rangle$ かつ $\boldsymbol{v}_j \in \langle \boldsymbol{b}_1, \boldsymbol{b}_2, \ldots, \boldsymbol{b}_j \rangle$ である.

証明 r に関する数学的帰納法で証明する. $r = 1$ のとき, $\boldsymbol{v}_1 \neq \mathbf{0}$ であるから (命題 4.5 (1)), $\boldsymbol{b}_1 = \dfrac{1}{\|\boldsymbol{v}_1\|}\boldsymbol{v}_1$ と定めればよい.

k を正の整数として, $r = k$ のときに正しいと仮定する. $r = k + 1$ の場合を考える. $(k + 1)$ 個のベクトルの組 $\boldsymbol{v}_1, \boldsymbol{v}_2, \ldots, \boldsymbol{v}_{k+1}$ は線形独立であるとする. このうち最初の k 個 $\boldsymbol{v}_1, \boldsymbol{v}_2, \ldots, \boldsymbol{v}_k$ も線形独立であるから, 数学的帰納法の仮定より, 正規直交系 $\{\boldsymbol{b}_1, \boldsymbol{b}_2, \ldots, \boldsymbol{b}_k\}$ であって, すべての $j = 1, 2, \ldots, k$ について $\boldsymbol{b}_j \in \langle \boldsymbol{v}_1, \boldsymbol{v}_2, \ldots, \boldsymbol{v}_j \rangle$ かつ $\boldsymbol{v}_j \in \langle \boldsymbol{b}_1, \boldsymbol{b}_2, \ldots, \boldsymbol{b}_j \rangle$ であるものが取れる.

ベクトル $\tilde{\boldsymbol{b}}_{k+1}$ を次で定める.

$$\tilde{\boldsymbol{b}}_{k+1} = \boldsymbol{v}_{k+1} - \sum_{l=1}^{k} (\boldsymbol{b}_l, \boldsymbol{v}_{k+1})\boldsymbol{b}_l \tag{18.2}$$

$\boldsymbol{b}_1, \boldsymbol{b}_2, \ldots, \boldsymbol{b}_k$ はいずれも $\boldsymbol{v}_1, \boldsymbol{v}_2, \ldots, \boldsymbol{v}_k$ の線形結合であるから，$\tilde{\boldsymbol{b}}_{k+1}$ は部分空間 $\langle \boldsymbol{v}_1, \boldsymbol{v}_2, \ldots, \boldsymbol{v}_{k+1} \rangle$ に属する．さらに，$\tilde{\boldsymbol{b}}_{k+1} \neq \boldsymbol{0}$ である．なぜならば，仮に $\tilde{\boldsymbol{b}}_{k+1} = \boldsymbol{0}$ であるとすると，$\boldsymbol{v}_{k+1}$ は $\boldsymbol{b}_1, \boldsymbol{b}_2, \ldots, \boldsymbol{b}_k$ の線形結合となり，よって $\boldsymbol{v}_{k+1}$ は $\langle \boldsymbol{v}_1, \boldsymbol{v}_2, \ldots, \boldsymbol{v}_k \rangle$ に属する．これは $\boldsymbol{v}_1, \boldsymbol{v}_2, \ldots, \boldsymbol{v}_{k+1}$ が線形独立であることに反する (命題 4.17)．したがって $\tilde{\boldsymbol{b}}_{k+1} \neq \boldsymbol{0}$ である．

$j = 1, 2, \ldots, k$ について

$$\begin{aligned}
(\boldsymbol{b}_j, \tilde{\boldsymbol{b}}_{k+1}) &= \left(\boldsymbol{b}_j, \boldsymbol{v}_{k+1} - \sum_{l=1}^{k} (\boldsymbol{b}_l, \boldsymbol{v}_{k+1}) \boldsymbol{b}_l\right) \\
&= (\boldsymbol{b}_j, \boldsymbol{v}_{k+1}) - \sum_{l=1}^{k} (\boldsymbol{b}_l, \boldsymbol{v}_{k+1})(\boldsymbol{b}_j, \boldsymbol{b}_l) \\
&= (\boldsymbol{b}_j, \boldsymbol{v}_{k+1}) - \sum_{l=1}^{k} (\boldsymbol{b}_l, \boldsymbol{v}_{k+1}) \delta_{jl} = (\boldsymbol{b}_j, \boldsymbol{v}_{k+1}) - (\boldsymbol{b}_j, \boldsymbol{v}_{k+1}) = 0
\end{aligned}$$

となるから，$\tilde{\boldsymbol{b}}_{k+1}$ は $\boldsymbol{b}_1, \boldsymbol{b}_2, \ldots, \boldsymbol{b}_k$ と直交する．そこで，$\boldsymbol{b}_{k+1} = \dfrac{1}{\|\tilde{\boldsymbol{b}}_{k+1}\|} \tilde{\boldsymbol{b}}_{k+1}$ と定めれば，$\boldsymbol{b}_{k+1}$ も $\langle \boldsymbol{v}_1, \boldsymbol{v}_2, \ldots, \boldsymbol{v}_{k+1} \rangle$ に属し，$\{\boldsymbol{b}_1, \boldsymbol{b}_2, \ldots, \boldsymbol{b}_{k+1}\}$ は正規直交系となる．$\tilde{\boldsymbol{b}}_{k+1}$ は $\boldsymbol{b}_{k+1}$ の定数倍であるから，(18.2) より $\boldsymbol{v}_{k+1}$ は $\langle \boldsymbol{b}_1, \boldsymbol{b}_2, \ldots, \boldsymbol{b}_{k+1} \rangle$ に属する．以上より，$r = k+1$ のときも示すべき命題は正しい． ■

命題 18.14 の証明から，線形独立なベクトルの組 $\boldsymbol{v}_1, \boldsymbol{v}_2, \ldots, \boldsymbol{v}_r$ があれば

$$\begin{aligned}
\boldsymbol{b}_1 &= \frac{1}{\|\boldsymbol{v}_1\|} \boldsymbol{v}_1, \\
\boldsymbol{b}_k &= \frac{1}{\|\tilde{\boldsymbol{b}}_k\|} \tilde{\boldsymbol{b}}_k, \text{ ただし } \tilde{\boldsymbol{b}}_k = \boldsymbol{v}_k - \sum_{j=1}^{k-1} (\boldsymbol{b}_j, \boldsymbol{v}_k) \boldsymbol{b}_j \quad (k = 2, 3, \ldots, r)
\end{aligned}$$

によって，正規直交系 $\{\boldsymbol{b}_1, \boldsymbol{b}_2, \ldots, \boldsymbol{b}_r\}$ が得られる．以上の構成法を**グラム–シュミット (Gram-Schmidt) の直交化**という．

系 18.15 $\{0\}$ でない有限次元の計量ベクトル空間には正規直交基底が存在する．

証明 V は n 次元の計量ベクトル空間であるとする (ただし n は正の整数)．V の基底 $(\boldsymbol{v}_1, \boldsymbol{v}_2, \ldots, \boldsymbol{v}_n)$ を取ると，これに対して命題 18.14 の条件 (△) を満たす正規直交系 $S = (\boldsymbol{b}_1, \boldsymbol{b}_2, \ldots, \boldsymbol{b}_n)$ が取れる．系 18.12 より S は V の基底である． ■

命題 18.16 V は K 上の n 次元ベクトル空間であるとする (ただし n は正の整数). 集合 $S = \{\boldsymbol{b}_1, \boldsymbol{b}_2, \ldots, \boldsymbol{b}_n\}$ が V の正規直交基底であるとき, V のどのベクトル $\boldsymbol{x}$ についても次の等式が成り立つ.

$$\boldsymbol{x} = \sum_{j=1}^{n} (\boldsymbol{b}_j, \boldsymbol{x})\, \boldsymbol{b}_j$$

証明 $\boldsymbol{x}$ は V のベクトルであるとする. S は V の基底であるから, $\boldsymbol{x} = \sum_{j=1}^{n} \lambda_j \boldsymbol{b}_j$ となるスカラー $\lambda_1, \lambda_2, \ldots, \lambda_n$ が定まる. k を $1, 2, \ldots, n$ のいずれかとする. S は正規直交基底であるから

$$(\boldsymbol{b}_k, \boldsymbol{x}) = \left(\boldsymbol{b}_k, \sum_{j=1}^{n} \lambda_j \boldsymbol{b}_j \right) = \sum_{j=1}^{n} \lambda_j\, (\boldsymbol{b}_k, \boldsymbol{b}_j) = \sum_{j=1}^{n} \lambda_j \delta_{kj} = \lambda_k$$

である. よって, すべての $k = 1, 2, \ldots, n$ について $\lambda_k = (\boldsymbol{b}_k, \boldsymbol{x})$ が成り立つので, $\boldsymbol{x} = \sum_{j=1}^{n} (\boldsymbol{b}_j, \boldsymbol{x})\, \boldsymbol{b}_j$ である. ■

18.3 ベッセルの不等式とその応用

この節では一般の計量ベクトル空間で成り立つベッセルの不等式を証明し, 解析学への応用例を挙げる.

18.3.1 ベッセルの不等式

定理 18.17 V は K 上の計量ベクトル空間であるとし, $S = \{\boldsymbol{b}_1, \boldsymbol{b}_2, \ldots, \boldsymbol{b}_n\}$ は V の正規直交系であるとする. このとき, V のどのベクトルについても, 次の不等式が成り立つ.

$$\sum_{j=1}^{n} |(\boldsymbol{b}_j, \boldsymbol{x})|^2 \leqq \|\boldsymbol{x}\|^2$$

これをベッセル (Bessel) の不等式という.

証明 $\boldsymbol{x}$ は V のベクトルであるとする. このとき, $\boldsymbol{y} = \boldsymbol{x} - \sum_{j=1}^{n} (\boldsymbol{b}_j, \boldsymbol{x})\, \boldsymbol{b}_j$ とおいて, $\boldsymbol{y}$ のノルムの 2 乗を計算する.

$$
\begin{aligned}
\|\boldsymbol{y}\|^2 &= \left(\boldsymbol{x} - \sum_{j=1}^{n} (\boldsymbol{b}_j, \boldsymbol{x})\, \boldsymbol{b}_j,\ \boldsymbol{x} - \sum_{k=1}^{n} (\boldsymbol{b}_k, \boldsymbol{x})\, \boldsymbol{b}_k\right) \\
&= (\boldsymbol{x}, \boldsymbol{x}) - \sum_{j=1}^{n} \overline{(\boldsymbol{b}_j, \boldsymbol{x})}\, (\boldsymbol{b}_j, \boldsymbol{x}) - \sum_{k=1}^{n} (\boldsymbol{b}_k, \boldsymbol{x})\, (\boldsymbol{x}, \boldsymbol{b}_k) \\
&\quad + \sum_{j=1}^{n} \sum_{k=1}^{n} \overline{(\boldsymbol{b}_j, \boldsymbol{x})} (\boldsymbol{b}_k, \boldsymbol{x}) (\boldsymbol{b}_j, \boldsymbol{b}_k)
\end{aligned}
$$

複素数の絶対値の定義から，右辺の第 2 項と第 3 項はそれぞれ

$$
\begin{aligned}
&\sum_{j=1}^{n} \overline{(\boldsymbol{b}_j, \boldsymbol{x})}\, (\boldsymbol{b}_j, \boldsymbol{x}) = \sum_{j=1}^{n} |(\boldsymbol{b}_j, \boldsymbol{x})|^2, \\
&\sum_{k=1}^{n} (\boldsymbol{b}_k, \boldsymbol{x})\, (\boldsymbol{x}, \boldsymbol{b}_k) = \sum_{k=1}^{n} (\boldsymbol{b}_k, \boldsymbol{x}) \overline{(\boldsymbol{b}_k, \boldsymbol{x})} = \sum_{k=1}^{n} |(\boldsymbol{b}_k, \boldsymbol{x})|^2
\end{aligned}
$$

となる．第 4 項は，S が正規直交系であることを使って

$$
\begin{aligned}
\sum_{j=1}^{n} \sum_{k=1}^{n} \overline{(\boldsymbol{b}_j, \boldsymbol{x})} (\boldsymbol{b}_k, \boldsymbol{x}) (\boldsymbol{b}_j, \boldsymbol{b}_k) - \sum_{j=1}^{n} \sum_{k=1}^{n} \overline{(\boldsymbol{b}_j, \boldsymbol{x})} (\boldsymbol{b}_k, \boldsymbol{x}) \delta_{jk} \\
= \sum_{j=1}^{n} \overline{(\boldsymbol{b}_j, \boldsymbol{x})} (\boldsymbol{b}_j, \boldsymbol{x}) = \sum_{j=1}^{n} |(\boldsymbol{b}_j, \boldsymbol{x})|^2
\end{aligned}
$$

となる．以上より

$$
\begin{aligned}
\|\boldsymbol{y}\|^2 &= \|\boldsymbol{x}\|^2 - \sum_{j=1}^{n} |(\boldsymbol{b}_j, \boldsymbol{x})|^2 - \sum_{j=1}^{n} |(\boldsymbol{b}_j, \boldsymbol{x})|^2 + \sum_{j=1}^{n} |(\boldsymbol{b}_j, \boldsymbol{x})|^2 \\
&= \|\boldsymbol{x}\|^2 - \sum_{j=1}^{n} |(\boldsymbol{b}_j, \boldsymbol{x})|^2 \qquad (18.3)
\end{aligned}
$$

であり，$\|\boldsymbol{y}\| \geqq 0$ であるから，示すべき不等式が成り立つ．■

系 18.18　定理 18.17 において，S が V の正規直交基底であるとき，V のどのベクトル $\boldsymbol{x}$ についても次の等式が成り立つ．

$$
\|\boldsymbol{x}\|^2 = \sum_{j=1}^{n} |(\boldsymbol{b}_j, \boldsymbol{x})|^2
$$

証明　命題 18.16 より，S が V の正規直交基底ならば，定理 18.17 の証明で定めた $\boldsymbol{y}$ はゼロベクトルである．よって (18.3) より示すべき等式が成り立つ．■

18.3.2 ベッセルの不等式の応用

以下では微積分の知識を仮定する．

命題 18.19 V は K 上の計量ベクトル空間であり，可算無限個のベクトルからなる集合 $S=\{\boldsymbol{b}_1,\boldsymbol{b}_2,\ldots\}$ は V の正規直交系であるとする．このとき，V のどのベクトル $\boldsymbol{x}$ についても無限和 $\sum_{n=1}^{\infty}|(\boldsymbol{b}_n,\boldsymbol{x})|^2$ は収束し，次の不等式が成り立つ (これも**ベッセルの不等式**と呼ばれる)．

$$\sum_{n=1}^{\infty}|(\boldsymbol{b}_n,\boldsymbol{x})|^2 \leqq \|\boldsymbol{x}\|^2 \tag{18.4}$$

証明　実数列 (a_n) を $a_n=|(\boldsymbol{b}_n,\boldsymbol{x})|^2$ で定め，その第 N 部分和 $S_N=\sum_{n=1}^{N}a_n$ を考える．(a_n) は 0 以上の実数からなる数列であるから，部分和のなす数列 (S_N) は単調増加である．さらに，ベッセルの不等式より，すべての正の整数 N について $S_N \leqq \|\boldsymbol{x}\|^2$ が成り立つ．よって数列 (S_N) は上に有界である．以上より数列 (S_N) は収束する[2]．したがって無限和 $\sum_{n=1}^{\infty}a_n=\sum_{n=1}^{\infty}|(\boldsymbol{b}_n,\boldsymbol{x})|^2$ は収束する．さらに，すべての正の整数 N について $S_N \leqq \|\boldsymbol{x}\|^2$ が成り立つから，$N\to\infty$ の極限を取れば不等式 (18.4) が得られる．■

系 18.20 可算無限個のベクトルからなる集合 $S=\{\boldsymbol{b}_1,\boldsymbol{b}_2,\ldots\}$ が K 上の計量ベクトル空間 V の正規直交系であるとき，V のどのベクトル $\boldsymbol{x}$ についても $\lim_{n\to\infty}(\boldsymbol{b}_n,\boldsymbol{x})=0$ である．

証明　命題 18.19 より無限和 $\sum_{n=1}^{\infty}|(\boldsymbol{b}_n,\boldsymbol{x})|^2$ は収束する．よって

$$\begin{aligned}|(\boldsymbol{b}_N,\boldsymbol{x})|^2 &= \sum_{n=1}^{N}|(\boldsymbol{b}_n,\boldsymbol{x})|^2-\sum_{n=1}^{N-1}|(\boldsymbol{b}_n,\boldsymbol{x})|^2\\ &\to \sum_{n=1}^{\infty}|(\boldsymbol{b}_n,\boldsymbol{x})|^2-\sum_{n=1}^{\infty}|(\boldsymbol{b}_n,\boldsymbol{x})|^2=0 \qquad (N\to\infty)\end{aligned}$$

であるから，$\lim_{N\to\infty}(\boldsymbol{b}_N,\boldsymbol{x})=0$ である．■

2] 一般に，単調増加で上に有界な実数列は収束する．これは実数の定義に係わる重要な性質である．詳細については微積分の教科書を見てほしい．

系 18.20 の応用例を一つ挙げよう．

命題 18.21 関数 f は閉区間 $[-\pi, \pi]$ 上の実数値連続関数とする．このとき

$$\lim_{n\to\infty} \int_{-\pi}^{\pi} f(x) \sin(nx)\, dx = 0$$

が成り立つ．

証明 閉区間 $[-\pi, \pi]$ 上の実数値連続関数全体のなすベクトル空間 $C([-\pi, \pi])$ において，内積を次で定義する (例 18.5)．

$$(f, g) = \int_{-\pi}^{\pi} f(x) g(x)\, dx \tag{18.5}$$

正の整数 n に対して，関数 h_n を

$$h_n(x) = \frac{1}{\sqrt{\pi}} \sin(nx) \qquad (-\pi \leqq x \leqq \pi)$$

で定めると，h_n は $C([-\pi, \pi])$ に属する．このとき，集合 $S = \{h_1, h_2, h_3, \ldots\}$ は正規直交系であることを示そう．n が正の整数のとき

$$\begin{aligned}(h_n, h_n) &= \int_{-\pi}^{\pi} \left(\frac{1}{\sqrt{\pi}} \sin(nx) \right)^2 dx = \frac{1}{\pi} \int_{-\pi}^{\pi} \sin^2(nx)\, dx \\ &= \frac{1}{\pi} \int_{-\pi}^{\pi} \frac{1 - \cos(2nx)}{2}\, dx = \frac{1}{2\pi} \left[x - \frac{\sin(2nx)}{2n} \right]_{-\pi}^{\pi} = 1\end{aligned}$$

である．また，m, n が異なる正の整数のとき

$$\begin{aligned}(h_m, h_n) &= \frac{1}{\pi} \int_{-\pi}^{\pi} \sin(mx) \sin(nx)\, dx \\ &= \frac{1}{\pi} \int_{-\pi}^{\pi} \frac{1}{2} \{\cos(mx - nx) - \cos(mx + nx)\}\, dx \\ &= \frac{1}{2\pi} \left[\frac{\sin((m-n)x)}{m-n} - \frac{\sin((m+n)x)}{m+n} \right]_{-\pi}^{\pi} = 0\end{aligned}$$

である．以上より，$S = \{h_1, h_2, h_3, \ldots\}$ は $C([-\pi, \pi])$ の内積 (18.5) に関する正規直交系である．よって，系 18.20 より

$$\lim_{n\to\infty} \int_{-\pi}^{\pi} f(x) \sin(nx)\, dx = \lim_{n\to\infty} (\sqrt{\pi}\, h_n, f) = \lim_{n\to\infty} \sqrt{\pi}\, (h_n, f) = 0$$

である． ■

18.4 直交多項式

グラム–シュミットの直交化において，$\tilde{\boldsymbol{b}}_1 = \boldsymbol{v}_1$ とおくと

$$\tilde{\boldsymbol{b}}_k = \boldsymbol{v}_k - \sum_{j=1}^{k-1} \frac{(\tilde{\boldsymbol{b}}_j, \boldsymbol{v}_k)}{\|\tilde{\boldsymbol{b}}_j\|^2} \tilde{\boldsymbol{b}}_j \qquad (k = 1, 2, 3, \ldots) \tag{18.6}$$

と表される．いま，無限次元の計量ベクトル空間 V を考え，可算無限個のベクトルからなる集合 $S = \{\boldsymbol{v}_1, \boldsymbol{v}_2, \ldots\}$ は線形独立であるとする．このとき，(18.6) によってベクトルの系列 $(\tilde{\boldsymbol{b}}_k)_{k=1}^{\infty}$ を定めると，これは次の条件を満たす．

(1) すべての $k = 1, 2, 3, \ldots$ について $\|\tilde{\boldsymbol{b}}_k\| \neq 0$ である．

(2) すべての $k, l = 1, 2, 3, \ldots$ について，$k \neq l$ ならば $(\tilde{\boldsymbol{b}}_k, \tilde{\boldsymbol{b}}_l) = 0$ である．

一般に，ベクトルの系列が上の二つの条件を満たすとき，その系列は**直交系**であるという[3]．

K 係数の多項式全体のなすベクトル空間 $K[x]$ に内積 (,) が定義されているとする．多項式の系列 $(\varphi_k)_{k=0}^{\infty}$ がこの内積に関する直交系で，すべての $k = 0, 1, 2, \ldots$ について φ_k が k 次の多項式であるとき，系列 $(\varphi_k)_{k=0}^{\infty}$ は**直交多項式系**であるという．$K[x]$ の基底 $S = \{1, x, x^2, x^3, \ldots\}$ から (18.6) で定まる $\tilde{\boldsymbol{b}}_k$ を $\varphi_k(x)$ とおくと

$$\varphi_k(x) = x^k - \sum_{j=1}^{k-1} \frac{(\varphi_j(x), x^k)}{\|\varphi_j(x)\|^2} \varphi_j(x) \qquad (k = 0, 1, 2, \ldots) \tag{18.7}$$

となり，$\varphi_k(x)$ は k 次の多項式である．よって $(\varphi_k)_{k=0}^{\infty}$ は直交多項式系である．以上より，$K[x]$ の内積が与えられれば，それに関する直交多項式は必ず存在する．

以下，$K = \mathbb{R}$ とする．開区間 (a, b) 上で正の値を取る連続関数 $w(x)$ であって

$$\int_a^b w(x)\, dx > 0$$

を満たすものを一つ取って固定する．ここで左辺の積分は広義積分でもよい[4]．さらに，すべての 0 以上の整数 n について (広義) 積分 $\int_a^b x^n w(x)\, dx$ が有限の値

3] ここで「一般に」とは，(18.6) で定義されるものでなくても，ベクトルの系列 $(\boldsymbol{a}_k)_{k=1}^{\infty}$ が $\|\boldsymbol{a}_k\| \neq 0$ と $(\boldsymbol{a}_k, \boldsymbol{a}_l) = 0$ $(k \neq l)$ を満たせば直交系と呼ぶ，ということである．

4] たとえば，$a = -\infty$ または $b = +\infty$ の場合や，$x \to a + 0$ や $x \to b - 0$ の極限で $w(x)$ が収束しない場合などでも，左辺の広義積分が収束すればよい．

に定まるとする．このとき，$\mathbb{R}[x]$ の要素 P, Q に対して

$$(P, Q) = \int_a^b P(x)Q(x)w(x)\,dx \tag{18.8}$$

と定めると，これは $\mathbb{R}[x]$ の内積となる (内積の性質 (4) が成り立つことは補題 18.6 よりわかる)．この内積 (18.8) に関する直交多項式系を，**重み関数**[5] w に関する直交多項式系と呼ぶ．このような直交多項式系の例を一つ挙げる．

例 18.22 $(a, b) = (-\infty, \infty)$, $w(x) = e^{-x^2}$ の場合.

次の等式を用いる．証明は付録 C.2 項で述べる．

補題 18.23 0 以上の整数 n について

$$\int_{-\infty}^{\infty} x^{2n} e^{-x^2}\,dx = \frac{1 \cdot 3 \cdot 5 \cdot \cdots \cdot (2n-3) \cdot (2n-1)}{2^n}\sqrt{\pi},$$

$$\int_{-\infty}^{\infty} x^{2n+1} e^{-x^2}\,dx = 0.$$

この補題の結果を使って，(18.7) で定まる多項式 φ_k を順に計算すると

$$\varphi_0(x) = 1, \quad \varphi_1(x) = x, \quad \varphi_2(x) = x^2 - \frac{1}{2}, \quad \varphi_3(x) = x^3 - \frac{3}{2}x, \quad \cdots$$

となる．このとき

$$H_n(x) = 2^{n/2}\varphi_n(x) \qquad (n = 0, 1, 2, \ldots)$$

と定めると，$(H_n)_{n=0}^{\infty}$ は重み関数 $w(x) = e^{-x^2}$ に関する直交多項式系である．これを**エルミート (Hermite) の多項式**と呼ぶ．エルミートの多項式は次のように表されることが知られている．

$$H_n(x) = \left(-\frac{1}{\sqrt{2}}\right)^n e^{x^2} \left(\frac{d^n}{dx^n} e^{-x^2}\right)$$

エルミートの多項式は，量子力学における基本的な模型である 1 次元調和振動子を解くときに用いられる．

5] weight function の和訳.

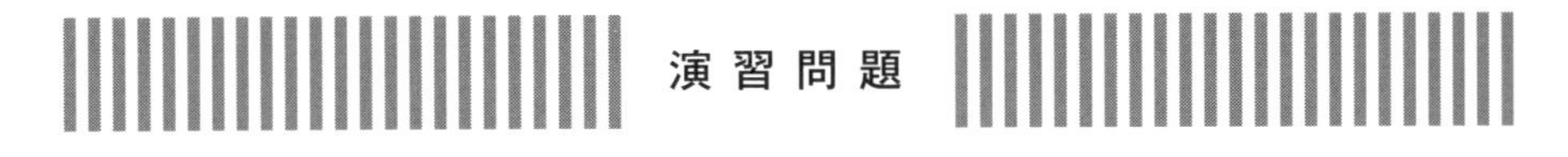

問 18.1 V は K 上の計量ベクトル空間であるとする．このとき，V のベクトル $\boldsymbol{x}, \boldsymbol{y}$ をどのようにとっても

$$\|\boldsymbol{x}+\boldsymbol{y}\|^2+\|\boldsymbol{x}-\boldsymbol{y}\|^2=2(\|\boldsymbol{x}\|^2+\|\boldsymbol{y}\|^2)$$

が成り立つことを示せ (この等式は**中線定理**と呼ばれる)．

問 18.2 実数係数の 2 次以下の多項式 $P(x), Q(x)$ に対して，実数 $(P(x), Q(x))$ を次で定める．

$$(P(x), Q(x))=\frac{1}{3}\left(P(-1)Q(-1)+P(0)Q(0)+P(1)Q(1)\right)$$

(1) $(\ ,\ )$ は実数係数の 2 次以下の多項式全体のなすベクトル空間 $\mathbb{R}[x]_2$ 上の内積を定めることを示せ．

(2) $\mathbb{R}[x]_2$ の基底 $S=(1, x, x^2)$ に対してグラム–シュミットの直交化を行い，$\mathbb{R}[x]_2$ の正規直交基底を構成せよ．

問 18.3 複素数を成分とする (m, n) 型行列 A, B に対して，複素数 (A, B) を次で定める．(A^*B は n 次の正方行列であることに注意する．)

$$(A, B)=\mathrm{tr}(A^*B)$$

(1) $(\ ,\ )$ は複素数を成分とする (m, n) 型行列全体のなすベクトル空間 $M(m, n; \mathbb{C})$ 上の内積であることを示せ．

(2) 行列単位全体のなす集合 $S=\{E_{ij} \mid i \in \{1, 2, \ldots, m\}, j \in \{1, 2, \ldots, n\}\}$ は，この内積に関する $M(m, n; \mathbb{C})$ の正規直交基底であることを示せ．

問 18.4 U, V は K 上の計量ベクトル空間であるとする．このとき，線形写像 $f: U \to V$ について，次の二つの条件は同値であることを示せ[6]．

(1) U のベクトル $\boldsymbol{x}, \boldsymbol{y}$ をどのようにとっても $(f(\boldsymbol{x}), f(\boldsymbol{y}))=(\boldsymbol{x}, \boldsymbol{y})$ である．

(2) U のどのベクトル $\boldsymbol{x}$ についても $\|f(\boldsymbol{x})\|=\|\boldsymbol{x}\|$ である．

さらに (1) もしくは (2) の条件が満たされるとき，f は単射であることを示せ．(ヒント：(2) ならば (1) であることの証明では，$f(\boldsymbol{x}+\boldsymbol{y})$ のノルムを考える．$K=$

6] (1), (2) の等式の左辺と右辺は，それぞれ V と U の内積・ノルムであることに注意せよ．

$\mathbb{C}$ の場合には，さらに $f(i\boldsymbol{x}+\boldsymbol{y})$ のノルムを考えよ.)

問 18.5 K 上の計量ベクトル空間 U, V の間の線形写像 $f : U \to V$ が，問 18.4 の条件 (1) もしくは (2) を満たし，さらに同型写像でもあるとき，f は**計量同型写像**であるという．また，計量ベクトル空間 U, V について，U から V への計量同型写像が存在するとき，U は V と**計量同型**であるという.

V は K 上の n 次元計量ベクトル空間であるとする (ただし n は正の整数). このとき，V は数ベクトル空間 K^n と計量同型であることを示せ．ただし K^n の内積としては標準内積を考える.

問 18.6 U, V は K 上の計量ベクトル空間であるとし，f は U から V への (線形とは限らない) 写像であるとする．この写像 f について，問 18.4 の条件 (1) が成り立つならば，f は線形写像であることを示せ．(ヒント：$\|f(\boldsymbol{x}+\boldsymbol{y})-f(\boldsymbol{x})-f(\boldsymbol{y})\|^2, \|f(\lambda\boldsymbol{x})-\lambda f(\boldsymbol{x})\|^2$ を計算せよ.)

第19章

正規変換と実対称変換の対角化

この章では，有限次元計量ベクトル空間上の線形変換であって，良い性質をもつもの (正規変換と実対称変換) が，対角化可能であることを示す．この結果を数ベクトル空間に適用すると，実対称行列は直交行列によって対角化可能であるという重要な定理が得られる．

19.1 直交補空間

命題 19.1 V は K 上の計量ベクトル空間であるとする．W が V の部分空間であるとき，V の部分集合 $W^{\perp}$ を

$$W^{\perp} = \{\boldsymbol{x} \in V \,|\, W \text{ のどのベクトル } \boldsymbol{w} \text{ についても } (\boldsymbol{w}, \boldsymbol{x}) = 0 \text{ である.}\} \tag{19.1}$$

で定める．このとき，$W^{\perp}$ は V の部分空間である．

証明 $\boldsymbol{x}, \boldsymbol{y}$ は $W^{\perp}$ に属するベクトルで，λ はスカラーであるとする．このとき，W のどのベクトル $\boldsymbol{w}$ についても

$$(\boldsymbol{w}, \boldsymbol{x} + \boldsymbol{y}) = (\boldsymbol{w}, \boldsymbol{x}) + (\boldsymbol{w}, \boldsymbol{y}) = 0 + 0 = 0,$$
$$(\boldsymbol{w}, \lambda \boldsymbol{x}) = \lambda(\boldsymbol{w}, \boldsymbol{x}) = \lambda \cdot 0 = 0$$

であるから，$\boldsymbol{x} + \boldsymbol{y}, \lambda \boldsymbol{x}$ は $W^{\perp}$ に属する．よって $W^{\perp}$ は W の部分空間である．■

定義 19.2 W は K 上の計量ベクトル空間 V の部分空間であるとする．このとき (19.1) で定まる V の部分空間 $W^{\perp}$ を，部分空間 W の**直交補空間**と呼ぶ．

例 19.3　V が K 上の計量ベクトル空間であるとき

(1)　ゼロベクトルだけからなる部分空間 $\{\mathbf{0}\}$ の直交補空間は V 全体である．

(2)　V 全体を V の部分空間と見なすとき，その直交補空間は $\{\mathbf{0}\}$ である．

(1) は直交補空間の定義と補題 18.2 から明らかである．(2) を示そう．$\boldsymbol{x}$ は $V^{\perp}$ に属するベクトルであるとする．このとき，V のどのベクトル $\boldsymbol{v}$ についても $(\boldsymbol{v}, \boldsymbol{x}) = 0$ である．特に $\boldsymbol{v} = \boldsymbol{x}$ の場合を考えれば，$(\boldsymbol{x}, \boldsymbol{x}) = 0$ である．よって，内積の性質 (定義 18.1 の (4)) より，$\boldsymbol{x} = \mathbf{0}$ である．したがって，$V^{\perp} = \{\mathbf{0}\}$ である．

命題 19.4　V は有限次元の計量ベクトル空間であるとし，W は V の部分空間であるとする．このとき，$V = W \oplus W^{\perp}$ が成り立つ．すなわち，$W^{\perp}$ は W の補部分空間である．

証明　$V = W + W^{\perp}$ と $W \cap W^{\perp} = \{\mathbf{0}\}$ を示せばよい (命題 9.6)．$W = \{\mathbf{0}\}$ もしくは $W = V$ のときは，それぞれ $W = V$ もしくは $W = \{\mathbf{0}\}$ となるので，これらの等式は自明に成り立つ．そこで以下では W は $\{\mathbf{0}\}$ でも V でもないとする．

$V = W + W^{\perp}$ であること　$\boldsymbol{x}$ は V のベクトルであるとする．W の正規直交基底 $\{\boldsymbol{b}_1, \boldsymbol{b}_2, \ldots, \boldsymbol{b}_d\}$ (ただし $d = \dim W$) を一組取って

$$\boldsymbol{w} = \sum_{j=1}^{d} (\boldsymbol{b}_j, \boldsymbol{x})\boldsymbol{b}_j, \quad \boldsymbol{w}' = \boldsymbol{x} - \boldsymbol{w}$$

とおく．このとき $\boldsymbol{w} \in W$ である．さらに，すべての $k = 1, 2, \ldots, d$ について

$$\begin{aligned}(\boldsymbol{b}_k, \boldsymbol{w}') &= (\boldsymbol{b}_k, \boldsymbol{x} - \sum_{j=1}^{d} (\boldsymbol{b}_j, \boldsymbol{x})\boldsymbol{b}_j) = (\boldsymbol{b}_k, \boldsymbol{x}) - \sum_{j=1}^{d} (\boldsymbol{b}_j, \boldsymbol{x})(\boldsymbol{b}_k, \boldsymbol{b}_j) \\ &= (\boldsymbol{b}_k, \boldsymbol{x}) - \sum_{j=1}^{d} (\boldsymbol{b}_j, \boldsymbol{x})\delta_{kj} = (\boldsymbol{b}_k, \boldsymbol{x}) - (\boldsymbol{b}_k, \boldsymbol{x}) = 0,\end{aligned}$$

すなわち $(\boldsymbol{b}_k, \boldsymbol{w}') = 0$ となるので，$\boldsymbol{w}' \in W^{\perp}$ である (問 19.2)．そして，$\boldsymbol{x} = \boldsymbol{w} + \boldsymbol{w}'$ であるから，$\boldsymbol{x}$ は W のベクトルと $W^{\perp}$ のベクトルの和として表される．以上より，$V = W + W^{\perp}$ である．

$W \cap W^{\perp} = \{\mathbf{0}\}$ であること　$\boldsymbol{x}$ は $W \cap W^{\perp}$ に属するベクトルであるとする．$\boldsymbol{x}$ は $W^{\perp}$ に属するから，W のどのベクトルについても $(\boldsymbol{w}, \boldsymbol{x}) = 0$ である．$\boldsymbol{x}$ は W にも属するから，$(\boldsymbol{x}, \boldsymbol{x}) = 0$ となる．よって，内積の性質から $\boldsymbol{x} = \mathbf{0}$ である．したがって $W \cap W^{\perp} = \{\mathbf{0}\}$ である．　■

定理 9.8 と命題 19.4 より次の系が得られる．

系 19.5 W は有限次元計量ベクトル空間 V の部分空間であるとする．このとき $\dim W^{\perp} = \dim V - \dim W$ が成り立つ．

19.2 随伴変換

19.2.1 随伴変換

A は複素数を成分とする n 次の正方行列であるとする．このとき，A とその随伴行列 A^* から $\mathbb{C}^n$ 上の線形変換 L_A および L_{A^*} が定まる．これらを使って命題 1.13 の等式を書き直せば

$$(\boldsymbol{x}, L_A(\boldsymbol{y})) = (L_{A^*}(\boldsymbol{x}), \boldsymbol{y}) \tag{19.2}$$

となる．この関係を一般化して次の定義をする．

定義 19.6 V は K 上の計量ベクトル空間であるとし，f は V 上の線形変換であるとする．写像 $g : V \to V$ について，V のどのベクトル $\boldsymbol{x}, \boldsymbol{y}$ についても

$$(\boldsymbol{x}, f(\boldsymbol{y})) = (g(\boldsymbol{x}), \boldsymbol{y})$$

が成り立つとき，g は f の**随伴変換**であるという．

例 19.7 数ベクトル空間 $\mathbb{C}^n$ を標準内積により計量ベクトル空間と見なし，n 次の正方行列 A の定める $\mathbb{C}^n$ 上の線形変換 L_A を考える．等式 (19.2) より，A の随伴行列 A^* の定める線形変換 L_{A^*} は，L_A の随伴変換である．

命題 19.8 V は K 上の計量ベクトル空間であるとし，f は V 上の線形変換であるとする．このとき，f の随伴変換が存在するならば，それはただ一つである．

命題 19.8 を証明するのに次の事実を使う．

命題 19.9 V は K 上の計量ベクトル空間であるとする．V のベクトル $\boldsymbol{a}$ と $\boldsymbol{b}$ が次の条件 ($\sharp$) を満たすとき，$\boldsymbol{a} = \boldsymbol{b}$ である．

($\sharp$) V のどのベクトル $\boldsymbol{x}$ についても $(\boldsymbol{a}, \boldsymbol{x}) = (\boldsymbol{b}, \boldsymbol{x})$ が成り立つ．

証明 $\boldsymbol{a}-\boldsymbol{b}=\boldsymbol{0}$ であることを示したいから，$\|\boldsymbol{a}-\boldsymbol{b}\|=0$ であることを言えばよい．左辺の 2 乗を計算すると

$$\|\boldsymbol{a}-\boldsymbol{b}\|^2=(\boldsymbol{a}-\boldsymbol{b},\boldsymbol{a}-\boldsymbol{b})=(\boldsymbol{a},\boldsymbol{a}-\boldsymbol{b})-(\boldsymbol{b},\boldsymbol{a}-\boldsymbol{b})$$

である．条件 ($\sharp$) より $(\boldsymbol{a},\boldsymbol{a}-\boldsymbol{b})=(\boldsymbol{b},\boldsymbol{a}-\boldsymbol{b})$ が成り立つので，上式の右辺は 0 である．したがって $\|\boldsymbol{a}-\boldsymbol{b}\|=0$ である．よって $\boldsymbol{a}=\boldsymbol{b}$ である． ■

では，命題 19.8 を証明しよう．

証明（命題 19.8） g と h がともに f の随伴変換であるとする．$\boldsymbol{x}$ を V のベクトルとする．V のどのベクトル $\boldsymbol{y}$ についても

$$(g(\boldsymbol{x}),\boldsymbol{y})=(\boldsymbol{x},f(\boldsymbol{y})),\quad (h(\boldsymbol{x}),\boldsymbol{y})=(\boldsymbol{x},f(\boldsymbol{y}))$$

であるから，$(g(\boldsymbol{x}),\boldsymbol{y})=(h(\boldsymbol{x}),\boldsymbol{y})$ が成り立つ．よって命題 19.9 より $g(\boldsymbol{x})=h(\boldsymbol{x})$ である．以上より，V のすべてのベクトル $\boldsymbol{x}$ について $g(\boldsymbol{x})=h(\boldsymbol{x})$ が成り立つので，$g=h$ である． ■

命題 19.8 より，計量ベクトル空間上の線形変換 f の随伴変換は，存在するならばただ一通りに定まる．そこで，線形変換 f の随伴変換を f^* で表す．

例 19.10 数ベクトル空間 $\mathbb{C}^n$ を標準内積によって計量ベクトル空間と見なすとき，n 次の正方行列 A の定める線形変換 L_A について，$(L_A)^*=L_{A^*}$ である．

命題 19.11 V は K 上の計量ベクトル空間であるとする．V 上の線形変換 f の随伴変換 f^* が存在するとき，f^* は V 上の線形変換である．

証明 $\boldsymbol{a},\boldsymbol{b}$ は V のベクトルであるとする．$\boldsymbol{x}$ が V のベクトルであるとき

$$\begin{aligned}(f^*(\boldsymbol{a}+\boldsymbol{b}),\boldsymbol{x})&=(\boldsymbol{a}+\boldsymbol{b},f(\boldsymbol{x}))=(\boldsymbol{a},f(\boldsymbol{x}))+(\boldsymbol{b},f(\boldsymbol{x}))\\&=(f^*(\boldsymbol{a}),\boldsymbol{x})+(f^*(\boldsymbol{b}),\boldsymbol{x})=(f^*(\boldsymbol{a})+f^*(\boldsymbol{b}),\boldsymbol{x})\end{aligned}$$

より $(f^*(\boldsymbol{a}+\boldsymbol{b}),\boldsymbol{x})=(f^*(\boldsymbol{a})+f^*(\boldsymbol{b}),\boldsymbol{x})$ が成り立つので，命題 19.9 より $f^*(\boldsymbol{a}+\boldsymbol{b})=f^*(\boldsymbol{a})+f^*(\boldsymbol{b})$ である．同様に，$\boldsymbol{a}$ が V のベクトルで，λ がスカラーのとき，V のどのベクトル $\boldsymbol{x}$ についても

$$(\lambda f^*(\boldsymbol{a}),\boldsymbol{x})=\overline{\lambda}(f^*(\boldsymbol{a}),\boldsymbol{x})=\overline{\lambda}(\boldsymbol{a},f(\boldsymbol{x}))=(\lambda\boldsymbol{a},f(\boldsymbol{x}))=(f^*(\lambda\boldsymbol{a}),\boldsymbol{x})$$

となるので，$\lambda f^*(\boldsymbol{a})=f^*(\lambda\boldsymbol{a})$ である．以上より f^* は線形変換である． ■

19.2.2 随伴変換の存在

命題 19.12 V は K 上の有限次元計量ベクトル空間であるとし，f は V 上の線形変換であるとする．このとき，f の随伴変換 f^* が存在する．

証明 $V = \{\mathbf{0}\}$ であるときは，$f^*(\mathbf{0}) = \mathbf{0}$ と定めればよい．以下，$V \neq \{\mathbf{0}\}$ である場合を考える．V の正規直交基底を一組とって $S = \{\boldsymbol{b}_1, \boldsymbol{b}_2, \ldots, \boldsymbol{b}_n\}$ とおく (ただし n は V の次元)．写像 $g : V \to V$ を次で定める．

$$g(\boldsymbol{x}) = \sum_{j=1}^{n} (f(\boldsymbol{b}_j), \boldsymbol{x})\, \boldsymbol{b}_j \tag{19.3}$$

このとき，すべての $k = 1, 2, \ldots, n$ について

$$\begin{aligned}(g(\boldsymbol{x}), \boldsymbol{b}_k) &= \left(\sum_{j=1}^{n} (f(\boldsymbol{b}_j), \boldsymbol{x})\, \boldsymbol{b}_j, \boldsymbol{b}_k\right) = \sum_{j=1}^{n} \overline{(f(\boldsymbol{b}_j), \boldsymbol{x})}\, (\boldsymbol{b}_j, \boldsymbol{b}_k) \\ &= \sum_{j=1}^{n} (\boldsymbol{x}, f(\boldsymbol{b}_j))\delta_{jk} = (\boldsymbol{x}, f(\boldsymbol{b}_k))\end{aligned}$$

より $(g(\boldsymbol{x}), \boldsymbol{b}_k) = (\boldsymbol{x}, f(\boldsymbol{b}_k))$ が成り立つことに注意する．

g が f の随伴変換であることを示そう．$\boldsymbol{x}$ と $\boldsymbol{y}$ は V のベクトルであるとする．S は V の正規直交基底であるから，スカラー $\lambda_1, \lambda_2, \ldots, \lambda_n$ をとって $\boldsymbol{y} = \sum_{k=1}^{n} \lambda_k \boldsymbol{b}_k$ と表される．このとき，前段落で述べたことから

$$(g(\boldsymbol{x}), \boldsymbol{y}) = \left(g(\boldsymbol{x}), \sum_{k=1}^{n} \lambda_k \boldsymbol{b}_k\right) = \sum_{k=1}^{n} \lambda_k\, (g(\boldsymbol{x}), \boldsymbol{b}_k) = \sum_{k=1}^{n} \lambda_k\, (\boldsymbol{x}, f(\boldsymbol{b}_k))$$

となり，f の線形性から上式の右辺は

$$\sum_{k=1}^{n} \lambda_k\, (\boldsymbol{x}, f(\boldsymbol{b}_k)) = \left(\boldsymbol{x}, \sum_{k=1}^{n} \lambda_k f(\boldsymbol{b}_k)\right) = \left(\boldsymbol{x}, f\Big(\sum_{k=1}^{n} \lambda_k \boldsymbol{b}_k\Big)\right) = (\boldsymbol{x}, f(\boldsymbol{y}))$$

となるので，$(g(\boldsymbol{x}), \boldsymbol{y}) = (\boldsymbol{x}, f(\boldsymbol{y}))$ である．よって g は f の随伴変換である． ■

注意 命題 19.8 で述べたように，f の随伴変換はただ一通りに定まる．一方，命題 19.12 の証明では，(19.3) で定義される写像 g が，f の随伴変換であることを示した．写像 g は V の正規直交基底を使って定義されているが，正規直交基底の取り方は一通りではないから，これは随伴変換の一意性と矛盾するように見える．しかし，(19.3) の右辺は V の正規直交基底の取り方によらないことが証明できるので (問 19.3)，命題 19.8 と，命題 19.12 の証明の内容は矛盾しない．

19.3 正規変換の対角化

定義 19.13 V は K 上の計量ベクトル空間であるとする．V 上の線形変換 f の随伴変換 f^* が存在し，f と f^* が可換であるとき，f は**正規変換**であるという．

定理 19.14 V は $\mathbb{C}$ 上の $\{\mathbf{0}\}$ でない有限次元計量ベクトル空間であるとする．このとき，V 上の線形変換 f について，次の二つの条件は同値である．

(1) f は正規変換である．

(2) V の正規直交基底であって，f の固有ベクトルからなるものが存在する．

この定理を証明するための準備として，次の補題を証明する．

補題 19.15 V は $\mathbb{C}$ 上の $\{\mathbf{0}\}$ でない有限次元計量ベクトル空間であるとする．V 上の線形変換 f と g は可換であるとする．このとき，V の正規直交基底 $S = (\boldsymbol{b}_1, \boldsymbol{b}_2, \ldots, \boldsymbol{b}_n)$ であって，次の条件 (★) を満たすものが存在する．

(★) すべての $j = 1, 2, \ldots, n$ について，$f(\boldsymbol{b}_j)$ と $g(\boldsymbol{b}_j)$ はともに部分空間 $\langle \boldsymbol{b}_1, \boldsymbol{b}_2, \ldots, \boldsymbol{b}_j \rangle$ に属する．

証明 f と g は可換であるから，V の基底 $S = (\boldsymbol{v}_1, \boldsymbol{v}_2, \ldots, \boldsymbol{v}_n)$ であって，定理 14.1 の条件 (◇) を満たすものが取れる．この基底 S に対して，命題 18.14 の条件 (△) を満たす V の正規直交基底 $(\boldsymbol{b}_1, \boldsymbol{b}_2, \ldots, \boldsymbol{b}_n)$ を取る．このとき，命題 3.15 より，すべての $j = 1, 2, \ldots, n$ について $\langle \boldsymbol{v}_1, \boldsymbol{v}_2, \ldots, \boldsymbol{v}_j \rangle = \langle \boldsymbol{b}_1, \boldsymbol{b}_2, \ldots, \boldsymbol{b}_j \rangle$ が成り立つ．よって $f(\boldsymbol{b}_j)$ と $g(\boldsymbol{b}_j)$ はともに $\langle \boldsymbol{b}_1, \boldsymbol{b}_2, \ldots, \boldsymbol{b}_j \rangle$ に属する． ■

補題 19.15 を使って，定理 19.14 を証明しよう．

証明（定理 19.14） V の次元を n とおく．

(1) ならば (2) であること　f は V 上の正規変換であるとする．このとき，f と f^* は可換であるから，補題 19.15 より，V の正規直交基底 $S = (\boldsymbol{b}_1, \boldsymbol{b}_2, \ldots, \boldsymbol{b}_n)$ であって，すべての $j = 1, 2, \ldots, n$ について，$f(\boldsymbol{b}_j)$ と $f^*(\boldsymbol{b}_j)$ が $\langle \boldsymbol{b}_1, \boldsymbol{b}_2, \ldots, \boldsymbol{b}_j \rangle$ に属するものが取れる．このとき，$\boldsymbol{b}_1, \boldsymbol{b}_2, \ldots, \boldsymbol{b}_n$ はすべて f の固有ベクトルであることを示そう．

k を $1,2,\ldots,n$ のいずれかとする．命題 18.16 より

$$f(\boldsymbol{b}_k) = \sum_{j=1}^{n} (\boldsymbol{b}_j, f(\boldsymbol{b}_k))\,\boldsymbol{b}_j \tag{19.4}$$

が成り立つ．$f(\boldsymbol{b}_k)$ は $\langle \boldsymbol{b}_1, \boldsymbol{b}_2, \ldots, \boldsymbol{b}_k \rangle$ に属するから $\boldsymbol{b}_{k+1}, \boldsymbol{b}_{k+2}, \ldots, \boldsymbol{b}_n$ と直交する．よって (19.4) の右辺において $j = k+1, k+2, \ldots, n$ の項はすべて $\mathbf{0}$ となる．さらに $(\boldsymbol{b}_j, f(\boldsymbol{b}_k)) = (f^*(\boldsymbol{b}_j), \boldsymbol{b}_k)$ であり，$j = 1,2,\ldots,k-1$ について，$f^*(\boldsymbol{b}_j)$ は $\langle \boldsymbol{b}_1, \boldsymbol{b}_2, \ldots, \boldsymbol{b}_{k-1} \rangle$ に属するから $\boldsymbol{b}_k$ と直交する．したがって (19.4) の右辺において $j = k$ の項以外はすべて $\mathbf{0}$ となる．以上より $f(\boldsymbol{b}_k) = (\boldsymbol{b}_k, f(\boldsymbol{b}_k))\,\boldsymbol{b}_k$ であり，よって $f(\boldsymbol{b}_k)$ は $\boldsymbol{b}_k$ の定数倍であるから，$\boldsymbol{b}_k$ は f の固有ベクトルである．

(2) ならば (1) であること　$S = \{\boldsymbol{b}_1, \boldsymbol{b}_2, \ldots, \boldsymbol{b}_n\}$ は V の正規直交基底であって，f の固有ベクトルからなるものとする．$j = 1,2,\ldots,n$ について，$\boldsymbol{b}_j$ の固有値を α_j とおく．

$\boldsymbol{b}_1, \boldsymbol{b}_2, \ldots, \boldsymbol{b}_n$ は f^* の固有ベクトルでもあることを示す．k を $1,2,\ldots,n$ のいずれかとする．命題 18.16 と随伴変換の定義より

$$f^*(\boldsymbol{b}_k) = \sum_{j=1}^{n} (\boldsymbol{b}_j, f^*(\boldsymbol{b}_k))\,\boldsymbol{b}_j = \sum_{j=1}^{n} \overline{(f^*(\boldsymbol{b}_k), \boldsymbol{b}_j)}\,\boldsymbol{b}_j = \sum_{j=1}^{n} \overline{(\boldsymbol{b}_k, f(\boldsymbol{b}_j))}\,\boldsymbol{b}_j$$

と表される．ここで $f(\boldsymbol{b}_j) = \alpha_j \boldsymbol{b}_j$ であることと，S が正規直交基底であることを使うと，上式の右辺は

$$\sum_{j=1}^{n} \overline{(\boldsymbol{b}_k, \alpha_j \boldsymbol{b}_j)}\,\boldsymbol{b}_j = \sum_{j=1}^{n} \overline{\alpha_j}\,\overline{(\boldsymbol{b}_k, \boldsymbol{b}_j)}\,\boldsymbol{b}_j = \sum_{j=1}^{n} \overline{\alpha_j}\delta_{kj}\boldsymbol{b}_j = \overline{\alpha_k}\,\boldsymbol{b}_k$$

となる．したがって $f^*(\boldsymbol{b}_k) = \overline{\alpha_k}\,\boldsymbol{b}_k$ が成り立つので，$\boldsymbol{b}_k$ は f^* の固有ベクトルでもある．以上より，V の基底 S は f と f^* の固有ベクトルからなる．したがって，f と f^* は可換である (問 13.1)． ■

19.4 実対称変換の対角化

定義 19.16　V は $\mathbb{R}$ 上の計量ベクトル空間であるとする．V 上の線形変換 f について，その随伴変換 f^* が存在し，$f^* = f$ が成り立つとき，f は**実対称変換**であるという．

補題 19.17　V は $\mathbb{R}$ 上の $\{\mathbf{0}\}$ でない有限次元計量ベクトル空間であるとし，f は V 上の実対称変換であるとする．このとき，f は実数の固有値に対する固有ベクトルをもつ．

証明　V の次元を n とおく．V の正規直交基底 $S=(\boldsymbol{b}_1,\boldsymbol{b}_2,\ldots,\boldsymbol{b}_n)$ を一組取り，f の S に関する表現行列を $A=(a_{ij})$ とおく．

Step 1. A は実対称行列であることを示す．

表現行列の定義より $f(\boldsymbol{b}_j)=\sum_{k=1}^{n} a_{kj}\boldsymbol{b}_k$ である．よって，$l,m=1,2,\ldots,n$ について

$$(f(\boldsymbol{b}_l),\boldsymbol{b}_m)=\left(\sum_{k=1}^{n} a_{kl}\boldsymbol{b}_k,\boldsymbol{b}_m\right)=\sum_{k=1}^{n} a_{kl}(\boldsymbol{b}_k,\boldsymbol{b}_m)=\sum_{k=1}^{n} a_{kl}\delta_{km}=a_{ml}$$

であり，同様にして $(\boldsymbol{b}_l,f(\boldsymbol{b}_m))=a_{lm}$ であることもわかる．f は実対称変換であるから $(f(\boldsymbol{b}_l),\boldsymbol{b}_m)=(\boldsymbol{b}_l,f(\boldsymbol{b}_m))$ が成り立つので，$a_{ml}=a_{lm}$ である．以上より A は実対称行列である．

Step 2. f は実数の固有値に対する固有ベクトルをもつことを示す．

S は基底であるから，次の同型写像 ϕ がある (命題 7.5).

$$\phi: V\to\mathbb{R}^n,\quad \phi\Bigl(\sum_{j=1}^{n}\lambda_j\boldsymbol{b}_j\Bigr)={}^t\begin{pmatrix}\lambda_1 & \lambda_2 & \cdots & \lambda_n\end{pmatrix}$$

このとき，合成写像 $\rho=\phi\circ f\circ\phi^{-1}:\mathbb{R}^n\to\mathbb{R}^n$ は，表現行列 A の定める線形変換 L_A に等しい (補題 8.14). A は実対称行列であるから，命題 12.17 より，ρ の固有値はすべて実数で，$\mathbb{R}^n$ に固有ベクトルをもつ．そこで，ρ の固有値 α と，それに対する固有ベクトル $\boldsymbol{p}$ を一つずつ取る．このとき，$\boldsymbol{v}=\phi^{-1}(\boldsymbol{p})$ とおくと，$f=\phi^{-1}\circ\rho\circ\phi$ であることから

$$f(\boldsymbol{v})=\phi^{-1}(\rho(\phi(\boldsymbol{v})))=\phi^{-1}(\rho(\phi(\phi^{-1}(\boldsymbol{p}))))=\phi^{-1}(\rho(\boldsymbol{p}))$$

である．$\rho(\boldsymbol{p})=\alpha\boldsymbol{p}$ であることと，ϕ^{-1} の線形性から

$$\phi^{-1}(\rho(\boldsymbol{p}))=\phi^{-1}(\alpha\boldsymbol{p})=\alpha\phi^{-1}(\boldsymbol{p})=\alpha\boldsymbol{v}$$

となる．以上より $f(\boldsymbol{v})=\alpha\boldsymbol{v}$ であるから，f は実数の固有値 α に対する固有ベクトル $\boldsymbol{v}$ をもつ．■

定理 19.18 V は $\mathbb{R}$ 上の $\{\mathbf{0}\}$ でない有限次元計量ベクトル空間であるとし，f は V 上の実対称変換であるとする．このとき，V の正規直交基底であって f の固有ベクトルからなるものが存在する．

証明 V の次元を n とおいて，n に関する数学的帰納法により証明する．$n=1$ のときは，V の $\mathbf{0}$ でないベクトル $\boldsymbol{v}$ を取って，$\boldsymbol{b}=\dfrac{1}{\|\boldsymbol{v}\|}\boldsymbol{v}$ とおけば，$\{\boldsymbol{b}\}$ は定理の条件を満たす V の正規直交基底である．

k を正の整数として，$n=k$ の場合に示すべき定理が成り立つと仮定する．$n=k+1$ の場合を考える．V は $\mathbb{R}$ 上の $(k+1)$ 次元の計量ベクトル空間で，f は V 上の実対称変換であるとする．補題 19.17 より，f は少なくとも一つの固有ベクトルをもつ．それを $\boldsymbol{p}$ とおき，その固有値を α とおく．$\boldsymbol{p}$ の生成する 1 次元部分空間 $W=\langle\boldsymbol{p}\rangle$ を考える．

Step 1. W の直交補空間 $W^{\perp}$ は f–不変であることを示す．

W は $\boldsymbol{p}$ で生成されるから $W^{\perp}=\{\boldsymbol{x}\in V\,|\,(\boldsymbol{p},\boldsymbol{x})=0\}$ である．$\boldsymbol{x}$ は $W^{\perp}$ に属するベクトルとする．f は実対称変換であるから

$$(\boldsymbol{p},f(\boldsymbol{x}))=(f(\boldsymbol{p}),\boldsymbol{x})=(\alpha\boldsymbol{p},\boldsymbol{x})=\alpha(\boldsymbol{p},\boldsymbol{x})$$

となる．$\boldsymbol{x}$ は $W^{\perp}$ に属するので $(\boldsymbol{p},\boldsymbol{x})=0$ である．したがって $(\boldsymbol{p},f(\boldsymbol{x}))=0$ であるから，$f(\boldsymbol{x})$ も $W^{\perp}$ に属する．以上より $W^{\perp}$ は f–不変である．

Step 2. f の固有ベクトルからなる V の正規直交基底が存在することを示す．

$W^{\perp}$ は f–不変であるから，f の制限 $f|_{W^{\perp}}$ を考えられる．このとき，$W^{\perp}$ は $\mathbb{R}$ 上の計量ベクトル空間であり，$f|_{W^{\perp}}$ は $W^{\perp}$ 上の実対称変換となる．さらに，系 19.5 より $\dim W^{\perp}=\dim V-\dim W=(k+1)-1=k$ である．よって数学的帰納法の仮定より，$W^{\perp}$ の正規直交基底 $\{\boldsymbol{b}_1,\boldsymbol{b}_2,\ldots,\boldsymbol{b}_k\}$ であって，$f|_{W^{\perp}}$ の固有ベクトルからなるものが存在する．そこで，$\boldsymbol{b}_{k+1}=\dfrac{1}{\|\boldsymbol{p}\|}\boldsymbol{p}$ とおき，$S=\{\boldsymbol{b}_1,\boldsymbol{b}_2,\ldots,\boldsymbol{b}_{k+1}\}$ と定めると，$V=W\oplus W^{\perp}$ より S は V の正規直交基底であり，S に属するベクトルはすべて f の固有ベクトルである．

以上より，$n=k+1$ の場合も示すべき定理が成り立つ． ■

次に示すように，定理 19.18 の逆も成り立つ．

命題 19.19 V は $\mathbb{R}$ 上の $\{\mathbf{0}\}$ でない有限次元計量ベクトル空間であるとし，f は V 上の線形変換であるとする．V の正規直交基底であって f の固有ベクトルからなるものが存在するならば，f は実対称変換である．

証明 V の次元を n とおく．f の固有ベクトルからなる正規直交基底 $S = \{\boldsymbol{b}_1, \boldsymbol{b}_2, \ldots, \boldsymbol{b}_n\}$ を取る．$j = 1, 2, \ldots, n$ について，$\boldsymbol{b}_j$ の固有値を α_j とおく．

$\boldsymbol{x}$ は V のベクトルであるとする．このとき，命題 18.16 と随伴変換の定義から

$$f^*(\boldsymbol{x}) = \sum_{j=1}^{n} (\boldsymbol{b}_j, f^*(\boldsymbol{x}))\,\boldsymbol{b}_j = \sum_{j=1}^{n} (f^*(\boldsymbol{x}), \boldsymbol{b}_j)\,\boldsymbol{b}_j = \sum_{j=1}^{n} (\boldsymbol{x}, f(\boldsymbol{b}_j))\,\boldsymbol{b}_j$$

となる．ここで $f(\boldsymbol{b}_j) = \alpha_j \boldsymbol{b}_j$ $(j = 1, 2, \ldots, n)$ であることを繰り返し使えば，f の線形性より上式の右辺は

$$\sum_{j=1}^{n} (\boldsymbol{x}, f(\boldsymbol{b}_j))\,\boldsymbol{b}_j = \sum_{j=1}^{n} \alpha_j (\boldsymbol{x}, \boldsymbol{b}_j)\,\boldsymbol{b}_j = \sum_{j=1}^{n} (\boldsymbol{b}_j, \boldsymbol{x}) f(\boldsymbol{b}_j) = f\left(\sum_{j-1}^{n} (\boldsymbol{b}_j, \boldsymbol{x})\,\boldsymbol{b}_j\right)$$

となる．命題 18.16 より右辺は $f(\boldsymbol{x})$ に等しい．したがって $f^*(\boldsymbol{x}) = f(\boldsymbol{x})$ が成り立つ．以上より $f^* = f$ であるので，f は実対称変換である． ■

19.5 正規行列と実対称行列の対角化

前節までの結果を数ベクトル空間上で読み直せば，行列の対角化に関する定理が得られる．

19.5.1 ユニタリ行列と直交行列

定義 19.20 (1) 複素数を成分とする n 次の正方行列 U について，$U^*U = I$ が成り立つとき，U は n 次の**ユニタリ (unitary) 行列**であるという．

(2) 実数を成分とする n 次の正方行列 P について，${}^tPP = I$ が成り立つとき，P は n 次の**直交行列**であるという．

行列 A の成分がすべて実数のときは $A^* = {}^tA$ であるから，直交行列とは成分がすべて実数のユニタリ行列のことである．

U がユニタリ行列であるとき，U は正則で $U^{-1} = U^*$ である (系 1.12)．よって $UU^* = I$ も成り立つ．同様に，P が直交行列であるとき，P は正則で $P^{-1} = {}^tP$

であるから，$P^tP = I$ も成り立つ．

複素数を成分とする n 次の正方行列 $A = (a_{ij})$ の列ベクトル表示を $A = \begin{pmatrix} \boldsymbol{a}_1 & \boldsymbol{a}_2 & \cdots & \boldsymbol{a}_n \end{pmatrix}$ とする．このとき，随伴行列 A^* の (i,j) 成分は $\overline{a_{ji}}$ であることから，A^*A の (i,j) 成分は

$$\sum_{k=1}^{n} \overline{a_{ki}} a_{kj} = \boldsymbol{a}_i^* \boldsymbol{a}_j = (\boldsymbol{a}_i, \boldsymbol{a}_j)$$

と表されることがわかる．このことと系 18.12 より，次の命題が得られる．

命題 19.21 複素数を成分とする n 次の正方行列 U の列ベクトル表示を $U = \begin{pmatrix} \boldsymbol{u}_1 & \boldsymbol{u}_2 & \cdots & \boldsymbol{u}_n \end{pmatrix}$ とする．このとき，次の二つの条件は同値である．

(1) U はユニタリ行列である．

(2) $(\boldsymbol{u}_1, \boldsymbol{u}_2, \ldots, \boldsymbol{u}_n)$ は $\mathbb{C}^n$ の標準内積に関する正規直交基底である．

同様に，数ベクトル空間 $\mathbb{R}^n$ の標準内積が $(\boldsymbol{x}, \boldsymbol{y}) = {}^t\boldsymbol{x}\,\boldsymbol{y}$ と表されることを使えば，次の命題が得られる．

命題 19.22 実数を成分とする n 次の正方行列 P の列ベクトル表示を $P = \begin{pmatrix} \boldsymbol{p}_1 & \boldsymbol{p}_2 & \cdots & \boldsymbol{p}_n \end{pmatrix}$ とする．このとき，次の二つの条件は同値である．

(1) P は直交行列である．

(2) $(\boldsymbol{p}_1, \boldsymbol{p}_2, \ldots, \boldsymbol{p}_n)$ は $\mathbb{R}^n$ の標準内積に関する正規直交基底である．

19.5.2 正規行列の対角化

まず，正規変換に対応する行列の概念を導入する．例 19.7 で述べたように，正方行列 A の定める線形変換 L_A の随伴変換 $(L_A)^*$ は，L_{A^*} に等しい．そこで次の定義をする．

定義 19.23 複素数を成分とする正方行列 A について，$A^*A = AA^*$ が成り立つとき，A は**正規行列**であるという．

A が正規行列であるとき

$$L_A L_{A^*} = L_{AA^*} = L_{A^*A} = L_{A^*} L_A$$

であり，$(L_A)^* = L_{A^*}$ であるから，L_A は正規変換である．逆に，正方行列 A の定める線形変換 L_A が正規変換であるとき，L_{AA^*} と L_{A^*A} が等しくなるから，問 6.3 の結果より $AA^* = A^*A$ である．よって A は正規行列である．以上より，A が正規行列であることと，L_A が正規変換であることは同値である．このことと定理 19.14 より，次の定理が得られる．

定理 19.24　複素数を成分とする n 次の正方行列 A について，次の二つの条件は同値である．

(1)　A は正規行列である．

(2)　n 次のユニタリ行列 U を適当に取れば，$U^{-1}AU$ は対角行列となる．

証明　(1) ならば (2) であること　A が正規行列であるとき，計量ベクトル空間 $\mathbb{C}^n$ 上の線形変換 L_A は，標準内積に関して正規変換となる．よって定理 19.14 より，$\mathbb{C}^n$ の正規直交基底 $S = (\boldsymbol{u}_1, \boldsymbol{u}_2, \ldots, \boldsymbol{u}_n)$ であって，L_A の固有ベクトルからなるものが存在する．このとき，S のベクトルを並べて行列 $U = \begin{pmatrix}\boldsymbol{u}_1 & \boldsymbol{u}_2 & \cdots & \boldsymbol{u}_n\end{pmatrix}$ をつくると，命題 19.21 より U はユニタリ行列である．また，U のすべての列ベクトルは A の固有ベクトルであるから，$U^{-1}AU$ は対角行列である (問 12.1)．

(2) ならば (1) であること　$U^{-1}AU$ が対角行列となるようなユニタリ行列 U を取る．このとき，U の列ベクトル表示を $U = \begin{pmatrix}\boldsymbol{u}_1 & \boldsymbol{u}_2 & \cdots & \boldsymbol{u}_n\end{pmatrix}$ とすると，命題 19.21 より $S = (\boldsymbol{u}_1, \boldsymbol{u}_2, \ldots, \boldsymbol{u}_n)$ は $\mathbb{C}^n$ の正規直交基底である．さらに，$U^{-1}AU$ は対角行列であるから，S に属するベクトルはすべて線形変換 L_A の固有ベクトルである (問 12.1)．したがって，定理 19.14 より L_A は正規変換である．よって A は正規行列である．■

定義 19.25　A は複素数を成分とする n 次の正方行列とする．

(1)　$A^* = A$ が成り立つとき，A は n 次の**エルミート行列**であるという．

(2)　$A^* = -A$ が成り立つとき，A は n 次の**歪エルミート行列**であるという．

系 19.26　A が n 次のエルミート行列もしくは歪エルミート行列であるとき，n 次のユニタリ行列 U であって $U^{-1}AU$ が対角行列となるものが存在する．

証明 A がエルミート行列であるとき，$A^* = A$ であるから，A^*A と AA^* はともに A^2 となり等しい．同様に，A が歪エルミート行列であれば，$A^*A = AA^* = -A^2$ である．したがって，エルミート行列も歪エルミート行列も正規行列である．よって定理 19.24 より，$U^{-1}AU$ が対角行列となるユニタリ行列 U が取れる． ■

19.5.3 実対称行列の対角化

A が実対称行列であるとき，A の定める線形変換 L_A の随伴変換は

$$(L_A)^* = L_{A^*} = L_{{}^tA} = L_A$$

より L_A に等しい．よって L_A は実対称変換である．逆に，実数を成分とする正方行列 A の定める線形変換 L_A が実対称変換であるとき，A は実対称行列である[1]．このことと定理 19.18, 命題 19.19 を使えば，次の定理が得られる．証明は定理 19.24 と同様なので演習問題とする (問 19.4).

定理 19.27 実数を成分とする n 次の正方行列 A について，次の二つの条件は同値である．

(1) A は実対称行列である．

(2) n 次の直交行列 P を適当にとれば，$P^{-1}AP$ は対角行列となる．

演習問題

問 19.1 V は K 上の計量ベクトル空間で，W_1, W_2 は V の部分空間であるとする．次のことを示せ．

(1) $W_1 \subset W_2$ ならば $W_2^{\perp} \subset W_1^{\perp}$ である．

(2) $(W_1 + W_2)^{\perp} = W_1^{\perp} \cap W_2^{\perp}$ である．

問 19.2 V は K 上の計量ベクトル空間で，W は V の有限次元部分空間であるとする．$S = \{\boldsymbol{w}_1, \boldsymbol{w}_2, \ldots, \boldsymbol{w}_d\}$ は W の基底であるとする．このとき，V のベクトル $\boldsymbol{x}$ について次の二つの条件は同値であることを示せ．

1] 自分できちんと確認してほしい．

(1) $\boldsymbol{x} \in W^{\perp}$ である.

(2) すべての $k = 1, 2, \ldots, d$ について $(\boldsymbol{w}_k, \boldsymbol{x}) = 0$ である.

問 19.3 V は K 上の n 次元計量ベクトル空間であるとし, $S = (\boldsymbol{a}_1, \boldsymbol{a}_2, \ldots, \boldsymbol{a}_n)$ と $T = (\boldsymbol{b}_1, \boldsymbol{b}_2, \ldots, \boldsymbol{b}_n)$ は V の正規直交基底であるとする (n は正の整数).

(1) S から T への基底の変換行列 P について $P^* = P^{-1}$ であることを示せ.

(2) V のどのベクトル $\boldsymbol{x}$ についても次の等式が成り立つことを示せ.

$$\sum_{j=1}^{n} (f(\boldsymbol{a}_j), \boldsymbol{x})\, \boldsymbol{a}_j = \sum_{j=1}^{n} (f(\boldsymbol{b}_j), \boldsymbol{x})\, \boldsymbol{b}_j$$

問 19.4 定理 19.27 を証明せよ.

問 19.5 V は $\mathbb{C}$ 上の $\{\boldsymbol{0}\}$ でない有限次元計量ベクトル空間であるとする. V 上の線形変換 f について $f^* = f$ が成り立つとき, f は**エルミート変換**であるという. エルミート変換の固有値はすべて実数であることを示せ.

問 19.6 V は $\mathbb{C}$ 上の $\{\boldsymbol{0}\}$ でない有限次元計量ベクトル空間で, r は 2 以上の整数であるとする. $h_1, h_2, \ldots, h_r$ は V 上のエルミート変換で, どの二つも可換であるとする.

(1) $h_1, h_2, \ldots, h_r$ の同時固有ベクトルが存在することを示せ.

(2) V の正規直交基底 S であって, $h_1, h_2, \ldots, h_r$ の S に関する表現行列がすべて対角行列となるものが存在することを示せ.

(ヒント:(1) は定理 14.1 の証明を, (2) は定理 19.18 の証明を参考にせよ.)

第20章
双対空間

最後の章では，双対空間に関する基本的な事項を解説する．ベクトル空間の双対空間を考えることによって，数学的な対象をきちんと定式化したり，それが持つ性質の意味を理解できたりすることがある．たとえば，行列の階数とその転置行列の階数が等しいという性質は，双対空間を考えることでその意味がはっきりする．このことを詳しく述べて本論を終える．

20.1　双対空間

20.1.1　双対空間の定義

定義 20.1　V は K 上のベクトル空間であるとする．V から K への線形写像全体のなすベクトル空間 $\mathrm{Hom}_K(V, K)$ を，V の**双対空間**と呼び，V^* で表す．

V^* における和と定数倍，およびゼロベクトルの定義を復習しよう (6.4 節)．V^* の要素 ϕ, ψ とスカラー λ について，和 $\phi + \psi$ と定数倍 $\lambda\phi$ は V^* の要素，すなわち V から K への写像として定義される．その定義は以下の通りである[1]．

$$(\phi + \psi)(\boldsymbol{v}) = \phi(\boldsymbol{v}) + \psi(\boldsymbol{v}), \quad (\lambda\phi)(\boldsymbol{v}) = \lambda\phi(\boldsymbol{v})$$

ただし $\boldsymbol{v}$ は V のベクトルである．また，V^* のゼロベクトルは，V のすべてのベクトルに対し定数 0 を対応させる零写像である．

V^* における和と定数倍の定義から，V^* の要素 $\phi_1, \phi_2, \ldots, \phi_n$ およびスカラー $\lambda_1, \lambda_2, \ldots, \lambda_n$ が与えられたとき，V のどのベクトル $\boldsymbol{x}$ についても

1] 以下の等式の意味については命題 6.17 の脚注を参照せよ．

$$\left(\sum_{k=1}^{n} \lambda_k \phi_k\right)(\boldsymbol{x}) = \sum_{k=1}^{n} \lambda_k \phi_k(\boldsymbol{x}) \tag{20.1}$$

が成り立つことに注意する[2].

20.1.2 双対基底

この項では，V が $\{\mathbf{0}\}$ でない有限次元ベクトル空間である場合を考える．以下では V の基底をベクトルの組 $(\boldsymbol{v}_1, \boldsymbol{v}_2, \ldots, \boldsymbol{v}_n)$ として表す．

命題 20.2　V は K 上の $\{\mathbf{0}\}$ でない有限次元ベクトル空間であるとする．V の次元を n とおき，$S = (\boldsymbol{v}_1, \boldsymbol{v}_2, \ldots, \boldsymbol{v}_n)$ は V の基底であるとする．このとき，V^* の要素 $\phi_1, \phi_2, \ldots, \phi_n$ であって，次の条件を満たすものがただ一通りに定まる．

$$\phi_k(\boldsymbol{v}_j) = \delta_{jk} \qquad (j, k = 1, 2, \ldots, n) \tag{20.2}$$

ただし，右辺の δ_{jk} はクロネッカーのデルタ記号である．

証明　条件 (20.2) を満たす $\phi_1, \phi_2, \ldots, \phi_n$ が存在することと，ただ一通りに定まることを順に示そう．

存在することの証明　$\boldsymbol{x}$ が V のベクトルであるとき，$\boldsymbol{x} = \sum_{j=1}^{n} \lambda_j \boldsymbol{v}_j$ となるスカラー $\lambda_1, \lambda_2, \ldots, \lambda_n$ が，$\boldsymbol{x}$ に応じてただ一通りに定まる (命題 4.11)．そこで，$k = 1, 2, \ldots, n$ について，$\boldsymbol{x}$ にスカラー λ_k を対応させる写像を ϕ_k とする．すなわち

$$\phi_k : V \to K, \quad \phi_k\Big(\sum_{j=1}^{n} \lambda_j \boldsymbol{v}_j\Big) = \lambda_k \tag{20.3}$$

である．この写像 $\phi_1, \phi_2, \ldots, \phi_n$ は条件 (20.2) を満たすから，これらが線形写像であることを示せばよい．

定義式 (20.3) から，V のどのベクトル $\boldsymbol{x}$ についても

$$\boldsymbol{x} = \sum_{k=1}^{n} \phi_k(\boldsymbol{x}) \boldsymbol{v}_k \tag{20.4}$$

が成り立つことに注意する．いま，$\boldsymbol{a}, \boldsymbol{b}$ は V のベクトルで，λ はスカラーであるとする．関係式 (20.4) を使って

2] (20.1) の左辺は写像 $\sum_{k=1}^{n} \lambda_k \phi_k$ によって $\boldsymbol{x}$ を移して得られる値である．一方，右辺はスカラー $\lambda_k \phi_k(\boldsymbol{x})$ $(k = 1, 2, \ldots, n)$ の和である．

$$\boldsymbol{a}+\boldsymbol{b}=\sum_{k=1}^{n}\phi_k(\boldsymbol{a})\boldsymbol{v}_k+\sum_{k=1}^{n}\phi_k(\boldsymbol{b})\boldsymbol{v}_k=\sum_{k=1}^{n}(\phi_k(\boldsymbol{a})+\phi_k(\boldsymbol{b}))\boldsymbol{v}_k,$$
$$\lambda\boldsymbol{a}=\lambda\sum_{k=1}^{n}\phi_k(\boldsymbol{a})\boldsymbol{v}_k=\sum_{k=1}^{n}(\lambda\phi_k(\boldsymbol{a}))\boldsymbol{v}_k$$

を得る．よって，$k=1,2,\ldots,n$ について，ϕ_k の定義から

$$\phi_k(\boldsymbol{a}+\boldsymbol{b})=\phi_k(\boldsymbol{a})+\phi_k(\boldsymbol{b}),\quad \phi_k(\lambda\boldsymbol{a})=\lambda\phi_k(\boldsymbol{a})$$

が成り立つ．したがって $\phi_1,\phi_2,\ldots,\phi_n$ は線形写像である．

ただ一通りに定まること　V^* の要素 $\phi_1,\phi_2,\ldots,\phi_n$ および $\phi'_1,\phi'_2,\ldots,\phi'_n$ がともに次の条件を満たすとする．

$$\phi_k(\boldsymbol{v}_j)=\delta_{jk},\quad \phi'_k(\boldsymbol{v}_j)=\delta_{jk} \tag{20.5}$$

このとき，すべての $k=1,2,\ldots,n$ について $\phi_k=\phi'_k$ であることを示せばよい．

k は $1,2,\ldots,n$ のいずれかとする．$\boldsymbol{x}$ は V のベクトルであるとする．S は V の基底だから，$\boldsymbol{x}=\sum_{j=1}^{n}\mu_j\boldsymbol{v}_j$ となるスカラー $\mu_1,\mu_2,\ldots,\mu_n$ が定まる．このとき，ϕ_k が線形写像であることと (20.5) より

$$\phi_k(\boldsymbol{x})=\phi_k(\sum_{j=1}^{n}\mu_j\boldsymbol{v}_j)=\sum_{j=1}^{n}\mu_j\phi_k(\boldsymbol{v}_j)=\sum_{j=1}^{n}\mu_j\delta_{jk}=\mu_k$$

である．同じ計算により $\phi'_k(\boldsymbol{x})=\mu_k$ を得る．よって $\phi_k(\boldsymbol{x})=\phi'_k(\boldsymbol{x})$ である．以上より $\phi_k=\phi'_k$ である． ■

命題 20.3　命題 20.2 で定めた $\phi_1,\phi_2,\ldots,\phi_n$ について，$S^\vee=(\phi_1,\phi_2,\ldots,\phi_n)$ は V^* の基底である．

証明　$S^\vee$ が線形独立であること　スカラー $\lambda_1,\lambda_2,\ldots,\lambda_n$ について $\sum_{k=1}^{n}\lambda_k\phi_k=\boldsymbol{0}_{V^*}$ が成り立つとする．V^* におけるゼロベクトルとは，V のすべてのベクトルに定数 0 を対応させる零写像であるから，V のどのベクトル $\boldsymbol{x}$ についても

$$\left(\sum_{k=1}^{n}\lambda_k\phi_k\right)(\boldsymbol{x})=0$$

が成り立つ．この等式は (20.1) より

$$\sum_{k=1}^{n}\lambda_k\phi_k(\boldsymbol{x})=0$$

と同値である．いま，j を $1,2,\ldots,n$ のいずれかとして，$\boldsymbol{x}$ に $\boldsymbol{v}_j$ を代入すると，(20.2) より左辺は

$$\sum_{k=1}^{n} \lambda_k \phi_k(\boldsymbol{v}_j) = \sum_{k=1}^{n} \lambda_k \delta_{jk} = \lambda_j$$

となるので，$\lambda_j = 0$ である．以上より，$\lambda_1, \lambda_2, \ldots, \lambda_n$ はすべて 0 である．したがって $S^\vee$ は線形独立である．

$S^\vee$ が V^* を生成すること　ψ は V^* の要素であるとする．このとき

$$\psi = \sum_{k=1}^{n} \psi(\boldsymbol{v}_k)\phi_k \tag{20.6}$$

が成り立つことを示そう．この等式は V^* における等式であるから，V のどのベクトル $\boldsymbol{x}$ についても

$$\psi(\boldsymbol{x}) = \left(\sum_{k=1}^{n} \psi(\boldsymbol{v}_k)\phi_k \right)(\boldsymbol{x}) \tag{20.7}$$

が成り立つことを示せばよい．$\boldsymbol{x}$ が (20.4) のように表されることと，ψ が線形写像であることから

$$\psi(\boldsymbol{x}) = \psi\left(\sum_{k=1}^{n} \phi_k(\boldsymbol{x})\boldsymbol{v}_k\right) = \sum_{k=1}^{n} \phi_k(\boldsymbol{x})\psi(\boldsymbol{v}_k)$$

である．ここで $\phi_k(\boldsymbol{x})$ と $\psi(\boldsymbol{v}_k)$ $(k = 1,2,\ldots,n)$ はスカラーであるから可換である．そこで (20.1) を使えば，上式の右辺は

$$\sum_{k=1}^{n} \phi_k(\boldsymbol{x})\psi(\boldsymbol{v}_k) = \sum_{k=1}^{n} \psi(\boldsymbol{v}_k)\phi_k(\boldsymbol{x}) = \left(\sum_{k=1}^{n} \psi(\boldsymbol{v}_k)\phi_k \right)(\boldsymbol{x})$$

と書き直される．したがって (20.7) が成り立つ．以上より，V^* のどの要素 ψ についても (20.6) が成り立つので，$S^\vee$ は V^* を生成する．■

定義 20.4　V は K 上の $\{\boldsymbol{0}\}$ でない有限次元ベクトル空間であるとし，$S = (\boldsymbol{v}_1, \boldsymbol{v}_2, \ldots, \boldsymbol{v}_n)$ は V の基底であるとする．このとき，条件 (20.2) で定まる V^* の基底 $S^\vee = (\phi_1, \phi_2, \ldots, \phi_n)$ を，基底 S の**双対基底**という．

$V = \{\boldsymbol{0}\}$ であるとき，V から K への線形写像は零写像しかないから (命題 6.11)，$V^* = \{\boldsymbol{0}\}$ である．よって $V = \{\boldsymbol{0}\}$ のとき，V と V^* の次元はともに 0 である．このことと命題 20.3 を合わせれば，次のことがわかる．

定理 20.5 V は K 上の有限次元ベクトル空間であるとする．このとき，V^* の次元は V の次元と等しい．

双対基底の性質 (20.4) と (20.6) はよく用いられるので，以下にまとめておく．

命題 20.6 V は K 上の $\{\mathbf{0}\}$ でない有限次元ベクトル空間であるとする．V の基底 $S=(\boldsymbol{v}_1,\boldsymbol{v}_2,\ldots,\boldsymbol{v}_n)$ を取り，その双対基底を $S^\vee=(\phi_1,\phi_2,\ldots,\phi_n)$ とおく．このとき，V のどのベクトル $\boldsymbol{x}$，および V^* のどの要素 ψ についても，次の等式が成り立つ．

$$\boldsymbol{x}=\sum_{k=1}^{n}\phi_k(\boldsymbol{x})\boldsymbol{v}_k,\quad \psi=\sum_{k=1}^{n}\psi(\boldsymbol{v}_k)\phi_k.$$

20.2 双対写像

20.2.1 双対写像の定義と性質

定義 20.7 U,V は K 上のベクトル空間であるとし，写像 $f:U\to V$ は線形写像であるとする．このとき，次で定まる写像 $f^\vee:V^*\to U^*$ を，f の**双対写像** (もしくは**転置写像**) と呼ぶ．

$$(f^\vee(\phi))(\boldsymbol{u})=\phi(f(\boldsymbol{u}))\qquad(\phi\in V^*,\ \boldsymbol{u}\in U)$$

命題 20.8 双対写像は線形写像である．

証明 線形写像 $f:U\to V$ の双対写像 $f^\vee:V^*\to U^*$ を考える．このとき，V^* の要素 ϕ,ψ とスカラー λ について

$$f^\vee(\phi+\psi)=f^\vee(\phi)+f^\vee(\psi),\quad f^\vee(\lambda\phi)=\lambda f^\vee(\phi)$$

が成り立つことを示せばよい．これらは U から K への写像の間の等式であるから，U のどのベクトル $\boldsymbol{u}$ についても

(1) $(f^\vee(\phi+\psi))(\boldsymbol{u})=(f^\vee(\phi)+f^\vee(\psi))(\boldsymbol{u})$

(2) $(f^\vee(\lambda\phi))(\boldsymbol{u})=(\lambda f^\vee(\phi))(\boldsymbol{u})$

が成り立つことを示せばよい．

(1) の証明　双対写像の定義から，(1) の左辺は

$$(f^{\vee}(\phi+\psi))(\boldsymbol{u}) = (\phi+\psi)(f(\boldsymbol{u}))$$

である．U^* における和の定義より，上式の右辺は

$$(\phi+\psi)(f(\boldsymbol{u})) = \phi(f(\boldsymbol{u})) + \psi(f(\boldsymbol{u}))$$

である．一方で，V^* における和の定義より (1) の右辺は

$$(f^{\vee}(\phi) + f^{\vee}(\psi))(\boldsymbol{u}) = (f^{\vee}(\phi))(\boldsymbol{u}) + (f^{\vee}(\psi))(\boldsymbol{u})$$

である．双対写像の定義より，上式の右辺は

$$(f^{\vee}(\phi))(\boldsymbol{u}) + (f^{\vee}(\psi))(\boldsymbol{u}) = \phi(f(\boldsymbol{u})) + \psi(f(\boldsymbol{u}))$$

に等しい．以上より (1) の両辺は等しい．

(2) の証明　双対写像の定義と，U^* における定数倍の定義から，(2) の左辺は

$$(f^{\vee}(\lambda\phi))(\boldsymbol{u}) = (\lambda\phi)(f(\boldsymbol{u})) = \lambda(\phi(f(\boldsymbol{u})))$$

である．同様に，V^* における定数倍の定義と双対写像の定義から，(2) の右辺は

$$(\lambda f^{\vee}(\phi))(\boldsymbol{u}) = \lambda(f^{\vee}(\phi))(\boldsymbol{u}) = \lambda(\phi(f(\boldsymbol{u})))$$

である．以上より (2) の両辺は等しい．■

命題 20.9　U, V は K 上のベクトル空間であるとし，写像 $f : U \to V$ は線形写像であるとする．線形写像 f と，f の双対写像 $f^{\vee} : V^* \to U^*$ について，次のことが成り立つ．

(1)　f が単射ならば $f^{\vee}$ は全射である．

(2)　f が全射ならば $f^{\vee}$ は単射である．

証明　(1) f は単射であるとする．ψ は U^* に属するとする．このとき，$f^{\vee}(\phi) = \psi$ となる V^* の要素 ϕ を構成できればよい．

$\mathrm{Im}\, f$ は V の部分空間であるから，その補部分空間 W が取れる (命題 9.10) [3]．このとき，直和分解 $V = \mathrm{Im}\, f \oplus W$ の定める $\mathrm{Im}\, f$ への射影 (定義 9.14) を p とお

3]　V が無限次元の場合については定義 9.11 の後の注意を参照せよ．

く．f は単射だから，例 7.3 で述べたように同型写像

$$f_0 : U \to \operatorname{Im} f, \quad f_0(\boldsymbol{u}) = f(\boldsymbol{u})$$

が定まる．そこで，写像 $\phi : V \to K$ を次で定める．

$$\phi : V \xrightarrow{p} \operatorname{Im} f \xrightarrow{f_0^{-1}} U \xrightarrow{\psi} K$$

つまり $\phi = \psi \circ f_0^{-1} \circ p$ である．このとき，ϕ は線形写像であるから (命題 6.12, 命題 6.13), ϕ は V^* に属する．

上で定めた ϕ について $f^\vee(\phi) = \psi$ であることを示そう．$\boldsymbol{u}$ は U のベクトルであるとする．このとき

$$(f^\vee(\phi))(\boldsymbol{u}) = \phi(f(\boldsymbol{u})) = \psi(f_0^{-1}(p(f(\boldsymbol{u}))))$$

である．$f(\boldsymbol{u})$ は $\operatorname{Im} f$ に属するから，射影の定義より $p(f(\boldsymbol{u})) = f(\boldsymbol{u})$ である．さらに f_0 の定義より $f(\boldsymbol{u}) = f_0(\boldsymbol{u})$ が成り立つので

$$\psi(f_0^{-1}(p(f(\boldsymbol{u})))) = \psi(f_0^{-1}(f(\boldsymbol{u}))) = \psi(f_0^{-1}(f_0(\boldsymbol{u}))) = \psi(\boldsymbol{u})$$

となる．したがって，U のどのベクトル $\boldsymbol{u}$ についても $(f^\vee(\phi))(\boldsymbol{u}) = \psi(\boldsymbol{u})$ が成り立つ．よって $f^\vee(\phi) = \psi$ である．以上より $f^\vee$ は全射である．

(2) f は全射であるとする．命題 6.16 より $\operatorname{Ker} f^\vee = \{\mathbf{0}_{V^*}\}$ を示せばよい．

ϕ は $\operatorname{Ker} f^\vee$ に属するとする．このとき，$f^\vee(\phi)$ は U^* のゼロベクトルであるから，U のすべてのベクトル $\boldsymbol{u}$ について $(f^\vee(\phi))(\boldsymbol{u}) = 0$ が成り立つ．双対写像の定義から，この左辺は $\phi(f(\boldsymbol{u}))$ に等しいので，U のすべてのベクトル $\boldsymbol{u}$ について $\phi(f(\boldsymbol{u})) = 0$ である．

$\phi = \mathbf{0}_{V^*}$ であることを示そう．$\mathbf{0}_{V^*}$ は V から K への零写像であるから，V のどのベクトル $\boldsymbol{v}$ についても $\phi(\boldsymbol{v}) = 0$ であることを示せばよい．$\boldsymbol{v}$ は V のベクトルであるとする．f は全射であるから，$f(\boldsymbol{u}) = \boldsymbol{v}$ となる U のベクトル $\boldsymbol{u}$ が取れる．このとき，前段落で述べたことから

$$\phi(\boldsymbol{v}) = \phi(f(\boldsymbol{u})) = 0$$

となる．したがって $\phi = \mathbf{0}_{V^*}$ である．

以上より $\operatorname{Ker} f^\vee = \{\mathbf{0}_{V^*}\}$ であるから，$f^\vee$ は単射である． ■

20.2.2　双対写像の表現行列

この項では U と V が $\{\mathbf{0}\}$ でない有限次元ベクトル空間である場合を考える．線形写像 $f: U \to V$ と，その双対写像 $f^{\vee}: V^* \to U^*$ の表現行列の間には，次の関係がある．

命題 20.10　U と V は K 上の有限次元ベクトル空間で，いずれも $\{\mathbf{0}\}$ ではないとする．U と V の次元をそれぞれ n, m とおき，U の基底 $S = (\boldsymbol{u}_1, \boldsymbol{u}_2, \ldots, \boldsymbol{u}_n)$ と V の基底 $T = (\boldsymbol{v}_1, \boldsymbol{v}_2, \ldots, \boldsymbol{v}_m)$ を一組ずつ取る．このとき，S と T の双対基底をそれぞれ $S^{\vee} = (\phi_1, \phi_2, \ldots, \phi_n)$, $T^{\vee} = (\psi_1, \psi_2, \ldots, \psi_m)$ とおく．

写像 $f: U \to V$ は線形写像であるとする．このとき，S, T に関する f の表現行列を A とおくと，双対写像 $f^{\vee}: V^* \to U^*$ の $T^{\vee}, S^{\vee}$ に関する表現行列は，A の転置行列 ${}^tA$ に等しい．

証明　$A = (a_{ij})$ とおく．表現行列の定義から

$$f(\boldsymbol{u}_k) = \sum_{i=1}^{m} a_{ik} \boldsymbol{v}_i \qquad (k = 1, 2, \ldots, n) \tag{20.8}$$

である．このとき

$$f^{\vee}(\psi_j) = \sum_{k=1}^{n} a_{jk} \phi_k \qquad (j = 1, 2, \ldots, m) \tag{20.9}$$

が成り立つことを示せばよい．

j は $1, 2, \ldots, m$ のいずれかとする．$f^{\vee}(\psi_j)$ は U^* の要素であり，$S^{\vee}$ は S の双対基底であるから，命題 20.6 より

$$f^{\vee}(\psi_j) = \sum_{k=1}^{n} (f^{\vee}(\psi_j))(\boldsymbol{u}_k) \phi_k \tag{20.10}$$

である．$k = 1, 2, \ldots, n$ について，双対写像の定義から

$$(f^{\vee}(\psi_j))(\boldsymbol{u}_k) = \psi_j(f(\boldsymbol{u}_k))$$

であり，右辺に (20.8) を代入すると，ψ_j の線形性より

$$\psi_j(f(\boldsymbol{u}_k)) = \psi_j\Big(\sum_{i=1}^{m} a_{ik} \boldsymbol{v}_i\Big) = \sum_{i=1}^{m} a_{ik} \psi_j(\boldsymbol{v}_i)$$

となる．ここで，$T^{\vee}$ は T の双対基底であるから $\psi_j(\boldsymbol{v}_i) = \delta_{ij}$ である．よって上

式の右辺の i に関する和は $i=j$ の項のみが残るので

$$\psi_j(f(\boldsymbol{u}_k)) = a_{jk}$$

となる．以上より $(f^\vee(\psi_j))(\boldsymbol{u}_k) = a_{jk}$ であるから，これを (20.10) に代入すれば，示すべき等式 (20.9) を得る． ■

20.3 零化域

20.3.1 零化域の定義

定義 20.11 V は K 上のベクトル空間であるとし，W は V の部分空間であるとする．このとき，V^* の部分集合 W^0 を

$$W^0 = \{\phi \in V^* \,|\, W \text{ のどのベクトル } \boldsymbol{w} \text{ についても } \phi(\boldsymbol{w}) = 0 \text{ である.}\}$$

で定め，W の**零化域**と呼ぶ．

命題 20.12 W の零化域 W^0 は V^* の部分空間である．

証明 ϕ と ψ は W^0 に属するとし，λ はスカラーであるとする．このとき，$\phi+\psi$ と $\lambda\phi$ が W^0 に属すること，すなわち W のどのベクトル $\boldsymbol{w}$ についても $(\phi+\psi)(\boldsymbol{w}) = 0, (\lambda\phi)(\boldsymbol{w}) = 0$ であることを示せばよい．

$\boldsymbol{w}$ は W のベクトルであるとする．V^* における和と定数倍の定義から

$$(\phi+\psi)(\boldsymbol{w}) = \phi(\boldsymbol{w}) + \psi(\boldsymbol{w}), \quad (\lambda\phi)(\boldsymbol{w}) = \lambda\phi(\boldsymbol{w})$$

であり，$\phi \in W_0, \psi \in W_0$ より $\phi(\boldsymbol{w}), \psi(\boldsymbol{w})$ はともに 0 である．よって上式の右辺はどちらも 0 である． ■

20.3.2 零化域の次元

定理 20.13 U と V は K 上のベクトル空間であるとし，写像 $f: U \to V$ は線形写像であるとする．このとき，次の同型がある．

$$V^* / (\operatorname{Im} f)^0 \simeq \operatorname{Im}(f^\vee)$$

ただし $(\operatorname{Im} f)^0$ は $\operatorname{Im} f$ の零化域で，$f^\vee$ は f の双対写像である．

証明 双対写像 $f^{\vee}: V^* \to U^*$ に準同型定理 10.27 を適用すれば

$$V^* / \operatorname{Ker}(f^{\vee}) \simeq \operatorname{Im}(f^{\vee})$$

という同型があることがわかる．よって，双対写像の核 $\operatorname{Ker}(f^{\vee})$ が，零化域 $(\operatorname{Im} f)^0$ に等しいことを示せばよい．

$\operatorname{Ker}(f^{\vee}) \subset (\operatorname{Im} f)^0$ であること　V^* のベクトル ϕ は $\operatorname{Ker}(f^{\vee})$ に属するとする．このとき ϕ が $(\operatorname{Im} f)^0$ に属すること，すなわち，$\operatorname{Im} f$ のどのベクトル $\boldsymbol{x}$ についても $\phi(\boldsymbol{x}) = 0$ であることを示せばよい．

$\boldsymbol{x}$ は $\operatorname{Im} f$ に属するベクトルであるとする．このとき，$\boldsymbol{x} = f(\boldsymbol{y})$ となる U のベクトル $\boldsymbol{y}$ が取れる．すると

$$\phi(\boldsymbol{x}) = \phi(f(\boldsymbol{y})) = (f^{\vee}(\phi))(\boldsymbol{y})$$

である．ここで ϕ は $\operatorname{Ker} f^{\vee}$ の要素であるから，$f^{\vee}(\phi)$ は U^* のゼロベクトルである．よって上式の右辺は 0 となる．以上より，$\operatorname{Im} f$ のどのベクトル $\boldsymbol{x}$ についても $\phi(\boldsymbol{x}) = 0$ が成り立つ．

$(\operatorname{Im} f)^0 \subset \operatorname{Ker}(f^{\vee})$ であること　V^* のベクトル ψ は $(\operatorname{Im} f)^0$ に属するとする．このとき，U のどのベクトル $\boldsymbol{u}$ についても，$f(\boldsymbol{u}) \in \operatorname{Im} f$ より

$$(f^{\vee}(\psi))(\boldsymbol{u}) = \psi(f(\boldsymbol{u})) = 0$$

となるので，$f^{\vee}(\psi)$ は U 上の零写像である．よって $f^{\vee}(\psi)$ は U^* のゼロベクトルであるから，ψ は $\operatorname{Ker}(f^{\vee})$ に属する．以上より $(\operatorname{Im} f)^0 \subset \operatorname{Ker}(f^{\vee})$ である．■

系 20.14　V は K 上のベクトル空間であるとし，W は V の部分空間であるとする．このとき，$V^*/W^0 \simeq W^*$ である．

証明 包含写像 $\iota: W \to V$ に対して定理 20.13 を適用すると，同型 $V^* / (\operatorname{Im} \iota)^0 \simeq \operatorname{Im}(\iota^{\vee})$ が得られる．包含写像の定義より $\operatorname{Im} \iota = W$ である．また，ι は単射だから $\iota^{\vee}$ は全射である (命題 20.9)．よって $\operatorname{Im}(\iota^{\vee}) = W^*$ である．以上より $V^*/W^0 \simeq W^*$ である．■

系 20.14 において，V が有限次元の場合を考えると，零化域の次元が次のように求まる．

系 20.15 V は K 上の有限次元ベクトル空間で，W は V の部分空間であるとする．このとき，零化域 W^0 の次元について

$$\dim W^0 = \dim V - \dim W$$

が成り立つ．

証明 系 20.14 より $V^*/W^0 \simeq W^*$ である．よって定理 7.6 より V^*/W^0 の次元と W^* の次元は等しい．定理 10.26 より V^*/W^0 の次元は $\dim V^* - \dim W^0$ であるから

$$\dim V^* - \dim W^0 = \dim W^*$$

である．定理 20.5 より V^* と W^* の次元はそれぞれ V と W の次元に等しいので

$$\dim W^0 = \dim V^* - \dim W^* = \dim V - \dim W$$

を得る． ■

20.3.3 双対写像の階数

命題 20.16 U と V は K 上の有限次元ベクトル空間であるとし，写像 $f : U \to V$ は線形写像であるとする．このとき，双対写像 $f^\vee : V^* \to U^*$ の階数は，f の階数に等しい．

証明 $\mathrm{Im}\, f$ の次元と $\mathrm{Im}\,(f^\vee)$ の次元が等しいことを示せばよい．定理 20.13 より $V^*/(\mathrm{Im}\, f)^0$ と $\mathrm{Im}(f^\vee)$ は同型である．よって，定理 7.6 と定理 10.26 より

$$\dim V^* - \dim (\mathrm{Im}\, f)^0 = \dim (\mathrm{Im}\,(f^\vee)) \tag{20.11}$$

である．さらに，定理 20.5 と系 20.15 より

$$\dim V^* = \dim V, \quad \dim (\mathrm{Im}\, f)^0 = \dim V - \dim (\mathrm{Im}\, f)$$

だから，(20.11) の左辺は $\mathrm{Im}\, f$ の次元に等しい． ■

命題 20.16 の重要な系として，次の事実が得られる．

系 20.17 A が K の要素を成分とする行列であるとき，A の階数と転置行列 ${}^tA$ の階数は等しい．

証明　A は (m,n) 型行列であるとし，A が定める線形写像 $L_A : K^n \to K^m$ を考える．行列の階数の定義 8.16 より

$$\operatorname{rank} A = \dim \operatorname{Im} L_A$$

である．K^n, K^m の標準基底をそれぞれ S, T とおき，その双対基底をそれぞれ $S^\vee, T^\vee$ とおく．線形写像 L_A の S, T に関する表現行列は A に等しいから (例 8.5)，命題 20.10 より，双対写像 $L_A^\vee$ の $T^\vee, S^\vee$ に関する表現行列は ${}^tA$ である．よって，定理 8.18 より

$$\operatorname{rank} ({}^tA) = \dim \operatorname{Im}(L_A^\vee)$$

である．さらに，命題 20.16 より

$$\dim \operatorname{Im} L_A = \dim \operatorname{Im}(L_A^\vee)$$

である．以上より

$$\operatorname{rank} A = \dim \operatorname{Im} L_A = \dim \operatorname{Im}(L_A^\vee) = \operatorname{rank} ({}^tA)$$

であるから，A の階数と ${}^tA$ の階数は等しい．　■

演習問題

問 20.1　U, V は K 上のベクトル空間であるとする．U から V への零写像の双対写像 $0^\vee$ は，V^* から U^* への零写像であることを示せ．

問 20.2　V_1, V_2, V_3 は K 上のベクトル空間で，$f : V_1 \to V_2$, $g : V_2 \to V_3$ は線形写像であるとする．

(1)　$(g \circ f)^\vee = f^\vee \circ g^\vee$ であることを示せ．

(2)　$\operatorname{Im} f \subset \operatorname{Ker} g$ であるならば，$\operatorname{Im}(g^\vee) \subset \operatorname{Ker}(f^\vee)$ であることを示せ．

問 20.3　V は K 上の有限次元ベクトル空間であるとする．V のベクトル $\boldsymbol{v}$ が，V^* のすべての要素 ϕ について $\phi(\boldsymbol{v}) = 0$ を満たすとき，$\boldsymbol{v} = \boldsymbol{0}$ であることを示せ．(ヒント：$V \neq \{\boldsymbol{0}\}$ の場合を考えればよい．対偶を取って，$\boldsymbol{v} \neq \boldsymbol{0}$ であるとき，$\phi(\boldsymbol{v}) \neq 0$ となる ϕ が存在することを示す.)

問 20.4 V は K 上のベクトル空間であるとする．V のベクトル $\boldsymbol{v}$ に対し，写像 $I_{\boldsymbol{v}}$ を次で定める．

$$I_{\boldsymbol{v}} : V^* \to K, \quad I_{\boldsymbol{v}}(\phi) = \phi(\boldsymbol{v})$$

(1) V のどのベクトル $\boldsymbol{v}$ についても $I_{\boldsymbol{v}}$ は線形写像であることを示せ．

(2) (1) の結果から，$I_{\boldsymbol{v}}$ は V^* の双対空間 $(V^*)^*$ に属する．そこで写像

$$f : V \to (V^*)^*, \quad f(\boldsymbol{v}) = I_{\boldsymbol{v}}$$

を考える．V が有限次元であるとき，f は同型写像であることを示せ．

(ヒント：命題 10.29 と定理 20.5 より，f が単射であることを示せばよい (なぜか？)．f が単射であることを示すのに，問 20.3 の結果を用いる．)

問 20.5 V は $\mathbb{R}$ 上の計量ベクトル空間であるとする．V のベクトル $\boldsymbol{v}$ に対し，写像 $J_{\boldsymbol{v}}$ を次で定める．

$$J_{\boldsymbol{v}} : V \to \mathbb{R}, \quad J_{\boldsymbol{v}}(\boldsymbol{x}) = (\boldsymbol{v}, \boldsymbol{x})$$

(1) V のどのベクトル $\boldsymbol{v}$ についても $J_{\boldsymbol{v}}$ は線形写像であることを示せ．

(2) (1) より写像 $\phi : V \to V^*, \phi(\boldsymbol{v}) = J_{\boldsymbol{v}}$ が定まる．この写像は線形写像であることを示せ．

(3) V が有限次元であるとき，(2) の写像 ϕ は同型写像であることを示せ．

(補足：この問題の結果から，(2) の同型写像 ϕ によって，$\mathbb{R}$ 上の計量ベクトル空間 V とその双対空間 V^* を同一視できる．この同一視はよく用いられる．)

付録

A　多項式

A.1　多項式の演算

以下，K は実数全体のなす集合 $\mathbb{R}$ か複素数全体のなす集合 $\mathbb{C}$ であるとする．K の要素 $a_0, a_1, \ldots, a_d$ (ただし d は 0 以上の整数で，$a_d \neq 0$) を使って

$$a_0 + a_1x + a_2x^2 + \cdots + a_dx^d \tag{A.1}$$

と書かれる対象を K **係数の多項式**と呼び，d の値をこの多項式の**次数**という．ただし，定数 0 も K 係数の多項式であるとし，0 の次数は $-\infty$ であると定める．以下，多項式 $F(x)$ の次数を $\deg F(x)$ で表す．文字 x を多項式 (A.1) の**変数** (もしくは**不定元**), $a_0, a_1, \ldots, a_d$ を**係数**という．x を変数とする K 係数の多項式全体のなす集合を $K[x]$ で表す．

係数が 0 の項 $0x^k$ を含む多項式は，それを書かないものと同一視する．定数 0 はすべての係数が 0 である多項式と見なす．また，$1x^k$ (k は非負整数) は単に x^k と書き，$(-a)x^k$ ($a \in K$, k は正の整数) の形の項の左にある記号 $+$ は省略して $-ax^k$ と書く．たとえば

$$2 + 1x + 0x^2 + (-1)x^3 = 2 + x - x^3$$

である．

K 係数の多項式 $F(x), G(x)$ の次数はそれぞれ d_1, d_2 であるとし，$F(x) =$

$\sum_{k=0}^{d_1} a_k x^k, G(x) = \sum_{k=0}^{d_2} b_k x^k$ とおく．このとき，$F(x)$ と $G(x)$ が等しいとは，$d_1 = d_2$ であり，かつ，すべての $k = 0, 1, \ldots, d_1$ について $a_k = b_k$ が成り立つときにいう．

高校までに学習したように，多項式には加法 (足し算) と乗法 (掛け算) が定義される．乗法については次のことが成り立つ．

命題 A.1 $F(x), G(x)$ は変数 x の多項式であるとする．このとき，以下のことが成り立つ．

(1) $F(x) \neq 0$ かつ $G(x) \neq 0$ ならば，積 $F(x)G(x)$ は 0 でなく，その次数は $F(x)$ の次数と $G(x)$ の次数の和に等しい．

(2) $F(x)G(x) = 0$ であるならば，$F(x) = 0$ または $G(x) = 0$ である．

さらに，多項式には除法 (割り算) も考えられる．除法の定義を命題の形で正確に述べる．

命題 A.2 多項式 $A(x)$ は 0 でないとする．このとき，多項式 $F(x)$ がどのように与えられても，次の二つの条件を満たす多項式の組 $Q(x), R(x)$ が $F(x)$ に応じてただ一通りに定まる．

(1) $F(x) = A(x)Q(x) + R(x)$ である．

(2) $\deg R(x) < \deg A(x)$ である．

命題 A.2 の条件で定まる多項式 $Q(x), R(x)$ を，それぞれ $F(x)$ を $A(x)$ で割った商と余りという．$F(x)$ を $A(x)$ で割った余りが 0 であるとき，$A(x)$ は $F(x)$ の因子であるという．0 でない定数はすべての多項式の因子であることに注意する．

A.2 イデアル

定義 A.3 $K[x]$ の空でない部分集合 I が**イデアル**であるとは，次の二つの条件が満たされるときにいう．

(1) I の要素 $P(x), Q(x)$ をどのようにとっても，$P(x) + Q(x) \in I$ である．

(2) $K[x]$ の要素 $F(x)$ と I の要素 $P(x)$ をどのようにとっても，$F(x)P(x) \in I$ である．

命題 A.4 $K[x]$ のイデアル I に 0 でない定数が属するならば，$I = K[x]$ である．

証明 $K[x] \subset I$ であることを示せばよい．イデアル I に 0 でない定数 $c \in K$ が属するとしよう．このとき，$\dfrac{1}{c}$ は K の要素で，c は I の要素だから，定義 A.3 の条件 (2) より，$(1/c)c = 1$ は I に属する．よって，ふたたび条件 (2) から，$K[x]$ のすべての要素 $F(x)$ について $F(x) = F(x) \cdot 1 \in I$ となる．したがって $K[x] \subset I$ である． ■

命題 A.5 I は $K[x]$ のイデアルであるとする．このとき，I の要素 $A(x)$ を適当にとれば，I は次のように表される．

$$I = \left\{ P(x) \in K[x] \;\middle|\; \begin{array}{l} P(x) = A(x)Q(x) \text{ を満たす} \\ K[x] \text{ の要素 } Q(x) \text{ が存在する．} \end{array} \right\} \qquad \text{(A.2)}$$

証明 I の 0 でない要素のなかで，次数の最も小さいものを一つとって，それを $A(x)$ とする．この $A(x)$ について (A.2) の右辺で定まる集合を J とおく．$A(x)$ は I の要素で，I はイデアルだから，定義 A.3 の条件 (2) より $J \subset I$ である．$I \subset J$ であることを示そう．

$P(x)$ は I の要素であるとする．このとき，$P(x)$ を $A(x)$ で割った商を $Q(x)$ とし，余りを $R(x)$ とする．$A(x)$ は I の要素で，I はイデアルだから，$-A(x)Q(x)$ も I の要素である (定義 A.3 の条件 (2))．さらに $P(x)$ も I の要素だから，定義 A.3 の条件 (1) より，$P(x) - A(x)Q(x)$ は I の要素である．この多項式は $R(x)$ に等しいので，$R(x)$ は I の要素である．$R(x)$ は $A(x)$ で割った余りだから，$\deg R(x) < \deg A(x)$ である．しかし，$A(x)$ は I の 0 でない要素のなかで次数の最も小さいものだから，$R(x) = 0$ でなければならない．よって $P(x) = A(x)Q(x)$ が成り立つので，$P(x)$ は J に属する．以上より，$I \subset J$ である． ■

A.3 定理 15.7 の証明

証明 $K[x]$ の部分集合 I を次で定める．

$$I = \left\{ P(x) \in K[x] \;\middle|\; \begin{array}{l} P(x) = \sum_{j=1}^{r} Q_j(x)P_j(x) \text{ を満たす } K[x] \text{ の要素} \\ Q_1(x), Q_2(x), \ldots, Q_r(x) \text{ が存在する．} \end{array} \right\}$$

このとき，I はイデアルである[1]．よって命題 A.5 より，I の 0 でない要素 $A(x)$ を適当に取れば，I は (A.2) のように表せる．$P_1(x), P_2(x), \ldots, P_r(x)$ は I に属するので，$A(x)$ は $P_1(x), P_2(x), \ldots, P_r(x)$ の共通因子である．よって，定理の仮定より，$A(x)$ は 0 でない定数である．$A(x)$ は I の要素だから，命題 A.4 より $I = K[x]$ が成り立つ．したがって定数 1 は I に属するので，$\sum_{j=1}^{n} Q_j(x)P_j(x) = 1$ を満たす $K[x]$ の要素 $Q_1(x), Q_2(x), \ldots, Q_r(x)$ が存在する． ■

B 内積の性質

命題 18.7 の証明

(1) $\boldsymbol{x} = \boldsymbol{0}$ のときは $(\boldsymbol{x}, \boldsymbol{y}) = 0, \|\boldsymbol{x}\| = 0$ より自明に成り立つ．$\boldsymbol{x} \neq \boldsymbol{0}$ の場合を考える．$\boldsymbol{z} = \boldsymbol{y} - \dfrac{(\boldsymbol{x}, \boldsymbol{y})}{\|\boldsymbol{x}\|^2}\boldsymbol{x}$ について，$\|\boldsymbol{x}\|$ は実数であることに注意すると[2]

$$
\begin{aligned}
\|\boldsymbol{z}\|^2 &= \left(\boldsymbol{y} - \frac{(\boldsymbol{x}, \boldsymbol{y})}{\|\boldsymbol{x}\|^2}\boldsymbol{x}, \boldsymbol{y} - \frac{(\boldsymbol{x}, \boldsymbol{y})}{\|\boldsymbol{x}\|^2}\boldsymbol{x}\right) \\
&= (\boldsymbol{y}, \boldsymbol{y}) - \frac{\overline{(\boldsymbol{x}, \boldsymbol{y})}}{\|\boldsymbol{x}\|^2}(\boldsymbol{x}, \boldsymbol{y}) - \frac{(\boldsymbol{x}, \boldsymbol{y})}{\|\boldsymbol{x}\|^2}(\boldsymbol{y}, \boldsymbol{x}) + \frac{\overline{(\boldsymbol{x}, \boldsymbol{y})}}{\|\boldsymbol{x}\|^2}\frac{(\boldsymbol{x}, \boldsymbol{y})}{\|\boldsymbol{x}\|^2}(\boldsymbol{x}, \boldsymbol{x}) \\
&= \|\boldsymbol{y}\|^2 - \frac{\overline{(\boldsymbol{x}, \boldsymbol{y})}}{\|\boldsymbol{x}\|^2}(\boldsymbol{x}, \boldsymbol{y}) - \frac{(\boldsymbol{x}, \boldsymbol{y})}{\|\boldsymbol{x}\|^2}\overline{(\boldsymbol{x}, \boldsymbol{y})} + \frac{\overline{(\boldsymbol{x}, \boldsymbol{y})}}{\|\boldsymbol{x}\|^2}\frac{(\boldsymbol{x}, \boldsymbol{y})}{\|\boldsymbol{x}\|^2}\|\boldsymbol{x}\|^2 \\
&= \|\boldsymbol{y}\|^2 - \frac{|(\boldsymbol{x}, \boldsymbol{y})|^2}{\|\boldsymbol{x}\|^2}
\end{aligned}
$$

となる．$\|\boldsymbol{z}\|^2$ は 0 以上であるから，$\|\boldsymbol{y}\|^2\|\boldsymbol{x}\|^2 \geqq |(\boldsymbol{x}, \boldsymbol{y})|^2$ である．$\|\boldsymbol{x}\|\|\boldsymbol{y}\|$ と $|(\boldsymbol{x}, \boldsymbol{y})|$ は 0 以上であるから，$\|\boldsymbol{x}\|\|\boldsymbol{y}\| \geqq |(\boldsymbol{x}, \boldsymbol{y})|$ である．

(2) $\|\boldsymbol{x}\| + \|\boldsymbol{y}\|$ と $\|\boldsymbol{x} + \boldsymbol{y}\|$ はともに 0 以上であるから，両辺を 2 乗した不等式 $\|\boldsymbol{x} + \boldsymbol{y}\|^2 \leqq (\|\boldsymbol{x}\| + \|\boldsymbol{y}\|)^2$ を示せばよい．左辺を計算すると

$$
\begin{aligned}
\|\boldsymbol{x} + \boldsymbol{y}\|^2 = (\boldsymbol{x} + \boldsymbol{y}, \boldsymbol{x} + \boldsymbol{y}) &= \|\boldsymbol{x}\|^2 + (\boldsymbol{x}, \boldsymbol{y}) + (\boldsymbol{y}, \boldsymbol{x}) + \|\boldsymbol{y}\|^2 \\
&= \|\boldsymbol{x}\|^2 + (\boldsymbol{x}, \boldsymbol{y}) + \overline{(\boldsymbol{x}, \boldsymbol{y})} + \|\boldsymbol{y}\|^2 \\
&= \|\boldsymbol{x}\|^2 + 2\mathrm{Re}(\boldsymbol{x}, \boldsymbol{y}) + \|\boldsymbol{y}\|^2
\end{aligned}
$$

1] 証明は難しくないので考えてみよ．

2] α が実数のとき $\overline{\alpha} = \alpha$ であるから，以下の計算は $K = \mathbb{R}, \mathbb{C}$ のどちらの場合でも正しい．

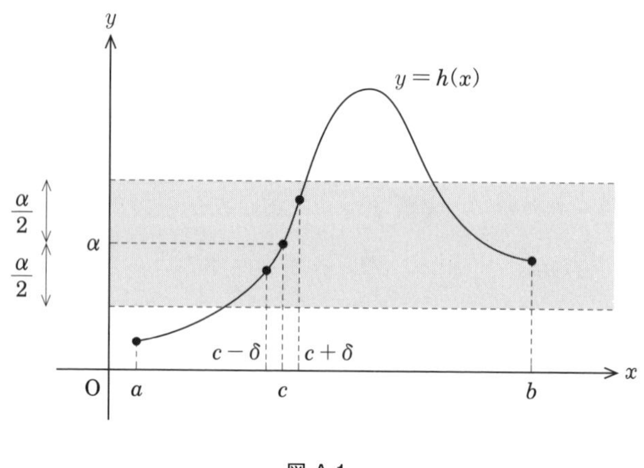

図 A.1

となる．ここで，すべての複素数 z について $\mathrm{Re}\,z \leq |z|$ であることと，コーシー–シュワルツの不等式より，$\mathrm{Re}(\boldsymbol{x},\boldsymbol{y}) \leqq |(\boldsymbol{x},\boldsymbol{y})| \leqq \|\boldsymbol{x}\|\|\boldsymbol{y}\|$ である．したがって $\|\boldsymbol{x}+\boldsymbol{y}\|^2 \leqq \|\boldsymbol{x}\|^2 + 2\|\boldsymbol{x}\|\|\boldsymbol{y}\| + \|\boldsymbol{y}\|^2 = (\|\boldsymbol{x}\| + \|\boldsymbol{y}\|)^2$ が成り立つ．

C 定積分の性質

C.1 補題 18.6 の証明

背理法で示す．閉区間 $[a,b]$ のある点 c において $h(c) > 0$ となると仮定する．以下，$h(c) = \alpha$ とおく．α は正の数であることに注意する．

まず，c が a でも b でもない場合を考える．関数 h は点 c において連続であるから，正の数 δ であって，次の条件をともに満たすものが取れる (図 A.1).

- 閉区間 $[c-\delta, c+\delta]$ は $[a,b]$ に含まれる．
- $|x-c| < \delta$ の範囲にあるすべての x について $|h(x) - h(c)| < \dfrac{\alpha}{2}$ である．

このとき，$c-\delta < x < c+\delta$ の範囲で $h(x) > h(c) - \dfrac{\alpha}{2} = \dfrac{\alpha}{2}$ が成り立つので

$$\int_{c-\delta}^{c+\delta} h(x)\,dx \geqq \int_{c-\delta}^{c+\delta} \frac{\alpha}{2}\,dx = \frac{\alpha}{2} \cdot 2\delta = \alpha\delta$$

である．関数 h は $[a,b]$ において 0 以上の値を取るので，左辺の積分区間を $[a,b]$

に広げると，定積分の値は大きくなる．よって

$$\alpha\delta \leqq \int_{c-\delta}^{c+\delta} h(x)\,dx \leqq \int_a^b h(x)\,dx$$

が成り立つ．ここで $\alpha\delta > 0$ であるから，右辺の定積分の値は正である．これは仮定 $\displaystyle\int_a^b h(x)\,dx = 0$ に反する．

次に $c = a$ の場合は，関数 h の点 a における連続性から，次の条件を満たす正の数 δ' が取れる．

- 閉区間 $[a, a+\delta']$ は $[a, b]$ に含まれる．
- $a \leqq x < a + \delta'$ の範囲にあるすべての x について $|h(x) - h(a)| < \dfrac{\alpha}{2}$ である．

このとき，上の計算と同様にして

$$\int_a^b h(x)\,dx \geqq \int_a^{a+\delta'} h(x)\,dx \geqq \int_a^{a+\delta'} \frac{\alpha}{2}\,dx = \frac{\alpha\delta'}{2}$$

となるが，$\alpha\delta' > 0$ より，仮定 $\displaystyle\int_a^b h(x)\,dx = 0$ に反する．$c = b$ の場合も同様に考えればよい．

以上より，$[a, b]$ のすべての点 x において $h(x) = 0$ である．

C.2　補題 18.23 の証明

n は 0 以上の整数であるとする．x の関数 $x^{2n+1}e^{-x^2}$ は奇関数であるから $\displaystyle\int_{-\infty}^{\infty} x^{2n+1}e^{-x^2}\,dx = 0$ である．以下

$$I_n = \int_{-\infty}^{\infty} x^{2n}e^{-x^2}\,dx$$

とおいて，I_n を計算する．まず，I_0 の値は次のようにして求まる．重積分

$$\int_{-\infty}^{\infty}\int_{-\infty}^{\infty} e^{-x^2-y^2}\,dxdy$$

を 2 通りの方法で計算する．$e^{-x^2-y^2} = e^{-x^2}e^{-y^2}$ であるから

$$\int_{-\infty}^{\infty}\int_{-\infty}^{\infty} e^{-x^2-y^2}\,dxdy = \left(\int_{-\infty}^{\infty} e^{-x^2}\,dx\right)\left(\int_{-\infty}^{\infty} e^{-y^2}\,dx\right) = I_0^2$$

である．また，極座標変換 $x = r\cos\theta, y = r\sin\theta$ を使って計算すれば

$$\int_{-\infty}^{\infty}\int_{-\infty}^{\infty} e^{-x^2-y^2}\,dxdy = \int_0^{2\pi}\int_0^{\infty} e^{-r^2} r\,drd\theta$$
$$= \int_0^{2\pi}\left[-\frac{1}{2}e^{-r^2}\right]_{r=0}^{\infty} d\theta = \int_0^{2\pi}\frac{1}{2}d\theta = \pi$$

となるので，$I_0^2 = \pi$ である．すべての実数 x について $e^{-x^2} > 0$ であるから $I_0 \geqq 0$ であるので，$I_0 = \sqrt{\pi}$ である．

次に，正の整数 n に対して I_n を計算する．部分積分を使って

$$I_n = \int_{-\infty}^{\infty} x^{2n-1}\left(-\frac{1}{2}e^{-x^2}\right)' dx$$
$$= \left[-\frac{1}{2}x^{2n-1}e^{-x^2}\right]_{-\infty}^{\infty} - \int_{-\infty}^{\infty}(2n-1)x^{2n-2}\left(-\frac{1}{2}e^{-x^2}\right)dx$$
$$= 0 + \frac{2n-1}{2}\int_{-\infty}^{\infty} x^{2n-2}e^{-x^2}\,dx = \frac{2n-1}{2}I_{n-1}$$

を得る．ただし，2 行目から 3 行目への変形では，α が定数のとき $\lim_{x\to\pm\infty} x^{\alpha}e^{-x^2} = 0$ であることを使った．上で得られた漸化式 $I_n = \frac{2n-1}{2}I_{n-1}$ を繰り返し使えば，$I_0 = \sqrt{\pi}$ より

$$I_n = \frac{2n-1}{2}I_{n-1} = \frac{2n-1}{2}\frac{2n-3}{2}I_{n-2} = \cdots = \frac{2n-1}{2}\frac{2n-3}{2}\cdots\frac{3}{2}\frac{1}{2}I_0$$
$$= \frac{1\cdot 3\cdot 5\cdot\cdots\cdot(2n-3)\cdot(2n-1)}{2^n}\sqrt{\pi}$$

が得られる．

演習問題の解答

問 2.1 (1) a, b, c, λ, μ は実数であるとする.

(1) $(a \oplus b) \oplus c = a \oplus (b \oplus c)$　　(2) $a \oplus b = b \oplus a$

(3) $a \oplus \widehat{\mathbf{0}} = a$　　(4) $a \oplus ((-1) \triangleleft a) = \widehat{\mathbf{0}}$

(5) $\lambda \triangleleft (a \oplus b) = (\lambda \triangleleft a) \oplus (\lambda \triangleleft b)$　　(6) $\lambda \triangleleft (\mu \triangleleft a) = (\lambda\mu) \triangleleft a$

(7) $(\lambda + \mu) \triangleleft a = (\lambda \triangleleft a) \oplus (\mu \triangleleft a)$　　(8) $1 \triangleleft a = a$

ただし, (6) の右辺の $\lambda\mu$ と, (7) の左辺の $\lambda + \mu$ は, それぞれ通常の積と和である.

(2) (略解) ここでは上の (4), (6), (7) のみ示す. (4) $a \oplus ((-1) \triangleleft a) = a \oplus (-a - 6) = a + (-a - 6) + 3 = -3 = \widehat{\mathbf{0}}$. (6) $\lambda \triangleleft (\mu \triangleleft a) = \lambda \triangleleft (\mu a + 3(\mu - 1)) = \lambda(\mu a + 3(\mu - 1)) + 3(\lambda - 1) = \lambda\mu a + 3(\lambda\mu - 1) = (\lambda\mu) \triangleleft a$. (7) $(\lambda \triangleleft a) \oplus (\mu \triangleleft a) = (\lambda a + 3(\lambda - 1)) + (\mu a + 3(\mu - 1)) + 3 = (\lambda + \mu)a + 3(\lambda + \mu - 1) = (\lambda + \mu) \triangleleft a$.

問 2.2 $A = \begin{pmatrix} 0 & 0 \\ 1 & 0 \end{pmatrix}$ について, $A \dagger O = O \neq A$ であるから, 和 $\dagger$ は定義 2.1 の性質 (3) を満たさない. よって, この和についてはベクトル空間でない.

問 2.3 (略証) $r = 1$ のときは明らか. k を正の整数として, $r = k$ の場合に正しいと仮定する. $r = k + 1$ の場合を考える. 和の記号の定義から $\sum_{j=1}^{k+1} \lambda_j \boldsymbol{a} = \sum_{j=1}^{k} \lambda_j \boldsymbol{a} + \lambda_{k+1} \boldsymbol{a}$ である. 数学的帰納法の仮定から, 右辺の第 1 項は $(\sum_{j=1}^{k} \lambda_j)\boldsymbol{a}$ に等しい. よって, ベクトル空間の性質 (7) より $\sum_{j=1}^{k} \lambda_j \boldsymbol{a} + \lambda_{k+1} \boldsymbol{a} = (\sum_{j=1}^{k} \lambda_j)\boldsymbol{a} + \lambda_{k+1} \boldsymbol{a} = (\sum_{j=1}^{k} \lambda_j + \lambda_{k+1})\boldsymbol{a}$ であり, この右辺は $(\sum_{j=1}^{k+1} \lambda_j)\boldsymbol{a}$ に等しい. 以上より $r = k + 1$ の場合も示すべき等式は正しい.

問 2.4 定義 2.1 の性質 (3) より $\mathbf{0} + \mathbf{0} = \mathbf{0}$ である. この両辺を λ 倍して $\lambda(\mathbf{0} + \mathbf{0}) = \lambda\mathbf{0}$ を得る. 定義 2.1 の性質 (5) より左辺は $\lambda\mathbf{0} + \lambda\mathbf{0}$ に等しいので, $\lambda\mathbf{0} + \lambda\mathbf{0} = \lambda\mathbf{0}$ である. よって補題 2.12 より $\lambda\mathbf{0} = \mathbf{0}$ である.

問 3.1 $\boldsymbol{x} = {}^t\begin{pmatrix} x_1 & \cdots & x_n \end{pmatrix}, \boldsymbol{y} = {}^t\begin{pmatrix} y_1 & \cdots & y_n \end{pmatrix}$ は W に属する数ベクトルで, λ はスカラーであるとする. このとき, $\boldsymbol{x} + \boldsymbol{y} = {}^t\begin{pmatrix} x_1 + y_1 & \cdots & x_n + y_n \end{pmatrix}, \lambda\boldsymbol{x} = {}^t\begin{pmatrix} \lambda x_1 & \cdots & \lambda x_n \end{pmatrix}$ であり, $\sum_{j=1}^{n} (x_j + y_j) = \sum_{j=1}^{n} x_j + \sum_{j=1}^{n} y_j = 0 + 0 = 0$, $\sum_{j=1}^{n} (\lambda x_j) = \lambda \sum_{j=1}^{n} x_j = \lambda \cdot 0 = 0$ より, $\boldsymbol{x} + \boldsymbol{y}, \lambda\boldsymbol{x}$ はともに W に属する. よって W は部分空間である.

問 3.2 A, B は $sl_n(K)$ の要素で, λ は K の要素であるとする. このとき, $\mathrm{tr}(A + B) = \mathrm{tr}(A) + \mathrm{tr}(B) = 0 + 0 = 0, \mathrm{tr}(\lambda A) = \lambda\,\mathrm{tr}(A) = \lambda \cdot 0 = 0$ であるから, $A + B$ と λA はとも

に $sl_n(K)$ に属する．したがって $sl_n(K)$ は $M_n(K)$ の部分空間である．

問 3.3 (略解) ここでは W_1 が部分空間であることを示す．W_0 が部分空間であることも以下と同様にして示される．

f, g は W_1 に属する関数で，λ は実数の定数であるとする．このとき，すべての実数 x について $(f+g)(-x) = f(-x) + g(-x) = (-f(x)) + (-g(x)) = -(f(x) + g(x)) = -(f + g)(x), (\lambda f)(-x) = \lambda f(-x) = \lambda(-f(x)) = -\lambda f(x) = -(\lambda f)(x)$ であるから，$f + g, \lambda f$ は W_1 に属する．以上より W_1 は $C(\mathbb{R})$ の部分空間である．

問 3.4 (1) $\boldsymbol{x}, \boldsymbol{y}$ は $W_1 \cap W_2$ に属するベクトルで，λ はスカラーであるとする．$j = 1, 2$ について，$\boldsymbol{x}, \boldsymbol{y}$ は部分空間 W_j に属するから，$\boldsymbol{x} + \boldsymbol{y}, \lambda\boldsymbol{x}$ は W_j に属する．よって $\boldsymbol{x} + \boldsymbol{y}, \lambda\boldsymbol{x}$ は $W_1 \cap W_2$ に属する．したがって $W_1 \cap W_2$ は部分空間である．

(2) たとえば，$W_1 = \langle \boldsymbol{e}_1 \rangle, W_2 = \langle \boldsymbol{e}_2 \rangle$ とする．このとき，$\boldsymbol{e}_1, \boldsymbol{e}_2$ は $W_1 \cup W_2$ に属するが，$\boldsymbol{e}_1 + \boldsymbol{e}_2$ は W_1 にも W_2 にも属さないので，$W_1 \cup W_2$ に属さない．よって $W_1 \cup W_2$ は部分空間ではない．

問 3.5 (略解) (1) $(a_n), (b_n)$ は W に属する数列で，λ は K の要素であるとする．このとき，$(a_n) + (b_n), \lambda(a_n)$ はそれぞれ一般項が $a_n + b_n, \lambda a_n$ の数列である．$(a_n), (b_n)$ は W に属するので，すべての正の整数 n について $a_{2n-1} + b_{2n-1} = a_1 + b_1, \lambda a_{2n-1} = \lambda a_1$ および $a_{2n} + b_{2n} = a_2 + b_2, \lambda a_{2n} = \lambda a_2$ が成り立つ．したがって $(a_n) + (b_n), \lambda(a_n)$ はともに W に属する．以上より W は部分空間である．

(2) <u>$\langle \boldsymbol{p}, \boldsymbol{q} \rangle \subset W$ であること</u> λ, μ は K の要素であるとする．このとき，数列 $\lambda\boldsymbol{p} + \mu\boldsymbol{q}$ の第 n 項を c_n とおくと，n が奇数のとき $c_n = \lambda$, n が偶数のとき $c_n = \mu$ である．したがって，すべての正の整数 n について $c_{2n-1} = c_1 = \lambda, c_{2n} = c_2 = \mu$ である．よって $\lambda\boldsymbol{p} + \mu\boldsymbol{q}$ は W に属する．以上より $\langle \boldsymbol{p}, \boldsymbol{q} \rangle \subset W$ である．

<u>$W \subset \langle \boldsymbol{p}, \boldsymbol{q} \rangle$ であること</u> (c_n) が W に属する数列であるとき，$(c_n) = c_1\boldsymbol{p} + c_2\boldsymbol{q}$ であるので，(c_n) は $\boldsymbol{p}, \boldsymbol{q}$ の線形結合である．よって $W \subset \langle \boldsymbol{p}, \boldsymbol{q} \rangle$ である．

問 3.6 (略解) (i, j) 成分が 1 で, ほかの成分が 0 である行列を E_{ij} とおく．$A = (a_{ij})$ が $M(m, n; K)$ の要素であるとき, $A = \sum_{i=1}^{m} \sum_{j=1}^{n} a_{ij}E_{ij}$ が成り立つ．よって, $M(m, n; K)$ のどの要素も mn 個の行列 $E_{ij}\,(i \in \{1, 2, \ldots, m\}, j \in \{1, 2, \ldots, n\})$ の線形結合である．したがって $M(m, n; K)$ は有限生成である．

問 3.7 (略解) 有限個の K 係数の多項式 $P_1(x), P_2(x), \ldots, P_r(x)$ をどのように取っても，これらの多項式の次数のうち最大の値を d とおけば，$P_1(x), P_2(x), \ldots, P_r(x)$ の線形結合は

必ず d 次以下の多項式である．よって $K[x]$ 全体を生成しない．したがって，$K[x]$ は有限個の多項式では生成されないので，$K[x]$ は有限生成でない．

問 4.1 仮に $\boldsymbol{v}_1, \boldsymbol{v}_2, \ldots, \boldsymbol{v}_r$ のなかに等しいものがあるとする．$\boldsymbol{v}_j = \boldsymbol{v}_k$ となる相異なる添字 j, k (ただし $j < k$) を一組取れば $0\boldsymbol{v}_1 + \cdots + 0\boldsymbol{v}_{j-1} + 1\boldsymbol{v}_j + 0\boldsymbol{v}_{j+1} + \cdots + 0\boldsymbol{v}_{k-1} + (-1)\boldsymbol{v}_k + 0\boldsymbol{v}_{k+1} + \cdots + 0\boldsymbol{v}_r = \boldsymbol{0}$ である．これは $\boldsymbol{v}_1, \boldsymbol{v}_2, \ldots, \boldsymbol{v}_r$ が線形独立であることに反する．以上より $\boldsymbol{v}_1, \boldsymbol{v}_2, \ldots, \boldsymbol{v}_r$ は相異なる．

問 4.2 (略解) スカラー $\lambda_1, \lambda_2, \ldots, \lambda_r$ について $\sum_{j=1}^{r} \lambda_j \boldsymbol{w}_j = \boldsymbol{0}$ が成り立つと仮定する．この左辺に $\boldsymbol{w}_j = \sum_{k=1}^{j} \boldsymbol{v}_k$ を代入して $\sum_{k=1}^{r} (\sum_{j=k}^{r} \lambda_j)\boldsymbol{v}_k = \boldsymbol{0}$ を得る．$\boldsymbol{v}_1, \boldsymbol{v}_2, \ldots, \boldsymbol{v}_r$ は線形独立であるから，$k = 1, 2, \ldots, r$ について $\sum_{j=k}^{r} \lambda_j = 0$ である．この連立方程式を解けば $\lambda_1, \lambda_2, \ldots, \lambda_r$ はすべて 0 であることがわかる．よって $\boldsymbol{w}_1, \boldsymbol{w}_2, \ldots, \boldsymbol{w}_r$ は線形独立である．

問 4.3 (略解) $P_j(x)$ の定義から，$k \neq j$ のとき $P(a_k) = 0$ であり，$a_1, a_2, \ldots, a_n$ は相異なるから $P_j(a_j) \neq 0$ であることに注意する．K の要素 $\lambda_1, \lambda_2, \ldots, \lambda_n$ について $\sum_{k=1}^{n} \lambda_k P_k(x) = 0\,(\star)$ が成り立つとする．$j = 1, 2, \ldots, n$ について，$(\star)$ に $x = a_j$ を代入すれば $\lambda_j P_j(a_j) = 0$ が得られ，$P_j(a_j) \neq 0$ より $\lambda_j = 0$ である．したがって $\lambda_1, \lambda_2, \ldots, \lambda_n$ はすべて 0 である．以上より $P_1(x), P_2(x), \ldots, P_n(x)$ は線形独立である．

問 4.4 (略解) (1) $P(x), Q(x)$ は W に属する多項式で，λ は K の要素であるとする．このとき，$P(-x) + Q(-x) = P(x) + Q(x), \lambda P(-x) = \lambda P(x)$ が成り立つので，$P(x) + Q(x), \lambda P(x)$ はともに W に属する．したがって W は部分空間である．

(2) S が線形独立であることは例 4.16 と同様にしてわかる．$W = \langle S \rangle$ であることを示す．

$\langle S \rangle \subset W$ であること　多項式 $P(x)$ は $\langle S \rangle$ に属するとする．このとき，有限個の 0 以上の整数 $n_1, n_2, \ldots, n_r$ と，K の要素 $\lambda_1, \lambda_2, \ldots, \lambda_r$ を使って $P(x) = \sum_{k=1}^{r} \lambda_k x^{2n_k}$ と表される．$2n_k\,(k = 1, 2, \ldots, r)$ は偶数だから $P(-x) = \sum_{k=1}^{r} \lambda_k (-x)^{2n_k} = \sum_{k=1}^{r} \lambda_k x^{2n_k} = P(x)$ が成り立つので，$P(x)$ は W に属する．よって $\langle S \rangle \subset W$ である．

$W \subset \langle S \rangle$ であること　多項式 $P(x)$ は W に属するとする．$P(x) = \sum_{j=0}^{d} a_j x^j$ (ただし $a_j \in K$) とおくと $P(x) - P(-x) = \sum_{j=0}^{d} a_j x^j - \sum_{j=0}^{d} a_j (-x)^j = \sum_{j=0}^{d} a_j x^j - \sum_{j=0}^{d} (-1)^j a_j x^j = \sum_{j=0}^{d} (1 - (-1)^j) a_j x^j$ である．$P(x)$ は W に属するので，左辺は 0 である．よって，すべての $j = 0, 1, \ldots, d$ について $(1 - (-1)^j) a_j = 0$ である．ここで，j が奇数ならば $1 - (-1)^j = 2 \neq 0$ であるから，$a_j = 0$ でなければならない．したがって，$P(x) = \sum_{j=0}^{d} a_j x^j$ の右辺の和

のうち，j が奇数の部分はすべて 0 であるから，$P(x)$ は S の要素の線形結合である．よって $P(x) \in \langle S \rangle$ である．以上より $W \subset \langle S \rangle$ である．

問 4.5　(略解) (1) S の有限個の要素 $\boldsymbol{e}^{(k_1)}, \boldsymbol{e}^{(k_2)}, \ldots, \boldsymbol{e}^{(k_r)}$ を取る．ただし $k_1, k_2, \ldots, k_r$ は相異なる正の整数である．K の要素 $\lambda_1, \lambda_2, \ldots, \lambda_r$ について $\sum_{j=1}^{r} \lambda_j \boldsymbol{e}^{(j)} = \boldsymbol{0}$ が成り立つとする．左辺の数列は，$k_1, k_2, \ldots, k_r$ 番目の項がそれぞれ $\lambda_1, \lambda_2, \ldots, \lambda_r$ であって，ほかの項はすべて 0 である数列である．一方で，$\ell(K)$ におけるゼロベクトル $\boldsymbol{0}$ は，すべての項が 0 の数列だから，$\lambda_1, \lambda_2, \ldots, \lambda_r$ はすべて 0 である．以上より，S は線形独立である．

(2) 以下で示すように S は $\ell(K)$ を生成しない．$\langle S \rangle$ の要素は，S の有限個の要素の線形結合であり，そのような数列は，ある項から先がすべて 0 である．よって，たとえばすべての項が 1 である数列は，S の有限個の要素の線形結合として表せない．したがって S は $\ell(K)$ を生成しないので，$\ell(K)$ の基底ではない．

問 5.1　K の要素を成分とする 2 次の正方行列全体のなすベクトル空間 $M_2(K)$ は，4 つの行列単位 $E_{11}, E_{12}, E_{21}, E_{22}$ で生成される (問 3.6)．したがって，$M_2(K)$ の五つの要素 A_1, A_2, A_3, A_4, A_5 は線形従属である (命題 5.4)．よって，少なくとも一つは 0 でない K の要素の組 $\lambda_1, \lambda_2, \lambda_3, \lambda_4, \lambda_5$ であって $\sum_{k=1}^{5} \lambda_k A_k = O$ となるものが存在する．

問 5.2　(略解) (1) A, B が $S_n(K)$ の要素で，λ が K の要素のとき，${}^t(A+B) = {}^tA + {}^tB = A + B, {}^t(\lambda A) = \lambda {}^tA = \lambda A$ である (命題 1.6)．よって $S_n(K)$ は部分空間である．

(2) 以下，添字 i, j はすべて整数であるとする．$1 \leqq j \leqq n$ について $X_j = E_{jj}$ とおく．また，$1 \leqq i < j \leqq n$ を満たす組 (i, j) について $Y_{ij} = E_{ij} + E_{ji}$ とおく．$A = (a_{ij})$ が $S_n(K)$ の要素であるとき，すべての i, j について $a_{ij} = a_{ji}$ が成り立つので，$A = \sum_{j=1}^{n} a_{jj} X_j + \sum_{1 \leqq i < j \leqq n} a_{ij} Y_{ij}$ が成り立つ (ただし右辺の第 2 項は (i, j) が $1 \leqq i < j \leqq n$ を満たす整数の組すべてを動くときの和である)．さらに，スカラー $\lambda_j\ (1 \leqq j \leqq n)$ と $\mu_{ij}\ (1 \leqq i < j \leqq n)$ について $\sum_{j=1}^{n} \lambda_j X_j + \sum_{1 \leqq i < j \leqq n} \mu_{ij} Y_{ij} = O$ が成り立つとすれば，左辺の行列は $\begin{pmatrix} \lambda_1 & \mu_{12} & \cdots & \mu_{1n} \\ \mu_{12} & \lambda_2 & \cdots & \mu_{2n} \\ \vdots & \vdots & \ddots & \vdots \\ \mu_{1n} & \mu_{2n} & \cdots & \lambda_n \end{pmatrix}$ であるから，スカラー λ_j, μ_{ij} はすべて 0 である．以上より，$X_j\ (1 \leqq j \leqq n), Y_{ij}\ (1 \leqq i < j \leqq n)$ を集めた集合 S は $S_n(K)$ の基底である．S の要素の個数は $n + {}_n\mathrm{C}_2 = \dfrac{n(n+1)}{2}$ であるから，$S_n(K)$ の次元は $\dfrac{n(n+1)}{2}$ である．

問 5.3 (略解) (1) n に関する数学的帰納法を用いる．$n=1$ のときは明らか．k を正の整数として，U_k が部分空間であるとすると，$U_{k+1}=U_k\cap W_{k+1}$ であるから，問 3.4 (1) より U_{k+1} も部分空間である．

(2) $\boldsymbol{u},\boldsymbol{v}$ は U_∞ に属するベクトルで，λ はスカラーであるとする．k が正の整数のとき，$\boldsymbol{u},\boldsymbol{v}$ は W_k に属し，W_k は部分空間であるから，$\boldsymbol{u}+\boldsymbol{v},\lambda\boldsymbol{u}$ も W_k に属する．よって，すべての正の整数 k について，$\boldsymbol{u}+\boldsymbol{v},\lambda\boldsymbol{u}$ は W_k に属する．以上より U_∞ は部分空間である．

(3) すべての正の整数 n について $U_n\supset U_{n+1}$ が成り立つ．よって，命題 5.13 より $\dim U_n\geqq\dim U_{n+1}$ である．したがって，数列 $(\dim U_n)$ は単調減少である．さらに，すべての n について $\dim U_n\geqq 0$ が成り立つから，正の整数 N であって，$\dim U_N=\dim U_{N+1}=\dim U_{N+2}=\cdots$ となるものが存在する．このとき $U_N=U_\infty$ であることを示そう．U_∞ の定義より $U_\infty\subset U_N$ であることは明らか．ベクトル $\boldsymbol{v}$ が U_N に属するとする．命題 5.13 より，N 以上のすべての整数 n について，$U_N=U_n$ が成り立つので，$\boldsymbol{v}\in U_n$ である．さらに，$U_1\supset U_2\supset\cdots\supset U_N$ であるから，$\boldsymbol{v}$ は $U_1,U_2,\ldots,U_{N-1}$ にも属する．以上より $\boldsymbol{v}$ は U_∞ に属する．したがって $U_N\subset U_\infty$ である．よって $U_N=U_\infty$ である．

問 5.4 (略解) W の基底 $\{\boldsymbol{w}_1,\boldsymbol{w}_2,\ldots,\boldsymbol{w}_{n-2}\}$ を一組取り，これを拡張して V の基底 $S=\{\boldsymbol{w}_1,\ldots,\boldsymbol{w}_{n-2},\boldsymbol{w}_{n-1},\boldsymbol{w}_n\}$ を構成する (定理 5.12)．このとき，$W_1=\langle\boldsymbol{w}_1,\boldsymbol{w}_2,\ldots,\boldsymbol{w}_{n-2},\boldsymbol{w}_{n-1}\rangle, W_2=\langle\boldsymbol{w}_1,\boldsymbol{w}_2,\ldots,\boldsymbol{w}_{n-2},\boldsymbol{w}_n\rangle$ と定めると，W_1,W_2 は $(n-1)$ 次元の部分空間である．この W_1,W_2 について $W=W_1\cap W_2$ であることを示す．

命題 3.15 より $W\subset W_1$ かつ $W\subset W_2$ であるから，$W\subset W_1\cap W_2$ である．$W_1\cap W_2\subset W$ であることを示す．$\boldsymbol{v}$ は $W_1\cap W_2$ に属するベクトルであるとする．スカラー $\lambda_j,\mu_j\,(j=1,2,\ldots,n-1)$ であって $\boldsymbol{v}=\sum_{j=1}^{n-2}\lambda_j\boldsymbol{w}_j+\lambda_{n-1}\boldsymbol{w}_{n-1}$ および $\boldsymbol{v}=\sum_{j=1}^{n-2}\mu_j\boldsymbol{w}_j+\mu_{n-1}\boldsymbol{w}_n$ となるものが取れる．このとき $\sum_{j=1}^{n-2}(\lambda_j-\mu_j)\boldsymbol{w}_j+\lambda_{n-1}\boldsymbol{w}_{n-1}-\mu_{n-1}\boldsymbol{w}_n=\boldsymbol{0}$ であり，S は線形独立であるから，この左辺の係数はすべて 0 である．特に λ_{n-1}(および μ_{n-1}) は 0 であるから，$\boldsymbol{v}$ は W に属する．したがって $W_1\cap W_2\subset W$ である．以上より $W_1\cap W_2=W$ が成り立つ．

問 5.5 $K[x]_d$ の次元は $(d+1)$ であり (例 5.10), S の要素の個数は $(d+1)$ であるから，S が線形独立であることを示せばよい．K の要素の組 $\lambda_0,\lambda_1,\ldots,\lambda_d$ が $\sum_{k=0}^{d}\lambda_k(x-1)^k=0$ を満たすとする．両辺に $x=1$ を代入して $\lambda_0=0$ を得る．よって $\sum_{k=1}^{d}\lambda_k(x-1)^k=0$ である．この左辺から $(x-1)$ を括り出すと $(x-1)\sum_{k=0}^{d-1}\lambda_{k+1}(x-1)^k$ と変形でき

るから，$\sum_{k=0}^{d-1}\lambda_{k+1}(x-1)^k=0$ である．ここに $x=1$ を代入して $\lambda_1=0$ を得る．よって $\sum_{k=1}^{d-1}\lambda_{k+1}(x-1)^k=0$ である．再び左辺から $(x-1)$ を括り出せば $(x-1)\sum_{k=0}^{d-2}\lambda_{k+2}(x-1)^k=0$ となるので $\sum_{k=0}^{d-2}\lambda_{k+2}(x-1)^k=0$ である．この両辺に $x=1$ を代入すれば $\lambda_2=0$ を得る．以下，同様にして $\lambda_3,\lambda_4,\ldots,\lambda_{d+1}$ はすべて 0 に等しいことがわかる．したがって S は線形独立である．

問 6.1 $\boldsymbol{x}$ は K^l の数ベクトルであるとする．このとき $(L_A\circ L_B)(\boldsymbol{x})=L_A(L_B(\boldsymbol{x}))=L_A(B\boldsymbol{x})=A(B\boldsymbol{x})=(AB)\boldsymbol{x}=L_{AB}(\boldsymbol{x})$ である．したがって $L_A\circ L_B=L_{AB}$ である．

問 6.2 以下，$(a_n),(b_n)$ は $\ell(K)$ の要素であるとする．

(1) $\sigma((a_n))=\sigma((b_n))$ が成り立つとする．両辺の数列の第 2 項以降を比較すれば，すべての正の整数 n について $a_n=b_n$ であることがわかる．よって $(a_n)=(b_n)$ である．以上より σ は単射である．初項が 1 でほかのすべての項が 0 の数列 $\boldsymbol{q}=(1,0,0,\ldots)$ を考えると，σ の定義より $\sigma((a_n))=\boldsymbol{q}$ となる数列 (a_n) は存在しない．よって σ は全射ではない．

(2) (a_n) は $\ell(K)$ の要素であるとする．このとき，初項が 0 で第 n 項が a_{n-1} である数列 $\boldsymbol{p}=(0,a_1,a_2,\ldots)$ について $\tau(\boldsymbol{p})=(a_n)$ が成り立つ．以上より τ は全射である．(1) の数列 $\boldsymbol{q}=(1,0,0,\ldots)$ と，すべての項が 0 の数列 $\boldsymbol{0}=(0,0,0,\ldots)$ について，$\boldsymbol{q}\neq\boldsymbol{0}$ であるが $\tau(\boldsymbol{q})=\tau(\boldsymbol{0})$ が成り立つ．よって τ は単射ではない．

(3) $\sigma((a_n))=(0,a_1,a_2,a_3,\ldots)$ であるから，$\tau(\sigma((a_n)))=(a_n)$ が成り立つ．よって $\tau\circ\sigma$ は恒等写像である．

(4) (1) の数列 $\boldsymbol{q}$ について $\sigma(\tau(\boldsymbol{q}))=\boldsymbol{0}$ が成り立つので，$\sigma\circ\tau$ は恒等写像ではない．

問 6.3 K^n の基本ベクトル $\boldsymbol{e}_j\ (j=1,2,\ldots,n)$ について，$\boldsymbol{a}_j=f(\boldsymbol{e}_j)$ とおき，(m,n) 型行列 A を $A=\begin{pmatrix}\boldsymbol{a}_1 & \boldsymbol{a}_2 & \cdots & \boldsymbol{a}_n\end{pmatrix}$ (列ベクトル表示) で定める．このとき $f=L_A$ であることを示そう．$\boldsymbol{x}$ は K^n の数ベクトルであるとする．$\boldsymbol{x}$ の第 j 成分を x_j とおくと $(j=1,2,\ldots,n)$, $\boldsymbol{x}=\sum_{j=1}^{n}x_j\boldsymbol{e}_j$ である．f は線形写像であるから，$f(\boldsymbol{x})=f(\sum_{j=1}^{n}x_j\boldsymbol{e}_j)=\sum_{j=1}^{n}x_jf(\boldsymbol{e}_j)$ であり，この右辺は $\sum_{j=1}^{n}x_j\boldsymbol{a}_j=A\boldsymbol{x}$ である．$A\boldsymbol{x}=L_A(\boldsymbol{x})$ であるから $f(\boldsymbol{x})=L_A(\boldsymbol{x})$ が成り立つ．以上より $f=L_A$ である．

二つの (m,n) 型行列 A,B について，$f=L_A$ かつ $f=L_B$ が成り立つとする．$j=1,2,\ldots,n$ について，$L_A(\boldsymbol{e}_j),L_B(\boldsymbol{e}_j)$ は，それぞれ A,B の第 j 列であり，これらは $f(\boldsymbol{e}_j)$ に等しい．したがって A,B の各列は等しいので，$A=B$ である．以上より，$f=L_A$ となる (m,n) 型行列 A は，f に応じてただ一つに定まる．

問 6.4　(1) ならば (2) であること　L_A は全単射であるとする．L_A の逆写像を $g: K^n \to K^n$ とおくと，g は線形写像であるから (命題 6.13), 問 6.3 の結果より $g = L_B$ となる n 次の正方行列 B が取れる．$g \circ L_A = 1_{K^n}$ であり，問 6.1 の結果から $g \circ L_A = L_{BA}$ であるから，$L_{BA} = 1_{K^n}$ である．恒等写像 1_{K^n} は L_I (I は単位行列) とも表されるので，問 6.3 の結果より $BA = I$ が成り立つ．したがって系 1.12 より A は正則である．

(2) ならば (1) であること　A は正則行列であるとする．このとき A の逆行列 A^{-1} について，問 6.1 の結果より $L_{A^{-1}} \circ L_A$ および $L_A \circ L_{A^{-1}}$ はともに K^n 上の恒等写像 L_I である．よって命題 6.5 より L_A は全単射である．

問 6.5　(1) f は線形変換であるから $f(x+2) = f(x) + f(2) = f(x) + 2f(1), f(x^2+2x+3) = f(x^2) + f(2x) + f(3) = f(x^2) + 2f(x) + 3f(1)$ である．よって $f(x) = f(x+2) - 2f(1) = x - 2$, $f(x^2) = f(x^2+2x+3) - 2f(x) - 3f(1) = x^2 - 2(x-2) - 3 = x^2 - 2x + 1$ である．

(2) $\mathrm{Ker}\, f = \{0\}$ であることを示せばよい．$\mathbb{R}[x]_2$ の要素 $a + bx + cx^2$ (a, b, c は実数) について $f(a + bx + cx^2) = 0$ が成り立つとする．f が線形変換であることと (1) の結果より，$f(a + bx + cx^2) = af(1) + bf(x) + cf(x^2) = a + b(x-2) + c(x^2 - 2x + 1) = (a - 2b + c) + (b - 2c)x + cx^2$ である．これが 0 であることから $a - 2b + c = 0, b - 2c = 0, c = 0$ である．よって a, b, c はすべて 0 である．以上より $\mathrm{Ker}\, f = \{0\}$ であるから，f は単射である．

問 6.6　(1) スカラー $\lambda_1, \lambda_2, \ldots, \lambda_r$ について $\sum_{j=1}^{r} \lambda_j \boldsymbol{u}_j = \boldsymbol{0}_U$ が成り立つとする．この両辺のベクトルを f で移す．f は線形写像であるから $f(\sum_{j=1}^{r} \lambda_j \boldsymbol{u}_j) = \sum_{j=1}^{r} \lambda_j f(\boldsymbol{u}_j)$ であり，$f(\boldsymbol{0}_U) = \boldsymbol{0}_V$ であるから，$\sum_{j=1}^{r} \lambda_j f(\boldsymbol{u}_j) = \boldsymbol{0}_V$ である．$f(\boldsymbol{u}_1), f(\boldsymbol{u}_2), \ldots, f(\boldsymbol{u}_r)$ は線形独立だから，$\lambda_1, \lambda_2, \ldots, \lambda_r$ はすべて 0 である．以上より $\boldsymbol{u}_1, \boldsymbol{u}_2, \ldots, \boldsymbol{u}_r$ は線形独立である．

(2) スカラー $\lambda_1, \lambda_2, \ldots, \lambda_r$ について $\sum_{j=1}^{r} \lambda_j f(\boldsymbol{u}_j) = \boldsymbol{0}_V$ が成り立つとする．f は線形写像であるから，左辺は $f(\sum_{j=1}^{r} \lambda_j \boldsymbol{u}_j)$ に等しい．これが $\boldsymbol{0}_V$ に等しく，f は単射であるから，命題 6.16 より $\sum_{j=1}^{r} \lambda_j \boldsymbol{u}_j = \boldsymbol{0}_U$ である．$\boldsymbol{u}_1, \boldsymbol{u}_2, \ldots, \boldsymbol{u}_r$ は線形独立であるから，$\lambda_1, \lambda_2, \ldots, \lambda_r$ はすべて 0 である．以上より $f(\boldsymbol{u}_1), f(\boldsymbol{u}_2), \ldots, f(\boldsymbol{u}_r)$ は線形独立である．

問 6.7　記号を簡単にするために $W = \langle f(\boldsymbol{u}_1), f(\boldsymbol{u}_2), \ldots, f(\boldsymbol{u}_n) \rangle$ とおく．$\mathrm{Im}\, f$ の定義より，$f(\boldsymbol{u}_1), f(\boldsymbol{u}_2), \ldots, f(\boldsymbol{u}_n)$ はすべて $\mathrm{Im}\, f$ に属する．$\mathrm{Im}\, f$ は部分空間であるから，命題 3.15 より $W \subset \mathrm{Im}\, f$ である．よって，$\mathrm{Im}\, f \subset W$ であることを示せばよい．

$\boldsymbol{v}$ は $\mathrm{Im}\, f$ に属するベクトルであるとする．$\mathrm{Im}\, f$ の定義より $\boldsymbol{v} = f(\boldsymbol{u})$ となる U のベクトル $\boldsymbol{u}$ が取れる．$U = \langle \boldsymbol{u}_1, \boldsymbol{u}_2, \ldots, \boldsymbol{u}_n \rangle$ であるから，スカラー $\lambda_1, \lambda_2, \ldots, \lambda_n$ を適当に取って $\boldsymbol{u} = \sum_{j=1}^{n} \lambda_j \boldsymbol{u}_j$ と表される．f は線形写像であるから，$\boldsymbol{v} = f(\boldsymbol{u}) = \sum_{j=1}^{n} \lambda_j f(\boldsymbol{u}_j)$ となるので，$\boldsymbol{v}$ は W に属する．以上より $\mathrm{Im}\, f \subset W$ である．

問 6.8　$\boldsymbol{x}, \boldsymbol{y}$ は U のベクトルで，μ はスカラーであるとする．このとき

$$(\lambda f)(\boldsymbol{x}+\boldsymbol{y}) = \lambda f(\boldsymbol{x}+\boldsymbol{y}) = \lambda(f(\boldsymbol{x}) + f(\boldsymbol{y})) = \lambda f(\boldsymbol{x}) + \lambda f(\boldsymbol{y}) = (\lambda f)(\boldsymbol{x}) + (\lambda f)(\boldsymbol{y}),$$
$$(\lambda f)(\mu \boldsymbol{x}) = \lambda f(\mu \boldsymbol{x}) = \lambda(\mu f(\boldsymbol{x})) = (\lambda\mu) f(\boldsymbol{x}) = (\mu\lambda) f(\boldsymbol{x}) = \mu(\lambda f(\boldsymbol{x})) = \mu\left((\lambda f)(\boldsymbol{x})\right)$$

であるから，λf は線形写像である．

問 7.1　$\mathrm{Im}\,(g \circ f) \subset \mathrm{Im}\, g$ であること　$\boldsymbol{w}$ は $\mathrm{Im}\,(g \circ f)$ に属するベクトルであるとする．$\boldsymbol{w} = (g \circ f)(\boldsymbol{u})$ となる U のベクトル $\boldsymbol{u}$ が取れる．このとき $\boldsymbol{w} = g(f(\boldsymbol{u}))$ であり，$f(\boldsymbol{u})$ は V のベクトルであるから，$\boldsymbol{w}$ は $\mathrm{Im}\, g$ に属する．以上より $\mathrm{Im}\,(g \circ f) \subset \mathrm{Im}\, g$ である．

$\mathrm{Im}\, g \subset \mathrm{Im}\,(g \circ f)$ であること　$\boldsymbol{w}$ は $\mathrm{Im}\, g$ に属するベクトルであるとする．$\boldsymbol{w} = g(\boldsymbol{v})$ となる V のベクトル $\boldsymbol{v}$ が取れる．f は全射であるから，$\boldsymbol{v} = f(\boldsymbol{u})$ となる U のベクトル $\boldsymbol{u}$ が取れる．このとき，$\boldsymbol{w} = g(\boldsymbol{v}) = g(f(\boldsymbol{u})) = (g \circ f)(\boldsymbol{u})$ であるので，$\boldsymbol{w}$ は $\mathrm{Im}\,(g \circ f)$ に属する．以上より $\mathrm{Im}\, g \subset \mathrm{Im}\,(g \circ f)$ である．

問 7.2　A, B が $M(m,n;K)$ の要素で，λ が K の要素のとき，$f(A+B) = P^{-1}(A+B)Q = P^{-1}AQ + P^{-1}BQ = f(A) + f(B)$, $f(\lambda A) = P^{-1}(\lambda A)Q = \lambda(P^{-1}AQ) = \lambda f(A)$ であるから，f は線形写像である．

$M(m,n;K)$ の要素 A について $f(A) = O$ であるとき，$P^{-1}AQ = O$ であり，この両辺に左から P を，右から Q^{-1} を掛ければ $A = O$ が得られる．以上より $\mathrm{Ker}\, f = \{O\}$ であるから，f は単射である (命題 6.16)．

B は $M(m,n;K)$ の要素であるとする．このとき PBQ^{-1} は (m,n) 型行列であり，$f(PBQ^{-1}) = P^{-1}(PBQ^{-1})Q = B$ となる．よって f は全射である．

以上より f は同型写像である．

問 7.3　(1) $P(x), Q(x)$ は $\mathbb{C}[x]_2$ の要素で，λ は複素数の定数であるとする．このとき，$f(P(x)+Q(x)) = (P(2x)+Q(2x)) - \alpha(P(x)+Q(x)) = (P(2x) - \alpha P(x)) + (Q(2x) - \alpha Q(x)) = f(P(x)) + f(Q(x))$, $f(\lambda P(x)) = (\lambda P(2x)) - \alpha(\lambda P(x)) = \lambda(P(2x) - \alpha P(x)) = \lambda f(P(x))$ であるから，f は線形写像である．

(2) $\mathbb{C}[x]_2$ の要素 $P(x) = p + qx + rx^2$ (p, q, r は複素数) について，$f(P(x)) = (1-\alpha)p + (2-\alpha)qx + (4-\alpha)rx^2$ である．よって $P(x)$ が $\mathrm{Ker}\, f$ に属することと，p, q, r が連立 1 次

方程式 $(1-\alpha)p=0, (2-\alpha)q=0, (4-\alpha)r=0$ の解であることは同値である．$\alpha=1,2,4$ のいずれかのとき，この方程式は $(p,q,r)=(0,0,0)$ 以外の解を持ち，$\alpha\neq 1,2,4$ のとき解は $(p,q,r)=(0,0,0)$ のみである．したがって，命題 6.16 より f が単射であることと $\alpha\neq 1,2,4$ であることは同値である．よって，f が同型写像であるならば，$\alpha\neq 1,2,4$ である．逆に，$\alpha\neq 1,2,4$ のとき，上の議論から f は単射である．さらに，$Q(x)=a+bx+cx^2$ が $\mathbb{C}[x]_2$ の要素であるとき，$P(x)=\dfrac{a}{1-\alpha}+\dfrac{b}{2-\alpha}x+\dfrac{c}{4-\alpha}x^2$ とおくと，$P(x)$ は $\mathbb{C}[x]_2$ の要素であり $f(P(x))=Q(x)$ が成り立つ．よって f は全射である．したがって，$\alpha\neq 1,2,4$ のとき，f は同型写像である．以上より，f が同型写像であることは，$\alpha\neq 1,2,4$ であることと同値である．

問 8.1　(1) $P(x), Q(x)$ が $\mathbb{R}[x]_2$ の要素で，λ が実数の定数であるとき

$$\begin{aligned}
f(P(x)+Q(x)) &= {}^t\begin{pmatrix}P(0)+Q(0) & P(1)+Q(1) & P(-1)+Q(-1)\end{pmatrix}\\
&= {}^t\begin{pmatrix}P(0) & P(1) & P(-1)\end{pmatrix} + {}^t\begin{pmatrix}Q(0) & Q(1) & Q(-1)\end{pmatrix} = f(P(x))+f(Q(x)),\\
f(\lambda P(x)) &= {}^t\begin{pmatrix}\lambda P(0) & \lambda P(1) & \lambda P(-1)\end{pmatrix} = \lambda\, {}^t\begin{pmatrix}P(0) & P(1) & P(-1)\end{pmatrix} = \lambda f(P(x))
\end{aligned}$$

である．したがって f は線形写像である．

(2) $f(1)=\boldsymbol{e}_1+\boldsymbol{e}_2+\boldsymbol{e}_3, f(x)=\boldsymbol{e}_2-\boldsymbol{e}_3, f(x^2)=\boldsymbol{e}_2+\boldsymbol{e}_3$ であるから，S, T に関する f の表現行列は $\begin{pmatrix}1&0&0\\1&1&1\\1&-1&1\end{pmatrix}$ である．

問 8.2　(1) A, B が $M_2(\mathbb{R})$ の要素で，λ が実数の定数であるとき，$f(A+B)=P(A+B)-(A+B)P=(PA-AP)+(PB-BP)=f(A)+f(B), f(\lambda A)=P(\lambda A)-(\lambda A)P=\lambda(PA-AP)=\lambda f(A)$ であるから，f は線形写像である．

(2) $f(E_{11})=-2E_{12}, f(E_{12})=2E_{12}, f(E_{21})=2E_{11}-2E_{21}-2E_{22}, f(E_{22})=2E_{12}$ であるから，S に関する f の表現行列は $\begin{pmatrix}0&0&2&0\\-2&2&0&2\\0&0&-2&0\\0&0&-2&0\end{pmatrix}$ である．

(3) (2) で求めた表現行列を A とおく．A は行に関する基本変形により

$$\begin{pmatrix}0&0&2&0\\-2&2&0&2\\0&0&-2&0\\0&0&-2&0\end{pmatrix}\to\begin{pmatrix}-2&2&0&2\\0&0&2&0\\0&0&-2&0\\0&0&-2&0\end{pmatrix}\to\begin{pmatrix}-2&2&0&2\\0&0&2&0\\0&0&0&0\\0&0&0&0\end{pmatrix}$$

と変形できるので，$\operatorname{rank} A=2$ である．したがって $\operatorname{rank} f=2$ である．

問 8.3 S に関する f^{-1} の表現行列を B とおく．このとき，命題 8.7 より合成写像 $f^{-1} \circ f$ の S に関する表現行列は BA である．この写像 $f^{-1} \circ f$ は V 上の恒等写像であるから，その表現行列は単位行列である．よって $BA = I$ であるから，系 1.12 より $B = A^{-1}$ である．

問 8.4 (略解) U, V の次元をそれぞれ n, m とおき，$S = (\boldsymbol{u}_1, \boldsymbol{u}_2, \dots, \boldsymbol{u}_n), T = (\boldsymbol{v}_1, \boldsymbol{v}_2, \dots, \boldsymbol{v}_m)$ とおく．$A = (a_{ij}), B = (b_{ij})$ とすると，表現行列の定義から，$j = 1, 2, \dots, n$ について $f(\boldsymbol{u}_j) = \sum_{i=1}^{m} a_{ij}\boldsymbol{v}_i, g(\boldsymbol{u}_j) = \sum_{i=1}^{m} b_{ij}\boldsymbol{v}_i$ が成り立つ．よって $(f+g)(\boldsymbol{u}_j) = f(\boldsymbol{u}_j) + g(\boldsymbol{u}_j) = \sum_{i=1}^{m}(a_{ij} + b_{ij})\boldsymbol{v}_i, (\lambda f)(\boldsymbol{u}_j) = \lambda f(\boldsymbol{u}_j) = \sum_{i=1}^{m}(\lambda a_{ij})\boldsymbol{v}_i$ が成り立つ．$a_{ij} + b_{ij}, \lambda a_{ij}$ はそれぞれ $A + B, \lambda A$ の (i, j) 成分に等しい．したがって，$f + g, \lambda f$ の S, T に関する表現行列はそれぞれ $A + B, \lambda A$ である．

問 8.5 f, g が $\mathrm{Hom}_K(U, V)$ の要素で，λ が K の要素のとき，問 8.4 より $M_{f+g} = M_f + M_g, M_{\lambda f} = \lambda M_f$ が成り立つ．よって ϕ は線形写像である．

以下，$S = (\boldsymbol{u}_1, \boldsymbol{u}_2, \dots, \boldsymbol{u}_n), T = (\boldsymbol{v}_1, \boldsymbol{v}_2, \dots, \boldsymbol{v}_m)$ とおく．ϕ が単射であることを示す．$\mathrm{Hom}_K(U, V)$ の要素 f が $\mathrm{Ker}\,\phi$ に属するとする．このとき $M_f = O$ であるから，表現行列の定義より，すべての $j = 1, 2, \dots, n$ について $f(\boldsymbol{u}_j) = \sum_{i=1}^{m} 0\boldsymbol{v}_i = \boldsymbol{0}$ である．$\boldsymbol{u}$ が U のベクトルであるとき，$\boldsymbol{u} = \sum_{j=1}^{n} \mu_j \boldsymbol{u}_j$ となるスカラー $\mu_1, \mu_2, \dots, \mu_n$ が取れるから，$f(\boldsymbol{u}) = \sum_{j=1}^{n} \mu_j f(\boldsymbol{u}_j) = \sum_{j=1}^{n} \mu_j \boldsymbol{0} = \boldsymbol{0}$ となる．したがって，U のどのベクトル $\boldsymbol{u}$ についても $f(\boldsymbol{u}) = \boldsymbol{0}$ が成り立つから，f は零写像である．以上より $\mathrm{Ker}\,\phi$ の要素は零写像のみであるから，ϕ は単射である．

ϕ が全射であることを示そう．A は $M(m, n; K)$ の要素であるとする．同型写像 $\psi_U : U \to K^n, \psi_V : V \to K^m$ を $\psi_U(\sum_{j=1}^{n} \mu_j \boldsymbol{u}_j) = {}^t\begin{pmatrix}\mu_1 & \mu_2 & \cdots & \mu_n\end{pmatrix}$, $\psi_V(\sum_{j=1}^{n} \nu_j \boldsymbol{v}_j) = {}^t\begin{pmatrix}\nu_1 & \nu_2 & \cdots & \nu_m\end{pmatrix}$ で定める (命題 7.5 の証明を参照せよ)．このとき，線形写像 $f : U \to V$ を $f = \psi_V^{-1} \circ L_A \circ \psi_U$ で定める．ただし $L_A : K^n \to K^m$ は行列 A の定める線形写像である．補題 8.14 より，$\rho = \psi_V \circ f \circ \psi_U^{-1}$ は S, T に関する f の表現行列 M_f の定める線形写像 L_{M_f} に等しい．一方で，f の定義より $\rho = L_A$ であるから，問 6.3 の結果より $M_f = A$ である．したがって $\phi(f) = A$ である．よって ϕ は全射である．

以上より ϕ は同型写像である．

問 9.1 (1) j は $1, 2, \dots, r$ のいずれかとする．W_j が W に含まれることを示そう．$\boldsymbol{w}$ は W_j に属するベクトルであるとする．$\boldsymbol{w}$ は

$$\boldsymbol{w} = \underbrace{\boldsymbol{0} + \cdots + \boldsymbol{0}}_{(j-1)\text{ 個}} + \boldsymbol{w} + \underbrace{\boldsymbol{0} + \cdots + \boldsymbol{0}}_{(r-j)\text{ 個}}$$

と表すことができる．$W_1, \ldots, W_{j-1}, W_{j+1}, \ldots, W_r$ は部分空間であるから，$\boldsymbol{0}$ はこれらすべてに属し，$\boldsymbol{w} \in W_j$ であるから，$\boldsymbol{w} \in W$ である．以上より $W_j \subset W$ である．

(2) $\boldsymbol{w}$ は W のベクトルであるとする．このとき，ベクトル $\boldsymbol{w}_1 \in W_1, \boldsymbol{w}_2 \in W_2, \ldots, \boldsymbol{w}_r \in W_r$ であって $\boldsymbol{w} = \sum_{j=1}^{r} \boldsymbol{w}_j$ を満たすものが取れる．U は $W_1, W_2, \ldots, W_r$ をすべて含むから，$\boldsymbol{w}_1, \boldsymbol{w}_2, \ldots, \boldsymbol{w}_r$ はすべて U に属する．U は部分空間であるから，これらの和 $\sum_{j=1}^{r} \boldsymbol{w}_j$ も U に属する．したがって $\boldsymbol{w} \in U$ である．以上より $W \subset U$ である．

問 9.2　記号を簡単にするために $W'' = W_1 + W_2 + \cdots + W_r$ とおく．$W'' \subset W' + W_r$ であることと，$W' + W_r \subset W''$ であることを示せばよい．

$W'' \subset W' + W_r$ であることの証明　問 9.1 (1) より，$W_1, W_2, \ldots, W_{r-1}$ はすべて W' に含まれる．さらに $W' \subset W' + W_r$ かつ $W_r \subset W' + W_r$ でもあるから，部分空間 $W' + W_r$ は $W_1, W_2, \ldots, W_r$ をすべて含む．よって問 9.1 (2) より $W'' \subset W' + W_r$ である．

$W' + W_r \subset W''$ であることの証明　問 9.1 (1) より，$W_1, W_2, \ldots, W_{r-1}$ はすべて W'' に含まれる．よって問 9.1 (2) より $W' \subset W''$ である．また，問 9.1 (1) より $W_r \subset W''$ でもある．したがって W', W_r はともに W'' に含まれるので，問 9.1 (2) より $W' + W_r \subset W''$ である．

問 9.3　(1) $\boldsymbol{v}$ は $\operatorname{Im}(f+g)$ に属するベクトルであるとする．$\boldsymbol{v} = (f+g)(\boldsymbol{u})$ となる U のベクトル $\boldsymbol{u}$ が取れる．$f+g$ の定義から $\boldsymbol{v} = f(\boldsymbol{u}) + g(\boldsymbol{u})$ であり，$f(\boldsymbol{u}), g(\boldsymbol{u})$ はそれぞれ $\operatorname{Im} f, \operatorname{Im} g$ に属する．よって $\boldsymbol{v}$ は $\operatorname{Im} f + \operatorname{Im} g$ に属する．以上より $\operatorname{Im}(f+g) \subset \operatorname{Im} f + \operatorname{Im} g$ である．

(2) 命題 5.13 と (1) の結果より $\dim \operatorname{Im}(f+g) \leqq \dim(\operatorname{Im} f + \operatorname{Im} g)$ である．系 9.4 より $\dim(\operatorname{Im} f + \operatorname{Im} g) \leqq \dim \operatorname{Im} f + \dim \operatorname{Im} g$ であるから，$\dim \operatorname{Im}(f+g) \leqq \dim \operatorname{Im} f + \dim \operatorname{Im} g$ である．よって $\operatorname{rank}(f+g) \leqq \operatorname{rank} f + \operatorname{rank} g$ である．

問 9.4　(1) A, B は $A_n(K)$ に属する行列で，λ は K の要素であるとする．このとき，命題 1.6 (2) より ${}^t(A+B) = {}^tA + {}^tB$ であり，この右辺は $(-A) + (-B) = -(A+B)$ に等しいから，$A+B$ は $A_n(K)$ に属する．同様に，${}^t(\lambda A) = \lambda {}^tA = \lambda(-A) = -(\lambda A)$ であるから，λA も $A_n(K)$ に属する．以上より $A_n(K)$ は部分空間である．

(2) まず，$M_n(K) = S_n(K) + A_n(K)$ であることを示す．A は $M_n(K)$ に属する行列であるとする．このとき，$B = \dfrac{1}{2}(A + {}^tA), C = \dfrac{1}{2}(A - {}^tA)$ とおくと，B, C はそれぞれ

$S_n(K), A_n(K)$ に属する．よって A は $S_n(K)+A_n(K)$ に属する．以上より $M_n(K)=S_n(K)+A_n(K)$ である．

次に，$S_n(K)\cap A_n(K)=\{O\}$ であることを示す．行列 X は $S_n(K)\cap A_n(K)$ に属するとする．このとき，${}^tX=X$ かつ ${}^tX=-X$ である．よって $X=-X$ であるから，$X=O$ である．以上より $S_n(K)\cap A_n(K)=\{O\}$ である．

以上より，$M_n(K)=S_n(K)\oplus A_n(K)$ である．

問 9.5　ベクトル $\boldsymbol{w}_1\in W_1, \boldsymbol{w}_2\in W_2, \ldots, \boldsymbol{w}_{r+1}\in W_{r+1}$ について $\sum_{j=1}^{r+1}\boldsymbol{w}_j=\boldsymbol{0}$ が成り立つとする．このとき $(\sum_{j=1}^{r}\boldsymbol{w}_j)+\boldsymbol{w}_{r+1}=\boldsymbol{0}$ であり，$\sum_{j=1}^{r}\boldsymbol{w}_j$ は W に属するから，条件 (2) より $\sum_{j=1}^{r}\boldsymbol{w}_j=\boldsymbol{0}$ かつ $\boldsymbol{w}_{r+1}=\boldsymbol{0}$ である．さらに条件 (1) と $\sum_{j=1}^{r}\boldsymbol{w}_j=\boldsymbol{0}$ であることから，$\boldsymbol{w}_1, \boldsymbol{w}_2, \ldots, \boldsymbol{w}_r$ はすべて $\boldsymbol{0}$ である．したがって $\boldsymbol{w}_1, \boldsymbol{w}_2, \ldots, \boldsymbol{w}_r, \boldsymbol{w}_{r+1}$ はすべて $\boldsymbol{0}$ である．以上より，$W_1+W_2+\cdots+W_{r+1}$ は直和である．

問 9.6　まず，$V=\operatorname{Ker} f+\operatorname{Im} f$ であることを示す．$\boldsymbol{v}$ は V のベクトルであるとする．このとき，$\boldsymbol{u}=\boldsymbol{v}-f(\boldsymbol{v})$ とおくと，$f(\boldsymbol{u})=f(\boldsymbol{v}-f(\boldsymbol{v}))=f(\boldsymbol{v})-f(f(\boldsymbol{v}))$ であり，$f\circ f=f$ であるから，$f(\boldsymbol{v})-f(f(\boldsymbol{v}))=f(\boldsymbol{v})-f(\boldsymbol{v})=\boldsymbol{0}$ である．したがって，$\boldsymbol{u}\in\operatorname{Ker} f$ である．そして，$f(\boldsymbol{v})\in\operatorname{Im} f$ であり，$\boldsymbol{v}=\boldsymbol{u}+f(\boldsymbol{v})$ であるから，$\boldsymbol{v}\in\operatorname{Ker} f+\operatorname{Im} f$ である．以上より $V=\operatorname{Ker} f+\operatorname{Im} f$ である．

次に，$\operatorname{Ker} f\cap\operatorname{Im} f=\{\boldsymbol{0}\}$ であることを示す．ベクトル $\boldsymbol{x}$ は $\operatorname{Ker} f\cap\operatorname{Im} f$ に属するとする．$\boldsymbol{x}$ は $\operatorname{Im} f$ に属するから，$\boldsymbol{x}=f(\boldsymbol{y})$ となる V のベクトル $\boldsymbol{y}$ が取れる．このとき，$\boldsymbol{x}\in\operatorname{Ker} f$ であることから，$f(f(\boldsymbol{y}))=f(\boldsymbol{x})=\boldsymbol{0}$ である．$f\circ f=f$ であるから，$f(\boldsymbol{y})=\boldsymbol{0}$ である．よって $\boldsymbol{x}=f(\boldsymbol{y})=\boldsymbol{0}$ である．以上より $\operatorname{Ker} f\cap\operatorname{Im} f=\{\boldsymbol{0}\}$ である．

以上より，$V=\operatorname{Ker} f\oplus\operatorname{Im} f$ である．

問 10.1　(略解) 命題 10.7 (2) より，$[\boldsymbol{a}]=[\boldsymbol{b}]$ であることと $\boldsymbol{a}\sim_W\boldsymbol{b}$ であることは同値であり，同値関係 $\sim_W$ の定義より，これは $\boldsymbol{a}-\boldsymbol{b}\in W$ であることと同値である．

問 10.2　(1) $K[x]$ の要素 $P(x), Q(x)$ について $[P(x)]=[Q(x)]$ であるとする．このとき $P(x)-Q(x)\in W$ であるから，$P(a)-Q(a)=0$ である．よって $P(a)=Q(a)$ である．したがって ϕ は well-defined である．

(2) まず ϕ は線形写像であることを示す．$P(x), Q(x)$ が $K[x]$ の要素で，λ が K の要素であるとき，$\phi([P(x)]+[Q(x)])=\phi([P(x)+Q(x)])=P(a)+Q(a)=\phi([P(x)])+\phi([Q(x)]), \phi(\lambda[P(x)])=\phi([\lambda P(x)])=\lambda P(a)=\lambda\phi([P(x)])$ である．したがって ϕ は線形写

像である．

次に，ϕ は単射であることを示す．$K[x]$ の要素 $P(x)$ について $\phi([P(x)]) = 0$ であるとする．このとき $P(a) = 0$ であるから，$P(x)$ は W に属する．よって命題 10.24 より $[P(x)]$ は $K[x]/W$ のゼロベクトルである．したがって命題 6.16 より ϕ は単射である．

最後に，ϕ は全射であることを示す．c は K の要素であるとすると，定数項のみからなる多項式 $P(x) = c$ について $\phi([P(x)]) = P(a) = c$ である．よって ϕ は全射である．

以上より，ϕ は同型写像である．

問 10.3 (1) 数列 $(a_n), (b_n)$ は W に属するとする．このとき，正の整数 n について，$(a_n) + (b_n)$ の第 $2n$ 項は $a_{2n} + b_{2n} = 0 + 0 = 0$ である．よって $(a_n) + (b_n)$ は W に属する．さらに，λ がスカラーであるとき，数列 $\lambda(a_n)$ の第 $2n$ 項も $\lambda a_{2n} = \lambda 0 = 0$ となるので，$\lambda(a_n)$ も W に属する．以上より W は部分空間である．

(2) 数列 (a_n) に対し，偶数番目の項のみを取り出した数列 $(a_2, a_4, a_6, \ldots)$ を (a_{2n}) と表す．このとき，写像 $\phi\colon \ell(K)/W \to \ell(K), \phi([(a_n)]) = (a_{2n})$ は well-defined であることを示そう．二つの数列 $(a_n), (b_n)$ について $[(a_n)] = [(b_n)]$ であるとき，$(a_n) - (b_n) \in W$ である．よって，すべての正の整数 n について $a_{2n} - b_{2n} = 0$ である．したがって $(a_{2n}) = (b_{2n})$ である．以上より ϕ は well-defined である．

ϕ が同型写像であることを示そう．まず，ϕ は単射であることを示す．数列 (a_n) について $\phi([(a_n)]) = \mathbf{0}$ であるとすると，$(a_{2n}) = \mathbf{0}$ であるから，すべての正の整数 n について $a_{2n} = 0$ である．よって (a_n) は W に属するから，命題 10.24 より $[(a_n)]$ は $\ell(K)/W$ のゼロベクトルである．したがって命題 6.16 より ϕ は単射である．

次に ϕ は全射であることを示す．(b_n) は $\ell(K)$ に属する数列であるとする．このとき，正の整数 n について $a_{2n-1} = 0, a_{2n} = b_n$ と定めた数列 $(a_n) = (0, b_1, 0, b_2, \ldots)$ について，(a_n) は $\ell(K)$ の要素で $\phi([(a_n)]) = (a_{2n}) = (b_n)$ となる．よって ϕ は全射である．

以上より ϕ は同型写像であるから，$\ell(K)/W \simeq \ell(K)$ である．

問 10.4 $\operatorname{Ker} f, \operatorname{Im} f$ はそれぞれ U, V の部分空間であることに注意する．

<u>(1) ならば (2) であること</u>　f は単射であるから $\operatorname{Ker} f = \{\mathbf{0}\}$ である (命題 6.16)．よって $\dim \operatorname{Ker} f = 0$ であるから，次元定理 (系 10.28) より $\dim \operatorname{Im} f = \dim U - \dim \operatorname{Ker} f = \dim U$ である．U と V の次元は等しいから，$\dim \operatorname{Im} f = \dim V$ である．$\operatorname{Im} f$ は V の部分空間であるから，命題 5.13 より $\operatorname{Im} f = V$ である．したがって f は全射である．

<u>(2) ならば (3) であること</u>　f は全射であるから $\operatorname{Im} f = V$ である．よって次元定理 (系 10.28) より $\dim \operatorname{Ker} f = \dim U - \dim \operatorname{Im} f = \dim U - \dim V$ である．U と V の次元は等し

いから，$\mathrm{Ker}\, f = \{\mathbf{0}\}$ である．したがって，命題 6.16 より f は単射である．以上より f は全射かつ単射であるから，f は全単射である．

(3) ならば (1) であること　全単射の定義より明らか．

問 10.5　(略解) 条件 (1) は L_A が単射であることと同値であり，条件 (2) は L_A が全射であることと同値である．さらに，問 6.4 より条件 (3) は L_A が全単射であることと同値だから，問 10.4 の結果より，条件 (1), (2), (3) は同値である．

問 11.1　まず，$\mathrm{Ker}\, f$ が g–不変であることを示す．$\boldsymbol{v}$ は $\mathrm{Ker}\, f$ に属するベクトルであるとする．このとき，f と g が可換であることから，$f(g(\boldsymbol{v})) = g(f(\boldsymbol{v})) = g(\mathbf{0}) = \mathbf{0}$ となる．よって $g(\boldsymbol{v})$ も $\mathrm{Ker}\, f$ に属する．したがって $\mathrm{Ker}\, f$ は g–不変である．

次に，$\mathrm{Im}\, f$ が g–不変であることを示す．$\boldsymbol{w}$ は $\mathrm{Im}\, f$ に属するベクトルであるとする．このとき，$\boldsymbol{w} = f(\boldsymbol{u})$ となる V のベクトル $\boldsymbol{u}$ を取れる．f と g は可換であるから，$g(\boldsymbol{w}) = g(f(\boldsymbol{u})) = f(g(\boldsymbol{u}))$ である．$g(\boldsymbol{u})$ は V のベクトルであるから，$g(\boldsymbol{w})$ は $\mathrm{Im}\, f$ に属する．以上より $\mathrm{Im}\, f$ も g–不変である．

問 11.2　(略解) W は f–不変であるから，すべての 0 以上の整数 n について W は f^n–不変である (n に関する数学的帰納法で証明できる)．$P(x) = \sum_{j=0}^{d} a_j x^j$ (ただし a_j は K の要素) とおく．$\boldsymbol{w}$ が W のベクトルであるとき，$P(f)(\boldsymbol{w}) = \sum_{j=0}^{d} a_j f^j(\boldsymbol{w})$ である．$j = 0, 1, \ldots, d$ について W は f^j–不変であるから，$f^j(\boldsymbol{w})$ は W に属する．W は部分空間であることから，$\sum_{j=0}^{d} a_j f^j(\boldsymbol{w})$ も W に属する．したがって $P(f)(\boldsymbol{w})$ は W に属する．以上より，W は $P(f)$–不変である．

問 11.3　(1) まず，W_1 が L_A–不変であることを示す．$\boldsymbol{x} = {}^t\begin{pmatrix} x_1 & x_2 & x_3 \end{pmatrix}$ が W_1 に属する数ベクトルであるとき，$L_A(\boldsymbol{x}) = {}^t\begin{pmatrix} x_2 & x_3 & x_1 \end{pmatrix}$ について $x_2 = x_3 = x_1$ が成り立つので，$L_A(\boldsymbol{x})$ は W_1 に属する．したがって W_1 は L_A–不変である．

次に，W_2 が L_A–不変であることを示す．$\boldsymbol{y} = {}^t\begin{pmatrix} y_1 & y_2 & y_3 \end{pmatrix}$ は W_2 に属する数ベクトルであるとする．このとき，$L_A(\boldsymbol{y}) = {}^t\begin{pmatrix} y_2 & y_3 & y_1 \end{pmatrix}$ について，$y_2 + y_3 + y_1 = y_1 + y_2 + y_3 = 0$ であるから，$L_A(\boldsymbol{y})$ は W_2 に属する．以上より W_2 は L_A–不変である．

(2) (略解) $\boldsymbol{x} = {}^t\begin{pmatrix} x_1 & x_2 & x_3 \end{pmatrix}$ は K^3 に属するベクトルであるとする．このとき，$\boldsymbol{y} = \dfrac{x_1 + x_2 + x_3}{3}(\boldsymbol{e}_1 + \boldsymbol{e}_2 + \boldsymbol{e}_3)$ とおくと，$\boldsymbol{y}$ は W_1 に属し，$\boldsymbol{x} - \boldsymbol{y}$ は W_2 に属する (成分を実際に計算してみればわかる)．$\boldsymbol{x} = \boldsymbol{y} + (\boldsymbol{x} - \boldsymbol{y})$ と表されるので，$\boldsymbol{x}$ は $W_1 + W_2$ に属する．以上より $K^3 = W_1 + W_2$ である．

$W_1 \cap W_2 = \{\mathbf{0}\}$ であることを示そう．$\boldsymbol{z} = {}^t\begin{pmatrix} z_1 & z_2 & z_3 \end{pmatrix}$ は $W_1 \cap W_2$ に属する数ベクトルであるとする．このとき，$z_1 = z_2 = z_3$ かつ $z_1 + z_2 + z_3 = 0$ であるから，z_1, z_2, z_3 はすべて 0 である．よって $\boldsymbol{z} = \mathbf{0}$ である．したがって $W_1 \cap W_2 = \{\mathbf{0}\}$ である．

以上より $K^3 = W_1 \oplus W_2$ である．

(3) (略解) S_1, S_2 が線形独立であり，それぞれ W_1, W_2 に含まれることは容易にわかる．数ベクトル $\boldsymbol{x} = {}^t\begin{pmatrix} x_1 & x_2 & x_3 \end{pmatrix}$ が W_1 に属するとき，$\boldsymbol{x} = x_1\begin{pmatrix} 1 & 1 & 1 \end{pmatrix} = x_1(\boldsymbol{e}_1 + \boldsymbol{e}_2 + \boldsymbol{e}_3)$ であるから，$W_1 = \langle S_1 \rangle$ である．また，数ベクトル $\boldsymbol{y} = {}^t\begin{pmatrix} y_1 & y_2 & y_3 \end{pmatrix}$ が W_2 に属するとき，$\boldsymbol{y} = {}^t\begin{pmatrix} y_1 & y_2 & -y_1 - y_2 \end{pmatrix} = y_1(\boldsymbol{e}_1 - \boldsymbol{e}_2) + (y_1 + y_2)(\boldsymbol{e}_2 - \boldsymbol{e}_3)$ であるから，$W_2 = \langle S_2 \rangle$ である．以上より，S_1, S_2 はそれぞれ W_1, W_2 の基底である．

$\boldsymbol{u} = \boldsymbol{e}_1 + \boldsymbol{e}_2 + \boldsymbol{e}_3, \boldsymbol{v}_1 = \boldsymbol{e}_1 - \boldsymbol{e}_2, \boldsymbol{v}_2 = \boldsymbol{e}_2 - \boldsymbol{e}_3$ とおく．$L_A(\boldsymbol{u}) = \boldsymbol{u}, L_A(\boldsymbol{v}_1) = \boldsymbol{e}_3 - \boldsymbol{e}_1 = -\boldsymbol{v}_1 - \boldsymbol{v}_2, L_A(\boldsymbol{v}_2) = \boldsymbol{v}_1$ より，S に関する L_A の表現行列は $\begin{pmatrix} 1 & 0 & 0 \\ 0 & -1 & 1 \\ 0 & -1 & 0 \end{pmatrix}$ である．

問 11.4 (略解) $B = (b_{ij})$ とおく．B の定義から $j = 1, 2, \ldots, n$ について $\overline{f}([\boldsymbol{v}_j]) = \sum_{i=1}^{n} b_{ij}[\boldsymbol{v}_i]$ が成り立つ．この左辺は $[f(\boldsymbol{v}_j)]$ に等しいから，右辺を移項して $[f(\boldsymbol{v}_j) - \sum_{i=1}^{n} b_{ij}\boldsymbol{v}_i] = \mathbf{0}_{V/W}$ を得る．よって $f(\boldsymbol{v}_j) - \sum_{i=1}^{n} b_{ij}\boldsymbol{v}_i$ は W に属するから (命題 10.24)，$f(\boldsymbol{v}_j) - \sum_{i=1}^{n} b_{ij}\boldsymbol{v}_i = \sum_{k=1}^{m} c_{kj}\boldsymbol{w}_k$ となるスカラー c_{kj} が取れる．そこで，(m, n) 型行列 C を $C = (c_{ij})$ と定めれば，S に関する f の表現行列は $\begin{pmatrix} A & C \\ O & B \end{pmatrix}$ となる．

問 12.1 P の列ベクトル表示を $P = \begin{pmatrix} \boldsymbol{p}_1 & \boldsymbol{p}_2 & \cdots & \boldsymbol{p}_n \end{pmatrix}$ とおく．

(1) ならば (2) であること　$j = 1, 2, \ldots, n$ について，$\boldsymbol{p}_j$ は A の固有ベクトルであるから，その固有値を λ_j とおくと $A\boldsymbol{p}_j = \lambda_j \boldsymbol{p}_j$ である．よって，n 次の対角行列であって，対角成分が左上から順に $\lambda_1, \lambda_2, \ldots, \lambda_n$ であるものを D とおくと，$AP = PD$ が成り立つ．この両辺に左から P^{-1} を掛ければ，$P^{-1}AP = D$ となるので，$P^{-1}AP$ は対角行列である．

(2) ならば (1) であること　$P^{-1}AP = D$ とおき，$i = 1, 2, \ldots, n$ について D の (i, i) 成分を α_i とおく．このとき $AP = PD$ であるから，両辺の第 j 列 $(j = 1, 2, \ldots, n)$ を比較すれば $A\boldsymbol{p}_j = \alpha_j \boldsymbol{p}_j$ であることがわかる．また，P は正則であるから，P のどの列ベクトルもゼロベクトルではない (一つの列ベクトルが $\mathbf{0}$ である正方行列は，その行列式が 0 であるから正則ではない (命題 1.9 (3), 命題 1.11))．したがって P のすべての列は A の固有ベクトルである．

問 12.2 (略解) (1) $P(x), Q(x)$ が $\mathbb{R}[x]_2$ の要素で，λ が実数の定数のとき，$f(P(x)+Q(x)) = P(2x)+Q(2x)+\dfrac{(P(x)+Q(x))-(P(0)+Q(0))}{x} = P(2x)+\dfrac{P(x)-P(0)}{x}+Q(2x)+\dfrac{Q(x)-Q(0)}{x} = f(P(x))+f(Q(x))$, $f(\lambda P(x)) = \lambda P(2x)+\dfrac{\lambda P(x)-\lambda P(0)}{x} = \lambda f(P(x))$ となるので，f は線形写像である．

(2) $f(1)=1, f(x)=2x+1, f(x^2)=4x^2+x$ であるから，S に関する f の表現行列は $\begin{pmatrix} 1 & 1 & 0 \\ 0 & 2 & 1 \\ 0 & 0 & 4 \end{pmatrix}$ である．

(3) f の固有多項式は $(x-1)(x-2)(x-4)$ となるので，固有値は $1, 2, 4$ である．

(4) 固有値 $1, 2, 4$ の固有ベクトルは，それぞれ $1, x+1, 6x^2+3x+1$ の定数倍である．

問 12.3 α は f の固有値であるとする．α に対する固有ベクトル $\boldsymbol{p}$ を一つ取る．f はベキ零変換であるから，$f^n = 0$ となる正の整数 n が取れる．このとき $f^n(\boldsymbol{p}) = \boldsymbol{0}$ である．一方，$\boldsymbol{p}$ は固有値 α に対する固有ベクトルであるから，$f^n(\boldsymbol{p}) = \alpha^n \boldsymbol{p}$ である (命題 12.7)．したがって $\alpha^n \boldsymbol{p} = \boldsymbol{0}$ である．$\boldsymbol{p}$ は固有ベクトルなので $\boldsymbol{0}$ ではないから，$\alpha^n = 0$ である．よって $\alpha = 0$ である．以上より，f の固有値は 0 のみである．

問 12.4 AB の固有多項式は $\det(xI-AB)$ であり，A が正則であることから $xI-AB = A(xI-BA)A^{-1}$ と変形できるので，$\det(xI-AB) = \det A \det(xI-BA) \det(A^{-1})$ である (命題 1.9 (5))．$\det(A^{-1}) = (\det A)^{-1}$ であるから (命題 1.11)，この右辺は $\det(xI-BA)$ に等しい．以上より，AB と BA の固有多項式は等しい．

問 12.5 $\det X = 1$ であるから X は正則である．よって問 12.4 の結果より XY と YX の固有多項式は等しい．$XY = \begin{pmatrix} O & O \\ -B & BA \end{pmatrix}, YX = \begin{pmatrix} AB & O \\ -B & O \end{pmatrix}$ であるから，XY の固有多項式は $\det(xI_{m+n}-XY) = \begin{vmatrix} xI_m & O \\ B & xI_n - BA \end{vmatrix} = x^m F_{BA}(x)$ であり，YX の固有多項式は $\det(xI_{m+n}-YX) = \begin{vmatrix} xI_m - AB & O \\ B & xI_n \end{vmatrix} = x^n F_{AB}(x)$ となるので，$x^m F_{BA}(x) = x^n F_{AB}(x)$ である．

問 13.1 $S = (\boldsymbol{v}_1, \boldsymbol{v}_2, \ldots, \boldsymbol{v}_n)$ とおく (n は V の次元)．$j = 1, 2, \ldots, n$ について，$\boldsymbol{v}_j$ は f と g の固有ベクトルであるから，$f(\boldsymbol{v}_j) = \alpha_j \boldsymbol{v}_j, g(\boldsymbol{v}_j) = \beta_j \boldsymbol{v}_j$ となるスカラー α_j, β_j が定まる．このとき，$f(g(\boldsymbol{v}_j)) = f(\beta_j \boldsymbol{v}_j) = \beta_j f(\boldsymbol{v}_j) = \beta_j \alpha_j \boldsymbol{v}_j$ であり，同様にして $g(f(\boldsymbol{v}_j)) = \alpha_j \beta_j \boldsymbol{v}_j$ となることがわかる．よって，$j = 1, 2, \ldots, n$ について $f(g(\boldsymbol{v}_j)) = g(f(\boldsymbol{v}_j))$ である．

$\boldsymbol{x}$ は V のベクトルであるとする．S は V の基底であるから，$\boldsymbol{x} = \sum_{j=1}^{n} \lambda_j \boldsymbol{v}_j$ となるスカラー $\lambda_1, \lambda_2, \ldots, \lambda_n$ が取れる．f, g は線形写像であるから，$f(g(\boldsymbol{x})) = \sum_{j=1}^{n} \lambda_j f(g(\boldsymbol{v}_j))$ となる．同様に $g(f(\boldsymbol{x})) = \sum_{j=1}^{n} \lambda_j g(f(\boldsymbol{v}_j))$ である．よって，前段落で示したことから $f(g(\boldsymbol{x})) = g(f(\boldsymbol{x}))$ が成り立つ．以上より $fg = gf$ であるから，f と g は可換である．

問 13.2　V の次元を n とおく．仮定より f の固有方程式は相異なる n 個の解をもつ．この解を $\alpha_1, \alpha_2, \ldots, \alpha_n$ とおくと，これらは f の固有値である (命題 12.11)．そこで，$j = 1, 2, \ldots, n$ について固有値 α_j の固有空間 $W(\alpha_j)$ を考えると，これは $\{\boldsymbol{0}\}$ ではないから，$\dim W(\alpha_j) \geqq 1$ である．また，命題 13.3 より $W(\alpha_1), W(\alpha_2), \ldots, W(\alpha_n)$ の和は直和であるから，V の部分空間 $W = W(\alpha_1) \oplus W(\alpha_2) \oplus \cdots \oplus W(\alpha_n)$ について，$\dim W = \sum_{j=1}^{n} \dim W(\alpha_j) \geqq n$ が成り立つ．V の次元は n であるから $n \geqq \dim W$ でもあるので，W の次元は V の次元 n に等しい．よって $W = V$ である．したがって定理 13.4 より f は対角化可能である．

問 13.3　(略解) A の固有多項式は $(x+1)(x-2)^2$ となるから，A の固有値は $-1, 2$ で，それぞれの重複度は 1, 2 である．よって系 13.5 より，A が対角化可能であることと，$\operatorname{rank}(-I - A) = 2$ かつ $\operatorname{rank}(2I - A) = 1$ であることは同値である．まず，$(-I - A)$ に対して行に関する基本変形を行うと $\begin{pmatrix} 3 & -a-3 & a \\ & 1 & -1 \\ & & \end{pmatrix}$ に変形できるので，a の値によらず $\operatorname{rank}(-I - A) = 2$ である．次に，$2I - A$ に対して行に関する基本変形を行うと $\begin{pmatrix} 1 & -1 & 1 \\ & 3-a & a-3 \\ & & \end{pmatrix}$ に変形できる．よって，$a \neq 3$ のとき $\operatorname{rank}(2I - A) = 2$ であり，$a = 3$ のとき $\operatorname{rank}(2I - A) = 1$ である．したがって，A が対角化可能となるのは $a = 3$ のときのみである．

問 14.1　(略解) A と B は可換であるから，行列 A, B が定める $\mathbb{C}^n$ 上の線形変換 L_A, L_B は可換である．よって，定理 14.1 より，$\mathbb{C}^n$ の基底 $S = (\boldsymbol{p}_1, \boldsymbol{p}_2, \ldots, \boldsymbol{p}_n)$ であって，L_A, L_B について条件 (14.1) を満たすものが取れる．これらを並べて n 次の正方行列 $P = \begin{pmatrix} \boldsymbol{p}_1 & \boldsymbol{p}_2 & \cdots & \boldsymbol{p}_n \end{pmatrix}$ を作ると，この基底に関する L_A, L_B の表現行列はそれぞれ $P^{-1}AP, P^{-1}BP$ であり (系 11.7)，系 14.2 の証明より，これらの表現行列は (14.2) の形をしている．よって $P^{-1}AP, P^{-1}BP$ は上三角行列である．

問 14.2 (略解) (1) B の余因子は，B から一つの行と一つの列を除いて得られる $(n-1)$ 次の正方行列の行列式であるから，B の $(n-1)$ 個の成分の積に符号をつけたものの和である．B の成分は定数もしくは x の 1 次式であるから，B の余因子は x に関して $(n-1)$ 次以下の多項式である．

(2) $\widetilde{B}B = (\det B)I$ であり，固有多項式の定義より $F_A(x) = \det B$ である．したがって $(\sum_{j=0}^{n-1} x^j B_j)(xI - A) = \sum_{j=0}^{n} (c_j I)x^j$ である．左辺は $-B_0 A + \sum_{j=1}^{n-1} (B_{j-1} - B_j A)x^j + B_{n-1}x^n$ となるので，両辺を比較すれば示すべき等式が得られる．

(3) (2) より $F_A(A) = \sum_{j=0}^{n} (c_j I)A^j = -B_0 A + \sum_{j=1}^{n-1} (B_{j-1} - B_j A)A^j + B_{n-1}A^n = -B_0 A + \sum_{j=0}^{n-2} B_j A^{j+1} - \sum_{j=1}^{n-1} B_j A^{j+1} + B_{n-1}A^n = O$ である．

問 14.3 (1) ならば (2) であること　A はベキ零行列であるとする．このとき，行列 A の定める線形変換 $L_A : \mathbb{C}^n \to \mathbb{C}^n$ はベキ零変換である．よって，問 12.3 の結果より L_A の固有値は 0 のみである．したがって A の固有値は 0 のみである．

(2) ならば (3) であること　A の固有値は 0 のみであるから，A の固有多項式は x^n である．よって，ハミルトン–ケーリーの定理 (系 14.5) より $A^n = O$ である．

(3) ならば (1) であること　ベキ零行列の定義から明らか．

問 14.4 $N = \begin{pmatrix} 0 & 1 & 0 \\ 0 & 0 & 1 \\ 0 & 0 & 0 \end{pmatrix}$ とおく．$A^2 = N$ となる 3 次の正方行列 A が存在すると仮定する．$N^3 = O$ であるから，$A^6 = (A^2)^3 = N^3 = O$ である．よって A はベキ零行列である．問 14.3 の結果より $A^3 = O$ である．$N = A^2$ であるから，$AN = O$ である．A の列ベクトル表示を $A = (\boldsymbol{a}_1 \quad \boldsymbol{a}_2 \quad \boldsymbol{a}_3)$ とおくと，$AN = (\boldsymbol{0} \quad \boldsymbol{a}_1 \quad \boldsymbol{a}_2)$ であるから，$\boldsymbol{a}_1 = \boldsymbol{0}, \boldsymbol{a}_2 = \boldsymbol{0}$ である．したがって A の第 1 列と第 2 列の成分はすべて 0 である．よって A^2 の $(1,2)$ 成分も 0 である．しかし，このことは $A^2 = N$ であることに反する．以上より $A^2 = N$ を満たす 3 次の正方行列 A は存在しない．

問 14.5 $P(x)$ は $\mathcal{F}_A$ に属する多項式であるとする．このとき，$P(x)$ を $\Phi_A(x)$ で割った商を $Q(x)$ とおき，余りを $R(x)$ とおくと，$P(x) = \Phi_A(x)Q(x) + R(x)$ である．この両辺の x に A を代入すると，$P(x)$ と $\Phi_A(x)$ が $\mathcal{F}_A$ に属することから，$R(A) = O$ が得られる．よって $R(x)$ も $\mathcal{F}_A$ に属する．ここで，$R(x)$ は $P(x)$ を $\Phi_A(x)$ で割った余りであるから，$R(x)$ の次数は $\Phi_A(x)$ の次数よりも小さい．したがって，最小多項式の定義から，$R(x) = 0$ でなければならない．よって $P(x) = \Phi_A(x)Q(x)$ である．以上より，$\mathcal{F}_A(x)$ のすべての要

素は $\Phi_A(x)$ で割り切れる．

問 14.6 $AB = \begin{pmatrix} 0 & 1 \\ 0 & 0 \end{pmatrix}$ である．AB は単位行列の定数倍ではないから，1 次以下の多項式 $P(x)$ であって $P(AB) = O$ となるものは存在しない．$(AB)^2 = O$ であるから，AB の最小多項式は x^2 である．一方で，$BA = O$ であるから，BA の最小多項式は x である．したがって，AB と BA の最小多項式は一致しない．

問 15.1 (略解) (1) A の固有多項式は $\det(xI - A) = (x-\alpha)^3$ となるので，A の固有値は α のみで，その重複度は 3 である．

(2) $(A - \alpha I)^3 = O$ であるから，$\widetilde{W}(\alpha) = \mathbb{C}^3$ である．一方で，基本ベクトル $\boldsymbol{e}_2$ について $A^3\boldsymbol{e}_2 = 3\alpha^2\boldsymbol{e}_1 + \alpha^3\boldsymbol{e}_2$ であるから，$\boldsymbol{e}_2$ は W に属さない．したがって $\widetilde{W}(\alpha)$ と W は一致しない．

問 15.2 $j = 1, 2, \ldots, r$ について，固有値 α_j に対する固有空間を $W(\alpha_j)$ とし，$W = W(\alpha_1) \oplus W(\alpha_2) \oplus \cdots \oplus W(\alpha_r)$ とおく．

(1) ならば (2) であること　V のどのベクトル $\boldsymbol{v}$ についても $G(f)(\boldsymbol{v}) = \boldsymbol{0}$ であることを示せばよい．$\boldsymbol{v}$ を V のベクトルとする．f は対角化可能であるから，$V = W$ が成り立つ．よって，それぞれの固有空間 $W(\alpha_j)$ に属するベクトル $\boldsymbol{v}_j\,(j = 1, 2, \ldots, r)$ を適当に取れば，$\boldsymbol{v} = \sum_{j=1}^{r} \boldsymbol{v}_j$ と表される．$G(f)$ が線形変換であることと命題 12.7 より $G(f)(\boldsymbol{v}) = \sum_{j=1}^{r} G(f)(\boldsymbol{v}_j) = \sum_{j=1}^{r} G(\alpha_j)(\boldsymbol{v}_j)$ となる．$G(x)$ の定義からすべての $j = 1, 2, \ldots, r$ について $G(\alpha_j) = 0$ であるから，上式の右辺は $\boldsymbol{0}$ となる．よって $G(f)(\boldsymbol{v}) = \boldsymbol{0}$ である．以上より，$G(f) = 0$ である．

(2) ならば (1) であること　$V \subset W$ であること，つまり V のどのベクトルも固有空間に属するベクトルの和として表されることを示せばよい．$\boldsymbol{v}$ を V のベクトルとする．多項式 $P_j(x)\,(j = 1, 2, \ldots, r)$ を

$$P_j(x) = \frac{G(x)}{x - \alpha_j} = (x - \alpha_1) \cdots (x - \alpha_{j-1})(x - \alpha_{j+1}) \cdots (x - \alpha_r)$$

で定める．このとき，$P_1(x), P_2(x), \ldots, P_r(x)$ は定数以外の共通因子をもたないから，$\sum_{j=1}^{r} P_j(x)Q_j(x) = 1$ となる多項式 $Q_1(x), Q_2(x), \ldots, Q_r(x)$ を取れる．このとき $\boldsymbol{v} = \sum_{j=1}^{r} (P_j(f)Q_j(f))(\boldsymbol{v})$ である．それぞれの $j = 1, 2, \ldots, r$ について，$G(x)$ の定義から $(f - \alpha_j 1_V)(P_j(f)Q_j(f)(\boldsymbol{v})) = ((f - \alpha_j 1_V)P_j(f))Q_j(f)(\boldsymbol{v}) = G(f)Q_j(f)(\boldsymbol{v})$ であり，条件 (2) より $G(f) = 0$ であるから，$(f - \alpha_j 1_V)(P_j(f)Q_j(f)(\boldsymbol{v})) = \boldsymbol{0}$ となる．よって $P_j(f)Q_j(f)(\boldsymbol{v})$

は固有空間 $W(\alpha_j)$ に属する．以上より，$\boldsymbol{v}$ は固有空間のベクトルの和として表されるから W に属する．したがって $V \subset W$ である．

問 16.1　(略解) f と g はベキ零変換であるから，$f^m = 0, g^n = 0$ となる正の整数 m, n を取れる．f と g は可換であることから，2 項定理を使って $(f+g)^{m+n} = \sum_{k=0}^{m+n} \frac{(m+n)!}{k!(m+n-k)!} f^k g^{m+n-k}$ と表される．k が $0 \leqq k \leqq m+n$ の範囲にあるとき，$k \geqq m$ または $m+n-k \geqq n$ が成り立つから，$f^k = 0$ または $g^{m+n-k} = 0$ である．したがって $(f+g)^{m+n} = 0$ である．以上より $f+g$ はベキ零変換である．

問 16.2　(略解) $(N_4)^2 = \begin{pmatrix} 0 & 0 & 1 & 0 \\ 0 & 0 & 0 & 1 \\ 0 & 0 & 0 & 0 \\ 0 & 0 & 0 & 0 \end{pmatrix}, (N_4)^3 = \begin{pmatrix} 0 & 0 & 0 & 1 \\ 0 & 0 & 0 & 0 \\ 0 & 0 & 0 & 0 \\ 0 & 0 & 0 & 0 \end{pmatrix}$ より $(N_4)^3 \neq O, (N_4)^4 = O$ であることがわかる．(補足：一般の m についても，N_m のベキ乗を順に計算していくと，1 が並んだ斜めの列が一つずつ右上に進んでいき，$(N_m)^{m-1}$ は右上端の成分だけが 1 となって残ることがわかる．)

問 16.3　不変系 $\boldsymbol{\lambda}$ と表現行列を順に列挙する．(i)　$\boldsymbol{\lambda} = (4), \begin{pmatrix} 0 & 1 & 0 & 0 \\ 0 & 0 & 1 & 0 \\ 0 & 0 & 0 & 1 \\ 0 & 0 & 0 & 0 \end{pmatrix}$,

(ii)　$\boldsymbol{\lambda} = (3,1), \begin{pmatrix} 0 & 1 & 0 & 0 \\ 0 & 0 & 1 & 0 \\ 0 & 0 & 0 & 0 \\ 0 & 0 & 0 & 0 \end{pmatrix}$,　(iii)　$\boldsymbol{\lambda} = (2,2), \begin{pmatrix} 0 & 1 & 0 & 0 \\ 0 & 0 & 0 & 0 \\ 0 & 0 & 0 & 1 \\ 0 & 0 & 0 & 0 \end{pmatrix}$,

(iv)　$\boldsymbol{\lambda} = (2,1,1), \begin{pmatrix} 0 & 1 & 0 & 0 \\ 0 & 0 & 0 & 0 \\ 0 & 0 & 0 & 0 \\ 0 & 0 & 0 & 0 \end{pmatrix}$,　(v)　$\boldsymbol{\lambda} = (1,1,1,1), \begin{pmatrix} 0 & 0 & 0 & 0 \\ 0 & 0 & 0 & 0 \\ 0 & 0 & 0 & 0 \\ 0 & 0 & 0 & 0 \end{pmatrix}$.

問 17.1　以下，A, B, C は n 次の正方行列であるとする．

反射律の確認　単位行列 I_n は正則で，$I_n^{-1} A I_n = A$ が成り立つから，A は A と相似である．よって $A \sim A$ である．

対称律の確認　$A \sim B$ であるとする．n 次の正則行列 P であって $B = P^{-1}AP$ を満たすものが取れる．このとき $A = PBP^{-1} = (P^{-1})^{-1}BP^{-1}$ である．P^{-1} は正則行列であるから，$B \sim A$ である．

推移律の確認　$A \sim B$ かつ $B \sim C$ であるとする．n 次の正則行列 P, Q であって $B = P^{-1}AP, C = Q^{-1}BQ$ を満たすものが取れる．このとき，$C = Q^{-1}(P^{-1}AP)Q^{-1} =$

$(PQ)^{-1}A(PQ)$ であり，PQ は正則行列であるから (命題 1.10), $A \sim C$ である．

以上より $\sim$ は同値関係である．

問 17.2 (1) $\begin{pmatrix} -1 & 1 \\ 0 & -1 \end{pmatrix}$ (2) $\begin{pmatrix} 2 & 0 \\ 0 & 1 \end{pmatrix}$ (3) $\begin{pmatrix} 1 & 0 & 0 \\ 0 & 1 & 0 \\ 0 & 0 & 2 \end{pmatrix}$ (4) $\begin{pmatrix} 3 & 1 & 0 \\ 0 & 3 & 0 \\ 0 & 0 & 1 \end{pmatrix}$

(5) $\begin{pmatrix} 1 & 1 & 0 & 0 \\ 0 & 1 & 1 & 0 \\ 0 & 0 & 1 & 0 \\ 0 & 0 & 0 & -1 \end{pmatrix}$ (6) $\begin{pmatrix} -1 & 1 & 0 & 0 \\ 0 & -1 & 0 & 0 \\ 0 & 0 & -1 & 1 \\ 0 & 0 & 0 & -1 \end{pmatrix}$

問 18.1 (略解) 左辺を計算する．$\|\boldsymbol{x}+\boldsymbol{y}\|^2 = (\boldsymbol{x}+\boldsymbol{y}, \boldsymbol{x}+\boldsymbol{y}) = \|\boldsymbol{x}\|^2 + (\boldsymbol{x}, \boldsymbol{y}) + (\boldsymbol{y}, \boldsymbol{x}) + \|\boldsymbol{y}\|^2$ で，同様にして $\|\boldsymbol{x}-\boldsymbol{y}\|^2 = \|\boldsymbol{x}\|^2 - (\boldsymbol{x}, \boldsymbol{y}) - (\boldsymbol{y}, \boldsymbol{x}) + \|\boldsymbol{y}\|^2$ が得られる．これらの辺々を加えれば，示すべき等式を得る．

問 18.2 (略解) (1) 定義 18.1 の条件 (1)～(3) を満たすことは容易に確かめられる．ここでは条件 (4) が満されることを示そう．$(P(x), P(x)) = \dfrac{1}{3}\left(P(-1)^2 + P(0)^2 + P(1)^2\right)$ であり，$P(-1)^2, P(0)^2, P(1)^2$ はすべて 0 以上だから，$(P(x), P(x)) \geqq 0$ である．

$\mathbb{R}[x]_2$ に属する多項式 $P(x)$ について $(P(x), P(x)) = 0$ が成り立つとしよう．このとき，前段落の議論から $P(-1), P(0), P(1)$ はすべて 0 である．よって，$P(x) = a + bx + cx^2$ (a, b, c は実数) とおくと，$a - b + c = 0, c = 0, a + b + c = 0$ である．この連立 1 次方程式を解けば，解が $a = 0, b = 0, c = 0$ と求まる．したがって $P(x) = 0$ である．以上より，$(P(x), P(x)) = 0$ を満たす $\mathbb{R}[x]_2$ の要素 $P(x)$ は 0 のみである．

(2) $\left(1, \dfrac{\sqrt{6}}{2}x, \dfrac{3\sqrt{2}}{2}\left(x^2 - \dfrac{2}{3}\right)\right)$

問 18.3 (1) A, B, C は $M(m, n; K)$ の要素であるとする．命題 1.6 (2) より $(A+B)^* = A^* + B^*$ であるから，命題 1.7 より $(A+B, C) = \mathrm{tr}\,((A+B)^*C) = \mathrm{tr}\,(A^*C + B^*C) = \mathrm{tr}\,(A^*C) + \mathrm{tr}\,(B^*C) = (A, C) + (B, C)$ となる．同様にして $(A, B+C) = (A, B) + (A, C)$ であることもわかる．

λ を複素数の定数とする．このとき $(\lambda A)^* = \overline{\lambda}A^*$ であるから，命題 1.7 より $(\lambda A, B) = \mathrm{tr}\,((\lambda A)^*B) = \mathrm{tr}\,(\overline{\lambda}A^*B) = \overline{\lambda}\,\mathrm{tr}\,(A^*B) = \overline{\lambda}(A, B)$ である．同様にして $(A, \lambda B) = \lambda(A, B)$ であることもわかる．

命題 1.6 より $A^*B = A^*(B^*)^* = (B^*A)^*$ であるから，命題 1.7 (1) より $(A, B) = \mathrm{tr}\,(A^*B) = \mathrm{tr}((B^*A)^*) = \overline{\mathrm{tr}\,(B^*A)} = \overline{(B, A)}$ である．

最後に $(A, A) \geqq 0$ であることを示そう．$A = (a_{ij})$ とおくと，A^*A の (j, j) 成分は $\sum\limits_{i=1}^{m} |a_{ij}|^2$ である．よって $(A, A) = \mathrm{tr}\,(A^*A) = \sum\limits_{j=1}^{n}\sum\limits_{i=1}^{n} |a_{ij}|^2$ である．すべての i, j について

$|a_{ij}|^2 \geqq 0$ であるから，$(A,A) \geqq 0$ である．また，$(A,A)=0$ となるのは，すべての i,j について $|a_{ij}|=0$ であるときのみであるから，$A=O$ のときに限る．

以上より $(\ ,\ )$ は $M(m,n;K)$ の内積である．

(2) S は $M(m,n;K)$ の基底である (例 4.9)．さらに，$(E_{ij})^* E_{kl} = E_{ji}E_{kl} = \delta_{ik}E_{jl}$ が成り立ち，$\operatorname{tr} E_{jl} = \delta_{jl}$ であるから，$(E_{ij}, E_{kl}) = \delta_{ik}\delta_{jl}$ である．すなわち，$i=k$ かつ $j=l$ のときのみ $(E_{ij}, E_{kl}) = 1$ であり，ほかの場合は 0 である．以上より S は (1) で定めた内積に関する $M(m,n;K)$ の正規直交基底である．

問 18.4 (略解) (1) ならば (2) であること　$\boldsymbol{x}$ が U のベクトルであるとき，条件 (1) より $(f(\boldsymbol{x}), f(\boldsymbol{x})) = (\boldsymbol{x}, \boldsymbol{x})$ である．よって $\|f(\boldsymbol{x})\|^2 = \|\boldsymbol{x}\|^2$ である．$\|f(\boldsymbol{x})\|, \|\boldsymbol{x}\|$ はともに 0 以上であるから，$\|f(\boldsymbol{x})\| = \|\boldsymbol{x}\|$ である．

(2) ならば (1) であること　$\boldsymbol{x}, \boldsymbol{y}$ は U のベクトルであるとする．このとき，$\|f(\boldsymbol{x}+\boldsymbol{y})\|^2 = (f(\boldsymbol{x}+\boldsymbol{y}), f(\boldsymbol{x}+\boldsymbol{y})) = (f(\boldsymbol{x})+f(\boldsymbol{y}), f(\boldsymbol{x})+f(\boldsymbol{y})) = \|f(\boldsymbol{x})\|^2 + 2\operatorname{Re}(f(\boldsymbol{x}), f(\boldsymbol{y})) + \|f(\boldsymbol{y})\|^2$ である．同様に，$\|\boldsymbol{x}+\boldsymbol{y}\|^2 = \|\boldsymbol{x}\|^2 + 2\operatorname{Re}(\boldsymbol{x}, \boldsymbol{y}) + \|\boldsymbol{y}\|^2$ である．これらの辺々を引けば，条件 (2) より $\operatorname{Re}(f(\boldsymbol{x}), f(\boldsymbol{y})) = \operatorname{Re}(\boldsymbol{x}, \boldsymbol{y})$ が得られる．よって，$K=\mathbb{R}$ の場合は $(f(\boldsymbol{x}), f(\boldsymbol{y})) = (\boldsymbol{x}, \boldsymbol{y})$ が成り立つ．$K=\mathbb{C}$ の場合は，さらに $\boldsymbol{x}$ を $i\boldsymbol{x}$ で置き換えた等式 $\operatorname{Re}(f(i\boldsymbol{x}), f(\boldsymbol{y})) = \operatorname{Re}(i\boldsymbol{x}, \boldsymbol{y})$ を考える．左辺は $\operatorname{Re}(f(i\boldsymbol{x}), f(\boldsymbol{y})) = \operatorname{Re}(-i(f(\boldsymbol{x}), f(\boldsymbol{y}))) = \operatorname{Im}(f(\boldsymbol{x}), f(\boldsymbol{y}))$ であり，同様に $\operatorname{Re}(i\boldsymbol{x}, \boldsymbol{y}) = \operatorname{Im}(\boldsymbol{x}, \boldsymbol{y})$ である．したがって $\operatorname{Im}(f(\boldsymbol{x}), f(\boldsymbol{y})) = \operatorname{Im}(\boldsymbol{x}, \boldsymbol{y})$ も成り立つ．以上より，$K=\mathbb{C}$ の場合も $(f(\boldsymbol{x}), f(\boldsymbol{y})) = (\boldsymbol{x}, \boldsymbol{y})$ である．

f が単射であること　U のベクトル $\boldsymbol{x}$ について $f(\boldsymbol{x}) = \boldsymbol{0}$ であるとき，$\|\boldsymbol{x}\| = \|f(\boldsymbol{x})\| = 0$ となるから $\boldsymbol{x} = \boldsymbol{0}$ である．よって f は単射である (命題 6.16)．

問 18.5 V の正規直交基底 $S = (\boldsymbol{b}_1, \boldsymbol{b}_2, \ldots, \boldsymbol{b}_n)$ を一組取る．このとき，命題 7.5 の証明で述べたように，同型写像 $\phi\colon V \to K^n, \phi(\sum_{j=1}^{n} \lambda_j \boldsymbol{b}_j) = {}^t\begin{pmatrix}\lambda_1 & \lambda_2 & \cdots & \lambda_n\end{pmatrix}$ が定まる (ただし $\lambda_1, \lambda_2, \ldots, \lambda_n$ はスカラー)．この ϕ が計量同型写像であることを示そう．

$\boldsymbol{x}$ は V のベクトルであるとする．命題 18.16 より $\boldsymbol{x} = \sum_{j=1}^{n} (\boldsymbol{b}_j, \boldsymbol{x})\,\boldsymbol{b}_j$ と表される．よって $\phi(\boldsymbol{x}) = {}^t\begin{pmatrix}(\boldsymbol{b}_1, \boldsymbol{x}) & (\boldsymbol{b}_2, \boldsymbol{x}) & \cdots & (\boldsymbol{b}_n, \boldsymbol{x})\end{pmatrix}$ であるから，$\|\phi(\boldsymbol{x})\|^2 = \sum_{j=1}^{n} |(\boldsymbol{b}_j, \boldsymbol{x})|^2$ である．系 18.18 より，右辺は $\|\boldsymbol{x}\|^2$ に等しい．$\|\phi(\boldsymbol{x})\|, \|\boldsymbol{x}\|$ はともに 0 以上であるから，$\|\phi(\boldsymbol{x})\| = \|\boldsymbol{x}\|$ である．以上より，ϕ は計量同型写像である．したがって，V と K^n は計量同型である．

問 18.6 (略解) $\boldsymbol{x}, \boldsymbol{y}$ は U のベクトルであるとする．このとき $\|f(\boldsymbol{x}+\boldsymbol{y}) - f(\boldsymbol{x}) - f(\boldsymbol{y})\|^2 = \|f(\boldsymbol{x}+\boldsymbol{y})\|^2 + \|f(\boldsymbol{x})\|^2 + \|f(\boldsymbol{y})\|^2 - 2\operatorname{Re}(f(\boldsymbol{x}+\boldsymbol{y}), f(\boldsymbol{x})) - 2\operatorname{Re}(f(\boldsymbol{x}+\boldsymbol{y}), f(\boldsymbol{y})) +$

$2\,\mathrm{Re}\,(f(\boldsymbol{x}), f(\boldsymbol{y}))$ である．f について問 18.4 の条件 (1) が成り立つので，右辺は

$$\|\boldsymbol{x}+\boldsymbol{y}\|^2+\|\boldsymbol{x}\|^2+\|\boldsymbol{y}\|^2-2\,\mathrm{Re}\,(\boldsymbol{x}+\boldsymbol{y},\boldsymbol{x})-2\,\mathrm{Re}\,(\boldsymbol{x}+\boldsymbol{y},\boldsymbol{y})+2\,\mathrm{Re}\,(\boldsymbol{x},\boldsymbol{y})$$

に等しい．ここで

$$\begin{aligned}
&\|\boldsymbol{x}+\boldsymbol{y}\|^2=\|\boldsymbol{x}\|^2+\|\boldsymbol{y}\|^2+2\,\mathrm{Re}\,(\boldsymbol{x},\boldsymbol{y}),\\
&\mathrm{Re}\,(\boldsymbol{x}+\boldsymbol{y},\boldsymbol{x})=\mathrm{Re}\,(\|\boldsymbol{x}\|^2+(\boldsymbol{y},\boldsymbol{x}))=\|\boldsymbol{x}\|^2+\mathrm{Re}\,(\boldsymbol{y},\boldsymbol{x}),\\
&\mathrm{Re}\,(\boldsymbol{x}+\boldsymbol{y},\boldsymbol{y})=\mathrm{Re}\,((\boldsymbol{x},\boldsymbol{y})+\|\boldsymbol{y}\|^2)=\mathrm{Re}\,(\boldsymbol{x},\boldsymbol{y})+\|\boldsymbol{y}\|^2
\end{aligned}$$

を上式に代入すれば，$(\boldsymbol{y},\boldsymbol{x})=\overline{(\boldsymbol{x},\boldsymbol{y})}$ と $(\boldsymbol{x},\boldsymbol{y})$ の実部は等しいことから，上式の値は 0 であることがわかる．したがって $\|f(\boldsymbol{x}+\boldsymbol{y})-f(\boldsymbol{x})-f(\boldsymbol{y})\|=0$ であるから，$f(\boldsymbol{x}+\boldsymbol{y})=f(\boldsymbol{x})+f(\boldsymbol{y})$ である．同様に $\|f(\lambda\boldsymbol{x})-\lambda f(\boldsymbol{x})\|^2=\|f(\lambda\boldsymbol{x})\|^2-2\,\mathrm{Re}\,(f(\lambda\boldsymbol{x}),\lambda f(\boldsymbol{x}))+\|\lambda f(\boldsymbol{x})\|^2$ であり，右辺は $\|\lambda\boldsymbol{x}\|^2-2\,\mathrm{Re}\,\lambda(f(\lambda\boldsymbol{x}),f(\boldsymbol{x}))+|\lambda|^2\|f(\boldsymbol{x})\|^2=|\lambda|^2\|\boldsymbol{x}\|^2-2\,\mathrm{Re}\,\lambda(\lambda\boldsymbol{x},\boldsymbol{x})+|\lambda|^2\|\boldsymbol{x}\|^2=2|\lambda|^2\|\boldsymbol{x}\|^2-2\,\mathrm{Re}\,|\lambda|^2\|\boldsymbol{x}\|^2$ と変形できて，$|\lambda|^2\|\boldsymbol{x}\|^2$ は実数であることから，右辺の値は 0 である．したがって $\|f(\lambda\boldsymbol{x})-\lambda f(\boldsymbol{x})\|=0$ であるから，$f(\lambda\boldsymbol{x})=\lambda\boldsymbol{x}$ である．以上より f は線形写像である．

問 19.1　(1) $\boldsymbol{w}$ は $W_2^\perp$ に属するとする．$\boldsymbol{x}$ は W_1 のベクトルであるとする．$W_1\subset W_2$ より $\boldsymbol{x}$ は W_2 にも属するので，$(\boldsymbol{w},\boldsymbol{x})=0$ である．したがって，$\boldsymbol{w}$ は $W_1^\perp$ に属する．以上より $W_2^\perp\subset W_1^\perp$ である．

(2) W_1 と W_2 はともに W_1+W_2 に含まれるから (問 9.1), (1) の結果より $(W_1+W_2)^\perp$ は，$W_1^\perp$ と $W_2^\perp$ に含まれる．よって $(W_1+W_2)^\perp\subset W_1^\perp\cap W_2^\perp$ である．したがって $W_1^\perp\cap W_2^\perp\subset(W_1+W_2)^\perp$ であることを示せばよい．$\boldsymbol{w}$ は $W_1^\perp\cap W_2^\perp$ に属するベクトルであるとする．このとき，W_1, W_2 からそれぞれベクトル $\boldsymbol{w}_1,\boldsymbol{w}_2$ をどのようにとっても，$(\boldsymbol{w}_1+\boldsymbol{w}_2,\boldsymbol{w})=(\boldsymbol{w}_1,\boldsymbol{w})+(\boldsymbol{w}_2,\boldsymbol{w})=0+0=0$ である．したがって $\boldsymbol{w}\in(W_1+W_2)^\perp$ である．以上より $W_1^\perp\cap W_2^\perp\subset(W_1+W_2)^\perp$ である．

問 19.2　(1) ならば (2) であること　$\boldsymbol{x}\in W^\perp$ とする．$k=1,2,\ldots,d$ について，$\boldsymbol{w}_k$ は W に属するから，$(\boldsymbol{w}_k,\boldsymbol{x})=0$ である．

(2) ならば (1) であること　ベクトル $\boldsymbol{x}$ について条件 (2) が成り立つとする．$\boldsymbol{w}$ は W に属するベクトルであるとする．S は W の基底であるから，$\boldsymbol{w}=\sum_{j=1}^{d}\lambda_j\boldsymbol{w}_j$ となるスカラー $\lambda_1,\lambda_2,\ldots,\lambda_d$ が取れる．よって $(\boldsymbol{w},\boldsymbol{x})=\sum_{j=1}^{d}\overline{\lambda_j}(\boldsymbol{w}_j,\boldsymbol{x})=\sum_{j=1}^{d}\overline{\lambda_j}\cdot 0=0$ である．以上より $\boldsymbol{x}$ は $W^\perp$ に属する．

問 19.3 (略解) (1) $P=(p_{ij})$ とおくと，変換行列の定義より，$j=1,2,\ldots,n$ について $\boldsymbol{b}_j=\sum_{i=1}^{n}p_{ij}\boldsymbol{a}_i$ が成り立つ．T は正規直交基底であるから，$j,k\in\{1,2,\ldots,n\}$ について $(\boldsymbol{b}_j,\boldsymbol{b}_k)=\delta_{jk}$ である．この左辺を計算すると $(\boldsymbol{b}_j,\boldsymbol{b}_k)=\left(\sum_{i=1}^{n}p_{ij}\boldsymbol{a}_i,\sum_{l=1}^{n}p_{lk}\boldsymbol{a}_l\right)=\sum_{i=1}^{n}\overline{p_{ij}}\left(\boldsymbol{a}_i,\sum_{l=1}^{n}p_{lk}\boldsymbol{a}_l\right)=\sum_{i=1}^{n}\sum_{l=1}^{n}\overline{p_{ij}}p_{lk}(\boldsymbol{a}_i,\boldsymbol{a}_l)=\sum_{i=1}^{n}\sum_{l=1}^{n}\overline{p_{ij}}p_{lk}\delta_{il}=\sum_{i=1}^{n}\overline{p_{ij}}p_{ik}$ である．この右辺は P^*P の (j,k) 成分であるから，$(\boldsymbol{b}_j,\boldsymbol{b}_k)=\delta_{jk}$ より $P^*P=I$ である．よって $P^*=P^{-1}$ である (系 1.12).

(2) S から T への変換行列を $P=(p_{ij})$ とおくと，$\boldsymbol{b}_j=\sum_{i=1}^{n}p_{ij}\boldsymbol{a}_i\,(j=1,2,\ldots,n)$ であるから $\sum_{j=1}^{n}(f(\boldsymbol{b}_j),\boldsymbol{x})\,\boldsymbol{b}_j=\sum_{j=1}^{n}(f(\sum_{i=1}^{n}p_{ij}\boldsymbol{a}_i),\boldsymbol{x})\,\boldsymbol{b}_j=\sum_{j=1}^{n}\sum_{i=1}^{n}\overline{p_{ij}}(f(\boldsymbol{a}_i),\boldsymbol{x})\sum_{k=1}^{n}p_{kj}\boldsymbol{a}_k=\sum_{k=1}^{n}\sum_{i=1}^{n}(\sum_{j=1}^{n}p_{kj}\overline{p_{ij}})(f(\boldsymbol{a}_i),\boldsymbol{x})\boldsymbol{a}_k$. ここで (1) の結果より $P^*=P^{-1}$ であり，右辺の係数 $\sum_{j=1}^{n}p_{kj}\overline{p_{ij}}$ は PP^* の (k,i) 成分であるから，この係数は δ_{ki} に等しい．したがって，上式の右辺は $\sum_{k=1}^{n}\sum_{i=1}^{n}\delta_{ki}(f(\boldsymbol{a}_i),\boldsymbol{x})\boldsymbol{a}_k=\sum_{k=1}^{n}(f(\boldsymbol{a}_k),\boldsymbol{x})\boldsymbol{a}_k$ である．以上より示すべき等式を得る．

問 19.4 (1) ならば (2) であること　A は n 次の実対称行列であるとする．このとき，A の定める線形変換 $L_A:\mathbb{R}^n\to\mathbb{R}^n$ は実対称変換である．よって定理 19.18 より，$\mathbb{R}^n$ の正規直交基底 $S=(\boldsymbol{p}_1,\boldsymbol{p}_2,\ldots,\boldsymbol{p}_n)$ であって，L_A の固有ベクトルからなるものが取れる．このとき n 次の正方行列 $P=\begin{pmatrix}\boldsymbol{p}_1 & \boldsymbol{p}_2 & \cdots & \boldsymbol{p}_n\end{pmatrix}$ を考えると，P は直交行列であり (命題 19.22), $P^{-1}AP$ は対角行列である (問 12.1).

(2) ならば (1) であること　$P^{-1}AP$ が対角行列となる直交行列 P を取る．P の列ベクトル表示を $P=\begin{pmatrix}\boldsymbol{p}_1 & \boldsymbol{p}_2 & \cdots & \boldsymbol{p}_n\end{pmatrix}$ とすると，$S=(\boldsymbol{p}_1,\boldsymbol{p}_2,\ldots,\boldsymbol{p}_n)$ は A の固有ベクトルからなる $\mathbb{R}^n$ の正規直交基底である (命題 19.22, 問 12.1). よって命題 19.19 より，A の定める線形変換 $L_A:\mathbb{R}^n\to\mathbb{R}^n$ は実対称変換である．よって A は実対称行列である．

問 19.5 α は f の固有値であるとし，$\boldsymbol{v}$ は α に対する固有ベクトルであるとする．f はエルミート変換であるから，$(\boldsymbol{v},f(\boldsymbol{v}))=(f^*(\boldsymbol{v}),\boldsymbol{v})=(f(\boldsymbol{v}),\boldsymbol{v})$ が成り立つ．$f(\boldsymbol{v})=\alpha\boldsymbol{v}$ より，左辺は $\alpha(\boldsymbol{v},\boldsymbol{v})$ に等しく，右辺は $\overline{\alpha}(\boldsymbol{v},\boldsymbol{v})$ に等しい．$\boldsymbol{v}\neq\boldsymbol{0}$ であるから $(\boldsymbol{v},\boldsymbol{v})=\|\boldsymbol{v}\|^2\neq 0$ であるので，$\alpha=\overline{\alpha}$ である．よって α は実数である．以上より，f のすべての固有値は実数である．

問 19.6 (略解) (1) h_1 の固有値 α_1 を一つ取り，固有空間 $W(\alpha_1)$ を考える．このとき，h_2 が h_1 と可換であることから，定理 14.1 の Step 1 の証明と同様にして，$W(\alpha_1)$ は h_2–不変であることがわかる．そこで $h_2|_{W(\alpha_1)}$ の固有値 α_2 を一つ取り，その固有空間を

$W(\alpha_1,\alpha_2)$ とおく．つまり $W(\alpha_1,\alpha_2)=\{\boldsymbol{v}\in V\,|\,h_1(\boldsymbol{v})=\alpha_1,h_2(\boldsymbol{v})=\alpha_2\boldsymbol{v}\}$ である．このとき，$W(\alpha_1,\alpha_2)$ は $\{\mathbf{0}\}$ ではなく，h_3 が h_1 および h_2 と可換であることから h_3–不変である．そこで $h_3|_{W(\alpha_1,\alpha_2)}$ の固有値 α_3 を一つ取り，その固有空間を $W(\alpha_1,\alpha_2,\alpha_3)$ とおくと，この部分空間は $\{\mathbf{0}\}$ でなく，h_4–不変である．以下同様にして，V の部分空間 $W(\alpha_1,\alpha_2,\ldots,\alpha_r)=\{\boldsymbol{v}\in V\,|\,h_k(\boldsymbol{v})=\alpha_k\boldsymbol{v}_k\,(k=1,2,\ldots,r)\}$ が定まり，これは $\{\mathbf{0}\}$ ではない．したがって，$h_1,h_2,\ldots,h_r$ の同時固有ベクトルが存在する．

(2) V の次元を d とおき，d に関する数学的帰納法で示す．$d=1$ のときは，V の $\mathbf{0}$ でないベクトル $\boldsymbol{v}$ を取って $S=\{\dfrac{1}{\|\boldsymbol{v}\|}\boldsymbol{v}\}$ とすればよい．k を正の整数として，$d=k$ のときに正しいと仮定する．$d=k+1$ の場合を考える．(1) より $h_1,h_2,\ldots,h_r$ の同時固有ベクトルが存在するので，それを一つ取って $\boldsymbol{v}$ とおく．このとき，定理 19.18 の証明の Step 1 と同様にして，1 次元の部分空間 $W=\langle\boldsymbol{v}\rangle$ の直交補空間 $W^\perp$ は $h_1,h_2,\ldots,h_r$ に関して不変であることがわかる．$W^\perp$ の次元は $d-1=k$ であるから，数学的帰納法の仮定より，$W^\perp$ の正規直交基底 $S'=\{\boldsymbol{b}_2,\boldsymbol{b}_3,\ldots,\boldsymbol{b}_{k+1}\}$ であって，S' に関する $h_1|_{W^\perp},h_2|_{W^\perp},\ldots,h_r|_{W^\perp}$ の表現行列が対角行列となるものが取れる．このとき，$\boldsymbol{b}_1=\dfrac{1}{\|\boldsymbol{v}\|}\boldsymbol{v}$ とおけば，$S=\{\boldsymbol{b}_1,\boldsymbol{b}_2,\ldots,\boldsymbol{b}_{k+1}\}$ は V の正規直交基底であり，S に関する $h_1,h_2,\ldots,h_r$ の表現行列はすべて対角行列である．以上より，$d=k+1$ の場合も示すべき命題は正しい．

問 20.1　ϕ は V^* の要素であるとする．このとき，U のどのベクトル $\boldsymbol{u}$ についても，$(0^\vee(\phi))(\boldsymbol{u})=\phi(0(\boldsymbol{u}))=\phi(\mathbf{0})=0$ となる．したがって $0^\vee(\phi)$ は U^* のゼロベクトルである．以上より $0^\vee$ は V^* から U^* への零写像である．

問 20.2　(1) ϕ は V_3^* の要素であるとする．このとき，V_1 のどのベクトル $\boldsymbol{v}$ についても，$((g\circ f)^\vee(\phi))(\boldsymbol{v})=\phi((g\circ f)(\boldsymbol{v}))=\phi(g(f(\boldsymbol{v})))$ かつ $((f^\vee\circ g^\vee)(\phi))(\boldsymbol{v})=(f^\vee(g^\vee(\phi)))(\boldsymbol{v})=(g^\vee(\phi))(f(\boldsymbol{v}))=\phi(g(f(\boldsymbol{v})))$ であるから，$(g\circ f)^\vee(\phi)=(f^\vee\circ g^\vee)(\phi)$ である．以上より $(g\circ f)^\vee=f^\vee\circ g^\vee$ である．

(2) ψ は $\mathrm{Im}\,(g^\vee)$ に属するとする (ψ は V_2^* に属することに注意する)．このとき，V_3^* の要素 ϕ であって $\psi=g^\vee(\phi)$ となるものが取れる．$f^\vee(\psi)=0$ であることを示そう．(1) の結果から，$f^\vee(\psi)=f^\vee(g^\vee(\phi))=(f^\vee\circ g^\vee)(\phi)=(g\circ f)^\vee(\phi)$ である．$\boldsymbol{v}$ は V_1 のベクトルであるとする．$\mathrm{Im}\,f\subset\mathrm{Ker}\,g$ であることから，$(g\circ f)(\boldsymbol{v})=g(f(\boldsymbol{v}))=\mathbf{0}$ である．よって，$(f^\vee(\psi))(\boldsymbol{v})=((g\circ f)^\vee(\phi))(\boldsymbol{v})=\phi((g\circ f)(\boldsymbol{v}))=\phi(\mathbf{0})=0$ である．したがって $f^\vee(\psi)=0$ である．以上より，$\mathrm{Im}\,(g^\vee)\subset\mathrm{Ker}\,(f^\vee)$ である．

問 20.3　$V=\{\mathbf{0}\}$ の場合は，V^* の要素は $\mathbf{0}$ を 0 に移す零写像しかないので，明らかに正しい．$V\neq\{\mathbf{0}\}$ の場合を考える．対偶を示す．ベクトル $\boldsymbol{v}_1$ はゼロベクトルでないとする．

定理 5.12 より，V の基底 S であって $\boldsymbol{v}_1$ を含むもの $S = (\boldsymbol{v}_1, \boldsymbol{v}_2, \ldots, \boldsymbol{v}_n)$ が存在する (ただし n は V の次元). このとき，S の双対基底 $S^\vee = (\phi_1, \phi_2, \ldots, \phi_n)$ を取れば，ϕ_1 は V^* の要素であり，$\phi_1(\boldsymbol{v}_1) = 1$ を満たす．したがって V^* の要素 ϕ であって $\phi(\boldsymbol{v}_1) \neq 0$ となるものが存在する ($\phi = \phi_1$ と取ればよい).

問 20.4 (1) $\boldsymbol{v}$ は V のベクトルであるとする．ϕ, ψ は V^* の要素で，λ は K の要素であるとする．このとき，$I_{\boldsymbol{v}}(\phi + \psi) = (\phi + \psi)(\boldsymbol{v}) = \phi(\boldsymbol{v}) + \psi(\boldsymbol{v}) = I_{\boldsymbol{v}}(\phi) + I_{\boldsymbol{v}}(\psi), I_{\boldsymbol{v}}(\lambda\phi) = (\lambda\phi)(\boldsymbol{v}) = \lambda\phi(\boldsymbol{v}) = \lambda I_{\boldsymbol{v}}(\phi)$ であるから，$I_{\boldsymbol{v}}$ は線形写像である．以上より，どのベクトル $\boldsymbol{v}$ についても $I_{\boldsymbol{v}}$ は線形写像である.

(2) V が有限次元のとき，定理 20.5 より，V と V^* の次元は等しく，よって V^* も有限次元であるから，V^* と $(V^*)^*$ の次元も等しい．したがって，V と $(V^*)^*$ の次元は等しいので，命題 10.29 より，f が単射であることを示せばよい.

V のベクトル $\boldsymbol{v}$ が $f(\boldsymbol{v}) = 0$ を満たすとする．このとき $I_{\boldsymbol{v}} = 0$ であるから，V^* のどの要素 ϕ についても $I_{\boldsymbol{v}}(\phi) = 0$ である．この左辺は $\phi(\boldsymbol{v})$ に等しいから，問 20.3 の結果より $\boldsymbol{v} = \boldsymbol{0}$ である．以上より $\operatorname{Ker} f = \{\boldsymbol{0}\}$ であるから，命題 6.16 より f は単射である.

問 20.5 (略解) (1) $\boldsymbol{x}, \boldsymbol{y}$ が V のベクトルで，λ がスカラーのとき，$J_{\boldsymbol{v}}(\boldsymbol{x} + \boldsymbol{y}) = (\boldsymbol{v}, \boldsymbol{x} + \boldsymbol{y}) = (\boldsymbol{v}, \boldsymbol{x}) + (\boldsymbol{v}, \boldsymbol{y}) = J_{\boldsymbol{v}}(\boldsymbol{x}) + J_{\boldsymbol{v}}(\boldsymbol{y})$, $J_{\boldsymbol{v}}(\lambda\boldsymbol{x}) = (\boldsymbol{v}, \lambda\boldsymbol{x}) = \lambda(\boldsymbol{v}, \boldsymbol{x}) = \lambda J_{\boldsymbol{v}}(\boldsymbol{x})$ であるから，$J_{\boldsymbol{v}}$ は線形写像である.

(2) $\boldsymbol{v}, \boldsymbol{w}$ は V のベクトルで，λ はスカラーであるとする．$\boldsymbol{x}$ が V のベクトルであるとき，$\phi(\boldsymbol{v} + \boldsymbol{w})(\boldsymbol{x}) = J_{\boldsymbol{v}+\boldsymbol{w}}(\boldsymbol{x}) = (\boldsymbol{v} + \boldsymbol{w}, \boldsymbol{x}) = (\boldsymbol{v}, \boldsymbol{x}) + (\boldsymbol{w}, \boldsymbol{x}) = J_{\boldsymbol{v}}(\boldsymbol{x}) + J_{\boldsymbol{w}}(\boldsymbol{x}) = (J_{\boldsymbol{v}} + J_{\boldsymbol{w}})(\boldsymbol{x}) = (\phi(\boldsymbol{v}) + \phi(\boldsymbol{w}))(\boldsymbol{x})$, $\phi(\lambda\boldsymbol{v})(\boldsymbol{x}) = J_{\lambda\boldsymbol{v}}(\boldsymbol{x}) = (\lambda\boldsymbol{v}, \boldsymbol{x}) = \lambda(\boldsymbol{v}, \boldsymbol{x}) = \lambda J_{\boldsymbol{v}}(\boldsymbol{x}) = (\lambda J_{\boldsymbol{v}})(\boldsymbol{x}) = (\lambda\phi(\boldsymbol{v}))(\boldsymbol{x})$ であるから，$\phi(\boldsymbol{v} + \boldsymbol{w}) = \phi(\boldsymbol{v}) + \phi(\boldsymbol{w}), \phi(\lambda\boldsymbol{v}) = \lambda\phi(\boldsymbol{v})$ である．したがって ϕ は線形写像である.

(3) V が有限次元のとき，V と V^* の次元は等しいから (定理 20.5), ϕ が単射であることを示せばよい．V のベクトル $\boldsymbol{v}$ について $\phi(\boldsymbol{v}) = 0$ であるとする．このとき，V のどのベクトル $\boldsymbol{x}$ についても $\phi(\boldsymbol{v})(\boldsymbol{x}) = 0$ である．この左辺は $\phi(\boldsymbol{v})(\boldsymbol{x}) = J_{\boldsymbol{v}}(\boldsymbol{x}) = (\boldsymbol{v}, \boldsymbol{x})$ であるから，V のどのベクトル $\boldsymbol{x}$ についても $(\boldsymbol{v}, \boldsymbol{x}) = 0$ である．特に $\boldsymbol{x} = \boldsymbol{v}$ と取れば $\|\boldsymbol{v}\|^2 = 0$ となるので，$\boldsymbol{v} = \boldsymbol{0}$ である．以上より $\operatorname{Ker} \phi = \{\boldsymbol{0}\}$ であるから，命題 6.16 より ϕ は単射である.

参考文献

[1] 永田雅宜ほか『理系のための線型代数の基礎』紀伊國屋書店 (1987)

[2] 松坂和夫『線型代数入門』岩波書店 (1980)

[3] 山﨑圭次郎『環と加群 II』岩波書店 (1977)

[4] 堀田良之『代数入門——環と加群』裳華房 (1987)

[5] 日本数学会 (編)『岩波数学辞典 第 4 版』岩波書店 (2007)

[6] 嘉田勝『論理と集合から始める数学の基礎』日本評論社 (2008)

[7] 笠原晧司『線型代数と固有値問題——スペクトル分解を中心に』(新装版) 現代数学社 (2014)

前著『線形代数』に引き続き，本書で扱う題材を選ぶのに [1] と [2] を参考にした．無限次元ベクトル空間の扱いに関しては [3] と [4] を参照した．数学用語は原則として [5] に掲載されているものを使い，集合の表記や論理の表現については [6] を参考にした．ジョルダン標準形の解析学への応用については [7] を参照してほしい．

索引

数字・アルファベット

あ 行

か 行

さ 行

た 行

な 行

は 行

ま　行

や　行

ら　行

わ　行

竹山 美宏（たけやま・よしひろ）

1976年 大阪府生まれ.
2002年 京都大学大学院理学研究科博士後期課程修了.
現　在 筑波大学数理物質系准教授. 博士(理学).
専門は数理物理学.

著　書 『微積分学入門 —— 例題を通して学ぶ解析学』（共著, 培風館, 2008）
『日常に生かす数学的思考法 —— 屁理屈から数学の論理へ』（化学同人, 2011）
『線形代数 —— 行列と数ベクトル空間』, 日本評論社ベーシック・シリーズ（日本評論社, 2015）

NBS Nippyo Basic Series 日本評論社ベーシック・シリーズ＝NBS

ベクトル空間
（べくとるくうかん）

2016年6月25日 第1版第1刷発行

著　者————竹山美宏
発行者————串崎　浩
発行所————株式会社 日本評論社
〒170-8474 東京都豊島区南大塚 3-12-4
電　話————(03) 3987-8621 (販売) (03) 3987-8599 (編集)
印　刷————三美印刷
製　本————井上製本所
装　幀————図工ファイブ
イラスト————オビカカズミ

ISBN 978-4-535-80634-4